高等学校教材

水处理微生物学

张胜华　主　编
郭一飞　靳慧霞　副主编

化学工业出版社
教材出版中心
·北京·

图书在版编目（CIP）数据

水处理微生物学/张胜华主编．—北京：化学工业出版社，2005.5（2025.2重印）
高等学校教材
ISBN 978-7-5025-5904-5

Ⅰ．水…　Ⅱ．张…　Ⅲ．生物处理：水处理-高等学校-教材　Ⅳ．X703.1

中国版本图书馆CIP数据核字（2005）第048394号

责任编辑：王文峡　　文字编辑：梁治齐
责任校对：郑　捷　　装帧设计：潘　峰

出版发行：化学工业出版社教材出版中心（北京市东城区青年湖南街13号　邮政编码100011）
印　　装：北京盛通数码印刷有限公司
787mm×1092mm　1/16　印张18　字数451千字　2025年2月北京第1版第13次印刷

购书咨询：010-64518888　　售后服务：010-64518899
网　　址：http://www.cip.com.cn
凡购买本书，如有缺损质量问题，本社销售中心负责调换。

定　　价：59.00元

前　　言

随着人类生活水平的提高和工业的飞速发展，水污染问题越来越突出。城市污水和工业废水排放造成了水体污染。水是生命之源，饮水与健康的关系十分密切。目前，水源污染、水体富营养化现象普遍、水中氨氮含量较高等饮用水存在的诸多问题正严重危害着人类的健康。水是一种可再生的资源，而利用微生物进行水处理是使水资源再生的主要手段。

水处理微生物学与水处理工程有密切的关系，它是一门实践性很强的学科。本书主要介绍了基础理论和基础知识，并结合水处理工程的实际需要，介绍了与水处理工程有关的内容和理论。

本书内容丰富、全面、详细，重点介绍了微生物的形态、细胞结构及其功能，微生物的营养、呼吸、物质代谢、生长、繁殖、遗传与变异，废水与饮用水生物处理基本原理，生物修复技术及生物制剂的开发和应用。本书既阐述微生物学原理，又系统地介绍了水处理的生物处理工艺和技术，可供读者根据不同学科的需要选择所需章节进行学习。

本书的编写人员均为在高等学校从事水处理微生物学、环境工程、给水排水工程等课程教学的教师，教学经验与实践经验丰富。本书编写分工如下：张胜华编写第一章、第十一章第一和第二节、第十二章、第十三章；郭一飞编写第九章、第十章；黄春晓编写第三章、第五章；方改霞编写第六章、第八章；王晓涛编写第二章；刘彪编写第四章；胡宏伟编写七章；宋丰明编写第十一章第三节。最后由张胜华统稿。本书初稿完成后，特邀哈尔滨工业大学马放教授进行了审定，进一步修改后最终定稿。

本书在编写过程中得到了多方面的大力支持，在此一并表示感谢。

鉴于作者水平有限，经验不足，书中不妥之处在所难免，敬请各位读者提出宝贵意见。

编　者

2005 年 3 月

目　录

第一章 绪论

第一节　水处理微生物学的研究对象和任务

一、水处理微生物学的研究对象

水处理微生物学是在微生物的形态、细胞结构及其功能，微生物的营养、呼吸、物质代谢、生长、繁殖、遗传与变异等基础知识的基础上，阐述城市生活污水、工业废水和污泥生物处理中的微生物及其生态和废水生物处理工程的原理、方法和技术。

自然界有着丰富的微生物资源，微生物种类的多样性，使其在自然界物质循环和转化中起着巨大的生物降解作用，是整个生物圈维持生态平衡不可缺少的、重要的组成部分。微生物学（microbiology）是研究微生物及其生命活动规律的一门基础学科。研究的内容涉及到微生物的形态结构、分类鉴定、生理生化、生长繁殖、遗传变异、生态分布，微生物各类群之间、微生物与其他生物之间及微生物与环境之间的相互作用、相互影响的复杂关系等，目的是为了更好地认识、利用、控制和改造微生物，造福于人类。而水处理微生物学是研究水处理中的微生物，虽然有其特殊性，但它也离不开普通微生物学的基本原理，只有掌握这些基本原理，才能在此基础上把微生物学原理应用到水处理工程中去。本学科就是要在学习微生物学原理的基础上，着重讨论与水处理工程有关的微生物学问题。微生物在整个自然界的物质循环和转化过程中起着巨大的作用，作为分解者，是整个生物圈维持生态平衡不可缺少的部分。不难想像，如果没有微生物的分解作用，地球上将会尸骨遍野，堆积如山，人类将无法生存和发展。正是因为微生物有分解转化的作用，人们才能够利用微生物进行水污染的生物处理，使污染物得以去除，水质得到净化。参与水质净化的微生物主要有细菌、真菌、藻类和原生动物等类群，它们彼此之间、它们同污染物之间构成了种种复杂关系，而且微生物本身又在污染的环境中生长繁殖，不断演变，所以，阐明微生物自身的生长变化规律以及与环境的复杂关系是本学科的主要任务之一。具体来讲，就是要搞清楚被污染水中微生物的种类、生态分布、生长繁殖和遗传变异的规律，同时，还要阐明水污染控制的作用机理。

对人类而言，大多数微生物是有益的。将微生物应用于水处理工程，使废水得以净化，是微生物对人类做出的重要贡献。随着当代工业生产的发展，含各种新污染物的工业废水源源不断地排入水体，诱导水体中的微生物质粒的产生和质粒的转移。环境中众多因素的长期诱导，使微生物发生变异，使微生物的种群和群落的数量变得更加丰富多彩，为人类提供了更广阔的用途。城市生活污水、医院污水和各种有机工业废水，如屠宰废水、食品废水、乳品废水、印染废水、制药废水、煤气废水、焦化废水、化肥废水、造纸废水、采油工业的稠油废水、石油提炼废水、石油化工废水、化纤废水、农药废水等都可以采用生物法处理。

病原微生物会对人类的生产、生活造成不利影响。细菌、病毒、霉菌、变形虫的某些种能引起人的各种疾病，如肝炎、沙眼、肠道病、伤风、感冒等，黄曲霉能产生致癌的黄曲霉毒素；岛青素、枯青霉和黄绿青霉等能产生致癌的黄变米黄素。还有的微生物能引起农作物病害及其动物疾病，某些细菌和霉菌能使食品和农副产品腐败和腐烂。有些细菌尽管不是有害菌，但它们的生命活动所产生的代谢产物与环境中的化学物质起作用会产生不良后果。如硫细菌和铁细菌能引起混凝土管道和金属管道腐蚀，蓝藻、绿藻和金藻中的某些种能引起湖泊富营养化而发生“水华”和“赤潮”等。

水处理微生物学还着重介绍废水生物处理方法的原理、工艺和工程应用，包括活性污泥法、生物膜法、生物除磷、生物脱氮、废水厌氧生物处理技术、硫酸盐废水生物处理技术、垃圾渗滤液生物处理技术、生物修复技术及生物制剂的开发与应用等。

二、水处理微生物学的任务

水处理微生物学的研究方向和任务就是充分利用微生物控制、消除水体的有机污染物、营养盐类、重金属的污染，利用微生物进行水处理使水资源再生。

水处理微生物学是在环境保护事业和给水排水、环境工程学科蓬勃发展的基础上形成的一门综合性、交叉性科学。在水处理中，与物理法、化学法相比，微生物处理法具有经济、高效的优点，并可实现无害化、资源化，所以长期以来始终占重要位置。只有全面了解和掌握微生物的基本特性，才能培养好微生物，取得较好的净化效果；而只有深入系统地学习和掌握水处理工艺及相应的工程技术，才能更好地研究、开发和利用适合处理各种水质的微生物。

第二节　水处理微生物学在水处理工程中的应用

水处理微生物学在水处理工程中主要应用于给水工程和排水工程（废水处理），二者虽然在工程设施和工艺流程方面各不相同，但目的都是解决水源的无害化问题。

一、在给水工程中的应用

水是生命的源泉，是国民经济发展和人类生存的一个基本条件。在 $5.1\times10^8 km^2$ 的地球总表面积中，71％被水覆盖。但是，这些水中的97.3％是海水，淡水仅占地球总水量的2.7％，而淡水中能够被人类开采利用的只有0.2％。随着人类的进步、科学的发展，环境污染也日趋严重，出现了全球性的水资源危机。特别是在人口稠密的大城市，用于生活的饮用水和工业生产用水的水量日益增大，水的供需之间矛盾越来越大。1977年联合国曾向全世界发出警告：“水资源匮乏将成为一种严重的社会危机”。联合国大会从1993年开始，将每年的3月22日定为世界水日，足可见水资源危机的严重性。在我国，像北京、上海、天津、沈阳、哈尔滨、青岛、深圳等许多大城市都普遍存在水资源短缺和供水不足的问题，加之水污染的严重性更使水资源危机加深，同时，也给水的净化增加很大的困难。评价给水水质的一个重要内容就是水的卫生细菌学标准，这也是水处理微生物学中的一项重要内容。水是病原微生物主要的传播媒介，如伤寒、痢疾、霍乱和腹泻等疾病，就是由于水中病原微生物的生长及传播造成的，掌握其生长及传播规律，进而掌握消毒和杀菌的方法，以保证饮水卫生，可防止疾病蔓延。水中往往存在致突变污染物，这些物质可以利用微生物检测出来。另外，藻类大量滋生时会堵塞给水厂的滤池，并会使水中带有异味或增加水的色度、浊度等，因此，在给水工程中应尽可能除去这些微生物，以提供符合标准的生活饮用水和工业生产用水。同时，也可以用工程菌形成固定化生物活性炭，来消除水中的微量有机物；利用微生物生物絮凝剂，取代无机和有机絮凝剂，以进一步提高饮用水的水质。

二、在排水工程中的应用

排水工程主要是对废水进行处理，去除废水中的各种污染物，达到无害化的目的。废水处理有物理、化学和生物等多种方法，其中生物处理法占有很重要的地位。生物处理法的基本原理就是利用各种微生物的分解作用，对废水中的污染物进行降解和转化，使之矿化且使水中的重金属得以适当转化。由于生物处理法具有高效、经济等优点，因此被普遍采用。

生物处理法主要包括活性污泥法、生物膜法（生物转盘、生物滤池、接触氧化）、自然处理法（氧化塘、氧化沟等）、厌氧消化法等。在实际处理中，可以根据被处理的废水性质以及各种处理法的特点来选择较为适宜的处理方法。另外，在受污染水体的生物修复技术中，微生物起着极为重要的作用。

第三节　微生物概述

微生物是指所有形体微小，单细胞（或个体较为简单的多细胞，甚至无细胞）结构，必须借助光学显微镜甚至电子显微镜才能观察到的低等生物的通称。因此，微生物类群十分复杂，其中包括不具备细胞结构的病毒，单细胞的细菌和蓝细菌，属于真菌的酵母菌和霉菌，单细胞藻类和原生动物、后生动物等。

一、微生物的分类和命名

（一）微生物的分类

分类学（Taxonomy）是将有机体进行分类或系统地编排成类群（groups），即所谓的分类单位（taxa）。分类学可以分成以下三个部分。

首先是分类（classification），将各单位（units）有规则地编排列入较大单位的类群中去；其次是命名法（nomenclature），对由分类所划分了的（测知特征的）并进行过描述的单位给予名称；最后是鉴定（identification），运用上述分类和命名法所规定的标准，按“未知的”和“已知的”单位相互比较来鉴定微生物。鉴定一个“新”分离的微生物，需要充分确定其特征，进行特征描述，并与已知的微生物特征相比较。当然，分类学的这三个部分并非彼此独立，在很大程度上是相互依赖的。

微生物分类，就是把各种微生物按照它们的亲缘关系分群归类，编排成系统，在分类工作中，必然要涉及到大量的微生物种类和排列等级，因此，就需要有一个统一的、为大家所理解和接受的分类单位和命名法则。这种分类是建立在对大量微生物进行观察、分析和描述的基础上的，以它们的形态、结构、生理生化反应和遗传性等特征的异同为依据，并根据生物进化的规律和应用的方便，将其分门别类地排列成一个系统。微生物的分类依据主要有形态特征、生理生化反应、生态特征、细胞成分、16SRNA碱基顺序分析等。

微生物的主要分类单位依次是：界、门、纲、目、科、属、种。其中，种是最基本的分类单位。特征完全相同或者具有很多相同特征的有机体构成同一个种，性质相似而又相互有关的各个种又组成同一个属，以此类推，由此构成一个完整的分类系统。另外，在两个主要分类单位之间可以加入亚门、亚纲等次要分类单位。而在种以下还可以分为变种、亚种、型、株等单位。

下面以小口钟虫为例，表示分类顺序。

界......... 真核原生生物界（*Protistae*）

门................... 原生动物门（*Protozoa*）

纲.......................... 纤毛纲（*Ciliata*）

目.................................. 缘毛目（*Piritrichida*）

科........................... 钟形科（*Vornicellidae*）

属..................... 钟虫属（*Vorticella*）

种...... 小口钟虫（*Vorticella microstoma*）

另外，在两个主要分类单位之间，可以添加“亚门”、“亚纲”、“亚目”、“亚科”、“亚属”等次要分类单位。在种以下还可以分为变种（或亚种）、型、株等。

（二）微生物的命名

为了使微生物的命名在国际上达到一致，必须建立一个被所有动物学家都遵循的规则。微生物的命名和其他生物一样，均采用国际统一的命名法则，即林耐所创立的“双名法”(binormal)。它是由两个名字组成的命名方法，即一个物种的名字，是由它所属的属名后面加上种名形容词（specific epithet）所组成的。因此，每一种微生物的学名都依据属和种而命名，由两组拉丁字或希腊字或者拉丁化的其他文字组成。属名在前，规定用拉丁字名词表示，字首字母要大写，由微生物的构造、形状或由科学家名字而来，用以描述微生物的主要特征；种名在后，常用拉丁字形容词表示，字首字母小写，为微生物的色素、形状、来源或科学家的姓名等，用以描述微生物的次要特征。下面举例说明。

金黄色葡萄球菌（*Stapylococcus aures*）

巴斯德酵母（*Saccharomyces pastori*）

破伤风梭菌（*Clostridium tetani*）

以上各学名中的第一个词是属名，为拉丁字名词，用来表示微生物的主要特征是“葡萄球菌”、“酵母菌”、“梭菌”，第二个词是种加词，为拉丁字形容词，用来描述微生物的次要特征是“金黄色的”、“巴斯德的”、“引起破伤风的”。

自然界中的微生物种类太多，有时会发生同物异名或同名异物的现象。为了避免混乱和误解，常需要在种名之后附有定名人的姓，例如，大肠埃希杆菌的名称是：*Escherichia coli* Cadtellani et Chalmers。另外，大家熟知的学名，其属名可以缩写，如*E. coli*，但属名第一字母用记号，即用实心圆心。再有，当泛指某一属微生物时，可以在属名后面写上 sp. 或 spp.。例如，*Pseudomonas* sp. 表明是假单胞菌的某一种细菌，具体种名不知。

总之，微生物的命名按“双名法”命名，即属名＋种名（＋命名者等）。

二、原核微生物和真核微生物

微生物按细胞核膜、细胞器及有丝分裂的有或无，可划分为原核微生物和真核微生物两种。

（一）原核微生物

原核微生物的核很原始，发育不全，只是DNA链高度折叠形成的一个核区，没有核膜，核质裸露，与细胞质没有明显界线，叫拟核或似核。原核微生物没有细胞器，只有由细胞质膜内陷形成的不规则的泡沫结构体系，如固体和光合作用层片及其他内折。也不进行有丝分裂。原核微生物包括古菌（即古细菌）、真细菌、放线菌、蓝细菌、黏细菌、立克次氏体、支原体、衣原体和螺旋体。

（二）真核微生物

真核微生物有发育完好的细胞核，核内有核仁和染色质。有核膜将细胞核和细胞质分开，使两者有明显的界线。有高度分化的细胞器，如线粒体、中心体、高尔基体、内质网、溶酶体和叶绿体等。进行有丝分裂。真核微生物包括除蓝藻以外的藻类、酵母菌、霉菌、原生动物、微型后生动物等。

三、微生物的特点

微生物的种类庞杂，形态结构差异很大，但它们具有以下特点。

（一）个体微小，分布广泛

微生物的大小用微米（μm）甚至纳米（nm）来表示，从零点几微米到几百微米不等，而病毒的大小不能用普通光学显微镜观测，因为它无法分辨小于0.2μm的物体。尽管微生物之间大小差异显著，但都需要借助显微镜才能观察到。由于微生物个体微小而且轻，故可通过风和水的散播而广泛分布到江、河、湖、海、高山、陆地、人体等，甚至在寒冷的北极冰层中也发现有微生物存在。

（二）种类繁多，代谢旺盛

据统计，已发现的微生物有十几万种，而且不同种类的微生物具有不同的代谢方式，能用各种各样的有机物和无机物作为营养物质，使之分解和转化，同时，又能将无机物合成复杂的有机物。因此，微生物在自然界的物质循环中起着重要的作用，正因为微生物的种类繁多，代谢类型的多样化，才能够利用微生物分解和转化各种污染物，使环境得到改善，达到保护环境的目的。

由于微生物的个体微小，与高等生物相比，具有极大的表面积和体积之比，所以，能够迅速与周围环境进行物质交换（营养物质的吸收与废弃物的排泄），代谢十分旺盛。例如，乳酸杆菌的表面积/体积＝12000；鸡蛋的表面积/体积＝1.5；体重80kg的人体表面积/体积＝0.3。而且，微生物的代谢强度比高等动物的代谢强度大几千倍、几万倍。例如，上述的乳酸杆菌在1h内可分解1000倍于自身体重的乳酸的话，那么人要代谢自身体重1000倍的糖则需要250000h（约20年）。相反，像霉菌微生物在代谢强度大了以后，单位时间内破坏的物质就越多，这对人类是有很大害处的。

（三）繁殖快速，易于培养

微生物在最适宜的条件下具有高速度繁殖的特性。尤其是细菌，其细胞可一分为二，即裂殖，繁殖速度非常惊人。例如，大肠杆菌在最适宜的条件下，17min即可繁殖一代。

按此速度计算，它在24h可以繁殖85代，即由一个大肠杆菌生成3.9×10^{25}个；培养4～5d就能形成与地球体积同样大小的杆菌群体。当然这只是推算，实际由于营养物质的缺乏及代谢产物的积累等因素的限制，这种现象是不可能发生的，但由此可知微生物的繁殖速度惊人。

大多数微生物都能在常温常压下利用简单的营养物质生长繁殖，这就使人们容易培养微生物，特别是获得纯种微生物，有利于微生物的研究和利用。如废水生化处理过程中微生物的驯化和培养，是很容易成功的。

(四) 容易变异，有利于应用

微生物繁殖后，其子代与亲代在形态、生理等性状上常有差异，这些差异又能稳定地遗传下来，这一特性称为变异。由于绝大多数微生物结构简单，多为单细胞且无性繁殖，与环境直接接触，易受外界环境影响，因而容易发生变异或菌种退化，有可能变异为优良菌种，这也是微生物能广泛适应各种环境的一个有利因素，同时也为利用遗传手段筛选优良菌种提供了有利条件。例如，在处理某种有毒的工业废水过程中，原来不能生存的微生物经过培养驯化后，变得能够忍受毒性并把有毒物质作为养料加以分解，使废水得以净化。

除上述特点外，细胞型微生物还具有其他一些特点：以细胞为结构单位，并随时间的增加而生长；细胞的构成物质大致相同；细胞内的化学反应大致相同，适应能力较强等。

思考题

1. 水处理微生物学的研究对象和任务是什么？

2. 举例说明微生物的命名方法。

3. 原核微生物和真核微生物有何区别？各包括哪些微生物？

第二章

非细胞微生物——病毒

病毒（Virus）是没有细胞结构，专性寄生在活的敏感宿主体内，可通过细菌过滤器，大小在200nm以下的超微小微生物。病毒有下列基本特征：①个体微小，可通过细菌滤器，故在光学显微镜下看不见，大多数病毒必须用电子显微镜才能看见；②病毒仅具有一种类型的核酸，或DNA或RNA；③病毒没有合成蛋白质的机构——核糖体，也没有合成细胞物质和繁殖所必备的酶系统，不具有独立的代谢能力，必须依靠活的敏感宿主细胞来合成病毒的化学组成和繁殖新个体。

病毒在活的敏感宿主细胞内是具有生命的超微生物，然而，在宿主体外却呈现不具生命特征的大分子物质，但仍保留感染宿主的潜在能力，一旦重新进入活的宿主细胞内又具有生命特征，重新感染新的宿主。

由于病毒与其他微生物差别很大，具有自身独有的特点，所以，把它单独列为一界——病毒界。

第一节　病毒的形态结构

一、病毒的形态

病毒个体微小，测量病毒大小的单位是纳米（nm）。动物病毒以痘病毒（*Poxvirus*）最大，为100nm×200nm×300nm，为砖形。口蹄疫病毒（*Foot-and-Mouth Disease Virus*）最小，直径为22nm。植物病毒以马铃薯Y病毒（*Potato Virus Y*）为最大，为750nm×12nm，南瓜花叶病毒（*Squash Mosaic Virus*）最小，直径为22nm。大肠杆菌噬菌体T_2、T_4、T_6的头部为90nm×60nm，尾部为100nm×20nm。丝状的大肠杆菌噬菌体M_{13}，长度为600～800nm。有代表性的病毒的大小见下表（表2-1）。

一个成熟有感染性的病毒颗粒称“病毒体”（Viron）。电镜下观察有五种形态（图2-1）。

（1）球形（Sphericity）　大多数人类和动物病毒为球形，如脊髓灰质炎病毒、疱疹病毒及腺病毒等。

（2）丝形（Filament）　多见于植物病毒，如烟草花叶病病毒等。人类某些病毒（如流感病毒）有时也可形成丝形。

（3）弹形（Bullet-shape）　形似子弹头，如狂犬病病毒等，其他多为植物病毒。

表 2-1　有代表性病毒的大小

病毒特点	病毒名称	大小或直径/nm
最大的病毒	虫痘病毒	450
	牛痘苗病毒	300×250×100
最长的病毒	柑橘衰退病毒	2000
	甜菜黄花病毒	1250×10
	铜绿假单胞菌噬菌体	1300×10
最小的病毒	蹄疫病毒	21
	乙型肝炎病毒	18
	苜蓿花叶病毒	16.5
	玉米条纹病毒	8～12
	烟草坏死病毒	16
	菜豆畸矮病毒	9～11
最细的病毒	大肠杆菌的 f1 噬菌体	5×800

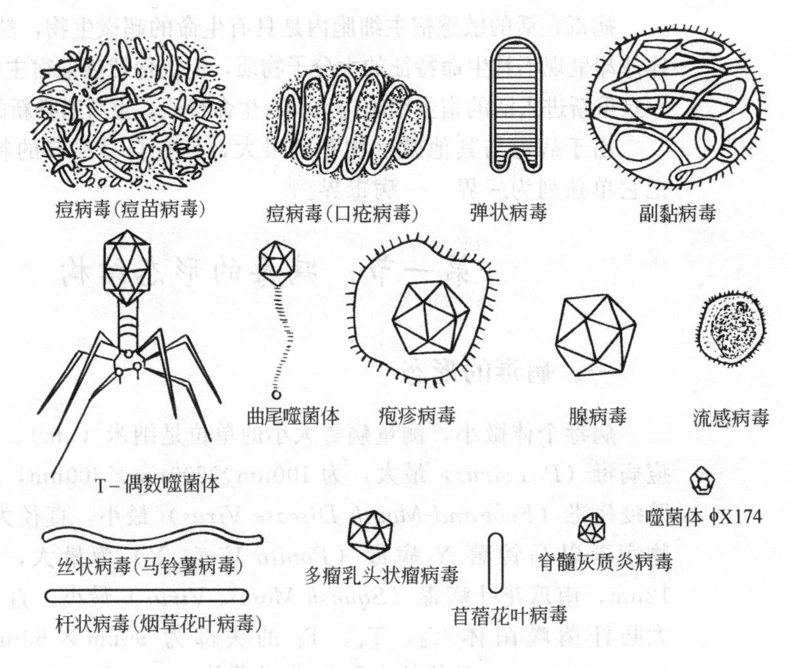

图 2-1　各种主要病毒的形态与大小比较（模式图）

(4) 砖形（Brick-shape）如痘病毒（无花病毒、牛痘苗病毒等）。其实大多数呈卵圆形或“菠萝形”。

(5) 蝌蚪形（Tadpole-shape）由一卵圆形的头及一条细长的尾组成，如噬菌体。

二、病毒的化学组成和结构

(一) 病毒的化学组成

病毒的化学组成有蛋白质和核酸，个体大的病毒如痘病毒，除含蛋白质和核酸外，还含有类脂质和多糖。

（二）病毒的结构

病毒没有细胞结构，却有其自身特有的结构。整个病毒体分两部分：蛋白质衣壳和核酸内芯，两者构成核衣壳。完整的具有感染力的病毒体叫病毒粒子。病毒粒子有两种：一种是不具被膜（亦称囊膜）的裸露病毒粒子；另一种是在核衣壳外面有被膜包围所构成的病毒粒子。寄生在植物体内的类病毒和拟病毒结构更简单，只具 RNA，不具蛋白质。

（1）核酸（Nucleic acid） 位于病毒体的中心，由一种类型的核酸构成，含 DNA 的称为 DNA 病毒。含 RNA 的称为 RNA 病毒。DNA 病毒核酸多为双股（除微小病毒外），RNA 病毒核酸多为单股（除呼肠孤病毒外）。

病毒核酸也称基因组（Genome），最大的痘病毒（*Poxvirus*）含有数百个基因，最小的微小病毒（*Parvovirus*）仅有 3～4 个基因。核酸蕴藏着病毒遗传信息，若用酚或其他蛋白酶降解剂去除病毒的蛋白质衣壳，提取核酸并转染或导入宿主细胞，可产生与亲代病毒生物学性质一致的子代病毒，从而证实核酸的功能是遗传信息的储藏所，主导病毒的生命活动、形态发生、遗传变异和感染性。

（2）衣壳（Capsid） 在核酸的外面紧密包绕着一层蛋白质外衣，即病毒的“衣壳”。衣壳是由许多“壳微粒（Capsomere）”按一定几何构型集结而成，壳微粒在电镜下可见，是病毒衣壳的形态学亚单位，它由一至数条结构多肽组成。根据壳微粒的排列方式将病毒构型区分为：①立体对称（Cubic symmetry），图 2-2，形成 20 个等边三角形的面，12 个顶和 30 条棱，具有五、三、二重轴旋转对称性，如腺病毒、脊髓灰质炎病毒等；②螺旋对称（Helical symmetry），图 2-3，衣壳微粒沿螺旋形盘核酸呈规则地重复排列，通过中心轴旋转对称，如正黏病毒，副黏病毒及弹状病毒等；③复合对称（Complex symmetry），图 2-4，同时具有或不具有两种对称性的病毒，如痘病毒与噬菌体。

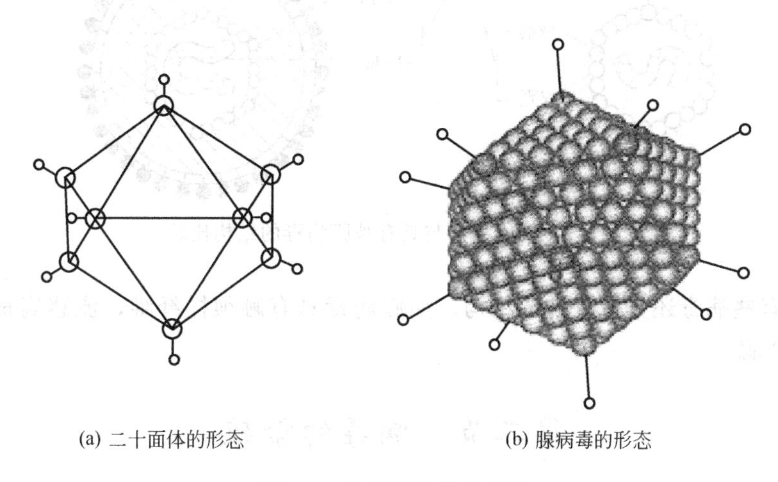
(a) 二十面体的形态　　(b) 腺病毒的形态

图 2-2　腺病毒的形态结构

蛋白质衣壳的功能是：①致密稳定的衣壳结构除赋予病毒固有的形状外，还可保护内部核酸免遭外环境（如血流）中核酸酶的破坏；②衣壳蛋白质是病毒基因产物，具有病毒特异的抗原性，可刺激机体产生抗原病毒免疫应答；③具有辅助感染作用，病毒表面特异性受体连结蛋白与细胞表面相应受体有特殊的亲和力，是病毒选择性吸附宿主细胞并建立感染灶的首要步骤。

病毒的核酸与衣壳组成核衣壳（Nucleocapsid），最简单的病毒就是裸露的核衣壳，如脊髓灰质炎病毒等。有被膜的病毒核衣壳又称为核心（core）。

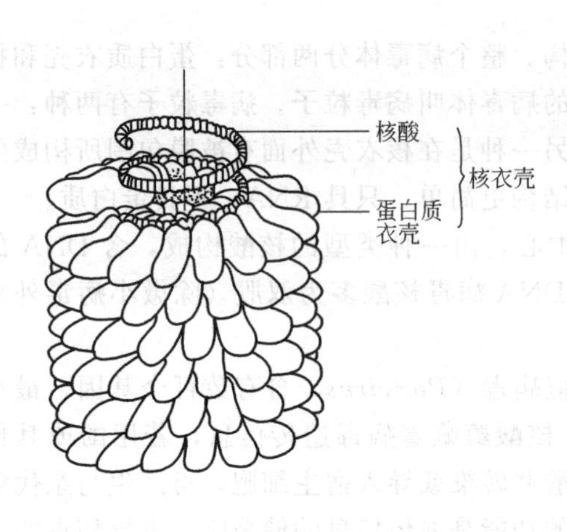

图 2-3 螺旋对称病毒颗粒的核衣壳

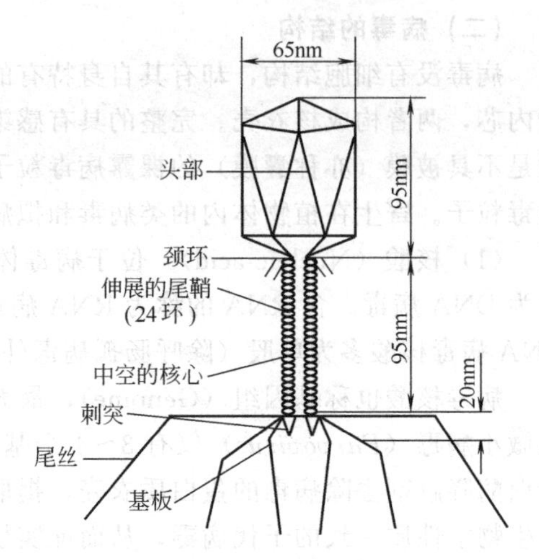

图 2-4 大肠杆菌 T4 噬菌体的复合对称模式结构

(3) 被膜（Envelope） 某些病毒，如虫媒病毒、人类免疫缺陷病毒、疱疹病毒等，在核衣壳外包绕着一层含脂蛋白的外膜，称为“被膜”（图 2-5）。被膜中含有双层脂质、多糖和蛋白质。被膜位于病毒体的表面，有高度的抗原性，并能选择性地与宿主细胞受体结合，促使病毒囊膜与宿主细胞膜融合，感染性核衣壳进入胞内而导致感染。有被膜病毒对脂溶剂和其他有机溶剂敏感，失去被膜后便丧失了感染性。

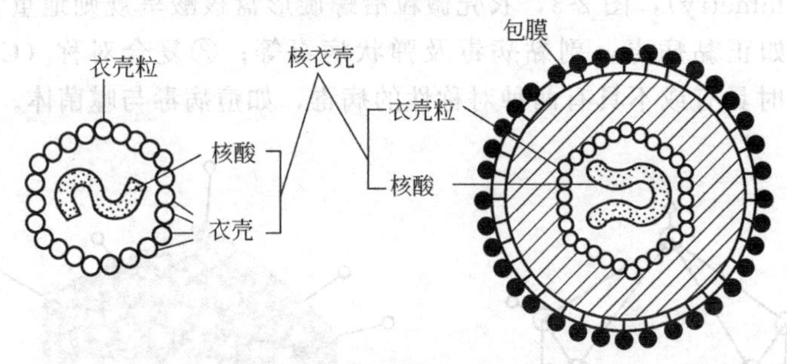

图 2-5 裸露病毒与具有被膜病毒的结构比较

此外，有些病毒还具有特殊的结构，如腺病毒具有触须样纤维，流感病毒带有 RNA 的 RNA 聚合酶。

第二节 病毒的繁殖

病毒缺乏完整的酶系统，不能单独进行物质代谢。病毒增殖所需原料、能量和生物合成的场所均由宿主细胞提供，在病毒核酸的控制下合成病毒的核酸（RNA 或 DNA）与蛋白质等成分，然后在宿主细胞的细胞质或细胞核内装配成为病毒粒子（virion，系指成熟的或结构完整、有感染性的病毒个体，与病毒是同义词），再以各种方式释放到细胞外，感染其他细胞。这种增殖方式称为复制（replication）。

一、病毒的繁殖过程

病毒体在细胞外是处于静止状态，基本上与无生命的物质相似，当病毒进入活细胞后便发挥其生物活性。由于病毒缺少完整的酶系统，不具有合成自身成分的原料和能量，也没有核糖体，因此决定了它的专性寄生性，必须侵入易被感染的宿主细胞，依靠宿主细胞的酶系统、原料和能量复制病毒的核酸，借助宿主细胞的核糖体翻译病毒的蛋白质。

此处以大肠杆菌 T 系噬菌体为例介绍其繁殖过程，繁殖过程分为吸附、侵入、复制及装配释放四个步骤。

（一）吸附

首先，大肠杆菌 T 系噬菌体以它的尾部末端吸附到敏感细胞表面上某一特定的化学成分，或是细胞壁，或是鞭毛，或是纤毛（如图 2-6B）。

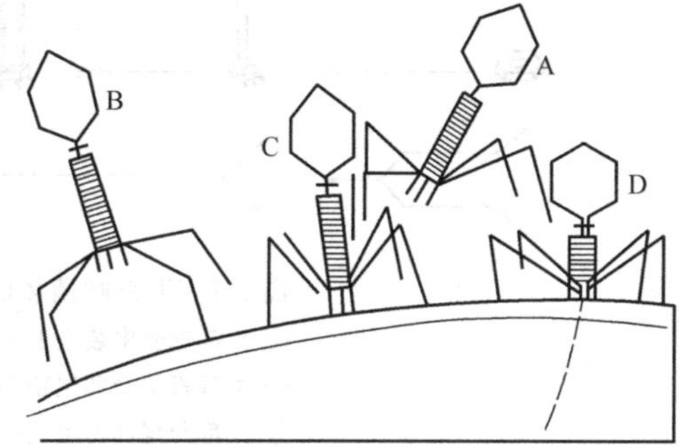

图 2-6 大肠杆菌 T4 噬菌体吸附和侵入模式图

A. 未附着（游离）的噬菌体；
B. 用尾丝附着在宿主细胞的细胞壁上；
C. 尾丝收缩；D. 尾鞘收缩，将核酸注入宿主细胞

（二）侵入

病毒通过以下不同的方式进入宿主细胞：注射式侵入、细胞内吞、膜融合以及其他特殊的侵入方式。

（1）注射式侵入　一般为有尾噬菌体的侵入方式。通过尾部收缩将衣壳内的 DNA 基因组注入宿主细胞内（图 2-6）。

（2）细胞内吞　为动物病毒的常见侵入方式。经细胞膜内陷形成吞噬泡，使病毒粒子进入细胞质中。

（3）膜融合　有包膜病毒侵入过程中病毒包膜与细胞膜融合。

（4）直接侵入　大致可分为三种类型。

① 部分病毒粒子直接侵入宿主细胞，其机理不明。

② 病毒与细胞膜表面受体结合后，由细胞表面的酶类帮助病毒粒子释放核酸进入细胞质中，病毒衣壳仍然留在细胞膜外，将病毒侵入和脱壳融为一体。

③ 其他特殊方式。植物病毒通过存在于植物细胞壁上的小伤口或天然的外壁孔侵入，或植物细胞之间的胞间连丝侵入细胞，也可通过介体的口器、吸器等侵入细胞。

T 系噬菌体属于注射式侵入。噬菌体的尾部借尾丝的帮助固着在敏感细胞的细胞壁上，尾部的酶水解细胞壁的肽聚糖形成小孔，尾鞘消耗 ATP 获得能量而收缩将尾髓压入细胞内（不具尾髓的丝状大肠杆菌噬菌体 M_{13} 也能将 DNA 注入宿主细胞内，速度较慢），尾髓将头部的 DNA 注入细胞内，蛋白质外壳留在宿主细胞外（图 2-6D），此时，宿主细胞壁上的小孔被修复。

（三）复制

噬菌体侵入宿主细胞后，立即引起宿主的代谢变化，宿主细胞内的核酸不能按自身的遗传特性复制和合成蛋白质，而由噬菌体核酸所携带的遗传信息控制，借用宿主细胞的合成机构如核糖体 mRNA、tRNA、ATP 及酶等复制核酸，进而合成噬菌体的蛋白质。

（四）装配与释放

当噬菌体的 DNA 和蛋白质分子复制到一定数量后，装配成子代新的大肠杆菌 T 系噬菌体（图 2-7）。此时，噬菌体的水解酶水解宿主细胞壁而使宿主细胞裂解，噬菌体释放出来。又侵入新的细胞，如此反复进行，往往进入宿主细胞的 1 个噬菌体增殖后可释放

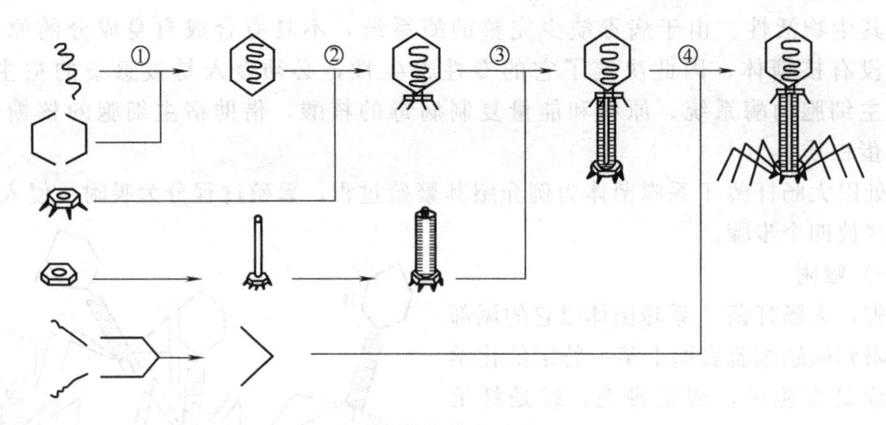

图 2-7　T 系噬菌体的装配过程
① 头部衣壳中装进 DNA 成为成熟的头部；
② 由基板尾管和尾鞘等各部件装成尾部；
③ 头部与尾部的组装；
④ 总装，最终装上尾丝，总装成为成熟的噬菌体

10～1000 个左右新的噬菌体。

二、病毒的生长规律

以噬菌体为例，根据噬菌体与宿主细胞的关系，可分为烈性噬菌体和温和噬菌体两种类型。

（一）烈性噬菌体的生长规律

烈性噬菌体感染宿主细胞并进行复制，产生更多的病毒粒子，宿主细胞裂解，释放出新的子代噬菌体（图 2-8）。在适宜条件下，此过程可重复进行。烈性噬菌体的这种生长（繁殖）方式称为一步生长。

烈性噬菌体在混有大量活敏感菌的琼脂培养基中，经培养后，肉眼可见在布满宿主细胞的菌苔上，有一个个不长菌的斑块，即噬菌斑（plaque）。以培养时间为横坐标，以噬菌斑数为纵坐标作图，可绘得噬菌体的一步生长曲线（图 2-9）。

从一步生长曲线可以看到潜伏期、成熟期和平稳期这 3 个时期。

（1）潜伏期　噬菌斑数目不增加，而且非常一致。这是因为吸附后，噬菌体的核酸已与其蛋白外壳分离并进入细菌，不再作为一个侵染实体存在，故而侵染性消失。所以，这时人为地（如用氯仿）裂解细菌，发现不了完整的噬菌体。噬菌体核酸侵入宿主细胞后，一段时间找不到有侵染性噬菌体颗粒的时期称为潜伏期。把这时噬菌体侵染性消失的现象称为隐晦。在潜伏期中进行着病毒核酸的复制和蛋白质的合成。

（2）成熟期　潜伏期后几分钟，噬菌斑数目突然急速增加。这是新合成的噬菌体核酸与蛋白质装配成有侵染性的成熟噬菌体颗粒，并裂解细菌细胞的结果。潜伏期后这一段宿主细胞突发裂解并释放大量子噬菌体颗粒的时期称为成熟期或裂解期。将此时的噬菌斑数除以潜伏期的噬菌斑数，便可得到每个感染细菌平均释放的噬菌体颗粒的数目——裂解量。不同噬菌体有不同的裂解量。例如 T2 为 150 左右（9～447），ϕX174 约 1000，而 f2 则高达 10000 左右。裂解量取决于噬菌体和宿主细胞。裂解量与裂解时间的早晚有关。早裂解的，裂解量小；裂解得晚（即裂解得慢），裂解量大。所以，噬菌体的快速突变型裂解量小，而野生型噬菌体的裂解量大。

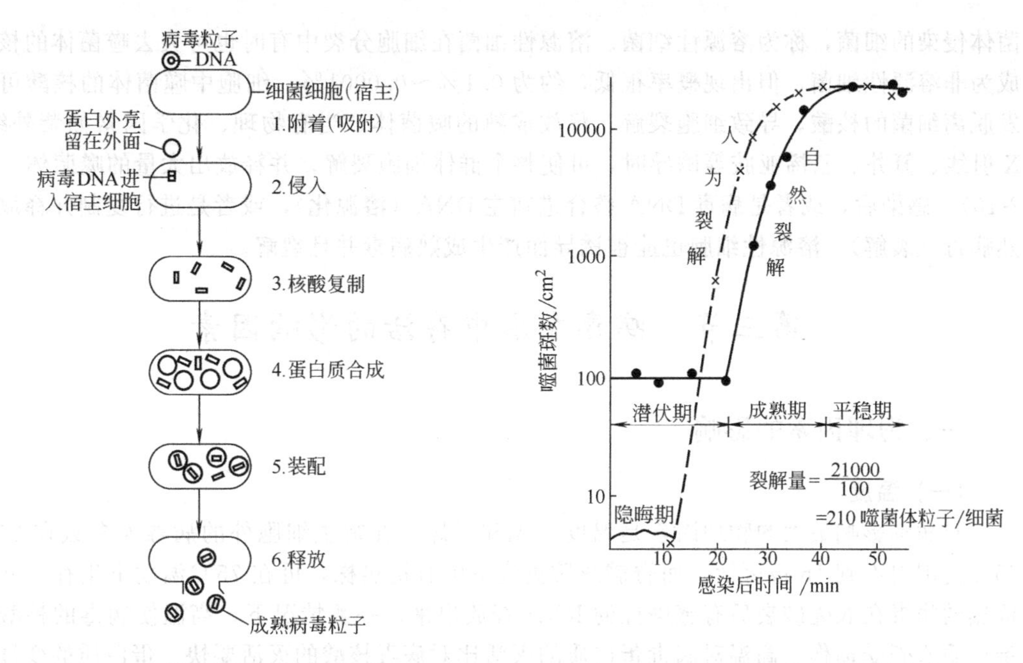

图 2-8　烈性噬菌体的增殖周期　　　　图 2-9　T4 噬菌体的一步生长曲线

(3) 平稳期　成熟期末，受感染的宿主细菌全部被裂解，噬菌体颗粒数目达到最高，这时样品中的噬菌斑数目在高平处达到稳定。噬菌斑数目稳定在高平处的时间称为平稳期。一次生长周期的长短随噬菌体及其宿主的体系而有所不同，很多噬菌体为 30～60min。

(二) 温和噬菌体的生长规律

温和噬菌体侵染宿主细胞后，其核酸整合到宿主细胞的染色体上或附着在宿主细胞膜的某些位点上，宿主细胞不裂解，继续进行生长繁殖。这一现象称为溶源现象。被温和噬

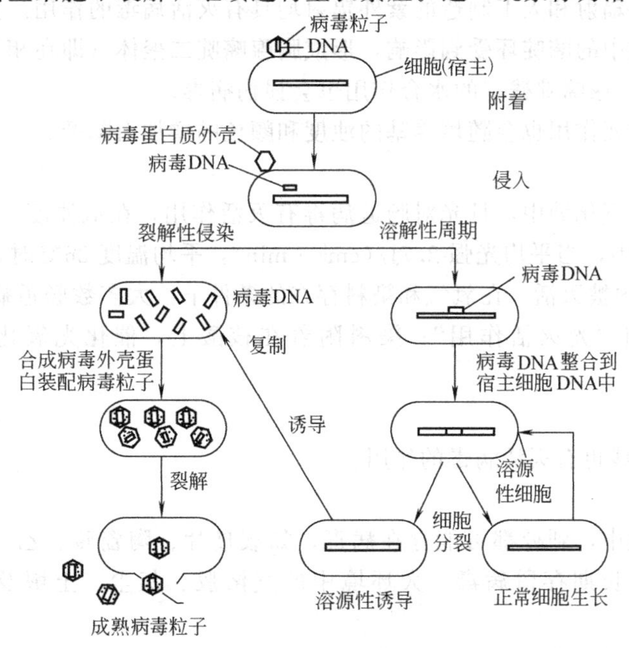

图 2-10　温和噬菌体的生活周期
(示溶源性周期与裂解性侵染)

菌体侵染的细菌，称为溶源性细菌。溶源性细菌在细胞分裂中有时也可失去噬菌体的核酸成为非溶源性细菌，但出现概率很低，约为0.1%～0.0001%。细胞中噬菌体的核酸可自发脱离细菌的核酸，导致细胞裂解、释放成熟的噬菌体。当有物理、化学因素如紫外线、X射线、氮芥、乙烯亚胺等诱导时，可使整个群体细胞裂解，并释放出大量的噬菌体（图2-10），感染后，或者是病毒DNA整合进宿主DNA（溶源化），或者是进行复制并释放成熟病毒（裂解），溶源性细胞也能被诱导而产生成熟病毒并且裂解。

第三节　病毒在水中存活的影响因素

一、物理因素的影响

（一）温度

对病毒影响最大的物理因素是温度、光和干燥。在宿主细胞外的病毒大多数在55～65℃范围内不到1h被灭活。而脊髓灰质炎病毒中有抗热株，可在75℃温度下生存。并且抗热的病毒在衣壳破裂后有感染性的RNA释放出来。一般情况下，高温使病毒的核酸和蛋白质衣壳受损伤，高温对病毒蛋白质的灭活比对病毒核酸的灭活要快。蛋白质的变性作用阻碍了病毒吸附到宿主细胞上，削弱了病毒的感染力。但是，环境中的蛋白质和金属阳离子（如Mg^{2+}）可保护病毒免受热的破坏，黏土、矿物和土壤也有保护病毒免受热的破坏作用。

低温不会灭活病毒，通常可在－75℃保存病毒。天花病毒在鸡胚中冰冻15年仍存活，经冷冻干燥后可保存数月至数年。

（二）光及其他辐射

1. 紫外辐射

日光中的紫外辐射和人工制造的紫外辐射均具有灭活病毒的作用。其灭活的部位是病毒的核酸，使核酸中的嘧啶环受到影响，形成胸腺嘧啶二聚体（即在相邻的胸腺嘧啶残基之间形成共价键）。尿嘧啶残基的水合作用也会损伤病毒。

紫外辐射的致死作用也会随培养基的浊度和颜色的增加而降低。

2. 可见光

在天然水体和氧化塘中，日光对肠道病毒有灭活作用，在低浊度（Jackson浊度单位为1.7JTU）的水中，当平均光强2.7J/(cm²·min)，平均温度26℃时，80%的脊髓灰质炎Ⅰ型病毒在3h内被灭活。在氧气和染料存在的条件下，大多数肠道病毒对可见光很敏感而被杀死，这叫“光灭活作用”；染料附着在核酸上，催化光氧化过程，引起病毒灭活。

3. 离子辐射

X射线、γ射线也有灭活病毒的作用。

（三）干燥

在医院的环境中，到处都可能存在病毒，如载玻片、陶瓷砖、乙烯地板和不锈钢器具、衣服等表面可长期存留病毒。大环境中的气溶胶、灰尘、土壤及干污泥中也存在病毒。

干燥是控制环境中病毒的重要因素。如在相对湿度（RH）7%时，在载玻片上的腺病毒2型和脊髓灰质炎2型病毒至少存活8周，柯萨奇病毒B3存活2周。当RH在35%

时，肠病毒可在衣物的表面存活达20周。在土壤中，水分含量低于10%时，病毒会迅速灭活。在污泥中，当固体含量大于65%时，病毒量减低。在此情况下病毒被灭活是由于病毒RNA释放出来而随后的裂解所致。气溶胶化的病毒，如无被膜的细小核糖核酸病毒类和腺病毒类在相对湿度较高时存活最好。而有被膜的病毒如黏病毒类、副黏液病毒类、森林病毒等则在相对湿度较低时存活最好。

二、化学因素的影响

（一）脂溶剂

有包膜病毒对脂溶剂敏感。乙醚、氯仿、丙酮、阴离子去垢剂等均可使有包膜病毒灭活。借此可以鉴别有包膜病毒和无包膜病毒。

（二）氧化剂、卤素、醇类

病毒对各种氧化剂、卤素、醇类物质敏感。H_2O_2、漂白粉、高锰酸钾、甲醛、过氧乙酸、次氯酸盐、酒精、甲醇等均可灭活病毒。

（三）pH

一般来说，大多数病毒在pH 6～8的范围内比较稳定，而在pH 5.0以下或者pH 9.0以上容易灭活。但各种病毒对pH的耐受能力有很大不同，如肠道病毒在pH 2.2环境中其感染性可保持24h，而鼻病毒等在pH 5.3时被迅速灭活，被膜病毒则在pH 8.0以上的碱性环境中仍能保持稳定。病毒对pH的稳定性常被用于病毒鉴定的指标之一。

（四）抗生素和中草药

病毒对抗生素不敏感，在分离病毒时，用抗生素处理或在培养液中加入抗生素可抑制样品中的杂菌，有利于病毒分离。近年来的研究表明，有些中药如板蓝根、大青叶、柴胡、大黄、贯仲等对某些病毒有抑制作用。

三、生物因素的影响

（一）抗体

抗体是病毒侵入有机体后，由机体产生的一种特异蛋白质，用以抵抗入侵的外来病毒。入侵的病毒是抗原，而产生的特异蛋白质是抗体。

（二）干扰素

干扰素是宿主抵抗入侵的病毒而产生的一种糖蛋白，它进而诱导宿主产生一种抗病毒蛋白将病毒灭活，干扰素起间接作用。

干扰素具有广谱抗病毒的特性，即干扰素作用于机体有机组织细胞后，可使机体获得抗多种病毒的能力。

四、去除和破坏水中病毒的方法

（一）水体中病毒的存活

在海水和淡水中，温度是影响病毒存活的主要因素，与病毒类型也有关。在3～5℃时肠道病毒滴度下降99.9%所需要的时间为40～90d，22～25℃时需要2.5～9d，37℃只需5d。在淡水如湖水和河水中，肠道病毒在3～6℃时传染性效价损失三个对数所需时间是7～67d。在18～27℃时只需3～10d。在水体淤泥中，病毒吸附在固体颗粒上或被有机物包裹在颗粒中间受到保护，其存活时间会长一些。

(二) 污水处理过程中对病毒的去除

污水处理分一级、二级和三级处理。一级处理是物理过程，以过筛、除渣、初级沉淀除去砂砾、碎纸、塑料袋及纤维状固体废物为目的。所以去除病毒的效果很差，最多去除30%。二级处理是生物处理方法，是生物吸附和生物降解和絮凝沉降作用过程，以去除有机物脱氮和除磷为主要目的，同时对污水中病毒的去除率较高，去除病毒率在90%～99%。病毒被吸附在活性污泥中，由液相转向固相。虽然活性污泥中黄杆菌、气杆菌、克雷伯氏菌、枯草杆菌、大肠杆菌、铜绿色假单胞菌有抗病毒活性，但病毒的灭活率不高。三级处理是继生物处理后的深度处理，有生物和化学及物理的处理过程。它包括絮凝、沉淀、过滤和消毒（加氯或臭氧）过程，进一步去除有机物、脱氮和除磷。三级处理可使病毒的滴度常用对数值下降4～6。

思考题

1. 病毒是一类什么样的微生物？它有什么特点？
2. 病毒具有什么样的化学组成和结构？
3. 叙述大肠杆菌T系噬菌体的繁殖过程。
4. 什么叫烈性噬菌体？什么叫温和噬菌体？
5. 什么叫噬菌斑？
6. 试比较烈性噬菌体和温和噬菌体的不同。
7. 破坏病毒的物理因素和化学因素有哪些？
8. 病毒在水体中的存活时间受哪些因素影响？

第三章

原核微生物

原核微生物包括真菌的细菌门和蓝细菌门中的所有细菌。细菌门包括细菌（真细菌）、衣原体、立克次氏体、支原体、螺旋体、黏细菌、古（生）细菌、放线菌。蓝细菌门有蓝细菌。

第一节　细　　菌

细菌是微生物的一大类群，在自然界分布广、种类多，与人类生产生活关系也十分密切，是微生物学的主要研究对象，并被广泛应用于食品、石化、冶金、制药等工业及农业、医学、环境工程、给水排水、环境监测（气象、考古）等各个方面。

一、细菌的形态

尽管细菌种类繁多，就单个有机体而言，其基本形态分为球状、杆状、螺旋状和丝状四种，分别被称为球菌、杆菌、螺旋菌和丝状菌。

（一）球菌（如图 3-1A）

细胞呈球形或椭圆形，它们中的许多种在分裂后产生的新细胞，常保持一定的空间排列方式。

（1）单球菌　细胞分裂后，新个体分散而单独存在，是单球菌，如尿素微球菌。

（2）双球菌　细胞沿一个平面分裂，新个体成对排列。如肺炎双球菌。

（3）链球菌　细胞沿一个平面分裂，新个体连成链状。如乳链球菌。

（4）四联球菌　细胞分裂沿两个互相垂直的平面进行，分裂后四个细胞特征性地连在一起。如四联微球菌。

（5）叠球菌　细胞沿三个互相垂直方向进行分裂，分裂后每八个细胞特征性地叠在一起呈一立方体，如尿素八叠球菌。

（二）杆菌（如图 3-1B）

细胞呈杆状或圆柱状，各种杆菌的长度与直径比例差异很大，有的粗短、有的细长，短杆菌似球状、长杆菌近似丝状。一般来说，同一种杆菌粗细比较稳定，而长度经常因培养时间及培养条件不同而有较大变化。

杆状菌是细菌种类最多的。工农业生产中所用的细菌大多是杆菌，杆菌中也有不少是致病菌。

(三) 螺旋菌

细胞呈弯曲杆状的细菌统称螺旋菌（如图 3-1C，D）。螺旋菌细胞壁坚韧，菌体较硬，常以单细胞分散存在，不同种的细胞个体，在长度、螺旋数目和螺距等方面有显著区别。根据这些可再分为两种形态。

(1) 弧菌　菌体只有一个弯曲，其程度不是一圈，犹如“C”字，或似逗号，如霍乱弧菌。

(2) 螺旋菌　菌体回转如螺旋状。螺旋数目和螺矩大小因种而异。

弧菌与螺旋菌的显著特征，首先往往为偏端单生鞭毛或丛生鞭毛，后者两端都有鞭毛。

(四) 丝状菌（如图 3-1E）

丝状菌分布在水生环境中，潮湿土壤和活性污泥中。有铁细菌如：浮游球衣菌、泉发菌属即原铁细菌属及纤发菌属。丝状硫细菌如：发硫菌属、贝日阿托氏菌属、透明颤菌属、亮发菌属等多种丝状菌。丝状体是丝状菌分类的特征。

细菌的形态往往随年龄、环境条件的变化而改变。如培养温度、培养时间、pH、培养基的组成与浓度等发生改变均可能引起细菌形态的改变。或死亡，或细胞破裂，或出现畸变形。有些细菌则是多形态的，有周期性的生活史，如黏细菌可形成无细胞壁的营养细胞和子实体。还有要根瘤菌在人工培养基条件下为杆状，与植物根系形成类菌体时呈 T 形或 Y 形。

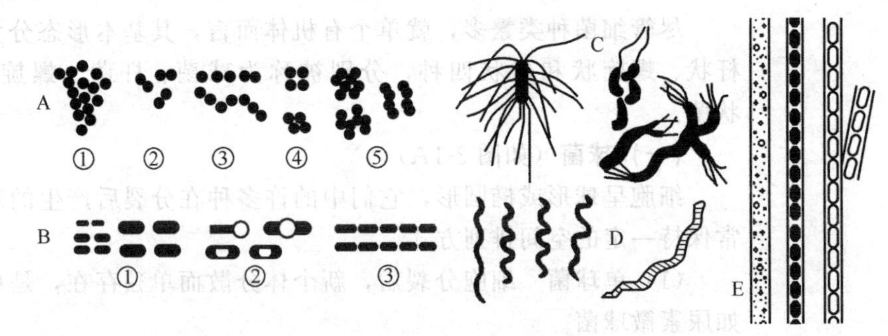

图 3-1　细菌的各种形态

A. 球菌；B. 杆菌；C. 螺旋菌；D. 螺旋体；E. 丝状菌

二、细菌的大小

细菌大小随种类不同差别很大，有的与最大的病毒粒径相近，在光学显微镜下勉强可见，有的则与藻类细胞差不多大小，肉眼就可以看见，但多数细菌属于二者之间。

尽管细菌体微小，采用显微镜测微尺能较容易且较准确地测量出它的大小；也可通过照相按放大倍数测算。细菌的大小以 μm 计。对于多数的球菌的大小（直径）为 0.5～2.0μm。杆菌测量其长与宽度，杆菌的大小（长×宽）为（0.5～1.0）μm×（1～5）μm。螺旋菌量测其宽度与弯曲长度，它们的大小为（0.25～1.7）μm×（2～60）μm。

细菌的大小在个体发育过程中有变化。刚分裂的新细菌小，随发育逐渐变大，老龄细菌变小。例如培养 4h 的枯草杆菌比培养 24h 的长 5～7 倍。细菌的宽度变化小，细菌大小的变化与代谢产物的积累和渗透压增加有关。

三、细菌的细胞结构

细菌是单细胞的微生物。但其内部结构相当复杂。20 世纪 50 年代以前，对细菌的结构及组成知道甚少，随着电子显微镜的使用和生化技术的进展，已逐渐认识了细菌的结构，可分为两部分：一是一般结构，如细胞壁、细胞质膜、细胞质及其内含物、细胞核物质，为全部细菌细胞所共有；二是特殊结构，如芽孢、鞭毛、荚膜、黏液层、菌胶团、衣鞘及光合作用层片等，这些结构只在部分细菌中发现，它们具有某些特定功能，见图 3-2。

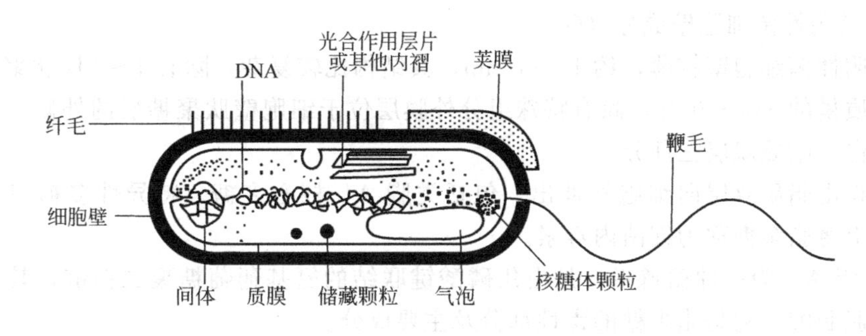

图 3-2 细菌细胞结构模式

(一) 细胞壁

细胞壁是细菌细胞外部一种坚固而具弹性的无生命活性的结构。约占菌体干重的 10%～25%。

除支原体外，几乎所有的细菌都有细胞壁。细菌细胞壁的主要成分是肽聚糖，它使得这层壁坚韧并富有弹性。

肽聚糖是细菌细胞壁中一种特殊成分。它由 *N*-乙酰葡萄糖胺（简写为 G)、*N*-乙酰胞壁酸（简写为 M)，以及短肽等构成。*N*-乙酰葡萄糖胺和 *N*-乙酰胞壁酸交替重复连接成聚糖骨架；短肽靠肽键连接在聚糖骨架的 *N*-乙酰胞壁酸分子上；相邻的短肽交叉联结，形成高强度的网状结构，如图 3-3。不同种类的细菌，组成肽聚糖的聚糖骨架相同，但短肽的组成和相邻短肽间的联结方式不同。如金黄色葡萄球菌的短肽由 *L*-谷氨酸、*D*-谷氨酸、*L*-赖氨酸和 *D*-丙氨酸组成。

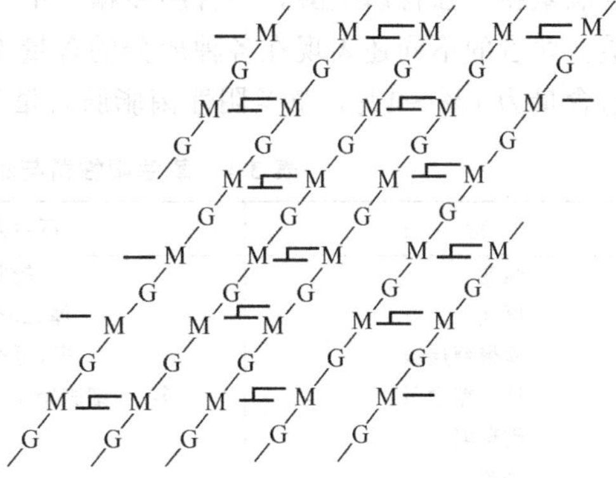

图 3-3 大肠杆菌中肽聚糖单位联结形成肽聚糖片的方式

G 为 *N*-乙酰葡萄糖胺；M 为 *N*-乙酰胞壁酸；粗线为多肽的交联

根据革兰染色法，可将细菌分为革兰阳性菌和革兰阴性菌两大类。两者的化学组成和结构不同。

1. 革兰阳性菌细胞壁成分（G^+）

革兰阳性菌细胞壁较厚，约 20～80nm，结构较为简单。肽聚糖含量丰富，有 15～50 层，每层厚度 1nm，约占细胞壁干质量的 50%～80%。还含有少量蛋白质和脂肪。此外，尚有大量特殊组分磷壁酸。

磷壁酸又名垣酸，是大多数革兰阳性菌所特有的成分，与肽聚糖混居在一起，它由多个核糖醇或甘油以磷酸二酯键连接而成的一种酸性多糖。磷壁酸可为两类。

壁磷壁酸：与肽聚糖分子间发生共价结合，可用稀酸、碱提取
膜磷壁酸：与细胞膜上磷脂共价结合，可用45%热酚水提取

它们的基本结构单位是：R｛甘油或核糖醇｝—磷酸

磷壁酸的作用：①因带负电荷，故可与环境中的Mg^{2+}等阳离子结合，提高这些离子的浓度，以保证细胞膜上一些合成酶维持高活性的需要；②保证革兰阳性致病菌与宿主的粘连；③赋予革兰阳性菌以特异的表面抗原；④提供某些噬菌体以特异的吸附受体。

2. 革兰阴性菌细胞壁成分（G^-）

革兰阴性菌细胞壁较薄，约10～15nm，其结构比较复杂。除有1～2层肽聚糖，约占细胞壁干质量的5%～20%，尚有特殊组分外膜层位于细胞壁肽聚糖层的外侧，包括脂多糖、脂蛋白、脂质双层三部分。

脂多糖由脂质双层向细胞外伸出，包括类脂A、核心多糖、特异性多糖三个组成部分，习惯上将脂多糖称为细菌内毒素。

① 类脂A 为一种糖磷脂，是由焦磷酸键联结的氨基葡萄糖聚二糖链，其上结合有各种长链脂肪酸。它是脂多糖的毒性部分及主要成分。

② 核心多糖 位于类脂A的外层，由己糖、庚糖、2-酮基-3-脱氧辛酸、磷酸乙醇胺等组成。

③ 特异性多糖 在脂多糖的最外层，是由数个至数十个低聚糖（3～5个单糖）重复单位所构成的多糖链。

脂蛋白一端以蛋白质部分共价键连接于肽聚糖的四肽侧链上，另一端以脂质部分经共价键连接于外膜的磷酸上。其功能是稳定外膜并将之固定于肽聚糖层。

革兰阳性菌与革兰阴性菌细胞壁结构的区别见表3-1。由表可知：革兰阳性菌含大量的肽聚糖，独含磷壁酸，不含脂多糖。革兰阴性菌含极少肽聚糖，独含脂多糖，不含磷壁酸。两者的不同还表现在各种成分的含量不同。尤其是脂肪的含量最明显，革兰阳性菌脂肪含量为1%～4%，革兰阴性菌脂肪含量为11%～22%。细胞壁结构如图3-4。

表3-1 革兰阳性菌与革兰阴性菌细胞壁结构的比较

特征	革兰阳性菌	革兰阴性菌
强度	较坚韧	较疏松
厚度	厚,20～80nm	薄,5～10nm
肽聚糖层数	多,可达50层	少,1～3层
肽聚糖含量	多,占细胞壁干质量50%～80%	少,占细胞壁干质量10%～20%
磷壁酸	+	—
外膜	—	+
蛋白质	约20%	约60%
脂肪	1%～4%	11%～22%
结构	三维空间(立体结构)	二维空间(平面结构)

3. 细菌细胞壁的生理功能

细菌细胞壁的生理功能有：①保护细菌。细菌细胞内由于浓集了大量营养物质和高浓度的无机盐，因此渗透压可以达到5～25atm（1atm=101325Pa），在外界相对低渗透压的环境中，如果没有坚韧的细胞壁保护，细菌细胞膜会破裂导致细菌死亡。②维持细菌的固有外形。如果以溶菌酶或低浓度青霉素抑制细菌细胞壁肽聚糖的合成，可使细菌的细胞壁

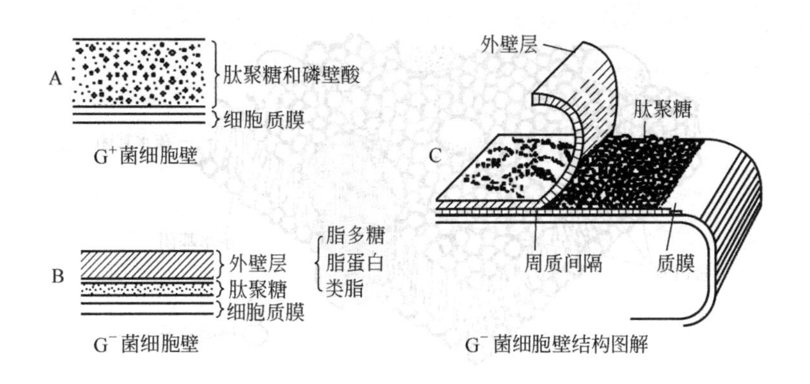

图 3-4　细菌细胞壁的结构

A. 革兰阳性菌的细胞壁；B. 革兰阴性菌的细胞壁；C. 革兰阴性菌细胞壁的图解

形成缺陷，原来的杆菌可以变为球形。③参与物质交换。细胞壁上有许多微孔，允许水分子和小于 1nm 的小分子物质自由通过。④细胞壁为鞭毛提供支点，使鞭毛运动。

4. 细胞壁缺陷型

虽说细胞壁是细菌细胞的一般结构，但在特殊情况下也可发现有几种细胞壁缺损的或无细胞壁的细菌存在。

① 原生质体　指在人工条件下，用溶菌酶除尽原有细胞壁或用青霉素抑制细胞壁的合成后所留下的仅由细胞膜包裹着的细胞。一般由革兰阳性菌形成。

② 球状体　指残留部分细胞壁的原生质体。一般由革兰阴性菌形成。

③ L-型细菌　指在实验室中通过自发突变而形成的遗传性稳定的细胞壁缺陷菌株。在固体培养基上形成呈"油煎蛋状"微菌落。最先为英国 Lister 医学研究所发现命名。

（二）原生质体

原生质体包括细胞质膜（原生质膜）、细胞质及其内含物、细胞核物质。

1. 细胞质膜

细胞质膜又称原生质膜，紧贴在细胞壁内侧，包围细胞质的一层柔软且富有弹性的半透性薄膜，是重要的代谢活动中心，对于细菌的呼吸、能量的产生、运动、生物合成、内外物质的交换运送等均有重要的作用。

（1）细胞质膜化学组成　细胞质膜的质量占菌体的 10%，含有 60%～70%的蛋白质，含 30%～40%的脂类和约 2%的多糖。蛋白质与膜的透性及酶的活性有关。脂类是磷脂，由磷酸、甘油、脂肪酸和含胆碱组成。

（2）细胞质膜的结构（如图 3-5）　原生质膜（细胞膜）埋藏在磷脂双分子层中，是有各种功能的蛋白包括转运蛋白、能量代谢中的蛋白和能够对化学刺激检测和反应的受体蛋白。整合蛋白是完全地与膜连接而且贯穿全膜的蛋白，所以这些蛋白在此区域中有疏水性氨基酸埋藏在脂中。外周蛋白是由于磷脂带正电荷的极性头，只是通过电荷作用与膜松散连接的一类，用盐溶液洗涤可以从纯化的膜上除去。脂类和蛋白质均在运动，而且是彼此之间相对运动。这就是被广泛接受的称作液态镶嵌模式的细胞膜结构模型。

脂双分子层，细胞膜由含有亲水区域的和疏水区域的两亲性分子磷脂组成。在膜中磷脂以双分子层排列，极性头部亲水区指向膜的外表面，而其疏水区脂肪酸的尾部指向膜的内层。结果，膜对于大分子或电荷高的分子成为一个选择渗透屏障，它们不易通过磷脂双

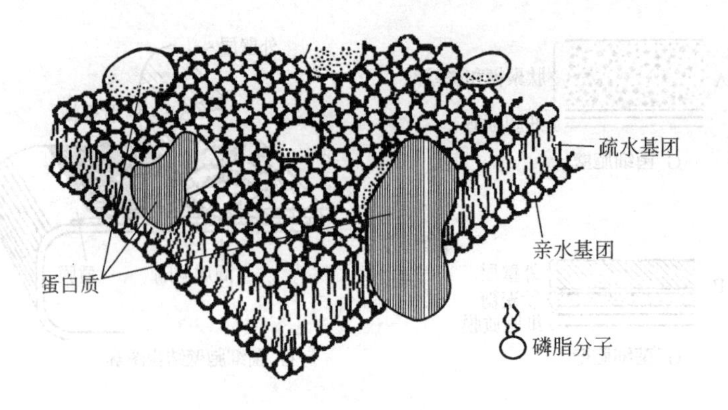

图 3-5　细胞质膜结构模式图

分子的疏水性内层。

（3）细胞质膜的生理功能　细胞质膜的生理功能有：①维持渗透压的梯度和溶质的转移。细胞质膜是半透膜，具有选择性的渗透作用，能阻止高分子通过，并选择性的逆浓度梯度吸收某些低分子进入细胞。由于膜有极性，膜上有各种与渗透有关的酶，还可使两种结构相类似的糖进入细胞的比例不同，吸收某些分子，排出某些分子；②细胞质膜上有合成细胞壁和形成横膈膜组分的酶，故在膜的外表面合成细胞壁；③膜内陷形成的中间体（相当于高等植物的线粒体）含有细胞色素，参与呼吸作用。中间体与染色体的分离和细胞分裂有关，还为 DNA 提供附着点；④细胞质膜上有琥珀酸脱氢酶、NADH 脱氢酶、细胞色素氧化酶、电子传递系统、氧化磷酸化酶及腺苷三磷酸酶（ATPase）。在细胞质膜上进行物质代谢和能量代谢；⑤细胞质膜上有鞭毛基粒，鞭毛由此长出，即为鞭毛提供附着点。

2. 细胞质及内含物

细菌细胞膜以内，核区以外的一切物质统称为细胞质。细胞质为无色透明、黏稠的复杂胶体，亦称原生质。其主要成分是水、蛋白质、核酸、脂类、少量的糖类和无机盐。细菌细胞中的核糖核酸（RNA）含量较高，特别是在生长旺盛的幼龄细菌中，可达到菌体固体成分的 15%～20%，嗜碱性强，易被碱性染料和中性染料着色。成熟细胞的细胞质可形成各种储藏颗粒。老龄菌细胞因缺乏营养，核糖核酸被细菌用做氮源和磷源而降低含量，使细胞着色不均匀，故可通过染色均匀与否判断细菌的生长阶段。

在细胞质内还含有大量的颗粒，称为核糖体，及少量的膜状结构，称间体。还有各种内含颗粒。

（1）核糖体　原核微生物的核糖体是分散在细胞质中的亚微颗粒，是合成蛋白质的部分。它是由 RNA 和蛋白质组成，其中 RNA 约占 60%，蛋白质约占 40%。高速离心时，原核生物核糖体沉降系数均为 70S，由一个 30S 亚基和一个 50S 亚基组成。亚基在适当条件下解离为 RNA 和蛋白质分子。核糖体是蛋白质的合成场所。

（2）间体　间体亦称中体，是细菌细胞质中主要的膜状结构。它由细胞膜内陷折叠而成，多见于革兰阳性菌。间体可增大细胞膜的面积，以增加酶的含量。间体与细胞壁的合成、核质分裂、细菌呼吸以及芽孢形成有关。由于间体具有类似真核细胞线粒体的作用，又称拟线粒体。

（3）内含物　细菌生长到成熟阶段，因营养过剩（通常是缺氮，碳源和能源过剩）形成一些储藏颗粒如：异染粒、聚 β-羟基丁酸、硫粒等。

① 异染粒　异染粒是偏磷酸盐的聚合物。嗜碱性或嗜中性较强，用蓝色染料染色后，不呈蓝色而呈紫红色，故称异染粒。最早见于迂回螺菌细胞内，故又称迂回体或捩转菌素。它是磷源和能源性储藏物，并有降低渗透压的功能。白喉棒杆菌的菌体两端，有特征性的异染颗粒，称极体，在菌种鉴定上有一定意义。在生长的细胞中异染粒含量较多，在老龄细胞中，异染粒作为磷源和能源被消耗而减少。聚磷菌富含异染粒。

② 聚β-羟基丁酸（PHB）颗粒　是β-羟丁酸的多聚体，不溶于水，易被脂溶性染料着色，光学显微镜下可见。羟基丁酸分子呈酸性，当其聚合为聚β-羟基丁酸时，成为中性脂肪酸，从而维持细胞内环境中性。它是碳源和能量的储存物，并可直接或间接用作还原力。在许多细菌细胞质内可发现PHB颗粒。

③ 硫粒　硫磺细菌如贝日阿托菌、发硫菌、紫硫螺菌及绿硫菌生活在含 H_2S 的环境中时，利用 H_2S 作能源，氧化 H_2S 为硫粒积累在菌体内。硫粒是硫素储藏物质，也是某些化能自养型硫细菌，如氧化硫杆菌储存的能源物质，当缺乏营养时，氧化体内硫粒，从中取得能量。硫粒具有很强的折光性，在光学显微镜下极易观察到。

④ 肝糖和淀粉粒　肝糖和淀粉粒两者均能用碘液染色，前者染成红褐色，后者染成深蓝色，肝糖和淀粉粒可用作碳源和能源。

⑤ 气泡　紫色光合细菌和蓝绿细菌含有气泡，借以调节浮力。专性好氧的盐杆菌属体内含气泡量多，在含盐量高的水中嗜盐细菌借助气泡浮到水表面吸收氧气。

⑥ 多肽结晶　有的芽孢杆菌在芽孢形成期于细胞质内形成一种结晶的多肽，称为伴孢晶体，对鳞翅目幼虫有强烈毒性，可用于防治农业害虫。

⑦ 磁粒　磁粒是磁性细菌细胞内特有的串状 Fe_3O_4 的磁性颗粒，磁性细菌藉以感知地球磁场，并使细胞顺磁场方向排列。

通常，一种细菌含一种或两种内含颗粒，如巨大芽孢杆菌只含聚β-羟基丁酸。贝日阿托菌含聚β-羟基丁酸和硫粒。发硫菌只含硫粒。大肠杆菌和产气杆菌只含肝糖。细菌细胞质内含物详情见表3-2。

表3-2　细菌细胞质中的内含物

内含物	存在于	组　成	功　能
聚β-羟基丁酸	许多细菌	主要是PHB	储备碳和能源
硫粒	H_2S 氧化细菌和紫硫光合细菌	液状硫	能源
气泡	许多水生细菌	螺纹蛋白膜	浮力
羧基化体	自养细菌	CO_2 固定酶	固定 CO_2 的部位
绿色体	绿色光合细菌	类脂、蛋白、菌绿素	捕光中心
碳氢内含物	许多利用碳氢化合物的细菌	包裹在蛋白质壳中内含物	能源
磁粒	许多水生细菌	磁铁颗粒	趋磁性
多聚葡糖苷	许多细菌	高分子葡萄糖聚合物	碳源和能源
多聚磷酸盐	许多细菌	高分子磷酸盐聚合物	磷酸盐储藏物
藻青素	许多蓝细菌	精氨酸和天冬氨酸的多肽	氮源
藻胆蛋白体	许多蓝细菌	捕光色素和蛋白质	捕捉光能

3. 拟核

细菌因没有核膜和核仁，脱氧核糖核酸（DNA）位于细胞质中，由一个染色体构成，不同种的细菌之间染色体大小不同（大肠杆菌染色体有 4×10^6 碱基对长）。DNA是环状、致密超螺旋，而且与真核细胞中发现的组蛋白相类似的蛋白质结合。虽然染色体没有核膜包围，但在电子显微镜中常可看到细胞内分离的核区，称为拟核或原始核。

拟核携带着细菌全部遗传信息，它的功能是决定遗传性状和传递遗传信息，是重要的遗传物质。

（三）芽孢

芽孢是由细菌的DNA和外部多层蛋白质及肽聚糖包围而构成。某些细菌于生长后期，在细胞内形成的一个圆形、椭圆形或圆柱形的休眠体，能产生芽孢的多为杆菌，产芽孢母细胞的外壳称芽孢囊。芽孢是分类鉴定依据之一。芽孢在菌体内的位置、形状、大小因种而异，有中央位、端位、近端位等，直径大于或小于等于菌体宽度。梭状芽孢杆菌的芽孢位于菌体中间，其直径大于菌体使菌体成梭状。破伤风杆菌的芽孢位于菌体的一端，使菌体成鼓槌状。好氧芽孢杆菌属和厌氧的梭状芽孢杆菌属的所有细菌都具有芽孢。球菌中只有芽孢八叠球菌属产芽孢。弧菌中只有芽孢弧菌属产芽孢。

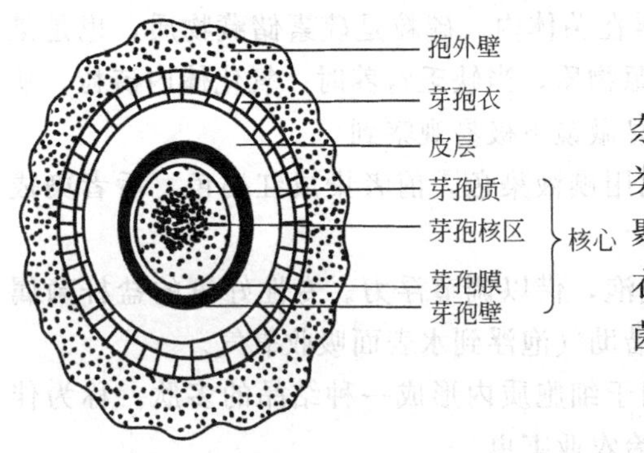

图3-6　芽孢结构模式图

1. 芽孢的形态与结构

芽孢的含水率38%～40%，其结构相当复杂，最里面为核心，含核质、核糖体和一些酶类，由核心壁所包围；核心外面为皮层，由肽聚糖组成；皮层外面是由蛋白质所组成的芽孢衣；最外面是芽孢外壁。一般含内生芽孢的细菌总称为孢子囊，其结构如图3-6。

2. 芽孢的生理特性

芽孢在许多细菌中，主要是芽孢杆菌属和梭菌属产生一种特化的繁殖结构（它无繁殖功能，为抗逆性休眠体）。在光学显微镜下用特殊的芽孢染色（如孔雀绿染色）能够观察到芽孢。由于芽孢有许多层包围细菌遗传物质的结构，使得芽孢具有惊人的、对所有类型环境应力的抗性，例如热、紫外线辐射、化学消毒

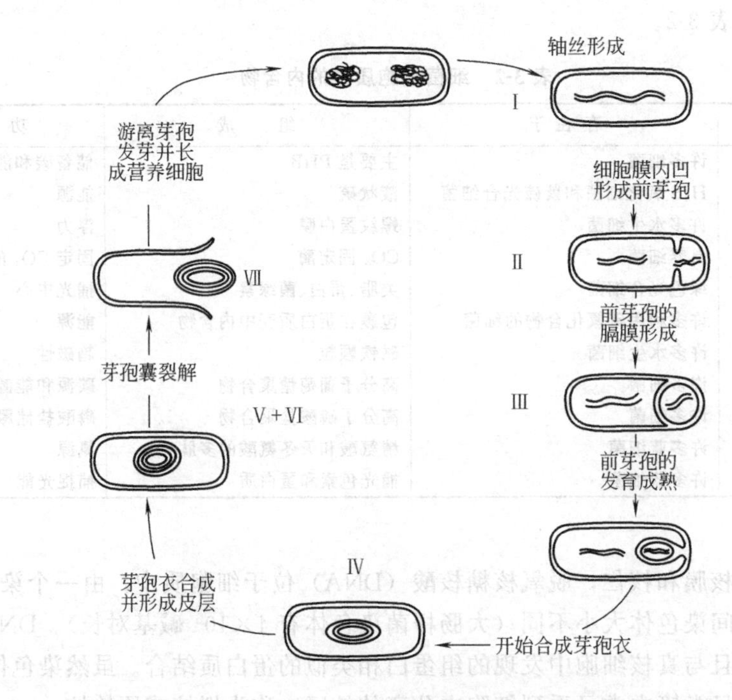

图3-7　芽孢形成的过程

剂和干燥。

3. 芽孢的形成过程

细菌芽孢的形成过程是细胞分化的一个典型例子，如图 3-7 和表 3-3。

表 3-3 细菌芽孢形成阶段

阶段	特　征
0	营养细胞
Ⅰ	DNA 变浓稠
Ⅱ	细胞质膜内陷形成芽孢膈膜，将细胞分成大小不同的两个部分
Ⅲ	前阶段形成的较大部分细胞膜继续沿着小的细胞部分延伸并逐步将它包围，形成具有双层膜的前芽孢
Ⅳ	初生皮层在前芽孢的双层膜之间形成，此时伴有吡啶二羧酸（DPA）的合成与钙离子吸收。皮层主要由肽聚糖组成。同时，在初生皮层形成过程中开始合成外壁
Ⅴ	外膜形成
Ⅵ	皮层形成，芽孢继续发育形成具有对热和化学药物等特殊抗性的芽孢，芽孢成熟
Ⅶ	营养细胞自溶，芽孢游离而出

（四）鞭毛

鞭毛是从细胞质膜和细胞壁伸出细胞外面的蛋白质组成的丝状体结构，使细菌具有运动性。

鞭毛纤细而具有刚韧性，直径仅 20nm，长度达 15～20μm，可以分为三部分：基体、钩形鞘和螺旋丝。

具有鞭毛的细菌基鞭毛数目和在细胞表面分布因种不同而有所差异，是细菌鉴定的依据之一。一般有三类：单生鞭毛、丛生鞭毛和周生鞭毛，如图 3-8。

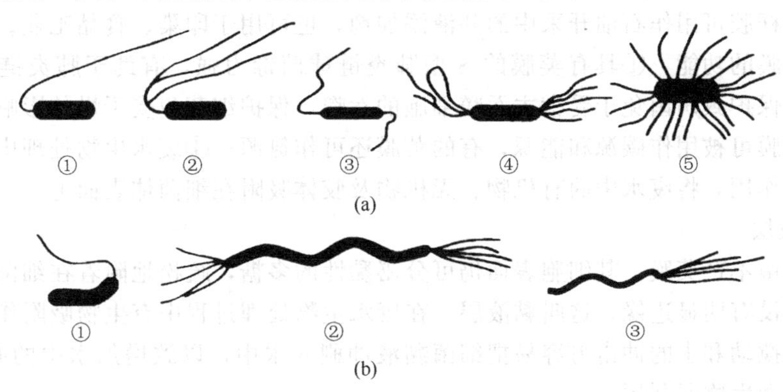

图 3-8 细菌鞭毛的类型

(a) 杆菌：① 极端生；② 亚极端生；③ 两极端生；④ 两束极端生；⑤ 周身

(b) 弧菌：① 单根极端生；② 两束极端生；③ 束极端生

鞭毛与细菌运动有关，如趋化性和趋渗性等。具有鞭毛的细菌都能运动。但贝日阿托菌、透明颤菌、发硫菌的段殖体及黏细菌例外，它们虽然没有鞭毛仍可以运动，这种运动叫滑动。

有些细菌除有鞭毛外还有菌毛和性菌毛。菌毛是细菌细胞表面的一些比鞭毛更细短、直硬的丝状结构，又称伞毛。其量很多，每个菌体细胞约有 150～500 根，其直径为 7～

9nm、长为200～2000nm，仅在电子显微镜下才能观察到。

菌毛不是细菌的运动器官，而是细菌的吸附器官。细菌常可借助菌毛吸附在动植物或其他各种细胞的表面。

在菌毛中还有一类称为性菌毛，它由性质粒所控制，它比一般菌毛稍粗而长，但数量较少。它是细菌接合的工具，在菌体间传递遗传物质。

（五）荚膜、黏液层、菌胶团和衣鞘

1. 荚膜

荚膜是某些细菌向细胞壁表面分泌的一层厚度不定的胶状物质，它犹如穿在菌体表面的一件外套，用电子显微镜观察，中心部位是细菌菌体，在暗色背景下荚膜呈透明状环绕菌体。

(1) 荚膜的结构与组成　荚膜的含水率在90%～98%，荚膜的主要成分为多糖、多肽或蛋白质，尤以多糖居多。巨大芽孢杆菌的荚膜由多糖组成网状结构，其间隙镶嵌以*D*-谷氨酸组成的多肽。炭疽杆菌含多肽（单体为*D*-谷氨酸）。

根据荚膜厚度的不同可分为两种。

① 大荚膜（>200nm），有明显的外缘和一定的形状，较紧密的结合于细胞壁外，将墨水或苯胺黑复染的标本置于光学显微镜下可见。

② 微荚膜（<200nm），与细胞表面结合较紧密，不能用光学显微镜观察到，但可用血清学方法显示。

荚膜的形成与环境条件密切相关。如肠膜状明串珠菌只有生长在含糖量高、含氮量较低的培养基中才能形成荚膜。炭疽杆菌只有在人或动物体内才能形成荚膜。一般情况下产荚膜细菌可对制糖工业造成威胁，由于其大量繁殖使糖的黏度加大影响过滤。同时可引起酒类、牛奶、面包等饮料食品发酸变质。但在一定条件下又可变为有益的物质，如生产人工右旋糖酐时可作为代血浆的主要成分，在临床上可用于抗休克、消肿、解毒等；从荚膜中提取的黄杆胶可用作石油开采中的井液添加剂，也可用于印染、食品工业。

(2) 荚膜的功能　①具有荚膜的S-型肺炎链球菌毒力强，有助于肺炎链球菌侵入人体；②荚膜保护致病菌免于受宿主吞噬细胞的吞噬，保护细菌免受干燥的影响；③当缺乏营养时，荚膜可被用作碳源和能源，有的荚膜还可作氮源；④废水生物处理中的细菌荚膜有生物吸附作用，将废水中的有机物、无机物及胶体吸附在细菌体表面上。

2. 黏液层

有些细菌不产荚膜，其细胞表面仍可分泌黏性的多糖，疏松地附着在细菌细胞壁表面上，与外界没有明显边缘，这叫黏液层。在废水生物处理过程中有生物吸附作用，在曝气池中因曝气搅动和水的冲击力容易把细菌黏液冲刷入水中，以致增加水中的有机物含量，它可被其他微生物所利用。

3. 菌胶团

有些细菌受其遗传特性决定，细菌之间按一定的排列方式互相黏集在一起，被一个公共荚膜包围形成一定形状的细菌集团，叫做菌胶团。菌胶团的形状有球形、蘑菇形、椭圆形、分支状、垂线状及不规则形。上述菌胶团在活性污泥中均有发现，菌胶团在污水生物处理中对活性污泥的形成、作用与沉降性能等均有重要影响。

4. 衣鞘

水生环境中的丝状菌多数有衣鞘，如球衣菌属、纤发菌属、发硫菌属、亮发菌属、泉发菌属等丝状体表面的黏液层或荚膜硬质化，形成一个透明坚韧的空壳，叫衣鞘。

荚膜、黏液层、衣鞘和菌胶团对染料的亲和力极低，很难着色，都用衬托法染色。

四、细菌的繁殖

（一）细菌生长繁殖的条件

（1）营养物质　必须有充足的营养物质才能为细菌的新陈代谢及生长繁殖提供必需的原料和足够的能量。主要是水，无机盐类、蛋白质、糖类等。有的细菌还需要血液、血卵黄、各种氨基酸及某些生长因子（主要是维生素B族化合物）。

（2）温度　细胞生长的温度极限为－7～90℃。各类细菌对温度的要求不同，可分为嗜冷菌，最适生长温度为（10～20℃）；嗜温菌，20～40℃；嗜热菌，在高至56～60℃生长最好。

有些嗜温菌低温下也可生长繁殖，如5℃冰箱内，金黄色葡萄球菌缓慢生长释放毒素，故食用过夜冰箱冷存食物，可致食物中毒。

（3）酸碱度　在细菌的新陈代谢过程中，酶的活性在一定的pH范围才能发挥。多数病原菌最适pH为中性或弱碱性（pH为7.2～7.6）。个别细菌在碱性条件下生长良好，如霍乱弧菌在pH 8.4～9.2时生长最好；也有的细菌最适pH偏酸，如结核杆菌（pH 6.5～6.8）、乳本乡杆菌（pH 5.5）。细菌代谢过程中分解糖产酸，pH下降，影响细菌生长，所以培养基中应加入缓冲剂，保持pH稳定。

（4）气体　有的细菌（如结核杆菌）必须在有空气或氧气的条件下才能生长，称为需氧菌；相反，有的细菌（如破伤风杆菌）必须在无氧条件下才能生长，称为厌氧菌。但许多细菌则在需氧或厌氧的条件下都可生长，称为兼性厌氧菌。一般细菌代谢中都需CO_2，但大多数细菌自身代谢所产生CO_2的即可满足需要。有些细菌，如脑膜炎双球菌在初次分离时需要较高浓度的CO_2（5%～10%），否则生长很差甚至不能生长。

（5）湿度　细菌生长需要一定湿度，干燥对细菌有害。

（6）渗透压　在细菌的营养物中常加入0.5%氯化钠，以维持环境中适宜的渗透压。

（二）细菌生长繁殖的方式与速度

细菌的生长繁殖包括菌体各组分有规律的增长及菌体数量的增加。

细菌以简单的二分裂方式进行无性繁殖，其突出的特点为繁殖速度极快。细菌分裂倍增的必需时间，称为代时，细菌的代时决定于细菌的种类，同时又受环境条件的影响，细菌代时一般为20～30min，个别种类较慢，如结核杆菌代时为18～20h，梅素螺旋体为33h。

1. 细菌个体的生长繁殖

细菌一般以简单的二分裂法进行无性繁殖（图3-9），个别细菌如结核杆菌偶有分支繁殖的方式。在适宜条件下，多数细菌繁殖速度极快，分裂一次需时仅20～30min。球菌可从不同平面分裂，分裂后形成不同方式排列。杆菌则沿横轴分裂。细菌分裂时，菌细胞首先增大，染色体复制。在革兰阳性菌中，细菌染色体与中间体相连，当染色体复制时，中间体也一分为二，各向两端移动，分别拉着复制好的一根染色体移到细胞的一侧。接着细胞中部的细

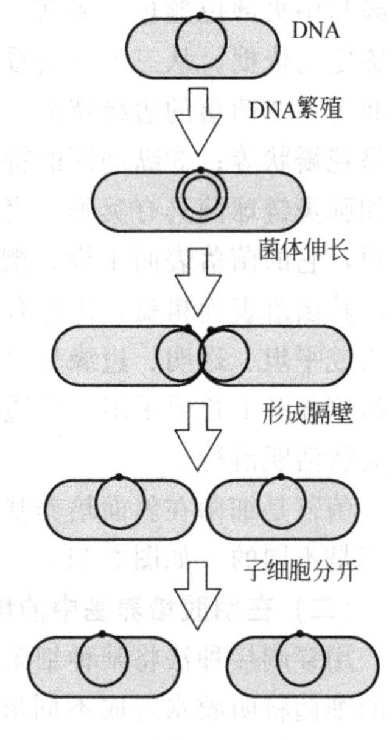

图3-9　细菌的二分裂法繁殖

胞膜由外向内陷入，逐渐伸展，形成横膈。同时细胞壁亦向内生长，成为两个子代细胞的胞壁，最后由于肽聚糖水解酶的作用，使细胞壁肽聚糖的共价键断裂，分裂成为两个细胞。革兰阴性菌无中间体，染色体直接连接在细胞膜上。复制产生的新染色体则附着在邻近的一点上，在两点之间形成新的细胞膜，将两团染色体分离在两侧。最后细胞壁沿横膈内陷，整个细胞分裂成两个子代细胞。

2. 细菌群体生长繁殖规律

细菌繁殖速度之快是惊人的。大肠杆菌的代时为20min，以此计算，在最佳条件下8h后，1个细胞可繁殖到200万上，10h后可超过10亿，24h后，细菌繁殖的数量可庞大到难以计数的程度。但实际上，由于细菌繁殖中营养物质的消耗，毒性产物的积聚及环境pH的改变，细菌绝不可能始终保持原速度无限增殖，经过一定时间后，细菌活跃增殖的速度逐渐减慢，死亡细菌逐增、活菌率逐减。细菌群体繁殖规律将在后续的章节中详细介绍。

五、细菌的培养特征

细菌的培养特征有多种，主要包括以下内容：①在固体培养基上，观察菌落大小、形态、颜色（色素是水溶性还是脂溶性）、光泽度、透明度、质地、隆起形状、边缘特征及迁移性等。②在半固体培养基上穿刺接种，观察运动、扩散情况。③在液体培养基中的表面生长情况（菌膜、环）、浑浊度及沉淀等。以上培养特征均可以用以鉴定细菌或判断细菌的呼吸类型和运动性。

（一）细菌在固体培养基上培养特征

单个或少数细菌细胞生长繁殖后，会形成以母细胞为中心的一堆肉眼可见、有一定形态构造的子细胞集团，这就是菌落。菌落特征是细菌在固体培养基上的培养特征。

用稀释平板法和平板划线法将呈单个细胞的细菌接种在固体培养基上，给予一定的培养条件，细菌就可在固体培养基上迅速生长繁殖形成一个由无数细菌组成的群落，即菌落。细菌菌落常表现为湿润、黏稠、光滑、较透明、易挑取、质地均匀以及菌落正反面或边缘与中央部位颜色一致等。细菌的菌落特征因种而异，如图3-10。故菌落特征也是分类鉴定的依据。从三个方面看菌落的特征：①菌落表面的特征，光滑还是粗糙，干燥还是湿润等；②菌落的边缘特征，有圆形，边缘整齐，呈锯齿状，边缘伸出卷曲呈毛发状，边缘呈花瓣状等；③纵剖面的特征，平坦、扁平、隆起、凸起、草帽状、脐状、乳头状等。例如肺炎链球菌具有荚膜，表面光滑、湿润、黏稠，称为光滑型菌落；枯草芽孢菌不具有荚膜，它的菌落表面干燥、褶皱、平坦，称为粗糙型菌落；伞状芽孢杆菌的细胞是链状的，其菌落表面粗糙，边缘有毛状凸起并卷曲；浮游球衣菌在0.1%水解酪素固体培养基上长成平坦、透明、边缘呈卷曲毛发状的菌落；贝日阿托菌在含醋酸钠、硫化钠及过氧化氢的培养基上长成平坦、半透明、圆盘或椭圆状的菌落，在培养基上其菌体（毛发体）呈盘旋状活跃滑行。

菌苔是细菌在斜面培养基接种线上长成的一片密集的细菌群落，不同属种细菌的菌苔形态是不同的，如图3-11。

（二）在明胶培养基中的培养特征

用穿刺接种法将某种细菌接种在明胶培养基中培养，能产生明胶水解酶水解明胶，不同的细菌将明胶水解成不同形态的溶菌区，如图3-12，依据这些不同形态的溶菌区或溶菌与否可将细菌进行分类。

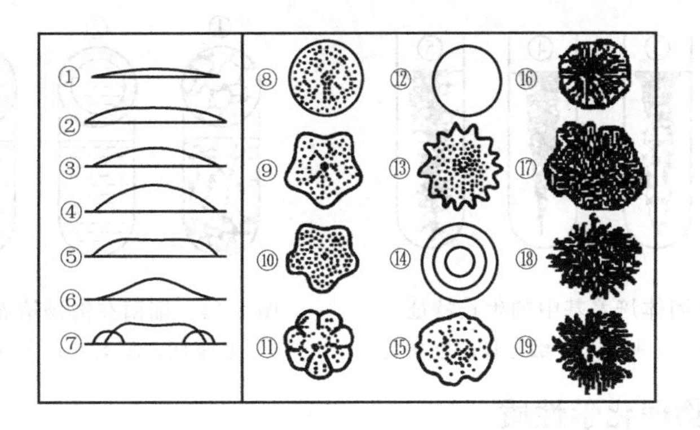

图 3-10　几种细菌菌落的特征

纵剖面：① 扁平；② 隆起；③ 低凸起；④ 高凸起；⑤ 脐状；⑥ 草帽状；⑦ 乳头状表面结构、形状及边缘；

横剖面：⑧ 圆形，边缘整齐；⑨ 不规则，边缘波浪；⑩ 不规则，颗粒状，边缘叶状；⑪ 规则，放射状，边缘花瓣形；⑫ 规则，边缘整齐，表面光滑；⑬ 规则，边缘齿状；⑭ 规则，有同心环，边缘完整；⑮ 不规则似毛毯状；⑯ 规则似菌丝状；⑰ 不规则，卷发状，边缘波浪；⑱ 不规则，丝状；⑲ 不规则，根状

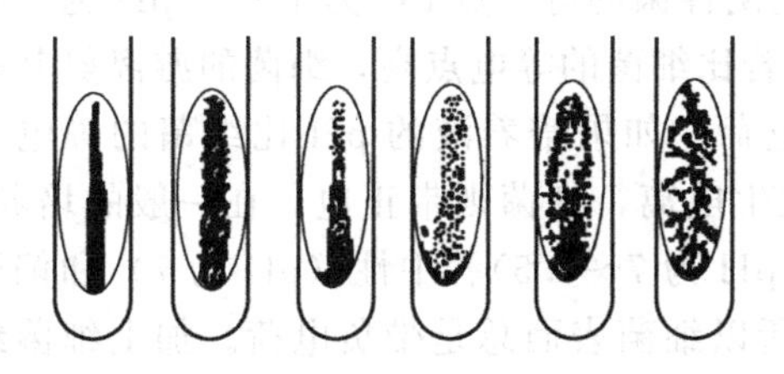

图 3-11　在斜面培养基上的菌苔特征

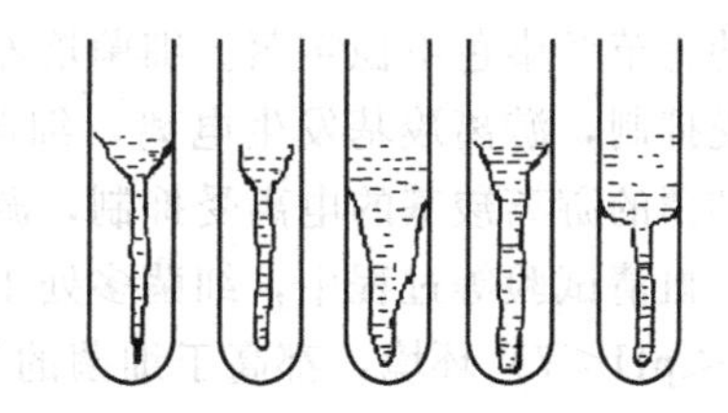

图 3-12　在明胶培养基中的生长特征

（三）细菌在半固体培养基中的培养特征

用穿刺接种技术将细菌接种在含 0.3%～0.5%琼脂半固体培养基中培养，细菌可呈现出各种生长状态，如图 3-13。根据细菌的生长状态判断细菌的呼吸类型和鞭毛有无，能否运动。

可依据如下生长状况判断细菌呼吸类型：如果细菌在培养基的表面及穿刺线的上部生长者为好氧菌。沿着穿刺线自上而下生长者为兼性厌氧菌或兼性好氧菌。如果只在穿刺线的下部生长者为厌氧菌。

根据如下生长状况判断细菌是否运动：如果只沿着穿刺线生长者为没有鞭毛，不运动的细菌；如果不但沿着穿刺线生长而且穿透培养基扩散生长者为有鞭毛，运动的细菌。

（四）细菌在液体培养基中的培养特征

在液体培养基中，细菌整个个体与培养基接触，可以自由扩散生长。它的生长状态随细菌属、种的特征而异，如图 3-14。大致可以分为四种：①多数细菌呈现均匀浑浊（表现均匀生长）；②部分形成菌膜（专性需氧菌），在液体培养基表面上形成菌膜，液体透明或者稍浑浊；③形成菌环，在液体中间形成一圈环状物形成沉淀；④在液体底部形成沉淀。

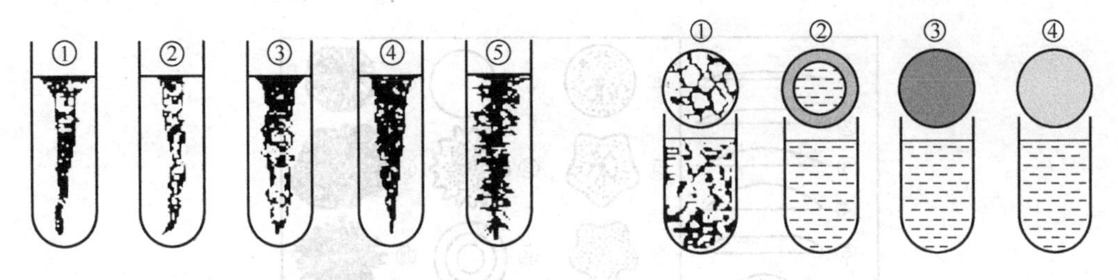

图 3-13 细菌在半固体培养基中的生长特征
① 丝状；② 念珠状；③ 乳头状；④ 绒毛状；⑤ 树状

图 3-14 细菌在肉汤培养基中的生长特征
① 絮状；② 环状；③ 菌膜；④ 薄膜状

六、细菌的物理化学性质

(一) 细菌的表面电荷和等电点

细菌体含有 50%以上的蛋白质。蛋白质由 20 种氨基酸按一定的排列顺序由肽键连接组成。氨基酸是两性电解质，在碱性溶液中表现出带负电荷，在酸性溶液中表现出带正电荷，在某一定 pH 溶液中，氨基酸所带的正电荷和负电荷相等时的 pH，称为该氨基酸的等电点。由氨基酸构成的蛋白质也是两性电解质，也呈现一定的等电点。细菌细胞壁表面含表面蛋白，所以，细菌也具有两性电解质的性质，它们也有各自的等电点。根据细菌在不同 pH 溶液中对一定染料的着色性，根据细菌对阴、阳离子的亲和性，根据细菌在不同 pH 的电场中的泳动方向，都可用相应的方法测得细菌的等电点。已知细菌的等电点 pH 为 2～5。革兰阳性菌的等电点 pH 为 2～3，革兰阴性菌的等电点 pH 为 4～5，pH 为3～4 之间的为革兰染色不稳定菌。细菌培养液的 pH 若比细菌的等电点高，细菌的游离氨基的电离受抑制，游离羧基发生电离，细菌则带负电荷。如果培养液的 pH 比细菌的等电点低，细菌的游离羧基的电离受抑制，游离氨基发生电离，细菌则带正电。在一般的培养、染色、血清试验等过程中，细菌多处于偏碱性（pH 为 7～7.5）、中性（pH 为 7）和偏酸性（6<pH<7）环境，都高于细菌的等电点，所以细菌表面总是带负电荷。加上细菌细胞壁的磷壁酸含有大量酸性较强的磷酸基，更加导致细菌表面带负电。

(二) 细菌的染色原理及染色方法

1. 细菌的染色原理

细菌菌体无色透明，在显微镜下由于菌体与背景反差小，不易看清菌体的形态和结构。用染色液染菌体，以增加菌体与背景的反差，在显微镜下则可清楚看见菌体的形态。

微生物染色的基本原理，是借助物理因素和化学因素的作用而进行的。物理因素如细胞及细胞物质对染料的毛细现象、渗透、吸附作用等。化学因素则是根据细胞物质和染料的不同性质而发生的各种化学反应。酸性物质对于碱性染料较易吸附，且吸附作用稳固；同样，碱性物质对酸性染料较易于吸附。如酸性物质细胞核对于碱性染料就有化学亲和力，易于吸附。但是，要使酸性物质染上酸性染料，必须把它们的物理形式加以改变（如改变 pH），才利于吸附作用的发生。相反，碱性物质（如细胞质）通常仅能染上酸性染料，若把它们变为适宜的物理形式，也同样能与碱性染料发生吸附作用。

根据细菌等电点较低，在中性、碱性或弱酸性溶液中，菌体蛋白质电离后带负电荷的特点，在细菌学上常用碱性染料进行染色。因为碱性染料电离时染料离子带正电荷，带负电荷的细菌易和带正电荷的碱性染料进行结合。

影响染色的其他因素，还有菌体细胞的构造和其外膜的通透性，如细胞膜的通透性、膜孔的大小和细胞结构完整与否，在染色上都起一定作用。此外，培养基的组成、菌龄、染色液中的电介质含量和pH、温度、药物的作用等，也都能影响细菌的染色。

2. 染料的种类和选择

染料分为天然染料和人工染料两种。天然染料有胭脂虫红、地衣素、石蕊和苏木素等，它们多从植物体中提取得到，其成分复杂，有些至今还未搞清楚。目前主要采用人工染料，也称煤焦油染料，多从煤焦油中提取获得，是苯的衍生物。多数染料为带色的有机酸或碱类，难溶于水，而易溶于有机溶剂中。为使它们易溶于水，通常制成盐类。

染料可按其电离后染料离子所带电荷的性质，分为酸性染料、碱性染料、中性（复合）染料和单纯染料四大类。

① 酸性染料　这类染料电离后染料离子带负电，如伊红、刚果红、藻红、苯胺黑、苦味酸和酸性复红等，可与碱性物质结合成盐。当培养基因糖类分解产酸使pH下降时，细菌所带的正电荷增加，这时选择酸性染料，易被染色。

② 碱性染料　这类染料电离后染料离子带正电，可与酸性物质结合成盐。微生物实验室一般常用的碱性染料有美兰、甲基紫、结晶紫、碱性复红、中性红、孔雀绿和蕃红等，在一般的情况下，细菌易被碱性染料染色。

③ 中性（复合）染料　酸性染料与碱性染料的结合物叫做中性（复合）染料，如瑞脱染料和基姆萨染料等，后者常用于细胞核的染色。

④ 单纯染料　这类染料的化学亲和力低，不能和被染的物质生成盐，其染色能力视其是否溶于被染物而定，因为它们大多数都属于偶氮化合物，不溶于水，但溶于脂肪溶剂中，如紫丹类的染料。

3. 制片和染色的基本程序

微生物的染色方法很多，各种方法应用的染料也不尽相同，但是一般染色都要通过制片及一套染色操作程序。

① 制片　在干净的载玻片上滴上一滴蒸馏水，用接种环进行无菌操作，挑取培养物少许，置载玻片的水滴中，与水混合做成悬液并涂成直径约1cm的薄层，为避免因菌数过多聚成集团，不利观察个体形态，可在载玻片之一侧再加一滴水，从已涂布的菌液中再取一环于此水滴中进行稀释，涂布成薄层，若材料为液体培养物或固体培养物中洗下制备的菌液，则直接涂布于载玻片上即可。

② 自然干燥　涂片最好在室温下使其自然干燥，有时为了使之干得更快些，可将标本面向上，手持载玻片一端的两侧，小心地在酒精灯上高处微微加热，使水分蒸发，但切勿紧靠火焰或加热时间过长，以防标本烤枯而变形。

③ 固定　标本干燥后即进行固定，目的是杀死微生物，固定细胞结构；保证菌体能更牢地黏附在载玻片上，防止标本被水冲洗掉；改变染料对细胞的通透性，因为死的原生质比活的原生质易于染色。

固定常常利用高温，手执载玻片的一端（涂有标本的远端），标本向上，在酒精灯火焰外层尽快的来回通过3～4次，共约2～3s，并不时以载玻片背面加热触及皮肤，不觉过烫为宜（不超过60℃），放置待冷后，进行染色。

④ 染色　标本固定后，滴加染色液。染色的时间各不相同，视标本与染料的性质而定，有时染色时还要加热。染料作用标本的时间平均约1～3min，而所有的染色时间内，整个涂片（或有标本的部分）应该浸在染料之中。

若进行复合染色，在媒染处理时，媒染剂与染料形成不溶性化合物，可增加染料和细菌的亲和力。一般固定后媒染，但也可以结合固定或染色同时进行。

⑤ 脱色　用醇类或酸类处理染色的细胞，使之脱色。可检查染料与细胞结合的稳定程度，鉴别不同种类的细菌。常用的脱色剂是95%酒精和3%盐酸溶液。

⑥ 复染　脱色后再用一种染色剂进行染色，与不被脱色部位形成鲜明的对照，便于观察。革兰染色在酒精脱色后用蕃红，石炭酸复红，就是复染。

⑦ 水洗　染色到一定的时候，用细小的水流从标本的背面把多余的染料冲洗掉，被菌体吸附的染料则保留。

⑧ 干燥　着色标本洗净后，将标本晾干，或用吸水纸把多余的水吸去，然后晾干或微热烘干，用吸水纸时，切勿使载玻片翻转，以免将菌体擦掉。

⑨ 镜检　干燥后的标本可用显微镜观察。

综上所述，染色的基本程序如下。

制片→固定→媒染→染色→脱色→复染→水洗→干燥→镜检。

4. 染色方法

微生物染色方法一般分为单染色法和复染色法两种。前者用一种染料使微生物染色，但不能鉴别微生物。复染色法是用两种或两种以上染料，有协助鉴别微生物的作用，故亦称鉴别染色法。常用的复染色法有革兰染色法和抗酸性染色法，此外还有鉴别细胞各部分结构的（如芽孢、鞭毛、细胞核等）特殊染色法。其中常用的是单染色法和革兰染色法。

（1）单染色法　用一种染色剂对涂片进行染色，简便易行，适于进行微生物的形态观察。在一般情况下，细菌菌体多带负电荷，易于和带正电荷的碱性染料结合而被染色。因此，常用碱性染料进行单染色，如美兰、孔雀绿、碱性复红、结晶紫和中性红等。若使用酸性染料，多用刚果红、伊红、藻红和酸性品红等。使用酸性染料时，必须降低染液的pH值，使其呈现强酸性（低于细菌菌体的等电点），让菌体带正电荷，才易于被酸性染料染色。

单染色一般要经过涂片、固定、染色、水洗和干燥五个步骤。

染色结果依染料不同而不同：石炭酸复红染色液：着色快，时间短，菌体呈红色；美蓝染色液：着色慢，时间长，效果清晰，菌体呈蓝色；草酸铵结晶染色液：染色迅速，着色深，菌体呈紫色。

（2）革兰染色法　革兰染色法是细菌学中广泛使用的一种鉴别染色法，1884年由丹麦细菌学家Chistain Gram创立。

细菌先经碱性染料结晶染色，再经碘液媒染后，用酒精脱色，在一定条件下有的细菌颜色不被脱去，有的可被脱去，因此可把细菌分为两大类，前者叫做革兰阳性菌，后者为革兰阴性菌。为观察方便，脱色后再用一种红色染料如碱性蕃红等进行复染。阳性菌仍带紫色，阴性菌则被染上红色。有芽孢的杆菌和绝大多数球菌，以及所有的放线菌和真菌都呈革兰正反应；弧菌，螺旋体和大多数致病性的无芽孢杆菌都呈现负反应。

革兰阳性菌和革兰阴性菌在化学组成和生理性质上有很多差别，染色反应不一样。现在一般认为革兰阳性菌体内含有特殊的核蛋白质镁盐与多糖的复合物，它与碘和结晶紫的复合物结合很牢，不易脱色，阴性菌复合物结合程度低，吸附染料差，易脱色，这是染色反应的主要依据。

另外，阳性菌菌体等电点较阴性菌为低，在相同pH条件下进行染色，阳性菌吸附碱性染料很多，因此不易脱去，阴性菌则相反。所以染色时的条件要严格控制。例如，在强碱的条件下进行染色，两类菌吸附碱性染料都多，都可呈正反应；pH很低时，则可都呈负反应。此外，两类菌的细胞壁等对结晶紫-碘复合物的通透性也不一致，阳性菌透性小，故不易被脱色，阴性菌透性大，易脱色。所以脱色时间，脱色方法也应严格控制。

革兰染色法一般包括初染、媒染、脱色、复染等四个步骤，具体操作方法如下。

① 涂片固定。

② 草酸铵结晶紫染 1min。

③ 自来水冲洗。

④ 加碘液覆盖涂面染 1min。

⑤ 水洗，用吸水纸吸去水分。

⑥ 加 95%酒精数滴，并轻轻摇动进行脱色，30s 后水洗，吸去水分。

⑦ 蕃红染色液（稀）染 10s 后，自来水冲洗。干燥，镜检。

染色的结果，革兰正反应菌体都呈紫色，负反应菌体都呈红色。

（三）细菌悬液的稳定性

细菌在液体培养基中的存在状态有稳定的和不稳定的两种，稳定的叫 S 型，即光滑型。S 型菌悬液很稳定，它整个菌体为亲水基，均匀分布于培养基中，不发生凝聚，只在电解质浓度高时才发生凝聚。另一种不稳定的为粗糙型，叫 R 型。它具有强电解质，菌悬液很不稳定容易发生凝聚而沉淀在瓶底，培养基很清。细菌的这种分布状态取决于细菌表面的解离层、细菌表面的亲水基和疏水基的比例及平衡。

细菌悬液的稳定性和不稳定性在水处理工业中有极为重要的意义。尤其是在污水、废水生物处理中的二次沉淀池（以下简称二沉池），其沉淀效果与细菌悬液在水中稳定的程度关系密切。二沉池中的细菌悬液发生不稳定可取得好的沉淀效果。因此，要使活性污泥中粗糙型（R 型）细菌的数量占优势，投加强电解质（表面不活性剂），改变活性污泥的表面张力，可改善活性污泥的沉淀效果。

（四）细菌悬液的浑浊度

细菌体呈半透明状态，光线照射菌体时，一部分光线透过菌体，一部分光线被折射。所以，细菌悬液呈现浑浊现象。可用目力比浊、光电比色计、比浊计等测其浑浊度，可略知其数目（包括活菌和死菌）。

（五）细菌悬液的多相胶体性质

细菌的多相胶体性质，它们的成分和功能各不相同，所以细胞质是多相胶体，某一相吸收一组物质进行生化反应，另一相又吸收另一组物质进行另一种生化反应，在一个细菌体内可进行多种生化反应。

（六）细菌的比表面积

细菌体积微小，但其有巨大的比表面积，这有利于吸附和吸收营养物，有利于排泄代谢产物，使细菌生长繁殖加快。

（七）细菌的密度和质量

细菌的密度在 1.07～1.19（1.09）之间，细菌的密度与菌体所含的物质有关。蛋白质的密度为 1.5，糖的密度为 1.4～1.6，核酸的密度为 2，无机盐的密度为 2.5，脂类的密度小于 1，整个菌体的密度略大于水的密度。

将群体细菌的质量除以细菌的数目即得每个细菌的质量，单个细菌的质量约为 $1\times10^{-9}\sim1\times10^{-10}$ mg。

七、水处理工程中常见的菌属

水污染控制工程研究中所涉及的细菌，几乎包括所有细菌的纲、目。下面介绍一些常见的菌属。

(一) 微球菌属

球状，直径为0.5～2.0μm，单生、对生和特征性的向几个平面分裂形成不规则堆圆、四联或立方堆。革兰染色阳性，但易变成阴性，有少数种运动。在普通肉汁胨培养基上生长，可产生黄色、橙色、红色色素。属化能异养菌，严格好氧，能利用多种有机碳化物为碳源和能源。最适生长温度为20～28℃，主要生存于土壤、水体、牛奶和其他食品中。

(二) 链球菌属

细胞球状或卵球状，排列成链或成对。直径很少有超过2.0μm的，不运动，少数肠球菌运动，革兰染色阳性，有的种有荚膜。属化能异养菌，发酵代谢，主要产乳酸，但不产气，为兼性厌氧菌。营养要求高，在普通培养基中生长不良，最适生长温度为37℃。本属的菌可分为致病性和非致病性两大类，广泛分布于自然界，如水体、乳制品、尘埃、人和动物的粪便以及健康人的咽喉部。

(三) 葡萄球菌属

球状，直径为0.5～1.5μm，单个，成对出现，典型的是繁殖时呈现多个平面的不规则分裂，堆积成葡萄串状排列。不运动，一般不形成荚膜，菌落不透明，革兰染色阳性，属化能异养菌，营养要求不高，在普通培养基上生长良好。兼性厌氧，最适生长温度为37℃。本属菌广泛分布于自然界，如空气、土壤、水及物品上，也经常存在于人和动物的皮肤上以及与外界相通的腔道中，大部分是不致病的腐物寄生菌。

(四) 假单胞菌属

杆菌，单细胞，偏端单生或偏端丛生鞭毛，无芽孢的革兰染色阴性细菌，大小为(0.5～1.0)μm×(1.5～4.0)μm。大多为化能异养菌，利用有机碳化物为碳源和能源，但少数是化能自养菌，利用 H_2 和 CO_2 为能源，专性好氧或兼性厌氧。在普通培养基上生长良好，可利用种类广泛的基质，如樟脑、酚等。本属细菌种类很多，达200余种，有些种能在4℃生长，属于嗜冷菌。在自然界中分布极为广泛，常见于土壤、淡水、海水、废水、动植物体表以及各种含蛋白质的食品中。

(五) 动胶菌属

杆菌，大小为(0.5～1.0)μm×(1.0～3.0)μm，偏端单生鞭毛运动，在自然条件下，菌体群集于共有的菌胶团中，特别是碳氮比相对高时更是如此。革兰染色阴性，专性好氧，化能异养，最适温度28～30℃，广泛分布于自然水体和废水中，是废水生物处理中的重要细菌。

(六) 产碱菌属

杆菌，大小为(0.5～1.0)μm×(0.5～2.6)μm，周生鞭毛运动，无芽孢，革兰染色阴性。属化能异养型，呼吸代谢，从不发酵，分子氧是最终电子受体，严格好氧。有些菌株能利用硝酸盐或亚硝酸盐作为可以代换的电子受体进行兼性厌氧呼吸。最适温度在20～37℃之间。产碱杆菌一般认为都是腐生的，广泛分布于乳制品、淡水、废水、海水以及陆地环境中，参与其中的物质分解和矿质化的过程。

(七) 埃希菌属

直杆菌，大小为(1.1～1.5)μm×(2.0～6.0)μm(活菌)或(0.4～0.7)μm×(1.0～3.0)μm(干燥和染色)，单个或成对，周生鞭毛运动或不运动，无芽孢，革兰染色阴性。本属主要描述的是大肠埃希菌，即大肠杆菌，因为蟑螂埃希菌没有很多的研究，并仅有少数菌株。有些菌株能形成荚膜，可能有伞毛或无伞毛。化能异养型，兼性厌氧。在好氧条件下，进行呼吸代谢。在厌氧条件下进行混合酸发酵，产生等量的H_2和CO_2，产酸产气。最适温度为37℃，最适pH为7，在营养琼脂上生长良好，37℃培养24h，形成光滑、无色、略不透明、边缘光滑的低凸型菌落，直径为1～3mm。广泛分布于水、土壤以及动物和人的肠道内。

大肠杆菌是肠道的正常寄生菌，能合成维生素B和维生素K，能产生大肠菌素，对人的机体是有利的。但当机体抵抗力下降或大肠杆菌侵入肠外组织或器官时，则又是条件致病菌，可引起肠外感染。由于大肠杆菌系肠道正常寄生菌，一旦在水体中出现，便意味着直接或间接地被粪便污染，所以卫生细菌学用作饮水、牛乳或食品的卫生检测指标。在微生物学上，有些大肠杆菌的菌株是研究细菌的细胞形态、生理生化和遗传变异的重要材料。

（八）短杆菌属

短杆菌，单个，成对或呈短链排列。大小为（0.5～1.0）μm×（1.0～1.5）μm，少数可以达0.3μm×0.5μm，大多数以周生鞭毛或偏端生鞭毛运动或不运动，无芽孢，革兰染色阳性。在普通营养琼脂上生长良好。有时产生红、橙红、黄、褐色的脂溶性色素。属化能异养型，好氧，在20%或更高的氧分压下生长最好。分布于乳制品、水和土壤中。

（九）芽孢杆菌属

杆菌，大小为（0.3～2.2）μm×（1.2～7.0）μm，大多数有鞭毛，形成芽孢，革兰染色阳性。在一定条件下有些菌株能形成荚膜，有的能产生色素。芽孢杆菌为腐生菌，广泛分布于水和土壤中，有些种则是动物致病菌。属于化能异养型，利用各种底物，严格好氧或兼性厌氧，代谢为呼吸型或兼性发酵；有些种进行硝酸盐呼吸。本菌能分解葡萄糖产酸，但不产气。

（十）弧菌属

短的无芽孢的杆菌，弧状或直的，大小为0.5μm×（1.5～3.0）μm，单个或有时联合成S形或螺旋状。革兰染色阴性，无荚膜。在普通营养培养基上生长良好和迅速。有偏端单生鞭毛，运动活泼。化能异养型，呼吸和发酵代谢，好氧或兼性厌氧。最适的温度范围为18～37℃，对酸性环境敏感，但能生长在pH为9～10的基质中。弧菌广泛分布于自然界，尤以水中多见。本菌属包括弧菌100多种，其中的霍乱弧菌能引起霍乱这一烈性的肠道传染病。

第二节　放　线　菌

放线菌与细菌同属原核微生物，是一类具有丝状分支细胞的细菌，因菌落呈放射状而得名。

放线菌多为腐生（即分解已死的生物或其他有机物以维持自身的正常生活的一种生活方式），少数为寄生（即一种生物寄居于另一种生物体内或体表，从而摄取营养以维持生命的生活方式）。腐生型放线菌在自然界物质循环中起积极作用，促进土壤形成团粒结构，改良土壤。在有机固体废物的填埋和堆肥发酵及废水生物处理中起积极作用。寄生型放线菌可引起人和动植物的疾病。放线菌在自然界分布很广，主要存在于土壤中，在中性或偏碱性、有机质丰富的土壤中较多。土壤特有的泥腥味主要是放线菌产生的代谢物引起的，在空气、淡水、海水等处放线菌也有一定的分布。

放线菌对人类最突出的贡献是它能产生大量的、种类繁多的抗生素。到目前为止，在医药、农业上使用的大多数抗生素都是由放线菌生产的，如链霉素、土霉素、金霉素、卡那霉素、庆大霉素、庆丰霉素、井冈霉素等。已经分离得到的放线菌产生的抗生素种类已达 4000 种以上。

除枝动菌属为革兰阴性菌以外，其余全部放线菌均为革兰阳性菌。

一、放线菌的形态结构

放线菌是由分支状菌丝体构成的原核生物，其细胞壁的主要成分是肽聚糖。菌丝的直径通常在 0.5～1μm，与杆菌差不多，但不同种类的长度不同。菌丝大多无横膈，仍属单细胞。

根据菌丝形态和功能的不同，放线菌菌丝可分为基内菌丝、气生菌丝和孢子丝三种，如图 3-15。

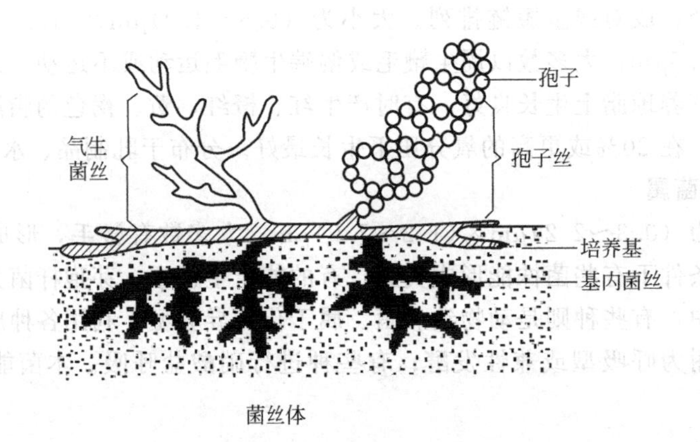

图 3-15　放线菌菌丝体的形态结构

（一）基内菌丝

基内菌丝又称营养菌丝或初级菌丝体，其直径为 0.5～0.8μm，但长度差别很大，短的小于 100μm，长的可达 600μm 以上。

基内菌丝匍匐生长于营养基质表面或伸向基质内部，它们像植物的根一样，具有吸收水分和养分的功能。有些还能产生各种色素，把培养基染成各种美丽的颜色。放线菌中多数种类的基内菌丝无膈膜，不断裂，如链霉菌属和小单孢菌属等；但有一类放线菌，如诺卡菌型放线菌的基内菌丝生长一定时间后形成横膈膜，继而断裂成球状或杆状小体。

（二）气生菌丝

气生菌丝又称二级菌丝体，较基内菌丝粗，其直径为 1～1.4μm，其长度差别则更为悬殊。

气生菌丝是基内菌丝长出培养基外并伸向空间的菌丝。在显微镜下观察时，一般气生菌丝颜色较深；而基内菌丝色浅、发亮。有些放线菌气生菌丝发达，有些则稀疏，还有的种类无气生菌丝。

（三）孢子丝

孢子丝又称繁殖菌丝或产孢丝。当气生菌丝发育到一定程度，其上分化出的可形成孢子的菌丝。放线菌孢子丝的形态多样，有直形、波曲、钩状、螺旋状、单轮生和双轮生等多种，是放线菌定种的重要标志之一，如图 3-16。

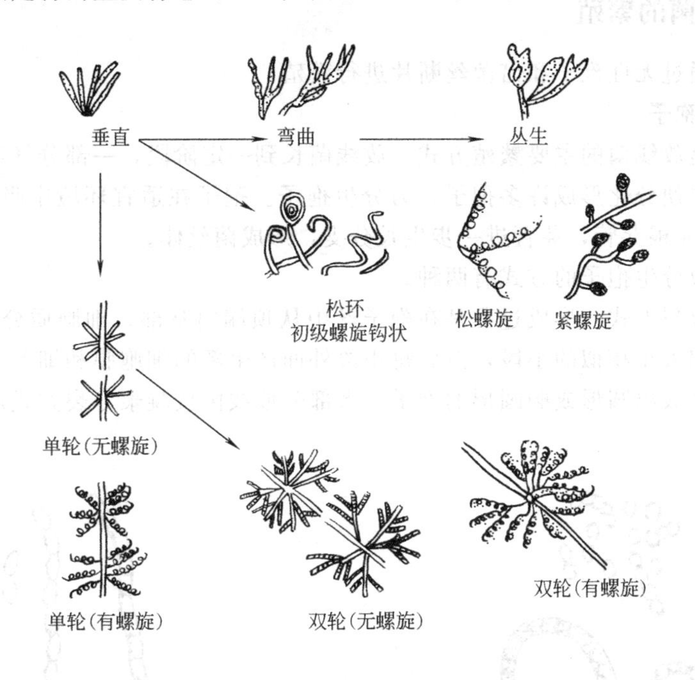

图 3-16　链霉菌的各种孢子丝形态

孢子丝发育到一定阶段便分化为分生孢子。在光学显微镜下，孢子呈圆形、椭圆形、杆状、圆柱状、瓜子状、梭状和半月状等，孢子的颜色十分丰富。有白色、灰色、黄色、粉红色、浅紫色、蓝色和绿色等。孢子表面的纹饰因种而异，在电子显微镜下清晰可见，有的光滑，有的褶皱状、疣状、刺状、毛发状或鳞片状，刺又有粗细、大小、长短和疏密之分。

生孢囊放线菌的特点是形成典型孢囊，孢囊着生的位置因种而异。有的菌孢囊长在气丝上，有的菌长在基丝上。孢囊形成分两种形式：有些属菌的孢囊是由孢子丝卷绕而成；有些属的孢囊是由孢囊梗逐渐膨大。孢囊外围都有囊壁，无壁者一般称假孢囊。孢囊有圆形、棒状、指状、瓶状或不规则状之分。孢囊内原生质分化为孢囊孢子，带鞭毛者遇水游动，如游动放线菌属；无鞭毛者则不游动，如链孢囊菌属。

二、放线菌的菌落特征

放线菌的菌落由菌丝体组成，一般圆形、光平或有许多皱褶。在光学显微镜下观察，菌落周围具有辐射状菌丝。总的特征介于霉菌和细菌之间。根据种的不同分为两类。

(一) 大量产生分支的和气生菌丝的菌种所形成的菌落（如链霉菌）

菌丝较细，生长缓慢，分枝多而且相互缠绕，故形成的菌落质地致密，表面呈紧密的绒状或坚实，干燥，多皱，菌落小而不蔓延，营养菌丝长在培养基内，所以菌落与培养基结合紧密，不易挑取，或挑起后不易破碎。有时气生菌丝体呈同心圆环状，当孢子丝产生大量孢子并布满整个菌落表面后，才形成絮状、粉状或颗粒状的典型放线菌菌落。有的产生色素。

(二) 由不产生大量菌丝的种类形成（如诺卡菌）

菌落黏着力差，结构呈粉质状，用针挑取则粉碎。

三、放线菌的繁殖

放线菌可通过无性孢子和借菌丝断片进行繁殖。

（一）无性孢子

无性孢子是放线菌的主要繁殖方式。放线菌长到一定阶段，一部分气生菌丝形成孢子丝，孢子丝成熟便分化形成许多孢子，为分生孢子。孢子在适宜环境中吸收水分、膨胀、萌发，长出1～4根芽管，芽管进一步生长分支，形成菌丝体。

放线菌形成分生孢子的方式有两种。

（1）凝聚分裂方式　形成过程是在孢子丝中从顶端向基部，细胞质分段围绕核物质，逐渐凝聚成一串大小相似的小段，然后每小段外面产生新的细胞膜和细胞壁，原来孢子丝细胞壁溶解，释放出圆形或椭圆形的孢子。大部分放线菌按凝聚分裂方式形成孢子，如图3-17。

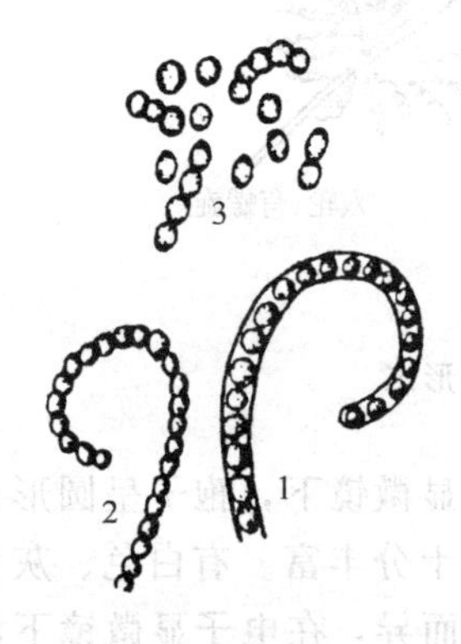

图3-17　凝聚分裂方式形成孢子
1—孢子丝的原生质分段；2—孢子形成；3—成熟的孢子

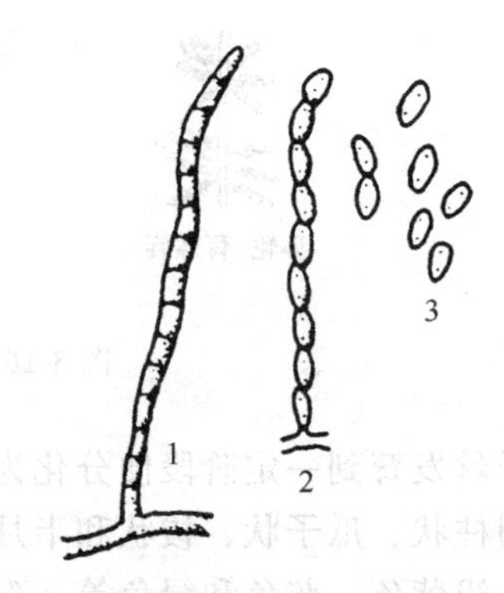

图3-18　横膈分裂方式形成孢子
1—孢子丝中形成膈膜；2—沿横膈形成孢子；3—成熟的孢子

（2）横膈分裂方式　孢子丝长到一定阶段，其中产生横膈膜，然后在横膈膜处断裂形成杆状或柱状孢子。诺卡菌属按此方式形成孢子，如图3-18。

另外，有些放线菌可在菌丝上形成孢子囊，在孢子囊内形成孢囊孢子。孢子囊可在气生菌丝上形成，也可以在基内菌丝上形成，有的在两种菌丝上均可形成。孢子囊成熟后释放出大量孢囊孢子。孢囊孢子有的具鞭毛能运动，有的无鞭毛。粉红孢囊链菌，就是借形成孢囊产生孢囊孢子的，如图3-19。

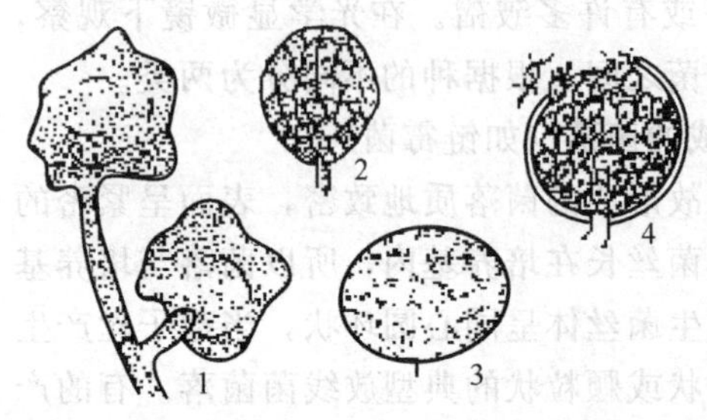

图3-19　孢囊和孢囊孢子的形成
1—年幼孢囊；2—孢囊开始分化成孢囊孢子；3—孢囊孢子；4—孢囊孢子成熟并释放出来

（二）菌丝断片

放线菌也可借菌丝断裂的片段形成新的菌体，起到繁殖作用。如液体发酵一般都是由基内菌丝体的片段来繁殖的。如诺卡菌可通过菌丝断裂来繁殖。

（三）其他方式

小单孢菌科中多数种的孢子着生在直而短的营养菌丝的分杈顶端上，一个枝杈顶端形成一个球形、椭圆形或长圆形的孢子，这些孢子也称分生孢子。它们聚在一起，很像一串葡萄。某些放线菌偶尔也会产生厚壁孢子。

放线菌的孢子具有较强的耐干燥能力，但不耐高温，60～65℃处理10～15min即会失去生活能力。

四、放线菌的代表属

（一）链霉菌属

此属放线菌种类繁多，各种链霉菌有不同形态的孢子丝，是分类鉴定的重要指标。由放线菌产生的抗生素，其中90%是由链霉菌属产生的。如常用的链霉素、土霉素，抗结核的卡那霉素，抗真菌的制霉菌素，抗肿瘤的博莱霉素、丝裂霉素，防治水稻纹枯病的井岗霉素等，都是链霉菌的次生代谢产物。有的链霉菌能产生一种以上的抗生素。灰色链霉菌是生产维生素 B_{12} 的菌种。链霉菌属具有巨大的经济价值和医学意义。

（二）诺卡菌属

又称原放线菌属，在培养基上形成典型的菌丝体。其特点是在培养15h～4d内，菌丝产生横膈膜，分支的菌丝突然全部断裂成杆状、球状或带杈的杆状体。

此属的不少种能产抗生素，如对结核分支杆菌和麻风分支杆菌有特效的利富霉素，对病毒、原虫有作用的间型霉素等。此属放线菌能同化各种碳水化合物，有的能利用碳氢化合物、纤维素等，可用于石油脱蜡、烃类发酵以及污水处理。因此，诺卡菌对医学和环境保护都有重要意义。

（三）小单孢菌属

菌丝无膈膜，不形成气生菌丝，分布于土壤及湖底泥土，能产生利福霉素、卤霉素等30余种抗生素。还能积累维生素 B_{12}。

（四）放线菌属

此属只有基内菌丝，其上有横膈，可断裂成V形或Y形体。无气生菌丝，也不形成孢子。放线菌属多为致病菌，如牛型放线菌引起牛颚肿病，衣氏放线菌引起人的后颚骨肿瘤和肺部感染。

（五）链孢囊菌属

多霉素可拟制 G^+、G^- 细菌，病毒，肿瘤等。能产生一系列拟制肿瘤的抗生素。

（六）游动放线菌属

通常在沉没水中的叶片上生长，一般没有或极少有气生菌丝体。基内菌丝直径0.2～2.6μm，有分支，有或无膈膜；以孢子囊孢子繁殖，孢囊形成于基内菌丝上或孢囊梗上；孢囊梗为直形或分支，每分支顶端形成一至数个孢囊，孢囊孢子通常略有棱角，并有一至数个发亮小体和几根端生鞭毛，能运动，这是该属菌最突出的特点。

五、放线菌与细菌的比较

放线菌具有明显的分支的菌丝，有分生孢子，在液体、固体培养基中生长状态如真菌。过去曾被划为真菌，但它在许多方面更像细菌，比较如下。

① 同为单细胞，菌丝比真菌细，其直径与细菌接近；

② 同属原核生物，无核膜、核仁和线粒体等；核糖体为70S等；

③ 细胞壁含胞壁酸，二氨基庚二酸，不含几丁质，纤维素；革兰染色阳性；

④ 对环境的pH要求与细菌相近，近中性或微偏碱，不同于真菌（一般偏酸性）；

⑤ 对抗生素的反应像细菌，凡能抑制细菌的抗生素也能抑制放线菌；抑制真菌的抗

生素（如多烯类抗生素）对放线菌无抑制作用；

⑥ 对溶菌酶敏感。

总之，放线菌是一类介于细菌和真菌之间，而更接近于细菌的原核微生物。有人称其为形态丝状的细菌，分类归为细菌。

第三节 蓝 细 菌

蓝细菌是一类具有叶绿素 a、进行放氧性光合作用的真细菌。在过去很长一段时间里，人们都把蓝细菌叫做蓝藻，把它归为藻类。其实这是一种误解，当时未能区分什么是真核微生物、什么是原核微生物。后来通过研究它们的显微结构，才发现蓝细菌是原核生物，而藻类是真核生物，所以蓝细菌与藻类有着本质的区别，是真细菌中的一员。

一、蓝细菌的形态与细胞结构

（一）蓝细菌的形态

蓝细菌在形态上极具多样性，有球状或杆状的单细胞和丝状的细胞链（又称丝状体）两种形态（图 3-20）。细胞的直径范围一般为 1～10μm。有的多个细胞不规则排列形成一个集合体，外面由公共的黏液物质包围，形成胶团。

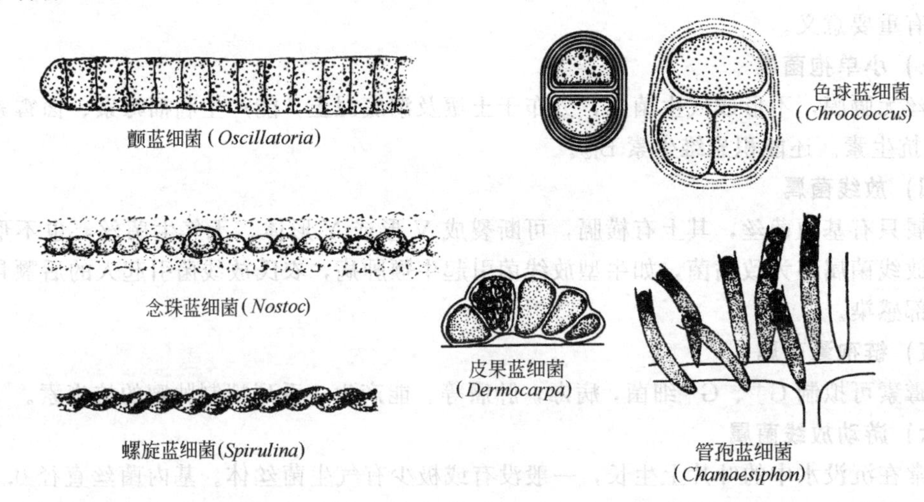

图 3-20 几类蓝细菌的典型形态

（二）蓝细菌的细胞构造

蓝细菌的细胞核不具核膜，属原核。蓝细菌有 70S 核糖体。有典型的革兰阴性菌的细胞壁类型。许多种类在细胞壁外还分泌胞外多糖，形成黏液层、荚膜或形成衣鞘。

蓝细菌进行光合作用的部位是类囊体，类囊体是由多层膜片相叠而成，分布在细胞膜附近，数量很多。所含的色素有叶绿素 a、β胡萝卜素、类胡萝卜素、藻胆素。藻胆素在光合作用中起辅助色素的作用，是蓝细菌所特有的。藻胆素又包括藻蓝素和藻红素两种，大多数蓝细菌细胞中，以藻蓝素占优势，并与其他色素掺和在一起，使细胞呈特殊的蓝色，故称为蓝细菌。蓝细菌的颜色随光照条件改变而改变，呈现蓝、绿、红等颜色。

在蓝细菌的细胞内也有各种储藏物，如糖原、聚磷酸盐、PHB 以及藻青素颗粒。藻青素颗粒由分支的多肽构成，由精氨酸和天冬氨酸聚合而成。

许多蓝细菌的细胞质内含有气泡，使菌体漂浮，并使菌体能保持在光线最多的地方，以利于光合作用。

二、蓝细菌细胞的异化

(一) 异形胞

许多丝状细菌能产生异形胞，通过异形胞进行固氮作用。异形胞的特征是壁厚、色浅，在细胞两端常有折光率高的颗粒存在。异形胞一般沿丝状体或一端单个地分布。当形成异形胞时，蓝细菌会生成一个非常厚的新壁，重新组织它们的光合作用膜。固氮酶对氧极其敏感，异形胞的厚壁可以减缓或阻止 O_2 扩散进入细胞。异形胞的结构和生理都为固氮作用保证了厌氧的环境。异形胞与邻近的营养细胞间有厚壁孔道相连，有利于这些细胞间的物质交换。

(二) 厚壁孢子

厚壁孢子是一种厚壁的、静止的休眠的异化细胞，长在丝状蓝细菌的丝状体的中间或末端。厚壁孢子的作用是抵抗不良环境。通常它们会萌发形成新的丝状细胞。

三、蓝细菌的繁殖方式

蓝细菌的繁殖方式有二分裂、芽殖、断裂和多分分裂。在多分分裂中，细胞膨大，然后经几次分裂产生许多小的子代，它们在母细胞破裂后释放出来。丝状蓝细菌断裂产生的片段，可长成新的菌丝体。

四、蓝细菌的类群

根据蓝细菌的形态特征可把他们分成五群。前两群为单细胞或其团状聚合体，后三群则呈丝状聚合体即细胞链的形式。细胞链可进行滑行运动。通过细胞链的断裂可产生许多链丝段，从而达到繁殖的效果。现把各群的特征概括介绍如下。

(1) 色球蓝细菌群（*Chroococcal cyanobacteria*）：细胞呈球状或杆状，可单生或长成聚合体。细胞间有荚膜或黏液；通过二分裂或出芽方式进行繁殖。本群的代表如 *Synechococcus*（聚球蓝菌属）、*Gloeocapsa*（黏球蓝菌属）、*Gloeotheca*（黏杆蓝菌属）和 *Gloeobacter violaceus*（紫黏蓝杆菌）等。

(2) 厚球蓝细菌群（*pleurocapsular cyanobacteria*）：仅通过多分分裂来进行繁殖的单细胞蓝细菌。当母细胞发生多分分裂时，其内可产生许多小球状具有繁殖能力的细胞，母细胞细胞壁破裂释放出小细胞。本群的代表有 *Pleurocapsa*（厚球蓝菌属）、*Dermocarpa*（皮果蓝菌属）和 *Myxosarcina*（黏八叠蓝菌属）等。

(3) 无异形胞丝状蓝细菌群：丝状体单纯由营养细胞组成，例如 *Oscillatoria*（颤蓝菌属）、*Spirulina*（螺旋蓝菌属）和 *Phormidium*（席蓝菌属）等。

(4) 有异形胞丝状蓝细菌群：当缺乏充足的氮源时，它们会分化出异形胞，有时也会形成厚壁孢子。例如 *Anabaena*（鱼腥蓝菌属）和 *Nostoc*（念珠蓝菌属）等。

(5) 细胞能多平面方向分裂的有异形胞的丝状蓝细菌群：本群的丝状体的细胞可以进行多平面方向分裂。代表属如 *Fischerella*（费氏蓝菌属）。

五、蓝细菌的分布与生态

蓝细菌忍受极端环境的能力很强，几乎可在所有的水域和土壤中存在。高温菌可以在高达 75℃的中性至碱性的温泉中生活。一些单细胞形态的蓝细菌甚至可以在沙漠岩石的沟壑里生长。在营养丰富的池塘和湖泊中，水表生活的蓝细菌如组囊蓝细菌（*Anacystis*）和鱼腥蓝细菌（*Anabaena*）会很快地繁殖，形成水华。死亡的微生物释放大量的有机质，大大刺激了化能异养细菌的生长，随后就会耗尽可以利用的氧，使水中生活的鱼和其他生物死亡。一些种可以产生毒素，致使饮用此类水源的牲畜和其他动物中毒甚至死亡。另外一些蓝细菌，例如颤蓝细菌有强的抗污能力和净化高有机质含量的水的能力，可以用作水污染的指示生物。

蓝细菌在与其他物种建立共生关系上非常成功。它们和真菌共生形成地衣。固氮的种与各种各样的植物形成联合体。

如何控制蓝细菌的有害蔓延并有效利用蓝细菌的有益生长，是需要解决的一个大的环境问题。

第四节　其他与水处理有关的菌属

一、鞘细菌

鞘细菌是由细菌单细胞连成的不分支或假分支的丝状体细菌。因丝状体外包围一层有机物或无机物组成的鞘套，故称为鞘细菌。在高倍显微镜下观察，可以看到它们是由很多个体细菌呈链状排列在一个圆筒状的鞘内。由于鞘细菌呈丝状，在废水的活性污泥法处理中大量繁殖可以引起污泥膨胀。

水中常见的鞘细菌代表类群主要有铁细菌和球衣细菌。

(一) 铁细菌

铁细菌的丝状体多不分支。由于在细胞外鞘或细胞内含有铁粒或铁离子，故俗称铁细菌。一般生活在含溶解氧少但溶有较多铁质和二氧化碳的自然水体中。铁细菌能将细胞内吸收的亚铁氧化为高铁如 $Fe(OH)_3$。铁细菌吸收水中的亚铁盐，将之氧化为 $Fe(OH)_3$ 沉淀，当水中有大量的 $Fe(OH)_3$ 沉淀时就会降低水管的输水能力，并且可促使水管的铁质更多地溶入水中，因而加速了管道的腐蚀。

水中常见的鞘铁细菌有多孢泉发菌（*Crenothrix polyspora*）和褐色纤发菌（*Leptothrix ochracea*）（图 3-21）。多孢泉发菌菌体细胞有筒形和球形，丝状体不分支，一端固定在物体上，另一端游离。鞘无色透明，含铁化物。褐色纤发菌的丝状体不分支，鞘随沉

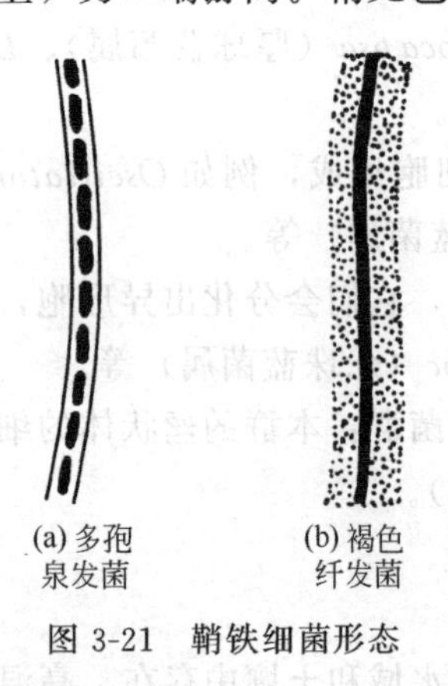

(a) 多孢泉发菌　(b) 褐色纤发菌

图 3-21　鞘铁细菌形态

图 3-22　球衣细菌

上图为菌体放大图，示假分支

淀物的增多而加厚，呈黄色或褐色。

(二) 球衣菌属

球衣菌属（*Sphaerotilus*）目前只包括一个种即游动球衣菌（*S. natans*）。球衣菌为无色黏性的丝状体，有鞘，结构均匀，呈假分支（图 3-22）。为革兰阴性菌。菌体内含聚 β-羟基丁酸。丝状体发育到一定阶段，鞘内细胞长出一亚极端生鞭毛，然后自鞘一端脱出，也可自鞘的破裂处逸出，经一段游泳生活后，附着在丝状体鞘上或基质上发育成新的丝状体。

球衣细菌是好氧细菌，在微氧环境中生长最好。球衣细菌对有机物的分解能力特别强，大量的碳水化合物能加速其生长繁殖。在废水处理过程中，有一定数量的球衣细菌对有机物的去除是有利的。但是如果在活性污泥中大量繁殖，会造成污泥结构松散，引起污泥膨胀。在自然界有机物污染的小溪和河流中，球衣菌常以菌丝体的一端固着于河岸边的固体物上旺盛生长，成簇悬浮于河水中。

二、滑动细菌

滑动细菌是一类在形态和生理特性呈多样性而且亲缘关系并不密切的细菌，其共同特点是细胞可以不借助鞭毛运动而进行滑动。滑动细菌均为革兰阴性细菌。与水处理工程有关的常见属有以下几种。

1. 贝日阿托菌属（*Beggiatoa*）

贝日阿托菌为无色不附着的丝状体，滑行运动，体内有聚 β-羟基丁酸或异染颗粒。可营自养生活，能氧化 H_2S 为硫，硫粒可储存于体内（图 3-23）。贝日阿托菌是微量好氧菌，最适生长温度为 30～33℃。

图 3-23　贝日阿托菌属的形态

2. 辫硫菌属（*Thioploca*）

辫硫菌属的丝状体呈平行束状或发辫状，由一个公共鞘包裹。氧化 H_2S 积累硫粒于体内，鞘常破碎成片，单独的丝状体独立滑行运动。

3. 发硫菌属（*Thiothrix*）

发硫菌属的丝状体外有鞘，一端附着在固体物上，不运动。而在游离端能一节一节地断裂出杆状体，能滑行，经一段游泳生活呈放射状地附着在固体物上。在活性污泥中，它们生长在一些较粗硬的纤维植物残片或菌胶团上，构成放射状或花球状的聚集体，易辨认（图 3-24）。发硫菌微量好氧，通常存在于 H_2S 浓度高的水中。以上三个属的细菌均能将 H_2S 氧化为硫，并将硫粒积累在细胞内。当环境缺乏 H_2S 时，它们就将硫粒氧化为硫酸，

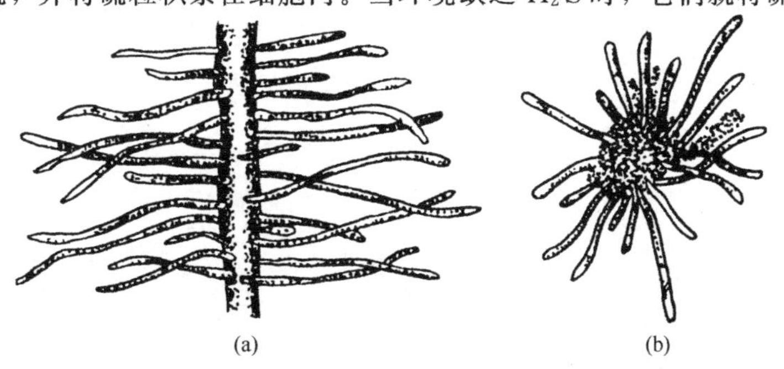

图 3-24　发硫细菌

(a) 菌丝一端吸附在植物残片或纤维上；(b) 从活性污泥菌胶团中伸展出的菌丝

从中取得能量。它们通称为硫磺细菌。

4. 嗜纤维菌属（*Cytophaga*）

嗜纤维菌属的特征是革兰阴性杆状单细胞，细胞经常形成纺锤状。滑行运动，好氧生长，有些种为兼性厌氧并能发酵葡萄糖产酸。嗜纤维菌属的分解纤维素的能力很强，能以滤纸纤维为惟一碳源，可以利用无机氮源或有机氮源。

三、光合细菌

能进行光合作用的真细菌有两大类，一类是蓝细菌，能进行产氧光合作用，另一类是不产氧光合细菌。关于蓝细菌的内容已在本章第三节介绍。下面主要介绍不产氧光合细菌。

细菌进行的不产氧光合作用又叫细菌光合作用。它的特点是不能光解水中的氢还原 CO_2 产生氧，而是以有机物或水以外的无机物如 H_2S、H_2 等作为电子供体，一般在厌氧条件下进行。这类光合细菌包括紫硫细菌、紫色非硫细菌、绿硫细菌和绿色非硫细菌。紫硫细菌和绿硫细菌产生许多硫颗粒，紫硫细菌将硫粒储存在细胞内，而绿硫细菌则将硫粒分泌到胞外。光合细菌的光合色素由细菌叶绿素和类胡萝卜素组成。现已发现的细菌叶绿素有 a、b、c、d、e 5种，每种都有固定的光吸收波长。光合细菌广范分布于自然界的土壤、水田、沼泽、湖泊、江海等处，主要分布于水生环境中光线能透射到的缺氧区。

能以有机物作电子供体的红螺菌属过去曾被认为不能利用硫化物作电子供体还原 CO_2，所以一直被称为紫色非硫细菌。后来发现这些细菌也能利用低浓度的硫化物，现归为紫色硫细菌。这类光合细菌被用于高浓度有机废水的处理中，具有广阔的前景。

思考题

1. 细菌有哪些基本构造和特殊构造？

2. 试述细菌细胞壁的化学组成、结构和生理作用。革兰阳性菌和革兰阴性菌的细胞壁结构有何不同？

3. 细菌细胞质膜的化学组成、结构和生理功能各是什么？

4. 什么是菌胶团？菌胶团的功能有哪些？

5. 什么是菌落？细菌的菌落特征有哪些？

6. 放线菌有哪几种菌丝构成？各种菌丝的功能是什么？

7. 原核微生物中哪些呈丝状？在水处理工程中有什么作用和影响？

第四章

真核微生物

真核微生物是指细胞中具有完整的细胞核，即细胞核有核膜、核仁，进行有丝分裂，原生质体中存在与能量代谢有关的线粒体，有些还含有叶绿体等细胞器的一类微生物的统称。它包括真菌、藻类和原、后生动物。

第一节　真　　菌

真菌（fungus）是指单细胞（包括无隔多核细胞）和多细胞、不能进行光合作用、靠寄生或腐生方式生活的真核微生物。真菌能利用的有机物范围很广，特别是多碳类有机物。真菌能分解很复杂的有机化合物，如某些真菌可以降解纤维素，并且还能破坏某些杀菌剂，这对于废水处理是很有价值的。

一、酵母菌

酵母菌（yeast）不是一个分类学上的名称，而是一个习惯上的名称，它是对以芽殖为主、大多数为单细胞的一类真菌的统称。已知的酵母菌有370多种，分属于子囊菌纲、担子菌纲和半知菌类。酵母菌主要分布在含糖质较高的偏酸性环境中，在牛奶和动物的排泄物中也可找到，石油酵母则多分布在油田和炼油厂周围的土壤中，在活性污泥中，也发现有酵母菌存在。除此之外，有少数酵母菌是病原菌，可引起隐球菌病等。酵母菌的生长温度范围在4～30℃。酵母菌能分解糖类为酒精（或甘油、有机酸等）和CO_2，称为发酵性酵母菌。

1. 酵母菌的形状和大小

酵母菌大多数为单细胞，其形状因种而异，一般呈卵圆形、球形、椭圆形，有些酵母菌的形状比较特殊，可呈柠檬形、瓶形、三角形、弯曲形等。有些酵母菌，如热带假丝酵母菌（*Candida tropicalis*）在无性繁殖过程中，子细胞不与细胞脱离而连成丝状（图4-1）。由于这种丝状结构与霉菌的菌丝不同，故称假菌丝。

酵母菌细胞比细菌大几倍至几十倍，其大小由于种类不同差别很大，一般长2～3μm，有些种可长达20～50μm，其宽度变化较小，通常为1～10μm。

2. 酵母菌的细胞结构

酵母菌具有典型的细胞结构（图4-2），有细胞壁、细胞膜、细

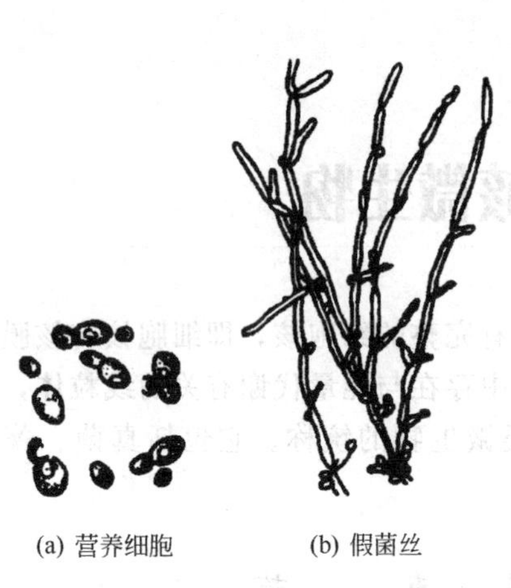

(a) 营养细胞　　(b) 假菌丝

图 4-1　热带假丝酵母的形态

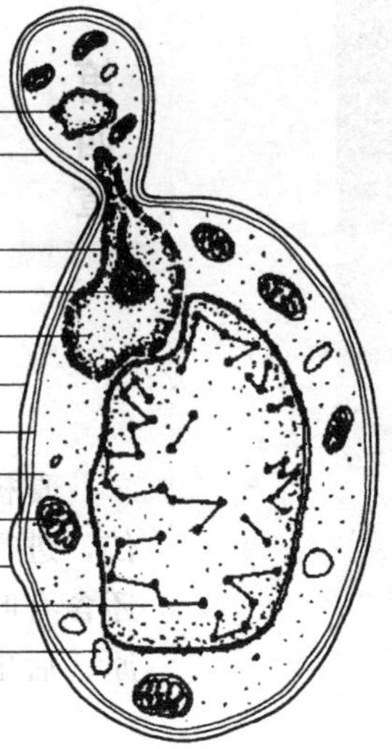

芽液泡
芽
核膜
核仁
细胞壁
细胞膜
细胞质
线粒体
芽痕
液泡粒
储藏粒

图 4-2　酵母菌细胞结构

胞质、细胞核、液泡、线粒体、微体、核糖体、内质网、类酯颗粒和易染粒等，有些种还具有荚膜和菌毛等。

① 细胞壁　细胞壁在细胞的最外层，幼龄时较薄，具有弹性，以后逐渐变硬变厚。有些进行出芽繁殖的酵母菌，因在细胞壁上留下的瘢痕；出生痕则是子细胞从母细胞脱落时所带的瘢痕。根据细胞壁上瘢痕的多少辨认母子细胞，并可推知在一定时间内母细胞产生了几个芽。

酵母菌细胞壁的化学组成和结构很复杂，研究的比较清楚的是酵母属（*Saccharomyces*），尤其是啤酒酵母的细胞壁。啤酒酵母的细胞壁厚约 70nm，其主要成分是葡聚糖和甘露聚糖，共占细胞壁干质量的 85%以上，其余则是蛋白质、氨基葡萄糖、磷酸和类脂。蛋白质在细胞壁中有重要作用，它连接着葡聚糖和甘露聚糖。

② 细胞膜　位于细胞壁内侧，厚约 7.5nm，结构与原核微生物基本相似，其差异主要是构成细胞膜的磷脂和蛋白质的种类不同，此外，细胞膜上还具有固醇，主要是麦角固醇。

③ 细胞质　细胞质使细胞进行新陈代谢的场所，是一种黏稠液体。细胞质内含有大量的核糖体、异染粒、糖原和环状的 DNA 和 rRNA。80S 核糖体由 60S 和 40S 两个亚基组成，大多数核糖体形成多核糖体，是蛋白质合成的场所；异染粒作为储藏的高能磷酸，已备代谢过程中使用；糖原是糖类的储藏物。

④ 细胞核　细胞核呈球形，核膜为双层单位膜，膜上散布着直径为 80～100nm 的圆形小孔，这是细胞核和细胞质交换的通道，能让核内制造的核糖核酸转移到细胞之内，为氨基酸合成蛋白质提供膜板。核内有新月状的核仁和半透明的染色质部分。核仁是核糖体 RNA 的合成场所。

⑤ 线粒体　线粒体通常呈短杆状，数量 1～20 个。线粒体膜为双层机构，内膜向内卷曲折叠成嵴（crista），嵴上有小圆形颗粒。线粒体是真核微生物的“动力车间”，内含丰富的类脂、磷酸、麦角固醇、RNA、DNA 和蛋白质，并含有 RNA 聚合酶和呼吸酶，后者与三羧酸循环和电子传递有关。线粒体 DNA（mtDNA）是环状分子，它能编码大量的呼吸酶，具有独立的遗传性。只有需氧代谢的酵母菌才需要线粒体，一些厌氧生长的微

生物，在厌氧条件下或者有过量葡萄糖存在时，线粒体的形成被阻遏。

⑥ 液泡 酵母菌内有一个或多个液泡，大小不一，一般在0.3～3μm。在生长的静止期，细胞内液泡较大，开始出芽时，大液泡收缩成许多小液泡，出芽完成后，小液泡又可合成大液泡，液泡内含有浓缩的溶液、盐类、氨基酸、糖类和脂类，有些种类，如比赤酵母属（*pichia*）也能积累嘌呤衍生物。液泡内含有核糖核酸酶、酯酶和蛋白酶。液泡可调节渗透压，并与细胞质进行物质交换。

⑦ 内质网 内质网是细胞内含有的双层膜系统，它与细胞膜和核膜相连，可能是细胞表面与内部结构之间的通信联络渠道。有些内质网上附有核糖体，是蛋白质合成的场所。

⑧ 脂类颗粒 多数酵母细胞含有脂类颗粒，这些颗粒用苏丹黑或苏丹红可以染成蓝黑色或蓝红色。有些种能够积累大量的脂类物质，有时可达细胞干质量的50%。例如，红酵母（*Rchodotorula glutinis*）含有数量较多的大小不一的脂类颗粒，而油脂酵母（*Lipomycesstarkeyi*）往往只含有一个或两个很大的脂类颗粒。

⑨ 微体 微体（microbody）是细胞质内具有单层膜结构的细胞器，内含富集颗粒，并有DNA。在假丝酵母属（*Candida*）某些种的细胞内特别明显，在含正链烷的培养基中生长的幼龄带假丝酵母细胞内含有许多微体，而在葡萄糖中生长的细胞内则微体含量较少。微体类似高等植物的过氧化物（酶）体，其中含过量过氧化氢酶。没有微体的酵母，其功能由线粒体承担。

另外，有些酵母还具有荚膜和菌毛等结构。例如，碎囊汉逊酵母（*Hansenula capsulata*）细胞壁外有荚膜，其化学成分为磷酸甘露聚糖。在少数属于担子菌和子囊菌的酵母菌细胞表面，有发丝的结构，称作真菌菌毛（fimbriae）。担子菌纲酵母菌的菌毛长可达10μm，而子囊菌纲酵母菌的菌毛长度仅0.1μm。菌毛的化学成分可能是蛋白质，起源于细胞壁的下面，可能与有性繁殖有关。

3. 酵母菌的繁殖方式和菌落特征

(1) 酵母菌的繁殖 酵母菌既有有性繁殖又有无性繁殖，而以无性繁殖为主。

① 无性繁殖 大多数酵母菌以出芽的方式繁殖（芽殖），少数为裂殖。芽殖中首先在细胞一段突起，形成一个芽体，接着细胞核分裂出一部分并与部分细胞质一起进入芽体内，液泡也由一个大液泡分裂成许多个小液泡，部分小液泡进入芽体，最后芽体从母细胞得到一套完整的核结构、线粒体、核糖体等。当芽体生长到一定程度后，就会在与母细胞之间形成横壁，之后脱离母细胞成为独立的新个体（图4-2）。芽殖形成的新个体，可能立即与母细胞分离，也可能暂时与母细胞连接在一起。当有多个细胞相互连接成菌丝体时，称之为假丝酵母（图4-1）。

少数酵母菌像细菌一样以细菌分裂方式繁殖，例如易变裂殖酵母（*Schizosaccharmoyces versatilis*），当细胞生长到一定大小时，核开始分裂，接着形成膈膜，继而子细胞分离，两细胞末端变圆，形成两个新个体。

② 有性繁殖 酵母菌可以通过产生子囊孢子的方式进行有性繁殖。在有性繁殖时，两种不同性别的细胞，各伸出一个突起，然后突起相连；相连处的细胞壁溶解，两个细胞的细胞质融合（质配）；接着两个单倍体的核融合（核配），并形成双倍体的核，原来的细胞形成结合子；结合后的可进行减数分裂，形成四个或八个核；以核为中心的原生质浓缩变大形成孢。原来的结合子称为子囊（*ascus*），其内的孢子称子囊孢子（*acospore*）。子囊孢子被释放后进入环境，遇到适宜的条件即萌发成长为新的个体。

（2）酵母菌的菌落特征　酵母菌的菌落与细菌相似，但比细菌菌落大而且厚，菌落表面湿润、黏稠，易被挑起。有些种因培养时间较长，菌落表面皱缩，较干燥。菌落通常是乳白色，少数呈红色。

酵母菌在液体培养基中生长时，有的在培养基表面生长并形成菌膜。有的在培养基中均匀生长，有的则生长在培养基底部并产生沉淀。

4．酵母菌在水处理工程中的应用

污水生物处理构筑物的活性污泥中常含有酵母菌，主要有假丝酵母菌属（*Candida*）、红酵母菌属（*Rhodotorula*）、球拟酵母菌属（*Torulopsis*）、丝孢酵母菌属（*Trichosporon*）等。这些酵母具有较高的代谢强度，在某些条件下还可以凝聚沉降，在废水处理中有重要作用。另外，它们能快速分解某些有机物，产生大量酵母蛋白，可用以生产饲料蛋白。例如，酒精废酢液可生物降解的有机物（BOD）浓度很高，同时含有丰富的其他营养物质，所以，用此废水培养酵母，既处理了废水，又可以回收菌体蛋白。酵母菌对某些难降解物质及有机毒物亦有较强的分解能力。例如，假酵母菌和丝酵母菌在含有杀虫剂和酚浓度为500～1000mg/L的废水中可以正常生长繁殖，并将这些有害有机物分解。

利用石油中一些馏分作为酵母菌的碳源生产单细胞蛋白已获得成功。中国也成功地生产出供饲料用的石油蛋白。利用假丝酵母菌，如解脂假酵母菌（*Candida lipolytica*）和热带假丝酵母菌对各种烷烃的发酵研究表明，大部分的烷烃转变成了细胞物质。

二、霉菌

霉菌（mold）也不是一个分类学上的名称，而是对生长在营养基质上，形成绒毛状、蜘蛛网状或絮状的丝状真菌的统称，在分类学上分属于藻类状菌纲、子囊菌纲和半知菌纲。

霉菌为腐生性或寄生性营养，在自然界分布极广，土壤、水域、空气、动植物内外均有它们的踪迹，与人类的关系十分密切。发酵工业上广泛用来生产酒精、抗生素（青霉素等）、有机酸（柠檬酸等）、酶制剂（淀粉酶、纤维素酶等）；农业上用于饲料发酵、杀虫农药（白僵菌剂）等。腐生剂霉菌在自然界物质转化中也有十分重要的作用。霉菌在废水处理生物膜中也常见，如镰刀酶对含有无机氰化物的废水降解能力很强。

但是，霉菌对人类的危害和威胁也应予以重视。霉菌的营养来源主要是糖类和少量氮，因而极易在含糖的食品和各种谷物、水果上生长。近年来还不断发现霉菌能产生多种酶素，如黄曲霉（*Aspergillus flavus*）产生的黄曲霉素等有致癌作用，严重危害人畜健康。

1．霉菌的形态结构

霉菌的营养体由分支或不分支的菌丝构成，菌丝可以“无限制地”伸长和产生分支，分支的菌丝相互交错在一起，形成菌丝体。霉菌菌丝一般宽3～10μm，比一般细菌菌丝和放线菌的宽度大几倍到几十倍，与酵母的宽度相似，所以在显微镜下很容易观察到。菌丝细胞有细胞壁、细胞膜、细胞质、细胞核和其他内含物（图4-3）。细胞壁厚约100～250μm，多数霉菌的细胞壁含有几丁质，约占细胞干质量的2%～26%，少数低等的水生霉菌，则以纤维素为主。细胞核的直径为0.7～3μm，细胞质中由线粒体和核糖体及颗粒状内含物，如糖原、脂肪颗粒等。幼龄时细胞质均匀，老熟时出现液泡。

霉菌的菌丝分无膈菌丝和有膈菌丝两种类型（图4-3）。无膈菌丝菌丝无膈膜，整个

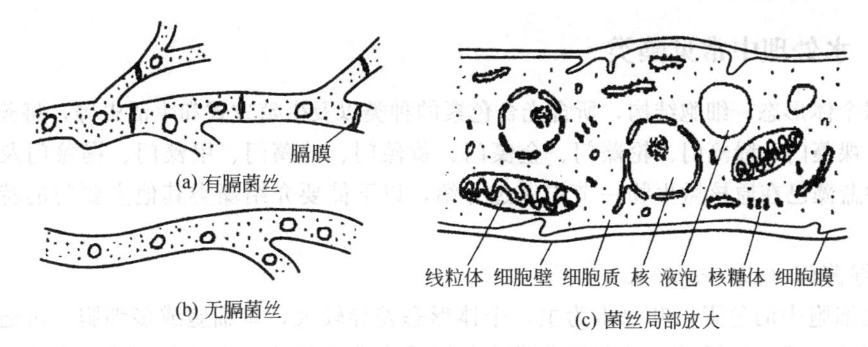

图 4-3 霉菌两种类型的菌丝体及细胞结构示意

菌丝就是一个细胞，菌丝内有许多核，又称多核系统。有隔菌丝由多个细胞组成，例如，青霉和曲霉等。在菌丝生长过程中，每个细胞也随之分裂。每个细胞含一个或多个核，隔膜上具有极细的小孔，可作为相邻细胞间物质交换的通道。

菌丝的菌丝体构成与放线菌相同，分为基内菌丝、基外菌丝和孢子丝，隔菌丝的生理功能亦相同。

2. 霉菌的菌落特征

霉菌与放线菌一样，霉菌的菌落也是由分支状菌丝组成的。因菌丝较粗而长，形成的菌落较疏松，呈绒毛状、絮状或蜘蛛网状，一般比细菌菌落大几倍到几十倍。有些霉菌，如根霉（*Rhizopus*）、毛霉（*Mucor*）生长很快，菌丝在固体培养基表面可无限蔓延。出于菌落中心的菌丝菌龄较大，位于边缘的则较年幼。因霉菌的菌落疏松，故易于挑起。

由于霉菌孢子有不同的形状、构造，含有不同的色素，所以菌落表面往往呈现出肉眼可见的不同结构和色泽，如绿、黄、青、棕、橙等颜色。有些霉菌菌丝还能分泌色素，将其扩散到培养基内。同一种霉菌在不同成分的培养基上形成的菌落特征可能有变化，但在一定的培养基上形成的菌落形状、大小、颜色等特征是稳定的，因此菌落特征是鉴定霉菌的重要依据之一。

3. 霉菌的繁殖方式

霉菌的繁殖能力一般都很强，而且方式多样，主要靠无性孢子和有性孢子繁殖。一般霉菌菌丝生长到一定阶段，先行无性繁殖，到期后，在同一菌丝体产生有性繁殖结构，形成有性孢子。根据孢子的形成方式、孢子的作用以及本身的特点，又可将其分为多种类型。无性孢子包括包囊孢子（sporangisopore）、分生孢子（conidium）、节孢子（arthrtosopore）、厚垣孢子（chlamydospore）等，有性孢子有卵孢子（oospore）、接合孢子（zygospore）和子囊孢子（ascospore）等。

第二节 藻 类

一、藻类的微生物学特征

藻类在植物学中被列为藻类植物，现已发展成独立的学科——藻类学。它们的大小和结构差异很大，小的藻类只能在光学显微镜下才能看见。有单细胞的个体和群体，群体是若干个个体以胶质相连，其大小以 μm 计。蓝藻团形体小，细胞结构简单，没有核膜，没有特异化的细胞器，也没有有丝分裂，属原核微生物，故微生物学把它列入微生物的范畴。除蓝藻以外都是真核生物。

二、水处理中常见藻类

根据个体形态，细胞结构，所含光合色素的种类以及生殖方式和生活史等，将藻类分为蓝藻门、裸藻门、绿藻门、轮藻门、金藻门、黄藻门、硅藻门、甲藻门、褐藻门及红藻门等。其中蓝藻已在原核微生物一节中做过介绍，以下简要介绍藻类其他主要门的特征及代表属。

1. 绿藻门（*Chlorophyta*）

绿藻细胞中的色素以叶绿素为主，个体形态差异较大，单细胞或多细胞，可通过有性和无性两种方式进行繁殖。某些绿藻带有鱼腥或青草的气味。大部分绿藻适宜在微碱性环境中生长，有些绿藻在含有丰富的有机物质的池塘中生长特别旺盛，如衣藻。常见绿藻有小球藻属（*Chlorella*）、栅藻属（*Scenedesmus*）、衣藻属（*Chlamydomonas*）、空球藻属（*Endori-na*）、团藻属（*Volvox*）、盘星藻属（*Pediastrnm*）、新月藻属（*Closterinm*）、双星藻属（*Zygnema*）、鼓藻属（*Cosmarinm*）、转板藻属（*Mongeotia*）、丝藻属（*Ulothrix*）和水绵属（*Spirogyra*）等。图 4-4 所示为一些常见绿藻的形态。

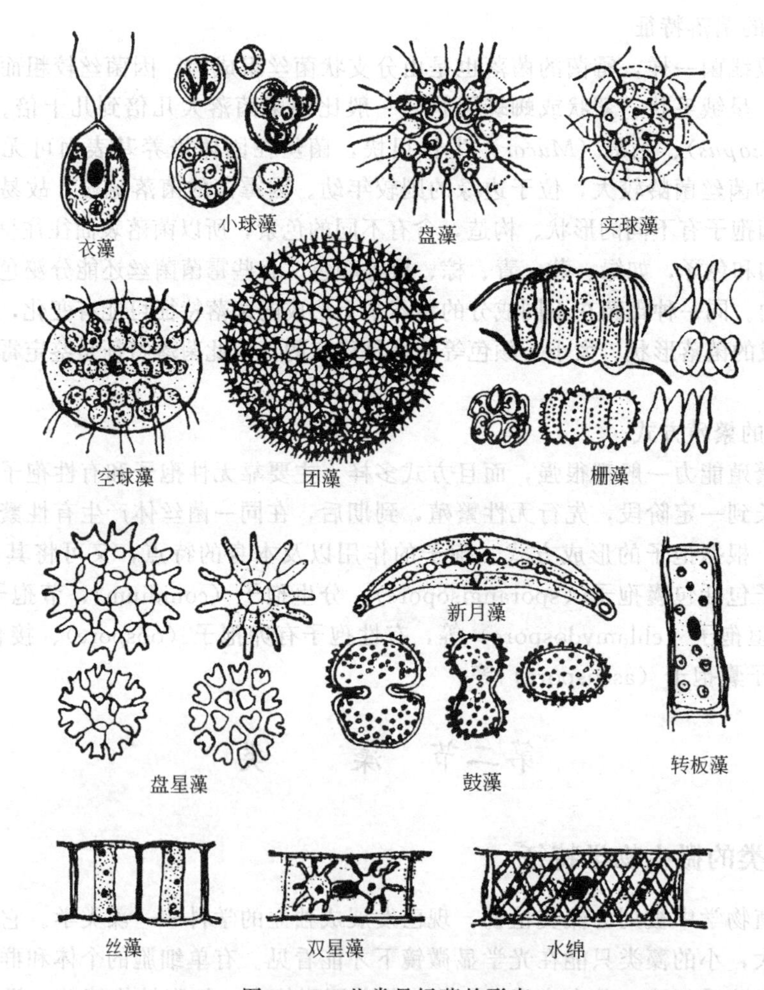

图 4-4　一些常见绿藻的形态

绿藻在流动的和静止的水体、土壤表面和树干上都能生长，大部分绿藻在春夏之交和秋季生长得旺盛。绿藻中某些种能形成“水华”。小球藻和栅藻富含蛋白质，可供人食用和作饲料，在水体自净中起净化和指示生物的作用。

2. 裸藻门（*Euglenphyta*）

裸藻因不具有细胞壁而得名。有1～3条鞭毛，能运动，在动物学上将它们列入原生动物门的鞭毛纲。绝大多裸藻具有叶绿素，内含叶绿素a、叶绿素b、β-胡萝卜素和3种叶黄素。在叶绿体内有较大的蛋白质颗粒，为造粉颗粒，其功能与裸藻淀粉的聚集有关。裸藻除含有淀粉颗粒外，还含有油类物质。不含色素的裸藻营腐化性营养或全动物性营养。

裸藻以纵裂的方式繁殖。当环境条件不适宜时，裸藻推动鞭毛形成胞囊，待环境条件好转时，胞囊外壳破裂，重新形成新个体。

裸藻的代表属有囊裸藻属（*Trachelomonas*）、扁裸藻属（*Phacus*）、柄裸藻属（*Co-laci-um*）及眼虫藻属（*Eugleme*）等，它们的形态如图4-5所示。

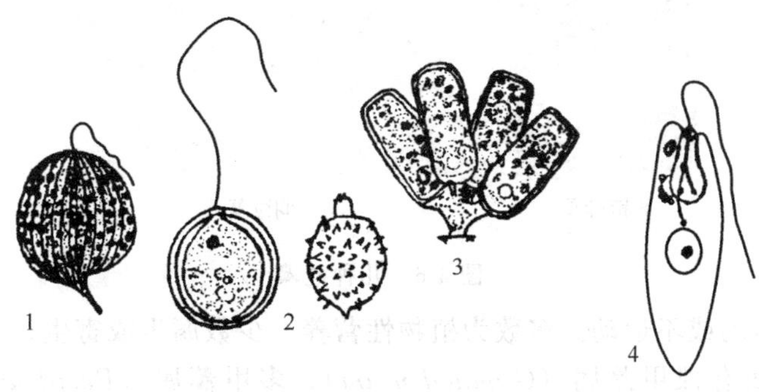

图4-5　裸藻门代表属的形态

1—扁裸藻属；2—囊裸藻属；3—柄裸藻属；4—眼虫藻属

裸藻主要生长在有机物丰富的静止水体或缓慢的流水中，对温度的适应范围较广，水温在25℃时繁殖最快，大量繁殖时形成绿色、褐色或红色的“水华”，所以裸藻是水体富营养化的指示生物。

3. 硅藻门（*Bacillariophyta*）

硅藻为单细胞藻类，形体像小盒，由上壳和下壳组成。上壳面（壳面）和下壳面（瓣面）上花纹的排列方式是分类的依据。硅藻的细胞壁由硅质和果胶质组成，硅质在外层。细胞内有一个核和一个或两个以上的色素体。硅藻呈黄褐色或黄绿色。储存物为淀粉粒（用碘处理呈棕色）和油。繁殖方式为纵分裂和有性生殖。硅藻的代表属有羽纹藻属（*Pi-nnrlaria*）、舟形藻属（*Navicula*）、直链藻属（*Melosira*）、平板藻属（*TAbellaria*）及圆筛藻属（*Coscinodisous*）等，见图4-6。

硅藻分布很广，受气候、盐度和酸碱度的制约，不同种类在全球的分布有明显的区域性。有些种可作为土壤和水体盐度、腐殖质含量及酸碱度的指示生物。浮游和附着的种是水中动物的食料，对水体的生产力起重要作用。硅藻可作为海水富营养化的指示性生物，常引起“赤潮”。

4. 甲藻门（*Pyrrophyta*）

甲藻多为单细胞个体，呈球形、三角形、针形，前后或左右略扁，前端、后端常有突出的角，多数有细胞壁，少数种为裸型的。细胞核大，有核仁和核内体，细胞质中有大液泡，有的有眼点，有色素体1个或多个，含叶绿素a、叶绿素b、β-胡萝卜素、硅甲黄素、甲藻黄素、新甲藻黄素及环甲藻黄素等，藻体呈黄绿色或棕黄色，偶尔呈红色。胞内储存物为淀粉、淀粉状物质或脂肪。多数有两条不等长、排列不对称的鞭毛，为运动胞器，无

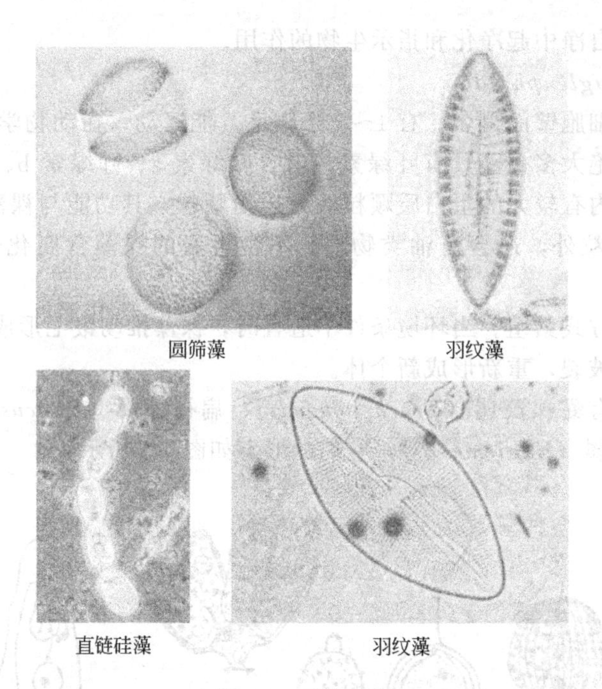

图 4-6　几种硅藻

鞭毛的作变形虫运动或不运动。多数为植物性营养，少数腐生或寄生。

甲藻的代表属有裸甲藻属（*Gymnodinium*）、多甲藻属（*Peridinium*）和角甲藻属（*Ceratium*）等，见图 4-7。

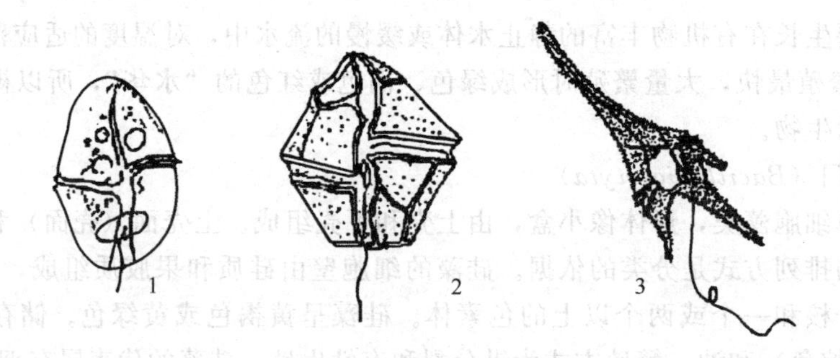

图 4-7　甲藻门的代表属

1—裸甲藻；2—多甲藻；3—角甲藻

甲藻在淡水、半咸水和海水中都能生长。多数甲藻对光照强度及水温范围的要求严格，在适宜的光照和水温条件下，甲藻在短期内大量繁殖，形成“赤潮”。生活在淡水的属种喜在酸性环境中生活，故水中含腐殖质酸时常有甲藻存在。甲藻是主要的浮游藻类之一，甲藻死后沉积在海底，形成生油地层中的主要化石。

5．金藻门（*Chrysophyta*）

金藻形体多样，有单细胞个体，也有集群生活的。细胞具有 1～3 根鞭毛。体内色素以叶黄素和 β-胡萝卜素占优势，藻体呈现黄绿色和金棕色。胞内储存物有金藻糖和油。有的金藻细胞无细胞壁，而有的金藻具果胶质衣鞘，还有的含硅质鳞片。多数金藻通过产生内生孢子进行繁殖。

金藻多数生活在淡水中，在寒冷季节大量繁殖，是重要的浮游藻类。

金藻的代表属有鱼鳞藻属（*Mallomonas*）、合尾藻属（*Synun*）和钟罩藻属（*Dinobry-on*），图 4-8 所示为 3 种钟罩藻。

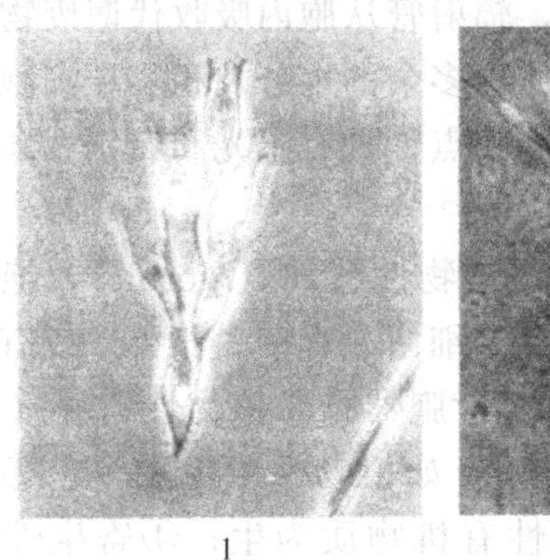
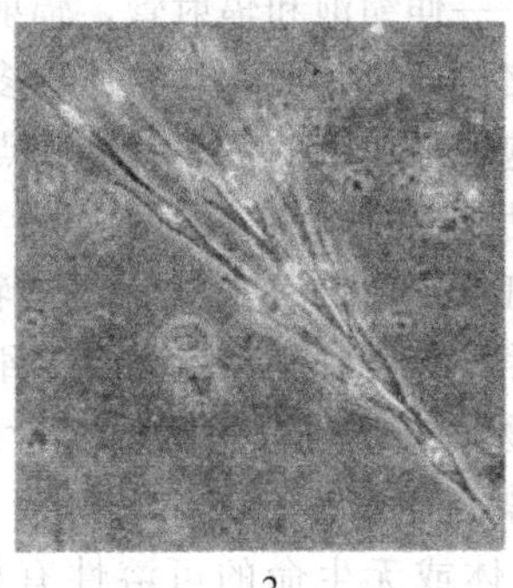
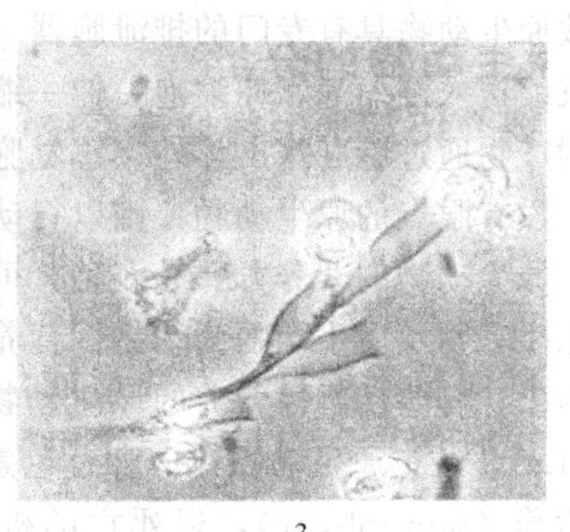

图 4-8　3 种钟罩藻照片

1—*D. bavaricm*；2—*D. cylindricm*；3—*D. sociale*

6. 黄藻门（*Xanthophyta*）

黄藻的细胞壁大多数由两个半片套合组成，含大量的果胶质，体内含叶绿素 a、叶绿素 c、β-胡萝卜素和叶黄素，胞内储存物为油。附着或浮游生活。游动细胞具有不等长的略偏于腹部一侧的两根鞭毛，少数只有一根鞭毛。借不动孢子和游动孢子进行无性生殖，少数属于有性生殖。绝大多数黄藻生活在淡水水体中。其代表属有黄丝藻属（*Tribonema*）、黄群藻属（*Synura*）和拟黄群藻属（*Synuropsis*）等。

7. 轮藻门（*Charohyta*）

轮藻的细胞结构、光合色素和储存物与绿藻大致相同，不同的是有大型顶细胞，具有一定的分裂步骤，有节和节间，节上有轮生的分支。为卵配生殖。在淡水和半咸水中生长。轮藻门的轮藻属可熏烟驱蚊，有轮藻生长的水中没有孑孓生长。

8. 褐藻门（*Phaeophyta*）

褐藻在进化上比较高级，色素体含有叶绿素 a、叶绿素 c、β-胡萝卜素、叶黄素，其中 β-胡萝卜素和叶黄素的含量高于叶绿素 a、叶绿素 c。藻体呈橄榄色和深褐色，胞内储存物为水溶性的褐藻淀粉、甘露糖、油类及还原糖。含碘量高的属种，如海带属（*Laminaria*）和裙带菜（*Undaria suringar*）可供食用。

9. 红藻门（*Rodophyta*）

红藻的色素为红藻藻红素和红藻藻蓝素，储存物为红藻淀粉和红藻糖。绝大多数红藻为海产，少数为淡水产。红藻的代表属有紫菜属（*Porphyra*）、江篱属（*Gracilaria*）、石花菜属（*Gelidium*）及麒麟属（*Eucheuma*）。后三属的红藻均可提取琼脂，供食用、医药用及制备生化试剂用。

第三节　原生动物

一、原生动物的形态及生理特征

原生动物门（*Protozoa*）属真核原生生物界，单细胞结构，个体都很小，长度一般为 100～300μm。大多数为单核细胞，少数有两个或两个以上的细胞核。原生动物具有高度分化的细胞器，能和多细胞动物一样行使营养、呼吸、排泄、生殖等功能。常见的“胞器”有行动胞器、消化营养胞器、排泄胞器、感觉胞器等。

行动胞器有伪足、鞭毛或纤毛等；消化、营养胞器主要是指食物泡，内含消化液；大多数原生动物具有专门的排泄胞器——伸缩泡和辐射管，辐射管从胞内吸收代谢废物并通过收缩送入伸缩泡，伸缩泡一伸一缩，即可将原生动物体内多余的水分及积累在细胞内的代谢产物通过胞肛排出体外；感觉胞器最典型的代表就是眼点，具有感光和识别方向的能力，没有眼点的原生动物，则以行动胞器替代。

原生动物的营养方式有多种，可概括为四种形式：①动物性营养（hlozoic），绝大多数原生动物及后生动物为动物性营养，以吞食其他生物（如细菌、真菌、藻类）或有机颗粒为生，有些动物性营养的原生动物具有胞口、胞咽等摄食胞器；②植物性营养（holophytic），这类原生动物体内含有色素，能够进行光合作用，如植物性鞭毛虫等；③腐生性营养（saprophyitc），以死亡的机体或无生命的可溶性有机物质为生；④寄生性营养（parasitical），以其他活的生物体（即寄主）作为生存的场所，并获得营养和能量。

二、原生动物的分类

在此主要介绍污水生物处理系统中常见的原生动物，包括肉足纲、鞭毛纲和纤毛纲。

1. 肉足纲

肉足纲（*sarcodina*）原生动物的机体表面，仅有细胞质形成的一层薄膜，没有胞口和胞肛等，也无鞭毛或纤毛。它们形体小、无色透明，大多数没有固定形态，因体内细胞质不定方向的流动而呈千姿百态，并形成伪足作为运动和摄食的细胞器，为动物性营养。少数种类呈球形，也有伪足。肉足类原生动物以细胞、藻类、有机颗粒和比它本身小的原生动物为食物，它们没有专门的胞口，完全靠伪足摄食。

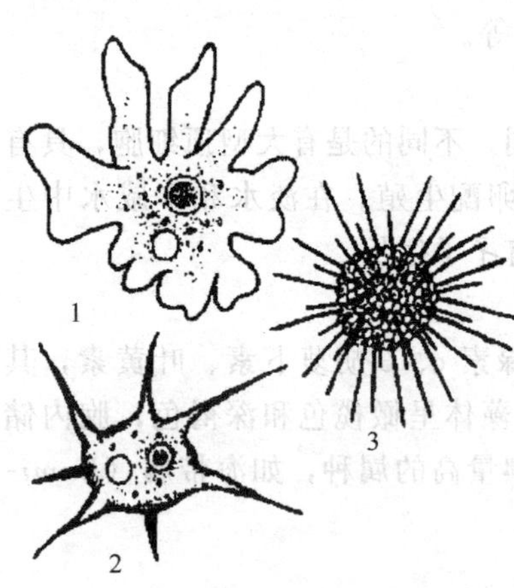

图 4-9　几种肉足纲原生动物

1—变形虫；2—辐射变形虫；3—太阳虫

肉足纲分为两个亚纲，根足亚纲（*Rhizopoda*）和辐足亚纲（*Actinophrys*）。根足亚纲的生物可任意改变形状，俗称变形虫（*Amoeba*），或称根足变形虫，如大变形虫（*Amoebaproteus*）；辐足亚纲的伪足呈针状，虫体形态不变而固定为球形，如太阳虫（*Acthnophrys*）和辐球虫（*Act-inosphaerium*）。如图 4-9 所示为肉足纲的几种原生动物。肉足纲以无性生殖为主，也有多分裂和出芽生殖等其他繁殖方式。

肉足类在自然界分布很广，土壤和水体中都有。中污性水体是其多数种类最适宜的生活环境，在废水中和废水处理构筑物中也有发现。从卫生方面来说，重要的水传染病阿米巴痢疾（赤痢）就是由于寄生的变形虫赤痢阿米巴（*End-amoeba histolytica*）引起的。

2. 鞭毛纲

鞭毛纲（Mastigophora）的原生动物因为具有一根或多根鞭毛，所以统称鞭毛虫。其鞭毛长度大致与其体长相等或更长些，是细胞的运动器。鞭毛虫又可分为植物性鞭毛虫和动物性鞭毛虫。

(1) 植物性鞭毛虫　有绿色素体的鞭毛虫是仅有的进行植物性营养的原生动物。有少数无色的植物性鞭毛虫，它们没有绿色的色素体，但具有植物性鞭毛虫所专有的某些物质，如坚硬的表膜和副淀粉粒等；它们形体一般都很小，也会进行动物性营养。在自然界中绿色的种类较多，在活性污泥中则无色的植物性鞭毛虫较多。

最普通的植物性鞭毛虫为绿眼虫（*Euglena viri-dis*），亦称绿色裸藻（图 4-10）。它是植物性营养型，有时能进行植物式腐生性营养。最适宜的环境是中污性小水体，也能适应多污性水体。在生活废水中较多，在寡污性的静水或流水中极少，在活性污泥中和生物滤池表层滤料的生物膜上均有发现，但为数不多。

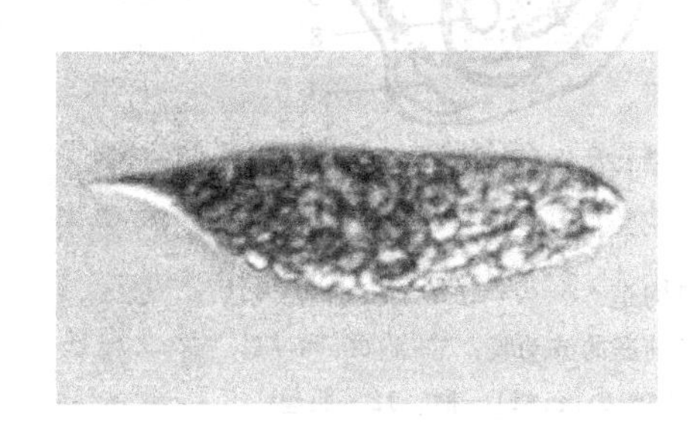

图 4-10 绿眼虫

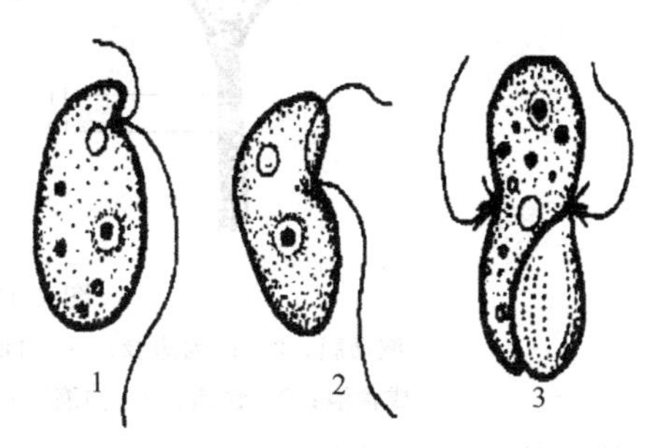

图 4-11 动物性鞭毛虫

1—梨波豆虫；2—跳侧滴虫；3—活泼锥滴虫

（2）动物性鞭毛虫 动物性鞭毛虫体内无色素体，也没有表膜、副淀粉粒等植物性鞭毛虫所特有的物质。动物性鞭毛虫一般体形较小，动物性营养，有些还兼有动物式腐生性营养。在自然界中，动物性鞭毛虫生活在腐化有机物较多的水体内，常在废水处理厂曝气池运行的初期出现，如梨波豆虫、跳侧滴虫及活泼锥滴虫等，见图 4-11。

3. 纤毛纲

纤毛纲（*Ciliata*）的原生动物周身或部分表面生有纤毛，这是它们运动或摄食的细胞器。纤毛是原生动物中构造最复杂的，不仅有比较明显的胞口，还有口围、口前庭和胞咽等吞食和消化的细胞器。它的细胞核有大核（营养核）和小核（生殖核）两种，通常大核只有一个，小核则有一个以上。纤毛可分为游泳型和固着型两类。前者能自由游动，如周身有纤毛的草履虫（*Paramecium candatum*）、四膜虫（*Tetrahymena*）和喇叭虫（*Stebtor*）（图 4-12）；后者则固着在其他的物体上生活，如钟虫（*Vorticella*）等。另外，吸管虫也属于纤毛纲。

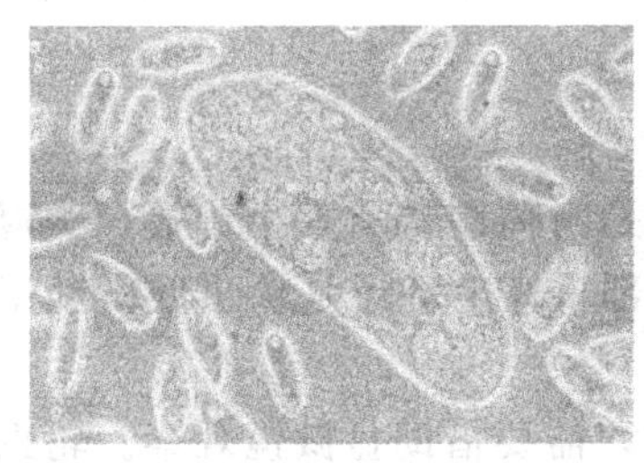

草履虫

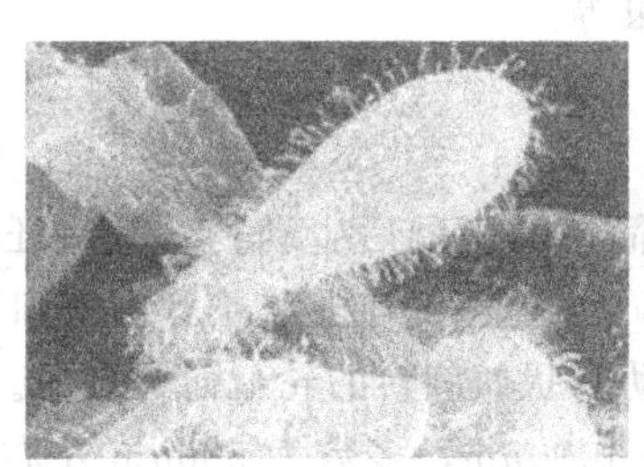

四膜虫

喇叭虫

图 4-12 游泳型纤毛虫

常见的固着型纤毛虫主要属于缘目亚纲和吸管虫亚纲。缘目亚纲中钟虫属为典型的固着型纤毛虫。如图 4-13 所示，钟虫前端有环形纤毛丛构成的纤毛带，形成似波动膜的构造。纤毛摆动时使水形成漩涡，把水中的细菌、有机颗粒引进胞口。

大多数钟虫在后端有尾柄，它们靠尾柄附着在其他物质（如活性污泥、生物滤池的生物膜）上。也有无尾柄的钟虫，它可在水中自由游动。有时有尾柄的钟虫也可离开原来的附着物，靠前端纤毛的摆动而移到另一固体物质上。大多数钟虫进行裂殖。有尾柄的钟虫

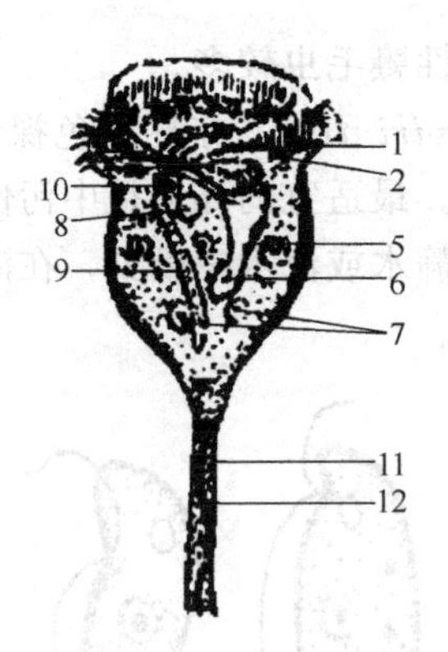

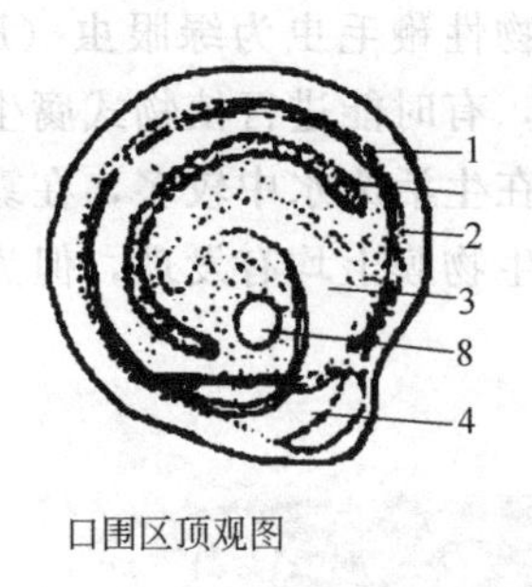

图 4-13　钟虫的构造

1—波动膜；2—口围边缘；3—口前庭；4—口前庭的波动膜；5—胞口；6—形成食泡；7—食泡；8—伸缩泡；9—大核；10—小核；11—柄；12—肌丝

的幼体刚从母体分裂出来，尚未形成尾柄时，靠纤毛带摆动而自由游动。

钟虫属为单个生长，而群体生长的有累枝虫属和盖虫属等。常见的累枝虫有瓶累枝虫等，盖虫属有集益虫、彩盖虫等。累枝虫的各个钟形体的尾柄一般相互连接呈等枝状，也有不分支而个体单独生活的。累枝虫和盖虫的尾柄不像钟虫，它们都没有肌丝，所以尾柄不能伸缩，当受到刺激后只有虫体收缩。

吸管虫（*Suctoria*）原生动物具有吸管，生有柄，固着生活。吸管是用来诱捕食物的。

纤毛虫喜吃细菌及有机颗粒，竞争能力也较强，所以与废水生物处理的关系较密切；钟虫经常出现于活性污泥和生物膜中，可作为废水处理效果较好的指示生物；吸管虫在废水处理中的作用还有待进一步研究。

第四节　后生生物

在废水生物处理构筑物中还常出现一些微型的无脊椎动物，包括轮虫、线虫、寡毛类动物、甲壳类动物和昆虫幼虫等。

一、轮虫

轮虫（*Rotifer*）是比较简单的一种后生动物，其特征是身体前端有一个头冠，头冠上有纤毛环，纤毛环摆动时，将细菌和有机颗粒等引入口部，纤毛环还是轮虫的行动工具。轮虫就是因其纤毛环摆动时状如旋转的轮盘而得名的。

轮虫形体微小，长度 4～4000μm，多数为 500μm 左右，需要借助显微镜观察。轮虫躯干呈圆筒形，背腹扁宽，具刺或棘，外面有透明的角质甲膜，尾部末端有分叉的趾，内有腺体分泌黏液，借以固着在其他物体上。轮虫雌雄异体，雄性个体比雌性个体小得多，并退化，有性生殖少，多为孤雌生殖。

轮虫在自然界分布很广，主要栖息在沼泽、池塘、浅水湖泊和深水湖的沿岸区域。有固着生活和自由生活的种类，有个体生活的，也有群体生活的。对 pH 适应范围较广，中性、偏碱性和偏酸性的环境中都有轮虫的分布，在 pH 为 6.8 左右的环境中分布居多。大多数轮虫以细菌、霉菌、藻类、原生动物和有机颗粒为食。在废水的生物处理过程中，轮虫也可作为指示生物，当活性污泥中出现轮虫时，往往表明处理效果良好，但如数量太多，则有可能破坏污泥的结构，使污泥松散而上浮，活性污泥中常见的轮虫有转轮虫（*Rotaria rotatoria*）、红眼旋轮虫（*Philodina erythrophthalma*）等，见图 4-14。

轮虫在水源水中大量繁殖时，有可能阻塞水厂的砂滤池。

二、甲壳类动物

浮游甲壳动物在浮游动物中占重要地位，数量大，种类多，是鱼类的基本食料。它们广泛分布于河流、湖泊和水塘等淡水水体及海洋中，以淡水种居多。它们是水体污染和水体自净的指示生物。常见的有剑水蚤（*Cyclops*）和水蚤（*Daphnia pulex*），属节肢动物门（*Arthropoda*）的甲壳纲（*Cmstacea*）（图 4-15）。摄食方式有滤食性和肉食性两种。

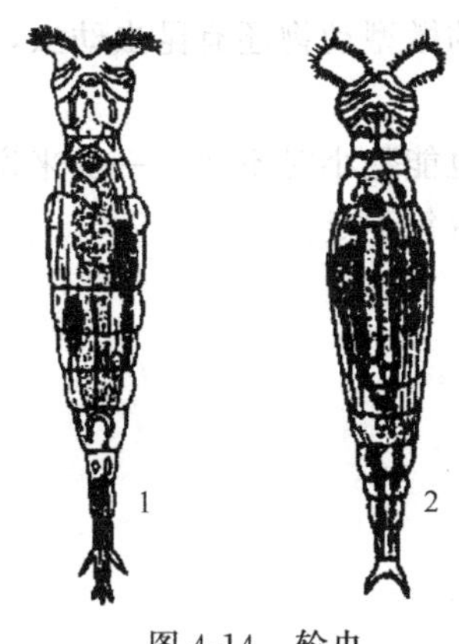

图 4-14　轮虫

1—转轮虫；2—红眼旋轮虫

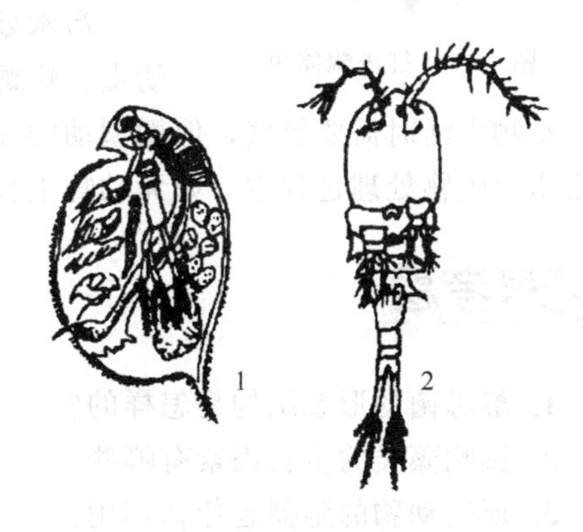

图 4-15　甲壳类动物

1—大型水蚤；2—剑水蚤

水蚤的血液中含血红素，肌肉、卵巢和肠壁等细胞中也含血红素。血红素的含量常随环境中溶解氧量的高低而变化：水体中含氧量低，水蚤的血红素含量高，体色加深；水体中含氧量高，水蚤的血红素含量低，体色变浅。由于污染水体中溶解氧含量低，清水中氧的含量高，所以，在污染水体中的水蚤颜色比在清水中的红些，这就是水蚤常呈不同颜色的原因，是适应环境的表现。可以利用水蚤的这个特点来判断水体的清洁程度。

甲壳类浮游动物以细菌和藻类为食料，若大量繁殖，可影响水厂滤池的正常运行。氧化塘出水中往往含有较多藻类，可以利用甲壳类动物除藻。

三、线虫

线虫（*Nemato*）属于线形动物门（*Nemathelminthes*）的线虫纲（*Nematoda*）。线虫为长形，形体微小，一般长度小于 1mm，在显微镜下清晰可见。线虫前端口上有感觉器官，体内有神经系统，消化道为直管，食道由辐射肌组成。线虫有 3 种营养类型：①腐食性，以动植物的残体及细菌等为食；②植食性，以绿藻和蓝藻为食；③肉食性，以轮虫和其他线虫为食。线虫有寄生的和自由生活的，污水处理中出现的线虫多是自由生活的，自由生活的线虫体两侧的纵肌交替收缩，作蛇状的拱曲运动。线虫为雌雄异体，生殖为卵生。

线虫有好氧和兼性厌氧的，兼性厌氧者在缺氧时大量繁殖。线虫是污水净化程度差的指示生物。

四、寡毛类动物

污水生物处理系统中常有寡毛类生物的出现，如飘体虫、颤蚓及水丝蚓等，它们属环节动物门（*Annelida*）的寡毛纲（*Oligoehaeta*），比轮虫和线虫高级。身体细长分节，每节两侧长有刚毛，靠刚毛爬行运动。在污水生物处理中最常见的是红斑飘体虫（*Aeolosoma hemprichii*），其形态如图4-16所示，它的前叶腹面有纤毛，是捕食器官，主要食污泥中有机碎片和细菌。它分布很广，夏、秋两季在水体中生长适宜，生长适宜温度为20℃，6℃以下活动力降低，并形成胞囊。颤蚓和水丝蚓为河流、湖泊底泥污染的指示生物。

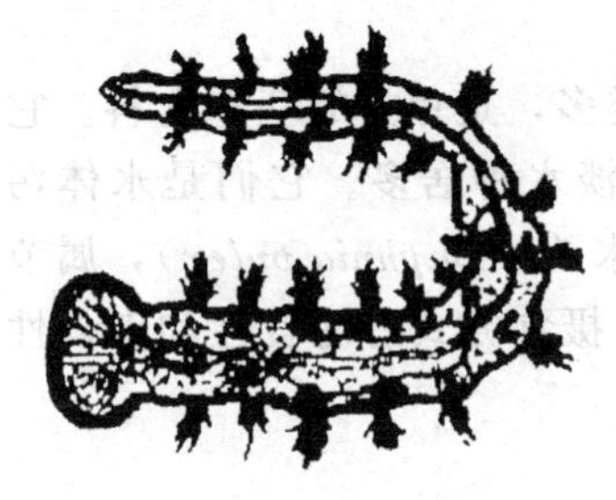

图 4-16　红斑飘体虫

污水处理系统中常见的微型动物还有昆虫幼虫，如摇蚊幼虫、蜂蝇幼虫等。

动物生活时需要氧气，但微型动物在缺氧的环境里也能数小时不死。一般来说，在无毒废水的生物处理过程中，如无动物生长，往往说明溶解氧不足。

思考题

1. 酵母菌的形态结构是怎样的？
2. 影响藻类的生长因素有哪些？
3. 原生动物的胞器起什么作用？
4. 原生动物在水处理中的作用有哪些？
5. 当废水的生物处理过程中出现轮虫时说明什么问题？为什么？

第五章

微生物的营养

第一节　微生物细胞的化学组成

微生物和其他生物一样，需要不断地从外部环境中吸收所需要的各种物质，用于合成细胞物质和提供各种生理活动所需要的能量，使机体能进行正常的生长与繁殖。而微生物所需的营养物的种类和数量要根据微生物的化学组成、元素组成及生理特性而定。

一、微生物细胞的化学组成及元素组成

（一）水分

微生物机体质量的70%～90%为水分，其余10%～30%为干物质。不同类型的微生物水分含量不同。例如，细菌含水75～85g/100g，酵母菌含水70～85g/100g，霉菌含水85～90g/100g，芽孢含水40g/100g。

（二）干物质

微生物机体的干物质由有机物和无机物组成。有机物占干物质质量的90%～97%，包括蛋白质、核酸、糖类及脂类。无机物占干物质质量的3%～10%，包括P、S、K、Na、Ca、Mg、Fe、Cl和微量元素Cu、Mn、Zn、B、Mo、Co、Ni等。C、H、O、N是所有生物体的有机元素。糖类和脂类由C、H、O组成，蛋白质由C、H、O、N、S组成，核酸由C、H、O、N、P组成。

二、微生物细胞内元素的比例

在正常情况下，各种微生物细胞的化学组成较稳定。一般可用实验式表示细胞内主要元素的含量。微生物细胞主要化学元素组成的实验式分别为：细菌为$C_5H_7NO_2$，真菌为$C_{10}H_{17}NO_6$，藻类为$C_5H_8NO_2$，原生动物为$C_7H_{14}NO_3$。

组成微生物细胞的各类化学元素的比例常因微生物种类的不同而各异，也常随菌龄及培养条件的不同而在一定范围内发生变化。幼龄的比老龄的微生物含氮量高，在氮源丰富的培养基上生长的细胞比在氮源相对贫乏的培养基上生长的细胞含氮量高。

第二节　微生物的营养物质

凡是能够满足机体生长、繁殖和完成各种生理活动所需要的物质称为微生物的营养物质。微生物获得与利用营养物质的过程称为营养。

微生物需要从外界获得营养物质，而这些营养物质主要以有机和无机化合物的形式为微生物所利用，也有小部分以分子态的气体形式被微生物利用。这些营养物质在机体中的作用可概括为参与细胞组成、构成酶的活性成分、构成物质运输系统和提供机体进行各种生理活动所需要的能量。根据营养物质在机体中生理功能的不同，可将它们分为碳源、氮源、无机盐、生长因子和水五大类。

一、水分

水是微生物生长必不可少的。水在细胞中的生理功能主要有：①作为溶剂和运输介质，营养物质的吸收和代谢产物的分泌以水为介质才能完成；②参与细胞内一系列化学反应；③维持蛋白质、核酸等生物大分子稳定的天然构象；④因为水的比热容高，是热的不良导体，所以可以有效地控制细胞内温度的变化。

二、碳源

碳源（source of carbon）是在微生物生长过程中为微生物提供碳素来源的物质。碳源物质在细胞内经过一系列复杂的化学变化后成为微生物自身的细胞物质（如糖类、脂、蛋白质等）和代谢产物，碳可占一般细菌细胞干质量的一半。同时，绝大部分碳源物质在细胞内生化反应过程中还能为机体提供维持生命活动所需的能源，因此碳源物质通常也是能源物质。但是有些以 CO_2 作为惟一或主要碳源的微生物生长所需的能源则并非来自碳源物质。

微生物利用的碳源物质主要有糖类、有机酸、醇、脂类、烃、二氧化碳以及碳酸盐等。微生物利用碳源物质具有选择性，糖类是一般微生物较容易利用的良好碳源和能源物质，但微生物对不同糖类物质的利用也有差别，单糖胜于双糖和多糖，例如在以葡萄糖和半乳糖为碳源的培养基中，大肠杆菌首先利用葡萄糖，然后利用半乳糖，前者称为大肠杆菌的速效碳源，后者称为迟效碳源；己糖胜于戊糖；葡萄糖、果糖胜于甘露糖、半乳糖；在多糖中，淀粉明显地优于纤维素或几丁质等纯多糖；纯多糖则优于琼脂等杂多糖和其他聚合物（如木质素）。

不同种类微生物利用碳源物质的能力也有差别。有的微生物能广泛利用各种类型的碳源物质，而有些微生物可利用的碳源物质则比较少，例如假单胞菌属（*Pseudomonas*）中的某些种可以利用多达 90 种以上的碳源物质，因此假单胞菌属的细菌在废水的生物处理中发挥着重要的作用。而一些甲基营养型微生物只能利用甲醇或甲烷等一碳化合物作为碳源物质。

三、氮源

氮源（source of nitrogen）物质为微生物提供氮素来源，这类物质主要用来合成细胞中的含氮物质，一般不作为能源，只有少数自养微生物能利用铵盐、硝酸盐同时作为氮源与能源。在碳源物质缺乏的情况下，某些厌氧微生物在厌氧条件下可以利用某些氨基酸作为能源物质。能够被微生物利用的氮源物质包括蛋白质及其不同程度的降解产物（胨、肽、氨基酸等）、铵盐、硝酸盐、分子氮、嘌呤、嘧啶、脲、胺、酰胺、氰化物等。

根据对氮源要求的不同，将微生物分为4类：①固氮微生物。这类微生物能利用空气中的氮分子（N_2）合成自身的氨基酸和蛋白质。如固氮菌、根瘤菌和固氮蓝细菌。②利用无机氮作为氮源的微生物。这类能利用氨（NH_3）、铵盐（NH_4^+）、亚硝酸盐、硝酸盐的微生物有亚硝化细菌、硝化细菌、大肠杆菌、产气杆菌、枯草杆菌、铜绿色假单胞菌、放线菌、霉菌、酵母菌及藻类等。③需要某种氨基酸作为氮源的微生物。这类微生物叫氨基酸异养微生物。如乳酸细菌、丙酸细菌等。它们不能利用简单的无机氮化物合成蛋白质，而必须供给某些现成的氨基酸才能生长繁殖。④从分解蛋白质中取得铵盐或氨基酸的微生物。这类微生物如氨化细菌、霉菌、酵母菌及一些腐败细菌，它们都有分解蛋白质的能力，产生NH_3、氨基酸和肽，进而合成细胞蛋白质。

四、无机盐

无机盐的生理功能包括：①构成细胞组分；②构成酶的组分和维持酶的活性；③调节渗透压、氢离子浓度、氧化还原电位等；④供给自养微生物能源。

微生物需要的无机盐有磷酸盐、硫酸盐、氯化物、碳酸盐、碳酸氢盐。这些无机盐中含有除碳、氮源以外的各种元素。凡是生长所需浓度在10^{-3}～10^{-4}mol/L范围内的元素，可称为大量元素，例如P、S、K、Mg、Ca、Na和Fe等，微生物对P和S的需求量最大。凡是所需浓度在10^{-6}～10^{-8}mol/L范围内的元素则称为微量元素，如Cu、Zn、Mn、Mo和Co等。Fe实际上是介于大量元素与微量元素间的。各种无机盐及其所含各种元素的生理功能见表5-1。

表5-1 无机盐及其生理功能

元　素	化合物形式(常用)	生　理　功　能
P	KH_2PO_4,K_2HPO_4	核酸、磷酸和辅酶的成分,作为缓冲系统调节培养基pH
S	$(NH_4)_2SO_4$,$MgSO_4$	含硫氨基酸、维生素的成分
K	KH_2PO_4,K_2HPO_4	某些酶的辅因子,维持细胞渗透压,某些嗜盐细菌核糖体的稳定因子
Na	NaCl	维持细胞渗透压,细胞运输系统组分,维持某些酶的稳定性
Ca	$CaCl_2$,$Ca(NO_3)_2$	某些酶的辅因子,维持酶的稳定性,形成细菌芽孢和真菌孢子所需
Mg	$MgSO_4$	固氮酶等的辅因子,叶绿素等的成分
Fe	$FeSO_4$	细胞色素及某些酶的组分,某些铁细菌的能源物质,合成叶绿素、白喉毒素所需
Mn	$MnSO_4$	超氧化物歧化酶、氨肽酶和柠檬酸合成酶的辅因子
Cu	$CuSO_4$	氧化酶、酪氨酸酶的辅因子
Co	$CoSO_4$	维生素B_{12}复合物的成分,肽酶的辅因子
Zn	$ZnSO_4$	碱性磷酸酶以及多种脱氢酶、肽酶和脱羧酶的辅因子
Mo	$(NH_4)_6Mo_7O_{24}$	固氮酶和同化型及异化型硝酸盐还原酶的成分
Ni	$NiCl_2$	存在于脲酶中,为氢细菌生长所必需,是产甲烷菌F_{430}和一氧化碳脱氢酶的组分

五、生长因子

生长因子通常指那些微生物生长所必需而且需要量很小，但有些微生物不能用简单的碳源和氮源自行合成的有机化合物。生长因子分为维生素、氨基酸与嘌呤及嘧啶三大类。维生素主要作为酶的辅基或辅酶参与新陈代谢。有些微生物自身缺乏合成某些氨基酸的能力，必须在培养基中补充这些氨基酸。嘌呤和嘧啶作为酶的辅酶或辅基，以及用来合成核苷、核苷酸和核酸。酵母浸出液、动物肝浸出液和麦芽汁及其他新鲜的动植物组织浸出液含各种生长因子。

各种微生物需求的生长因子的种类和数量是不同的。多数真菌、放线菌和不少细菌等都不需要外界提供生长因子，而是自身能合成生长因子。有些微生物需要多种生长因子，例如乳酸细菌需要多种维生素，许多微生物及其营养缺陷型都需要不同的氨基酸或嘌呤、嘧啶碱基。还有些微生物在代谢过程中会分泌大量的维生素等生长因子，可作为维生素等的生产菌。

碳源、氮源、无机盐、生长因子及水为微生物共同需要的物质。由于不同微生物细胞的元素组成比例不同，对各营养元素的比例要求也不同，这里主要指碳氮比（或碳氮磷比）。如根瘤菌要求碳氮比为11.5∶1，固氮菌要求碳氮比为27.6∶1，霉菌要求碳氮比为9∶1，土壤中微生物混合群体要求碳氮比为25∶1。废水生物处理中好氧微生物群体（活性污泥）要求碳氮磷比为 BOD_5∶N∶P 为 100∶5∶1，厌氧消化污泥中的厌氧微生物群体对碳氮磷比要求 BOD_5∶N∶P 为 100∶6∶1；有机固体废物、堆肥发酵要求的碳氮比为 30∶1，碳磷比为（75～100）∶1。为了保证废水生物处理和有机固体废物生物处理的效果，要按碳氮磷比配给营养。城市生活污水能满足活性污泥的营养要求，不存在营养不足的问题。但有的工业废水缺某种营养，当营养量不足时，应供给或补足。可用粪便污水或尿素补充氮，用磷酸氢二钾补充磷。

第三节　微生物的营养类型

根据微生物对各种碳源的同化能力的不同可把微生物分为无机营养微生物（又叫自养型微生物）和有机营养微生物（又叫异养型微生物）。又根据微生物所需的能量来源不同可把微生物分为光能营养型微生物和化能营养型微生物。总之，根据碳源、能源及电子供体性质的不同，可将绝大部分微生物的营养类型分为光能无机营养型（又叫光能自养型）、光能有机营养型（又叫光能异养型）、化能无机营养型（又叫化能自养型）及化能有机营养型（又叫化能异养型）四种类型。

一、光能无机营养型

这类型的微生物在生长繁殖过程中不需要有机物，能以 CO_2 作为惟一碳源或主要碳源，利用光能作为能源，以水、硫化氢、硫代硫酸钠作为供氢体同化 CO_2 为细胞物质。根据供氢体的不同又可分为两类。一类是各种光合细菌如红硫细菌和绿硫细菌以 H_2S 作为供氢体，依靠叶绿素或细菌叶绿素，利用光能进行循环光合磷酸化，所产生的 ATP 和还原力用于同化 CO_2，这种光合作用是不产氧的光合作用。另一类蓝细菌和绿色藻类则以 H_2O 作为供氢体，依靠叶绿素，利用光能同化 CO_2 进行非循环光合磷酸化的产氧光合作用。

二、光能有机营养型

这种类型的微生物以光为能源，以有机物为供氢体，还原 CO_2 合成有机物。这类细菌又称有机光合细菌。如红螺菌（*Rhodospirillum rubrum*）可利用简单的有机物异丙醇作为供氢体。这类微生物进行的也是循环光合磷酸化和不产氧的光合作用。

三、化能无机营养型

这类型的微生物不具光合色素，不进行光合作用。能利用无机营养物（NH_4^+、NO_2^-、H_2S、S^0、H_2 和 Fe 等）氧化分解释放的能量，以 CO_2 或碳酸盐作为主要碳源或惟一碳源合成有机物，以构成细胞物质，进行生长。绝大多数化能自养菌是好氧菌。常见的化能自养菌有硝化细菌、硫化细菌、氢细菌与铁细菌等。

四、化能有机营养型

这类微生物的碳源、能源和供氢体都是有机物。利用有机物氧化分解释放的能量进行生命活动。目前已知的微生物大多数属于这种营养类型。根据它们利用有机物性质的不同，又可分为腐生型和寄生型两类，前者可利用无生命的有机物（如动植物尸体和残体）作为碳源，后者则寄生在活的生物体内吸取营养物质。在寄生型和腐生型之间还存在一些中间类型，如兼性寄生型和兼性腐生型。

应当指出，不同营养类型之间的界限并非绝对的。异养微生物并非绝对不能利用 CO_2，只是不能以 CO_2 为惟一或主要碳源进行生长，而且在有机物存在的情况下也可将 CO_2 同化为细胞物质。同样自养型微生物也并非不能利用有机物进行生长。另外，有些微生物在不同生长条件下生长时，其营养类型也会发生改变。如红螺菌在光和厌氧条件下能利用光能同化 CO_2，此时是光能营养型。而在黑暗和有氧条件下则利用有机物分解所产生的能量，此时是化能营养型。

第四节　培　养　基

培养基是人工配制的适合于不同微生物生长繁殖或积累代谢产物的营养基质。

一、配制培养基的原则

（一）选择适宜的营养物质

不同的微生物有不同的营养要求，应根据不同微生物的营养需要配制不同的培养基。如自养微生物有较强的合成能力，能从简单的无机物合成本身需要的糖类、脂类、蛋白质、核酸、维生素等复杂的细胞物质，因此，培养自养型微生物的培养基完全可以由简单的无机物组成。

（二）营养协调

微生物对各类营养物质的浓度和比例有一定的要求，只有各种营养物质的浓度和比例合适时，微生物才能生长良好。营养物质浓度过低时不能满足微生物正常生长所需，浓度过高时对微生物生长起抑制作用。在各种营养物质浓度的比例关系中，碳氮比的影响最为重要。

（三）控制培养条件

微生物的生长除受营养因素的影响外，还受 pH、渗透压、氧以及 CO_2 浓度的影响，因此为了保证微生物正常生长，还需控制这些环境条件。

二、培养基的类型及应用

培养基种类繁多，根据其成分、物理状态和用途可将培养基分成多种类型。

（一）按成分不同划分

1. 天然培养基

天然培养基是指利用天然有机物如动、植物或微生物体或其提取物制成的培养基。这类培养基含有的化学成分还不清楚或化学成分不恒定。如牛肉膏蛋白胨培养基和麦芽汁培养基就属于此类。常用的天然有机营养物质包括牛肉浸膏、蛋白胨、酵母浸膏、豆芽汁、玉米粉、土壤浸液、鼓皮、牛奶、血清、稻草浸汁等。

天然培养基的优点是取材方便、营养丰富、种类多样、配制方便；缺点是成分不稳定也不清楚，在做精细的科学实验时，会引起数据不稳定。

2. 合成培养基

合成培养基是由化学成分完全了解的物质配制而成的培养基。高氏Ⅰ号培养基和查氏培养基就属于此种类型。配制合成培养基时重复性强，但与天然培养基相比其成本较高，微生物在其中生长速率较慢，一般适于在实验室用来进行有关微生物营养需求、代谢、分类鉴定、生物量测定、菌种选育及遗传分析等定量要求较高的研究工作。

3. 半合成培养基

半合成培养基是既含有天然成分又含有纯化学试剂的培养基。例如，培养真菌用的马铃薯蔗糖培养基等。

（二）根据物理状态划分

根据培养基的物理状态可将培养基划分为固体培养基、半固体培养基和液体培养基三种类型。

1. 固体培养基

在液体培养基中加入一定量凝固剂，使其成为固体状态即为固体培养基。另外，一些由天然固体基质制成的培养基也属于固体培养基。如马铃薯块、生产食用菌的棉籽壳培养基等。

常用的凝固剂有琼脂、明胶和硅胶。对绝大多数微生物而言，琼脂是最理想的凝固剂，琼脂是由藻类（海产石花菜）中提取的一种高度分支的复杂多糖。琼脂的熔点是96℃，凝固点是40℃，所以在一般微生物的培养温度下呈固体状态，并且除少数外，微生物不水解琼脂。配制固体培养基时一般需在液体培养基中加入1%～2%的琼脂。明胶是由胶原蛋白制备得到的产物，但由于其凝固点太低，而且某些细菌和许多真菌产生的非特异性胞外蛋白酶能液化明胶，目前较少用它作为凝固剂。硅胶是无机的硅酸钠和硅酸钾被盐酸及硫酸中和时凝聚而成的胶体，它不含有机物，适用于配制培养无机营养型微生物的培养基。

在实验室中，固体培养基一般是加入平皿中制成平板或加入试管中凝成斜面。用于微生物的分离、鉴定、活菌计数及菌种保藏等。

2. 半固体培养基

半固体培养基中含有少量的凝固剂，例如用琼脂作凝固剂时，只加入0.2%～0.7%的琼脂。半固体培养基在微生物实验中有许多独特的用途，如观察微生物的运动、噬菌体效价测定、微生物趋化性的研究、厌氧菌的培养及菌种保藏等。

3. 液体培养基

未加凝固剂呈液态的培养基称为液体培养基。这种培养基的组分均匀，微生物能充分接触和利用培养基中的养料，它常用于大规模的工业生产以及在实验室进行微生物生理代谢等基本理论的研究。

(三) 按用途划分

1. 基本培养基

不少微生物需要的培养基，除少数几种外，大部分是相同的。可以按照其基本营养成分配制成一种培养基，这种培养基叫做基本培养基。当培养某一微生物时，在基本培养基中再根据微生物的特殊需要，加入所需的物质。

2. 选择培养基

在自然情况下，微生物总是混杂在一起生长的。利用微生物对各种化学物质敏感程度的差异，或根据某种或某类微生物的特殊营养需要而设计的培养基，可以抑制非目的微生物的生长并使所要分离的微生物生长繁殖，这种培养基叫选择培养基。例如，在培养基中加入胆汁酸盐，可以抑制革兰阳性菌，有利于革兰阴性菌的生长。利用以纤维素或石蜡油作为惟一碳源的选择培养基，可以从混杂的微生物群体中分离出能分解纤维素或石蜡油的微生物。在培养基中加入某种抗生素，可以分离出具有该种抗生素抗性的微生物。

3. 鉴别培养基

根据微生物的代谢特点，在培养基中加入能与某细菌的代谢产物发生显色反应的指示剂，其菌落通过指示剂显示出特定的颜色而被区分开，这种起鉴别和区分不同细菌作用的培养基，叫鉴别培养基。例如，大肠菌群中的大肠埃希菌、枸橼酸盐杆菌、产气杆菌、副大肠杆菌等均能在远藤培养基上生长，但它们对乳糖的分解能力不同：前三者能分解乳糖，但分解能力有强有弱，大肠埃希菌分解能力最强，菌落呈紫红色带金属光泽；枸橼酸盐杆菌次之，菌落呈紫红或深红色；产气杆菌第三，菌落呈淡红色。副大肠杆菌不能分解乳糖，菌落无色透明。这样，这四种菌可被鉴别区分开来。

常用的鉴别培养基还有醋酸铅培养基、伊红—美蓝（EMB）培养基等。

4. 加富培养基

由于样品中细菌数量少，或是对营养要求比较苛刻不易培养出来，故用特别的营养成分促使微生物快速生长。这种用特别的营养物质配制而成的培养基，称为加富培养基。所用的特殊营养物质有植物（青草或干草）提取液、动物组织提取液、土壤浸出液、血和血清等。

第五节　微生物细胞获得营养的途径

除一些原生动物、微型后生动物外，微生物没有专门的摄食器官或细胞器。各种营养物质依靠细胞质膜的功能进入细胞。营养物质进出细胞也受细胞壁的屏障作用的影响。革兰阳性细菌由于细胞壁结构较为紧密，对营养物质的吸收有一定的影响，相对分子质量大于10000的葡聚糖难以通过这类细菌的细胞壁。真菌和酵母菌细胞壁只能允许相对分子质量较小的物质通过。不同营养物质进入细胞的方式不同，概括有5种方式：单纯扩散、促进扩散、主动运输、基团转位、膜泡运输。

一、单纯扩散

单纯扩散是营养物质通过细胞膜由高浓度的胞外（内）环境向低浓度的胞内（外）进行扩散。单纯扩散是物理过程，营养物质既不与膜上的各类分子发生反应，自身分子结构也不发生变化。扩散过程不需要消耗代谢能，营养物质扩散的动力来自参与扩散的物质在膜内外的浓度差。杂乱运动的、水溶性的溶质分子通过细胞膜中含水的小孔从高浓度区向低浓度区扩散。这种扩散是非特异性的，扩散速度慢。脂溶性物质被磷脂层溶解而进入细胞。

由于膜主要是由磷脂双层和蛋白质组成，并且膜上分布有含水小孔，膜内外表面为极性表面，和一个中间疏水层。因此影响扩散的因素有营养物质的分子大小、溶解性（脂溶性或水溶性）、极性大小、膜外 pH、离子强度与温度等因素。一般是分子量小、脂溶性、极性小、温度高时营养物质容易吸收。而 pH 与离子强度是通过影响物质的电离强度而起作用的。

通过单纯扩散而进入细胞的营养物质的种类不多，水是惟一可以通过扩散自由通过细胞质膜的分子，脂肪酸、乙醇、甘油、苯、一些气体小分子（O_2、CO_2）及某些氨基酸在某种程度上也可通过扩散进出细胞。还没有发现糖分子通过单纯扩散而进入细胞的例子。单纯扩散不是细胞获取营养物质的主要方式，因为细胞既不能通过这种方式来选择必需的营养成分，也不能将稀溶液中的溶质分子进行逆浓度梯度运送，以满足细胞的需要。

二、促进扩散

促进扩散与单纯扩散相类似的是物质在进出细胞的过程中不需要代谢能，物质本身分子结构也不发生变化，不能进行逆浓度运输。促进扩散与单纯扩散的一个主要差别是，在物质的运输过程中必需借助于膜上底物特异性载体蛋白（carrier protien）的参与。由于载体蛋白的作用方式类似于酶的作用特征，载体蛋白也称为渗透酶（permease）。载体蛋白可以通过改变构象来改变其与被运送物质的亲和力：在膜的外侧时亲和力大，与营养物质结合，携带营养物质通过细胞质膜；而在膜的内侧时亲和力小，释放此物质，它本身再返回细胞质膜外表面。通过载体蛋白与被运送物质之间亲和力大小的变化，载体蛋白与被运送的物质发生可逆性的结合与分离，导致物质穿过膜进入细胞。载体蛋白加速了营养物质的运输。细胞质膜上有多种渗透酶，一种渗透酶运输一类物质通过细胞质膜进入细胞。促进扩散多见于真核生物，如酵母菌中糖的运输。

三、主动运输

与简单扩散及促进扩散这两种被动运输方式相比，主动运输的一个重要特点是在物质运输过程中需要消耗能量，而且可以进行逆浓度运输。主动运输与促进扩散类似之处在于物质运输过程中同样需要载体蛋白，载体蛋白通过构象变化而改变与被运输物质之间的亲和力大小，使两者之间发生可逆性结合与分离，从而完成相应物质的跨膜运输。区别在于主动运输过程中的载体蛋白构象变化需要消耗能量。直接用于改变载体蛋白构象的能量是由细胞质膜两侧的电势差产生的，该电势差是由膜两侧的质子（或其他离子如钠离子）浓度差形成。厌氧微生物中，ATP 酶水解 ATP，同时伴随质子向胞外排出；好氧微生物进行有氧呼吸时，电子在电子传递链上的传递过程中伴随质子外排；光合微生物吸收光能后，光能激发产生的电子在电子传递过程中也伴随质子外排；嗜盐古菌紫膜上的细菌视紫红质吸收光能后引起蛋白质分子中某些化学基团的 pK 值发生变化，导致质子迅速转移，在膜内外建立质子浓度差。膜内外质子浓度差的形成，使膜处于充电状态，即形成能化膜。电势差又促使膜外的质子（或其他离子）向膜内转移，在转移的过程中伴随着渗透酶构象的改变和物质的运输。

主动运输的渗透酶有 3 种：单向转运载体、同向转运载体和反向转运载体。主动运输有三种不同的机制：单向运输［图 5-1(a)］、同向运输［图 5-1(b)］和反向运输［图 5-1(c)］。

单向运输是指在膜内外的电势差消失过程中，促使某些物质（如 K^+）通过单向转运载体携带进入细胞；同向运输是指某些物质（如 HSO_4^-）与质子与同一个同向运输载体的两个不同位点结合按同一方向进行运输，质子作为耦合离子和营养物质耦合；反向运输是指某些物质（如 Na^+）与质子通过同一反向运输载体按相反的方向进行运输。不同的营养物质在不同的微生物中通过不同的主动运输机制进入细胞。

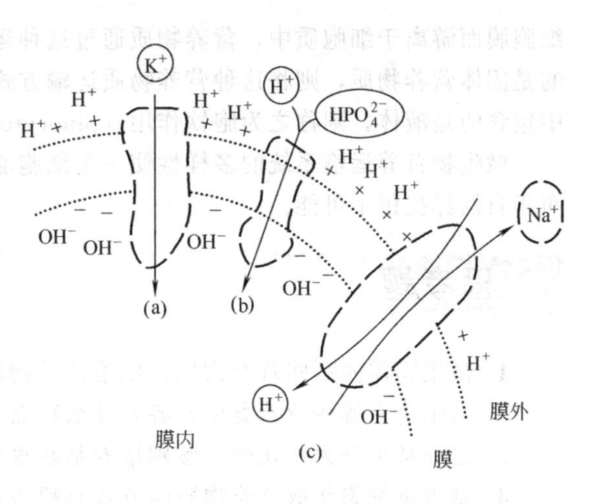

图 5-1　主动运输示意图

主动运输是广泛存在于微生物中的一种主要的物质运输方式。微生物在生长与繁殖过程中所需要的各种营养物质主要是以主动运输的方式运输的。通过主动运输进入细胞的物质有氨基酸、糖、无机离子（K^+、Na^+）、硫酸盐、磷酸盐及有机酸等。

四、基团转位

基团转位也是一种既需特异性载体蛋白又需耗能的运输方式，但物质在运输前后会发生分子结构的变化，因而不同于上述的主动运输。基团转位存在于厌氧型和兼性厌氧型细菌中，在好氧型细菌、古菌和真核生物中尚未发现这种运输方式。基团转位主要用于糖的运输，脂肪酸、核苷、碱基等也可通过这种方式运输。

基团转位需要一个复杂的运输系统来完成物质的运输。以大肠杆菌对葡萄糖的吸收为例，被运输到细胞内的葡萄糖被磷酸化，其中的磷酸来自细胞内的磷酸烯醇式丙酮酸（PEP）。运输的机制是依靠磷酸烯醇式丙酮酸-己糖磷酸转移酶系统，简称磷酸转移酶系统（phosphotransferase system，PTS）。PTS 通过磷酸基转移反应介导糖的转运，磷酸基转移反应使糖的转运和糖的磷酸化耦联起来，这样 PEP 的磷酸集团最终被转移到糖上。PTS 包括酶Ⅰ、酶Ⅱ和一种低相对分子质量的热稳定载体蛋白（heat-stable carrier protein，HPr）。HPr 与酶Ⅰ位于细胞质中，是两种非专一性成分，它们在所有以基团转位方式吸收糖的系统中所起的作用都是通过本身的磷酸化与去磷酸化两个过程将 PEP 上的磷酸进行转移。酶Ⅱ位于细胞质膜上，是专一性成分，每种糖都有自己的酶Ⅱ。葡萄糖被转运的过程是：在细胞内，在酶Ⅰ存在下，先是 PEP 上的磷酸转移到 HPr 上形成 HPr-磷酸，HPr-磷酸被移到细胞质膜上。在膜的外侧，外界供给的糖由细胞质膜外膜表面的酶Ⅱ携带到细胞质膜内膜表面，在酶Ⅱ的催化下，HPr-磷酸上的磷酸被转移到糖上，形成糖-磷酸。最后通过酶Ⅱ的作用把糖-磷酸释放到细胞内。

糖可以通过基团转位的方式进入细胞，也可以通过主动运输的方式进入细胞，而主动运输的方式主要存在于好氧细菌及其他好氧的微生物中。

五、膜泡运输

膜泡运输（memberane vesicle transport）主要存在于原生动物特别是变形虫中。变形虫通过趋向性运动靠近营养物质，并将该物质吸附到膜表面，然后在该物质附近的细胞膜开始内陷，逐步将营养物质包围，最后形成一个含有该营养物质的膜泡，之后膜泡离开细胞膜而游离于细胞质中，营养物质通过这种运输方式由胞外进入胞内。如果膜泡中包含的是固体营养物质，则将这种营养物质运输方式称为胞吞作用（phagocytosis）；如果膜泡中包含的是液体，则称之为胞饮作用（pinocytosis）。

微生物营养运输系统的多样性使一个细胞能同时运输多种营养物质，为微生物广泛分布于自然界提供了可能。

思考题

1. 微生物需要哪些营养物质？供给营养物质时应注意什么？
2. 微生物有哪些营养类型？各有什么特点？
3. 培养基可分为哪几类？鉴别培养基在水质检测中有何用途？
4. 微生物细胞获取营养物质的方式有哪些？各有什么特点？

第六章

微生物的代谢

第一节　微生物的酶和酶促反应

一、酶的概念

酶是生物体内合成的，催化生物化学反应的，并传递电子、原子和化学基团的生物催化剂。其催化效率比一般的无机催化剂高得多，一般高达千倍、万倍，乃至千万倍。微生物的营养和代谢需要在酶的参与下才能正常进行。微生物的种类繁多，其酶的种类也多。

由于其基本成分是蛋白质，所以也具有蛋白质所有的各种特性，例如，具有很大的相对分子质量，呈胶体状态而存在，为两性化合物，有等电点，不耐高热并易被各种毒物所钝化或破坏，有其作用的最适、最高、最低的温度和酸碱度等。酶的两性化合物特性说明如下。

与酸反应：

$$H-\underset{COOH}{\overset{R}{C}}-NH_2 + HCl \longrightarrow H-\underset{COOH}{\overset{R}{C}}-NH_3Cl$$

解离：

$$H-\underset{COOH}{\overset{R}{C}}-NH_3Cl \rightleftharpoons H-\underset{COOH}{\overset{R}{C}}-NH_3^+ + Cl^-$$

与碱反应：

$$H-\underset{COOH}{\overset{R}{C}}-NH_2 + NaOH \longrightarrow H-\underset{COONa}{\overset{R}{C}}-NH_2 + H_2O$$

解离：

$$H-\underset{COONa}{\overset{R}{C}}-NH_2 \rightleftharpoons H-\underset{COO^-}{\overset{R}{C}}-NH_2 + Na^+$$

酶是一种催化剂，因此它的作用特点具有一般催化剂的共性：用量少而催化效率高；能加快化学反应速率，但不改变化学反应的平衡点；可降低反应活化能。但是酶是特殊的生物催化剂，所以它又有普通催化剂没有的作用特点。除了前面提到的高度的催化效率、专一性和可逆性等三点外，还有反应的温和性，就是说酶作用一般只要求比较温和的条件，如在常温、常压、接近中性的酸碱度等条件下即可发挥酶的催化能力，高温、高压、强酸或强碱条件反而易使酶活性破坏甚至丧失。最后一点是酶活力的可调节性。即酶活力受许多因素的影响和调控，如抑制剂、激活剂，必须与辅酶或辅基结合才发挥作用等。

二、酶的分类与命名

酶的名称，可根据它的作用性质或它的作用物质（即基质）而命名。例如，促进水解作用的各种酶统称水解酶，促进氧化还原作用的各种酶统称氧化还原酶，水解蛋白质的酶称为蛋白酶，水解脂肪的酶称为脂肪酶等。这是习惯命名法。这种命名法比较直观和简单，但缺乏系统性，有时会出现一酶数名和一名数酶的情况。为了适应酶学研究的发展，避免命名的重复，国际酶学委员会于 1961 年提出了一个系统命名法和系统分类法。系统命名法的原则是：每一种酶有一个系统名称。系统名称应明确标明酶的底物和催化反应的性质。若有两个底物，则应将两个底物同时列出，中间用冒号“:”将它们隔开。如果底物之一是水时，可将水略去不写。举例来说，习惯名称为谷丙转氨酶，则系统名称是丙氨酸：α-酮戊二酸氨基转移酶。在科学文献中，为严格起见，一般使用酶的系统名称。但系统名称往往太长，也不利于记忆。为了方便起见，有时仍用酶的习惯名称。

系统分类法是对酶进行分类编号的规定。每个酶都有一个特定的编号。系统分类编号的原则是每一种酶都用四个数字来表示，数字间用圆点号“.”隔开。第一个数字指明该酶属于哪一大类，第二个数字指出属于大类中的哪一个亚类，第三个数字说明该酶属于哪一个亚—亚类，第四个数字表示亚—亚类中的序号。每个数字都用阿拉伯数字编序 1，2，3，……等来表示。大类是根据酶促反应的性质来分，一共分成六大类。亚类和亚亚类则分别根据底物中被作用的基团和键的特点来分类。下面重点介绍根据酶促反应性质来区分的六大类酶类。

（1）水解酶类　这类酶能促进基质的水解作用及其逆行反应。其反应通式为

$$AB+H_2O \rightleftharpoons AOH+BH$$

（2）氧化还原酶类　这类酶能引起基质的脱氢或受氢作用，产生氧化还原反应。催化氧化还原反应的酶称为氧化还原酶类，这类酶按供氢体的性质又分为氧化酶和脱氢酶。

① 脱氢酶类　脱氢酶能活化基质上的氢并转移到另一物质（中间受体 NAD），使基质因脱氢而氧化。不同的基质将由不同的脱氢酶进行脱氢作用。其反应通式为

$$CH_3CH_2OH+NAD \rightleftharpoons CH_3CHO+NADH_2$$

② 氧化酶类　氧化酶能活化分子氧（空气中的氧）作为电子受体而形成水，或催化底物脱氢，氢由辅酶（FAD 或 FMN）传递给活化的氧两者结合生成 H_2O_2。其反应通式如下。

$$AH_2+O_2 \rightleftharpoons A+H_2O_2$$

③ 转移酶类　这类酶能催化一种化合物分子上的基团转移到另一种化合物分子上。其反应通式为

$$AR+B \rightleftharpoons A+BR$$

式中的 R 是被转移的基团，包括氨基、醛基、酮基、磷酸基等。如谷丙转氨酶催化谷氨酸的氨基转移到丙酮酸上，生成丙氨酸和 α-酮戊二酸。

④ 异构酶类　异构酶催化同分异构分子内的基团重新排列。其反应通式为

$$A \rightleftharpoons A'$$

例如，葡萄糖异构酶催化葡萄糖转化为果糖的反应。

⑤ 裂解酶类　裂解酶催化有机物裂解为小分子有机物。其反应通式为

$$AB \rightleftharpoons A+B$$

例如，羧化酶催化底物分子中的C—C键裂解，产生CO_2；脱水酶催化底物分子中C—O键裂解，产生H_2O；脱氨酶催化底物分子中的C—N键裂解，产生氨；醛缩酶催化底物分子中的C—C键裂解，产生醛。

⑥ 合成酶类　合成酶催化底物的合成反应。蛋白质和核酸的生物合成都需要合成酶参与，需要消耗ATP以获取能量。反应通式为

$$A+B+ATP \rightleftharpoons AB+ADP+Pi$$

或

$$A+B+ATP \rightleftharpoons AB+AMP+PPi \text{（无机焦磷酸）}$$

另外，酶还有其他许多分类方法。例如，根据酶的存在部位即在细胞内外的不同，可分为胞外酶和胞内酶两类。胞外酶能透过细胞，作用于细胞外面的物质，它们都是起催化水解作用的。胞内酶在细胞内部起作用，主要起催化细胞的合成和呼吸的作用。

还需指出，大多数微生物的酶的产生与基质存在与否无关，在微生物体内都存在着相当的数量。这些酶称为组成酶。在某些情况下，例如受到了各种持续的物理、化学影响，微生物会在其体内产生出适应新环境的酶。这种酶则称为诱导酶。诱导酶的产生在废水生物处理中具有重要意义。这是根据存在方式进行的酶分类。

此外，酶还有所谓单成分酶和双成分酶之分。单成分酶完全由蛋白质组成，这类酶蛋白质本身就具有催化活性，多半可以分泌到细胞体外，催化水解作用，所以是胞外酶。双成分酶不但具有蛋白质部分，还具有非蛋白质部分。蛋白质部分为主酶，非蛋白质部分为辅助因子，主酶和辅助因子组成全酶。主酶和辅助因子都不能单独起催化作用，只有两者结合成全酶才能起作用。酶的专一性决定于它的蛋白质部分，故对双成分酶来说，它们的专一性决定于主酶部分，而辅助因子与反应过程中基团或电子传递有关。双成分酶（又称全酶）常保留在细胞内部，所以是胞内酶。细菌没有摄食器官，而且细菌的细胞膜有半渗透性。如果细菌碰到的营养物质是比较简单的、溶解的物质，那么这些物质就通过营养物质运输途径很快被吸入细胞，再通过胞内酶的作用，迅速完成氧化、合成第一系列生化反应。如果细菌碰到的是复杂的或固体物质，它们就利用分泌的胞外酶将吸附在细胞周围的这类复杂的大分子水解为简单的小分子。例如，常见的淀粉酶、脂肪酶、纤维素酶等，再在细胞膜表面的吸收及传递营养物质的酶类作用下，透过细胞膜进入细胞，在相应的胞内酶的作用下，进行氧化及合成反应，形成细胞需要的各种成分。

三、酶的组成

酶的组成有两类：①单成分酶，只含蛋白质。②全酶，由蛋白质和不含氮的小分子有机物组成，或由蛋白质和不含氮的小分子有机物加上金属离子组成。全酶中的各种成分缺一不可，否则全酶会丧失催化活性。

酶的组成用下式表示。

单成分酶＝酶蛋白　如水解酶类

全酶＝酶蛋白＋有机物　如各种脱氢酶类

全酶＝酶蛋白＋有机物＋金属离子　如丙酮酸脱氢酶

全酶＝酶蛋白＋金属离子（Fe^{2+}）　如细胞色素氧化酶

酶各组分的功能：酶蛋白起加速生物化学反应的作用；辅基和辅酶起传递电子、原子、化学基团的作用；金属离子除传递电子外，还起激活剂的作用。

以下是几种重要的辅基。

① 铁卟啉　铁卟啉是细胞色素氧化酶、过氧化氢酶、过氧化物酶等的辅基，靠所含铁离子的变价（$Fe^{2+} \rightarrow Fe^{3+} + e^-$）传递电子，催化氧化还原反应。

② 辅酶 A(CoA 或 CoASH)　它的分子结构含腺嘌呤核苷酸、泛酸和巯基乙胺等部分，在糖代谢和脂肪代谢中起重要作用。它通过巯基（—SH）的受酰和脱酰参与转酰基反应。

③ NAD（辅酶Ⅰ）和 NADP（辅酶Ⅱ）　NAD（烟酰胺腺嘌呤二核苷酸）、NADP（烟酰胺腺嘌呤二核苷酸磷酸）是多种脱氢酶的辅酶，在反应中起传递氢的作用。

④ FMN（黄素单核苷酸）和 FAD（黄素腺嘌呤二核苷酸）　二者均为黄素酶类，是氨基酸氧化酶和琥珀酸脱氢酶的辅基。是电子传递体系的组成部分，其功能是传递氢。

⑤ 辅酶 Q（CoQ）　又称泛醌。是电子传递体系的组成部分，起传递氢和电子的作用。

⑥ 硫辛酸（L）和焦磷酸硫胺素（TPP）　二者结合成 LTPP，为 α-酮酸脱羧酶和糖类转酮酶的辅酶。参与丙酮酸和 α-酮戊二酸的氧化脱羧反应，起传递酰基和传递氢的作用。

⑦ 磷酸腺苷及其他核苷酸类　磷酸腺苷包括 AMP（一磷酸腺苷）、ADP（二磷酸腺苷）、ATP（三磷酸腺苷）；其他核苷酸类包括 GTP（鸟嘌呤核苷三磷酸）、UTP（尿嘧啶核苷三磷酸）、CTP（胞嘧啶核苷三磷酸）。

⑧ 磷酸吡哆醛和磷酸吡哆胺　磷酸吡哆醛是氨基酸的转氨酶、消旋酶、脱羧酶的辅酶；磷酸吡哆胺与转氨有关。

⑨ 生物素（维生素 H）　生物素是羧化酶的辅基，属 B 族维生素，催化 CO_2 固定和转移及脂肪合成反应。生物素是微生物的生长因子。

⑩ 四氢叶酸（辅酶 F，THFA）　四氢叶酸的功能是传递甲酰基及羟甲基。

⑪ 金属离子　金属离子是酶的辅基，又是激活剂。如 Fe^{2+} 是铁卟啉环的辅基，Mg^{2+} 是叶绿素的辅基。许多酶含铜、锌、钴、钼、镍等离子。

以下辅酶为专性厌氧菌所具有。

① 辅酶 M　是专性厌氧的产甲烷菌特有的一种辅酶，有 3 种形式。辅酶 M 具有渗透性和热稳性，是甲基转移酶的辅酶，是活性甲基的载体。

② F_{420}（辅酶 420，CO420）　F_{420} 是产甲烷菌具有的辅酶，是低分子的荧光化合物。P420 被氧化时，在 420nm 处出现一个明显的吸收峰和荧光；当被还原时，在 420nm 处失去其吸收峰和荧光。F_{420} 是甲基转移酶的辅酶，是活性甲基的载体。F_{420} 的功能是作为最初的电子载体，如，在反刍甲烷杆菌（*Methanobacterium ruminantium*）体中，通过 F_{420} 的还原和氧化与 NADP 的还原耦联，实现甲酸盐和氢的氧化。

③ F_{430}（辅酶 430）　F_{430} 的结构尚不清楚，但已知它是含有一个镍原子的吡咯结构，在 430nm 处有最大吸收峰。P430 是甲基辅酶 M 还原酶组分 C 的弥补基，参与甲烷形成的末端反应。

④ MPT（即甲烷蝶呤）　是蓝色荧光化合物，有多种衍生物，如 H_4MPT 等。它的作用与叶酸相似，参与 C_1 还原反应，如，嗜热自养甲烷杆菌在乙酸合成时需要 H_4MPT 及其衍生物。

⑤ MFR　即甲烷呋喃，原名 CDR（二氧化碳还原因子）。为产甲烷菌独有，在甲烷和乙酸形成过程中起甲基载体作用。

四、酶的作用原理

酶活性也称酶活力，是指酶催化一定化学反应的能力。酶的催化能力大小与酶含量有关。因为酶含量很小很小，所以不能直接用质量或体积来表示。这也是采用酶活性概念的缘由。酶活性大小可以用在一定条件下，它所催化的化学反应的速率来表示，即酶催化的反应速率越快，酶活性就越高；反之则越小。酶反应速率可用单位时间、单位体积中底物的减少量或产物的增加量来表示，通常用酶活性单位来描述。因为酶活性单位与时间单位和底物单位有关，所以，国际酶学会议 1961 条规定：1 酶活性单位是指在 25℃最适 pH 及底物浓度等条件下，在 1min 内转化 1μmol 底物的酶量。这是一个统一的标准，但使用起来不太方便。现在使用较多的是习惯酶活性单位，即人为确定的酶活性单位定义，如α-淀粉酶，可用每小时催化 1mL2％可溶性淀粉液化所需要的酶量作为一个酶活性单位。但这种方法不太严格，也不便对酶活性进行比较。另外，有时候还使用比酶活性描述和讨论酶的变化。比酶活性是指单位质量酶蛋白所具有的酶活性单位数。这一指标往往用于酶提纯过程中各操作步骤有效性的判断。在水处理中，也经常采用比酶活性来判断不同来源污泥的活性大小，或者用于监测同一处理反应器在不同运行阶段污泥的活性提高或变化。

酶的活性中心是指酶蛋白肽链中由少数几个氨基酸残基组成的、具有一定空间构象的与催化作用密切相关的区域。它从结构上说明了酶的作用特点。酶分子中组成活性中心的氨基酸残基或基团是关键的，必不可少的。其他部位的作用对于酶的催化来说是次要的，它们为活性中心的形成提供结构基础。酶的活性中心分两个功能部位：第一是结合部位，底物靠此部位结合到酶分子上；第二是催化部位，底物的键在此处被打断或形成新的键，从而发生一定的化学变化。

酶与底物作用的反应假说，目前比较广泛接受的是“诱导楔合”假说。其要点是：当酶分子与底物分子接近时，酶蛋白受底物分子的诱导，构象发生有利于底物结合的变化，并形成酶—底物中间复合物，在此基础上互补楔合进行反应，最终生成反应产物。近年来 X 射线衍射分析等实验结果支持这一假说。

五、酶促反应

（一）酶促反应的动力学

酶催化的过程是一个两步过程，可用下式表达。

$$E+S \underset{K_2}{\overset{K_1}{\rightleftharpoons}} ES \underset{K_4}{\overset{K_3}{\rightleftharpoons}} E+P \tag{6-1}$$

其中 E 是酶，S 是基质，ES 是酶与基质的复合物，P 是产物，K_1、K_2、K_3 及 K_4 分别是各步反应的速率常数。在这个两步反应中，后一步的速率显然是受前一步达到平衡时的速率所制约的，亦即后一步的速率必然小于前一步的速率，而且大量实验证实，前一步反应形成 ES 的反应速率远远大于后一步反应 ES 生成产物的速率。另外，产物 P 与正结合生成 ES 的速率很小，也就是 $K_4 \ll K_3$，故可忽略。根据后一步反应的速率，酶促反应生成产物的最终速率 v 为

$$v=K_3[ES] \tag{6-2}$$

在式（6-2）中，由于 ES 是酶反应中间复合物，它的浓度往往是不知道的，因此，重要的是在弄清基质的浓度、酶浓度与 ES 的关系。

设 $[E_0]$=酶的总浓度

$[S]$=基质的浓度

$[ES]$=酶与基质的复合物的浓度

则 $[E_0]-[ES]$=游离态酶的浓度

根据质量作用定律，式（6-1）反应中

ES生成反应的速率$=K_1\{[E_0]-[ES]\}[S]$

ES分解反应的速率$=K_2[ES]+K_3[ES]$

在平衡时，可得出

$$\frac{K_2+K_3}{K_1}=K_m=\frac{\{[E_0]-[ES]\}[S]}{[ES]} \tag{6-3}$$

$$[ES]=\frac{[E_0][S]}{K_m+[S]}$$

将此式于式（6-2）合并，可得

$$v=\frac{K_3[E_0][S]}{K_m+[S]} \tag{6-4}$$

或

$$\frac{v}{[E_0]}=\frac{K_3[S]}{K_m+[S]} \tag{6-5}$$

$[E_0]$是$[ES]$所能达到的最大极限，也就是说在$[E_0]=[ES]$时，所有的酶分子都被利用起来与基质形成了结合状态，显然也是酶促反应可以发挥出最大的催化潜力的状况。因此，若设$V=K_3[E_0]$，则V就是酶促反应的最大速率，从而式（6-4）又可改写成

$$v=\frac{V[S]}{K_m+[S]} \tag{6-6}$$

这是研究酶反应动力学的一个最基本的公式，常称米-门公式（Michaelis-Menten 公式），它显示了反应速率与基质浓度之间的关系。

式中 v——反应速率；

$[S]$——基质浓度；

V——最大反应速率；

K_m——酶催化反应中中间复合物ES分解速率与生成速率常数之比，常称米氏常数。

当$K_m=[S]$时，由式（6-6），可得

$$v=\frac{V}{2} \tag{6-7}$$

即当基质浓度等于米氏常数时，酶促反应速率正好为最大反应速率的一半（图 6-1），故K_m又称半饱和常数。K_m值越小，表示酶与底物的反应越趋于完全；K_m值越大，表示酶与底物的反应越不完全。

K_m是酶的特征性常数。它只与酶的种类和性质有关，而与酶浓度无关。K_m值受 pH 及温度的影响。如果同一种酶有几种底物就有几个K_m值，其中K_m值最小的底物一般称为该酶的最适底物或天然底物。K_m值可近似地表示酶对底物亲和力的大小。如果K_m小，说明ES的生成趋势大于分解趋势，即酶与底物结合的亲和力高，不需很高的底物浓

度就能达到最大反应速率 V；反之，K_m 值大，说明酶与底物结合的亲和力小。

如果 $[S] \ll K_m$，则米-门方程可简化为 $v=V/(K_mS)$，酶促反应为一级反应。如果 $[S] \gg K_m$，则米-门方程又可简化为 $v=V$，反应呈零级反应（见图 6-1）。

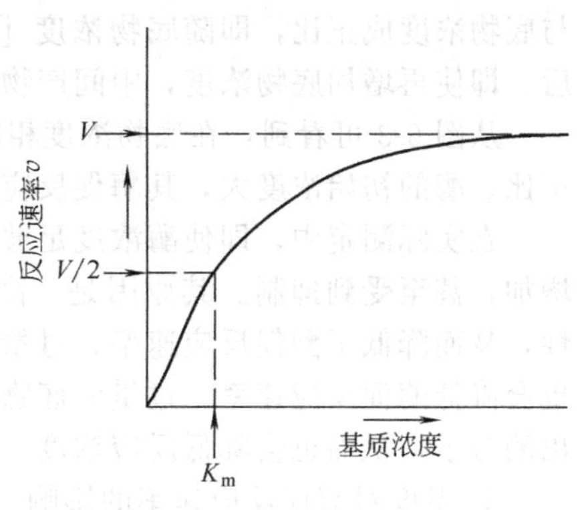

图 6-1　米-门公式图示

从图 6-1 中，可以看到，在一定范围内反应速率随基质浓度的提高而加快，但当基质浓度很大时，就与基质浓度无关。这是因为酶促反应是分两步进行的，如式（6-1）所示。假如酶在反应进行过程中的浓度不变，当基质浓度很小时，则所有的基质都可与酶结合成复合物 ES，同时还有过剩的酶未与基质结合，此时再加基质，则可增加 ES 的浓度（亦即增加 ES 的分解速率），反应速率因而增加。若基质浓度很大，所有的酶都与基质结合成 ES，此时再加基质也不能增加 ES 的浓度，所以也就不能再提高反应的速率。

由式 6-4 表明，酶促反应速率与酶浓度 E_0 有关。酶浓度影响米-门方程中 V 的大小。因此，在水处理中为了加快反应速率，往往需培养尽可能多的细菌，提高酶浓度，从而增加反应器处理能力和速率。

求解 K_m 和 V 时，可以把式（6-6）取倒数变为以下形式。

$$\frac{1}{v}=\frac{K_m}{V}\cdot\frac{1}{S}+\frac{1}{V} \tag{6-8}$$

这是一个直线方程。很明显，可以利用基质浓度 S 与反应速率 v 的一些实验数据去估计最大反应速率 V 与米氏常数 K_m。这就是所谓的双倒数作图法。

米-门公式是从酶促反应中推导得出的，但它也适用于细菌生长的描述。

（二）影响酶活力的因素

由米-门公式可知：酶促反应速率受酶浓度 $[E]$ 和底物浓度 $[S]$ 的影响，也受温度、pH、激活剂和抑制剂的影响。

1. 酶浓度对酶促反应速率的影响

从米-门公式和图 6-2 可以看出：酶促反应速率与酶分子的浓度成正比。当底物分子浓度足够时，酶分子越多，底物转化的速率越快。但事实证明，当酶浓度很高时，并不保持这种关系，曲线逐渐折向平缓。根据分析，这可能是高浓度的底物夹带有较多的抑制剂所致。

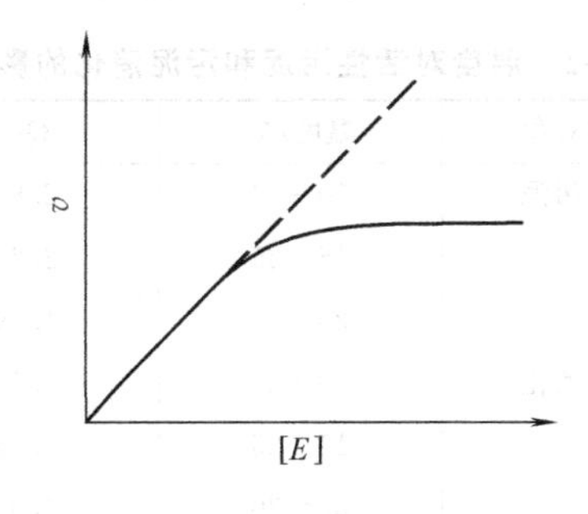

图 6-2　酶浓度与酶促反应速率的关系

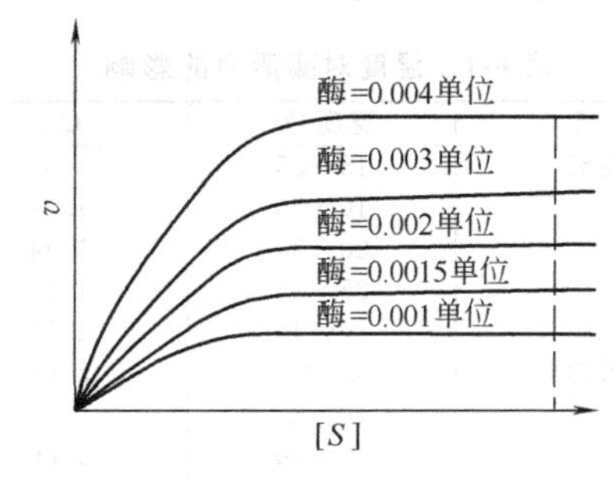

图 6-3　不同酶初始浓度下，底物浓度与酶促反应速率的关系

2. 底物浓度对酶促反应速率的影响

在生化反应中，若酶的浓度为定值，底物的起始浓度 $[E_0]$ 较低时，酶促反应速率

与底物浓度成正比，即随底物浓度［E］的增加而增加。当所有的酶与底物结合生成ES后，即使再增加底物浓度，中间产物浓度［ES］也不会增加，酶促反应速率也不增加。

从图6-3可看到：在底物浓度相同的条件下，酶促反应速率与酶的初始浓度［E_0］成正比。酶的初始浓度大，其酶促反应速率就大。

在实际测定中，即使酶浓度足够高，随着底物浓度的升高，酶促反应速率并没有因此增加，甚至受到抑制。其原因是：高浓度的底物降低了水的有效浓度，降低了分子扩散性，从而降低了酶促反应速率；过量的底物会与激活剂结合，降低了激活剂的有效浓度，也会降低酶促反应速率。过量的底物聚集在酶分子上，生成无活性的中间产物，不能释放出酶分子，从而也会降低反应浓度。

3. 温度对酶促反应速率的影响

各种酶在最适温度范围内，酶活性最强，酶促反应速率最大。在适宜的温度范围内，温度每升高10℃，酶促反应速率可相应提高1～2倍。可用温度系数Q_{10}来表示温度对酶促反应的影响。Q_{10}表示温度每升高10℃，酶促反应速率随之可提高相应的因数。酶促反应的Q_{10}通常在1.4～2.0之间，小于无机催化反应和一般化学反应的Q_{10}。

要发挥酶最大的催化效率，必须保证酶有它最适宜的温度条件。高温会破坏酶蛋白，而低温又会使酶作用降低或停止。一般讲，动物组织中的各种酶的最适温度为37～40℃，微生物各种酶的最适温度在30～60℃范围内，有的酶的最适温度则可达60℃以上，如黑曲糖化酶的最适温度为62～64℃。图6-4为温度、pH和基质浓度对酶活力的影响。

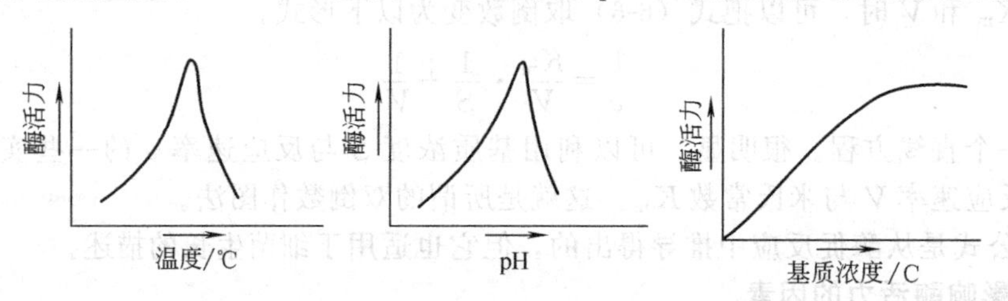

图6-4　温度、pH和基质浓度对酶活力的影响

表6-1和表6-2分别表示温度对某些酶和活性污泥与污泥消化的影响。在废水处理的污泥消化中，人们早就认识到控制温度的重要性。在生物滤池的设计中，也考虑了对于不同气候条件选择不同的设计数据。但对于活性污泥法曝气池的设计，温度因素还未加以考虑，这是因为它们的影响因素十分复杂，难于用数学方法来处理，其中与温度有关的主要因素有：①所需曝气的时间；②单位时间单位体积所需的氧气；③溶解氧的变化。

表6-1　温度对酶活力的影响

酶	温度/℃	Q_{10}
淀粉酶	15～25	1.34
	10～20	1.59
	20～30	1.44
	25～35	1.27
	30～40	1.17
胃蛋白酶	0～10	2.60
	10～20	2.00
	20～30	1.80
	30～40	1.60
胰脂酶	0～10	1.50
	10～20	1.34
	20～30	1.00

注：温度系数Q_{10}＝在（t＋10℃）时的作用速率或在t时的作用速率。

表6-2　温度对活性污泥和污泥消化的影响

影响对象	温度/℃	Q_{10}
活性污泥	10～20	2.85
	15～25	2.22
	20～30	1.89
污泥消化	10～20	1.67
	15～25	1.73
	20～30	1.67
	25～35	1.48
	30～40	1.0

4. pH 对酶促反应速率的影响

酶在最适 pH 范围内表现出活性，大于或小于最适 pH，都会降低酶的活性。对于不同的酶，pH 要求也不同。大多数酶的最适 pH 在 6～7 左右。废水生物处理主要利用土壤微生物的混合群，应保持 pH 在 6～9 之间。为什么 pH 会影响酶的活力？因为酶的基本成分是蛋白质，是具有离解基团的两性电解质。它们的离解与 pH 有关，电离形式不同，催化性质也就不同。例如，蔗糖酶只有处于等电状态时才具有酶活性，在酸或碱溶液中酶的活性都要减弱或丧失。此外，酶的作用还决定于基质的电离状况。例如，胃蛋白酶只能作用于蛋白质正离子，而胰蛋白酶则只能分解蛋白质负离子，所以胃蛋白酶和胰蛋白酶作用的最适 pH 分别在比等电点偏酸或偏碱的一边。

pH 对酶活力的影响主要表现在两个方面：一方面，改变底物分子和酶分子的带电状态，从而影响酶和底物的结合；另一方面，过高、过低的 pH 都会影响酶的稳定性，进而使酶遭到不可逆的破坏。

5. 激活剂对酶促反应速率的影响

能激活酶的物质称为激活剂。许多酶只有当某一种适当的激活剂存在时，才表现出催化或强化其催化活性，这称为对酶的激活作用。例如，金属离子的激活作用起了某种搭桥作用，它先与酶结合，形成酶-金属-底物的复合物。而某些酶被合成后呈现无活性状态，这种酶成为酶原。它必须经过适当的激活剂激活后才具有活性。例如，胰蛋白酶原在肠激酶的作用下可被活化为胰蛋白酶，胃朊酶原在盐酸作用下可转变成胃朊酶。

常见的激活剂有：①无机阳离子，如 Na^+、K^+、Rb^+、Cs^+、NH_4^+、Mg^{2+}、Ca^{2+}、Zn^{2+}、Cd^{2+}、Cu^{2+}、Mn^{2+}、Fe^{2+}、Co^{2+}、Ni^{2+}、Al^{3+}、Cr^{3+}；②无机阴离子，如 Cl^-、Br^-、I^-、CN^-、NO_3^-、S^{2-}、SO_4^{2-}、SeO_4^{2-}、AsO_4^{3-}、PO_4^{3-}；③有机化合物，如维生素 C、半胱氨酸、巯基乙酸、还原型谷胱甘肽、维生素 B_1、B_2 和 B_6 的磷酸酯，还有肠激酶。

6. 抑制剂对酶促反应速率的影响

某些毒物或化学抑制剂也影响酶的活力。这种能减弱、抑制甚至破坏酶活性的物质称为酶的抑制剂。抑制剂对酶促反应的抑制可分为竞争性与非竞争性两类。与底物结构类似的物质争先与酶的活性中心结合，从而降低酶促反应速率，这种作用称为竞争性抑制。竞争性抑制是可逆性抑制，通过增加底物浓度最终可解除抑制，恢复酶的活性。与底物的结构类似的物质称为竞争性抑制。抑制剂与酶活性中心以外的位点结合后，底物仍可与酶活性中心结合，但酶不显示活性，这种作用称为非竞争性抑制。非竞争性抑制是不可逆的，增加底物浓度并不能解除对酶活性的抑制。与酶活性中心以外的位点结合的抑制剂，称为非竞争性抑制。不可逆抑制剂能与蛋白质化合形成不溶性盐类而沉淀，从而破坏酶的作用，如一些重金属盐类（Fe^{3+}、Hg^{2+}、Ag^+ 等），由于它们带正电而使酶蛋白沉淀。竞争性抑制剂是由于它的化学构造与基质很相似，因而争先与酶结合，以致减少了酶与正式基质结合的机会。

有的物质既可作酶的抑制剂，又可作另一种酶的激活剂。

酶与人类、动植物、微生物机体本身有着密切的关系，如果机体内的酶被破坏就不能生存，如果缺乏某种生存所必需的酶，就会使某一方面的代谢受到阻碍。酶与工农业生产，酶与废水生物处理都有密切关系。所以必须具备一定的酶知识。但往往在初学时不容易体会，并容易把微生物和酶两者混淆。微生物的酶是微生物机体合成的。一个微生物可以合成多种酶类以适应它本身的生活需要。至于酶的催化作用，在日常生活中也可看到很多例子，例如，细嚼馒头感到甜味，就是淀粉在唾液中的淀粉酶的作用下转化为糖的结果。为了更好地利用酶，人们已经设法把一部分酶从生物体中分离出来制成所谓酶制剂，用于工农业生产中。过去，酶制剂一般都是溶解于水中再使用的。目前，酶制剂已经被开始应用于三废治理方面，例如，利用脂肪酶来净化生活污水，利用多酚氧化酶来检出酚并进而除去酚，利用一些酶制剂来分解污泥浮渣等等。同时现在还正在大力寻找和研制能够分解氰化物、有机汞、多氯联苯、塑料、环状有机化合物等的酶。

第二节　微生物的产能代谢

生物体的一切生命活动都是消耗能量的过程，因此能量代谢在新陈代谢中发挥着重要作用。不同的微生物产生能量的方式有所不同，各种能量形式都需要转换为一切生命活动都能使用的通用能源——ATP后，才能被生物细胞直接利用。ATP是机体内最重要的高能化合物。

一、化能异养型微生物的产能代谢

微生物体内发生的化学反应，基本上都是氧化还原反应。在反应过程中，一些物质被氧化，另一些物质被还原，并在反应中伴随着电子的转移。根据电子的最终受体不同，可将微生物的产能方式分为发酵和呼吸，呼吸又有有氧呼吸和无氧呼吸之分。对各种产能代谢的特征归纳如下。

新陈代谢
- 同化作用——吸收能量，进行合成反应，将吸收的营养物质转变为细胞物质。
- 异化作用——分解反应，放出能量，是将自身细胞物质和细胞内的营养物质分解的过程。

（一）发酵

发酵是某些厌氧微生物在生长过程中获得能量的一种方式。下面以葡萄糖为例介绍发酵的一般过程。

1. 糖酵解途径

微生物在厌氧条件下，将葡萄糖通过酶催化的一系列氧化还原反应分解为丙酮酸，并产生供给机体生命活动的能量的过程，称为糖酵解途径（EMP途径）。如图6-5所示，糖酵解途径可分为两个阶段。第一阶段（图6-5阶段Ⅰ）主要是一系列不涉及氧化还原反应的预备性反应，包括葡萄糖的活化，并将六碳糖分解为三碳糖，产生3-磷酸甘油醛，它是糖代谢的重要中间产物，第一阶段共消耗2mol ATP。第二阶段（图6-5阶段Ⅱ）通过氧化还原反应生成2mol丙酮酸，同时产生4mol ATP和2mol $NADH+H^+$。

氧化1mol葡萄糖共产生4mol ATP，并需要消耗2mol ATP，因此净产生2mol ATP。在葡萄糖的乙醇发酵中（图6-5阶段Ⅲ），1mol葡萄糖分子释放的能量为238.3kJ，其中26%的能量保存在ATP的高能键中，其他的能量则以热量形式散失。

2. 主要发酵类型

微生物发酵的形式多种多样，丙酮酸是微生物进行葡萄糖酵解的中间产物，它在各种微生物的发酵作用下，又会产生不同的末端发酵产物。微生物的发酵类型就是根据末端发酵产物的差别来命名的，表6-3列出了碳水化合物发酵的主要类型。

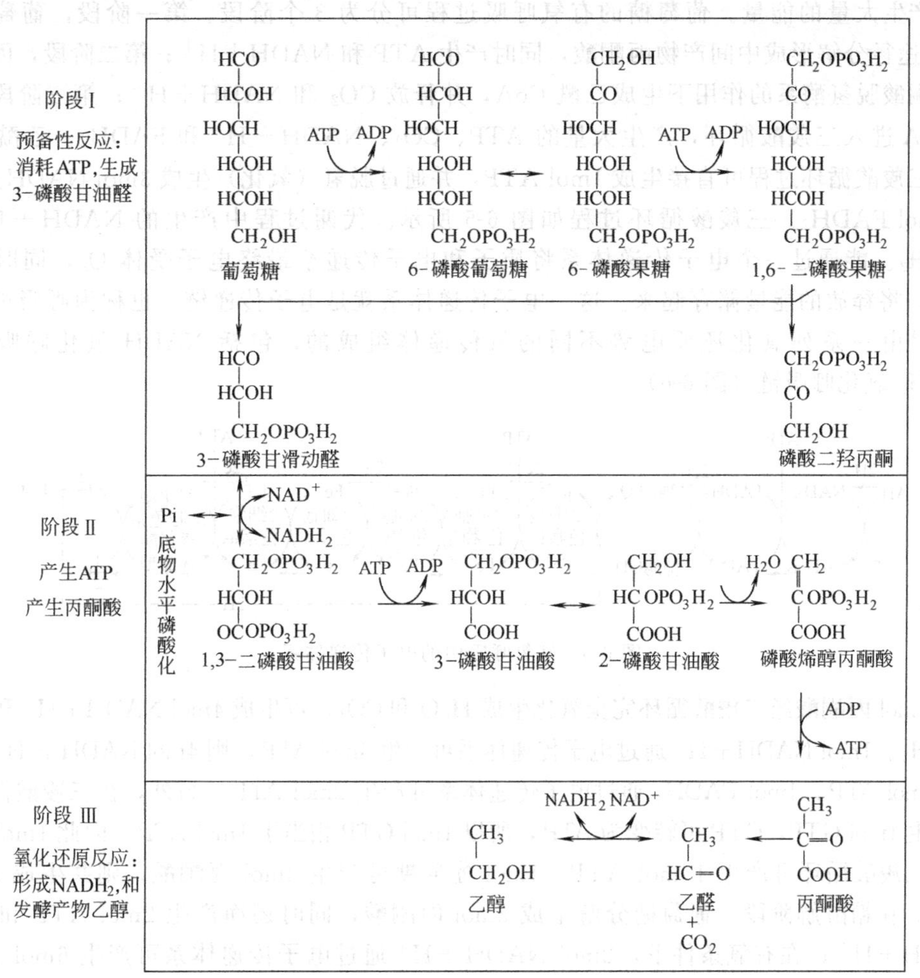

图 6-5　糖酵解的三个阶段

表 6-3　碳水化合物发酵的主要类型

分　类	主要末端产物	典型微生物
丙酸发酵	丙酸、乙酸和 CO_2	丙酸杆菌属(*Propionibacterium*)
丁酸发酵	丁酸、乙酸、H_2 和 CO_2	梭状芽孢杆菌属(*Clostridium*)
丙酮丁醇发酵	丁醇、丙酮	梭状芽孢杆菌属(*Clostridium*)
(同型)乳酸发酵	乳酸	乳酸杆菌属(*Latobacillus*)，链球菌属(*Streptococcus*)
(异型)乳酸发酵	乳酸、乙醇、乙酸和 CO_2	明串球菌属(*Leuconostoc*)
混合酸发酵	乳酸、乙酸、琥珀酸、乙醇、甲酸、H_2 和 CO_2	埃希菌属(*Escherichia*)，假单胞菌属(*Psudomonas*)
乙醇发酵	乙醇、CO_2	酵母属(*Saccharomyces*)

(二) 呼吸

呼吸是大多数微生物产生能量（ATP）的方式，是指底物在氧化过程中脱下的氢或电子并不直接与中间代谢产物相耦联，而是通过一系列的电子传递过程，最终交给电子受体的生物学过程。

1. 有氧呼吸

当环境中存在足量的分子氧时，好氧微生物能将底物彻底氧化分解为 H_2O 和 CO_2，同时产生大量的能量。葡萄糖的有氧呼吸过程可分为 3 个阶段。第一阶段，葡萄糖经 EMP 途径分解形成中间产物丙酮酸，同时产生 ATP 和 $NADH+H^+$；第二阶段，丙酮酸在丙酮酸脱氢酶系的作用下生成乙酰 CoA，并释放 CO_2 和 $NADH+H^+$；第三阶段，乙酰 CoA 进入三羧酸循环，产生大量的 ATP、CO_2、$NADH+H^+$ 和 $FADH_2$。乙酰 CoA 通过三羧酸循环过程可直接生成 1mol ATP，并通过脱氢（氧化）生成 3mol $NADH+H^+$ 和 1mol $FADH_2$。三羧酸循环过程如图 6-5 所示。代谢过程中产生的 $NADH+H^+$ 和 $FADH_2$。能通过一个电子传递体系将质子和电子传递给最终电子受体 O_2，同时合成 ATP，将释放的能量储存起来。这一电子传递体系就是电子传递链，也称为呼吸链。呼吸链是由一系列氧化还原电势不同的氢传递体组成的，包括 NADH 氧化呼吸链和 $FADH_2$ 氧化呼吸链（图 6-6）。

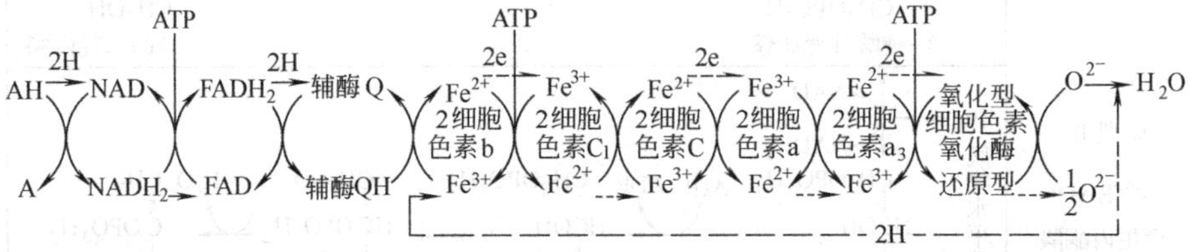

图 6-6　好氧呼吸中的电子传递体系

1mol 丙酮酸经三羧酸循环完全氧化生成 H_2O 和 CO_2，可生成 4mol $NADH+H^+$ 和 1mol $FADH_2$。1mol $NADH+H^+$ 通过电子传递体系可产生 3mol ATP，则 4mol $NADH+H^+$ 共产生 12mol ATP；1mol $FADH_2$ 通过电子传递体系可产生 2mol ATP。另外，在三羧酸循环中还产生 1mol GTP，GTP 可转变为 ATP，所以 1mol GTP 相当于 1mol ATP。因此 1mol 丙酮酸经三羧酸循环可产生 15mol ATP。1mol 葡萄糖可产生 2mol 丙酮酸，则共生成 30mol ATP。在糖酵解阶段，葡萄糖分解生成 2mol 丙酮酸，同时还净产生 2mol ATP 和 2mol $NADH+H^+$；在有氧条件下，2mol $NADH+H^+$ 通过电子传递体系可产生 6mol ATP，故共产生 8mol ATP。将糖酵解和三羧酸循环阶段产生的能量相加可知，微生物氧化分解 1mol 葡萄糖总共可产生 38mol ATP。好氧微生物利用能量的效率大约为 42%，比厌氧微生物要高。

2. 无氧呼吸

进行无氧呼吸的微生物以 NO_3^-、SO_4^{2-}、CO_3^{2-} 为最终电子受体，一般生活在河流、湖泊和池塘的底部淤泥等缺氧的环境中。

（1）硝酸盐呼吸　在缺氧条件下，有些细菌能以有机物作为供氢体，以硝酸盐作为最终电子受体，这类细菌称为硝酸盐还原菌。通过硝酸盐呼吸将 NO_3^- 还原为 N_2 以及 NO 和 N_2O 的过程称为反硝化作用。能进行反硝化作用的细菌有反硝化假单胞菌（*Pseudomonas denitrificans*）、铜绿假单胞菌（*Pseudomonas aeruginosa*）、地衣芽孢杆菌（*Bacillus licheniformis*）等。污水生物处理工程中，降低污水中含氮量的生物脱氮法就是在反硝化作用的原理上建立起来的。

（2）硫酸盐呼吸　硫酸盐呼吸也称为异化型硫酸盐还原或反硫化作用。能进行硫酸盐还原作用的细菌称为硫酸盐还原菌，它能以有机物作为氧化的基质，氧化放出的电子可使 SO_4^{2-} 逐步还原为 H_2S。硫酸盐还原菌有脱硫弧菌属（*Desulphovibrio*）和脱硫肠状菌属（*Desulphotomaculum*）等。大多数硫酸盐还原菌不能利用葡萄糖作为能源，而利用乳酸和丙酮酸等其他细菌的发酵产物。

(3) 碳酸盐呼吸　碳酸盐呼吸也称为异化型碳酸盐还原或产甲烷作用。能进行碳酸盐还原作用的细菌属于产甲烷细菌（*Methanogens*），它能在氢等物质的氧化过程中，以 CO_2 作为最终的电子受体，通过厌氧呼吸将 CO_2 还原为甲烷。常见的这类产甲烷细菌有产甲烷八叠球菌属（*Methanosarcina*）、产甲烷杆菌属（*Methanobacterium*）、产甲烷短杆菌属（*Methanobrevibacter*）、产甲烷球菌属（*Methanococcus*）等。产甲烷细菌主要存在于缺氧的沼泽地、河流、湖泊和池塘的淤泥中，它在废水的厌氧生物处理中发挥重要作用。

（三）兼性微生物的呼吸与发酵

自然界中除了一部分专性厌氧或专性好氧微生物外，大多数细菌为兼性微生物。污水生物处理系统中的大多数微生物都属于兼性微生物。

兼性微生物有两类，即兼性厌氧微生物和兼性好氧微生物。兼性厌氧微生物是一类在有氧条件下进行有氧呼吸，且在无氧条件下也能生存，并可进行发酵的微生物。兼性厌氧微生物主要有酵母属、肠杆菌科等。兼性好氧微生物则是一类进行无氧呼吸的微生物，但在有氧条件下也能生存，并可进行有氧呼吸。

发酵、有氧呼吸、无氧呼吸三者的比较，见表 6-4。

表 6-4　乙醇发酵、好氧呼吸、无氧呼吸的比较

呼吸类型	最终电子受体	参与反应的酶与电子传递体系	最终产物	释放总能量/kJ
乙醇发酵	中间代谢产物	脱氢酶，脱羧酶，乙醛还原酶辅酶：NAD	底分子有机物，CO_2，ATP	238.3
好氧呼吸	O_2	脱氢酶，脱羧酶，细胞色素氧化酶，辅酶：NAD，FAD，辅酶 Q，细胞色素 b、c_1、c、a、a_3	CO，H_2O，ATP，S，SO_4^-，NO^{3-}，Fe^{3+}	2876
无氧呼吸	NO_3^-，NO_2^-，SO_4^{2-}，CO_3^{2-}，CO_2	脱氢酶，脱羧酶，硝酸还原酶，硫酸还原酶，辅酶：NAD，细胞色素 b、c	CO_2，H_2O，NH_3，N_2，H_2S，CH_4，ATP	反硝化作用：1756 反硫化作用：1125

二、化能自养型微生物的产能代谢

化能自养型微生物能从无机物的氧化中获得能量。氧化无机物的细菌有氢细菌、硝化细菌、硫细菌和铁细菌等。

1. 氢细菌

氢细菌（*Hydrogenomonas*），如嗜糖假单胞菌（*Pesudomonas saccharophila*），能通过电子传递体系从氢的氧化中获得能量。氢细菌的细胞膜上具有电子传递体系，电子传递体存在电势差，因此电子传递的某些步骤能产生 ATP。

$$H_2+\frac{1}{2}O_2 \longrightarrow H_2O+237.2\text{kJ}$$

氢细菌是兼性自养菌，不但能从氢的氧化中获得能量，还能利用有机物作碳源和能源生长。

2. 硝化细菌

硝化细菌（*Nitrifying bacteria*）能进行硝化作用。硝化作用是指将氨氧化为亚硝酸、亚硝酸氧化为硝酸的过程。

硝化细菌分为两类。一类将氨氧化为亚硝酸，称为亚硝酸菌，例如亚硝化单胞菌属

(*Nitrosomonas*) 就属于亚硝酸菌。

$$NH_4^+ + \frac{3}{2}O_2 \longrightarrow NO_2^- + H_2O + 2H^+ + 270.7kJ$$

另一类将亚硝酸氧化为硝酸，称为硝酸菌，例如硝化杆菌属（*Nitrobacter*）等。硝化细菌在自然界的氮素循环中有重要作用。

$$NO_2^- + \frac{1}{2}O_2 \longrightarrow NO_3^- + 77.4kJ$$

3. 硫细菌

硫细菌也叫无色硫细菌，通过硫化物或元素硫的氧化获得能量，这些物质最终被氧化为硫酸。硫细菌主要有氧化亚铁硫杆菌（*Thiobacillus ferrooxidans*）等。硫细菌的产能反应如下。

$$S^{2-} + 2O_2 \longrightarrow SO_4^{2-} + 794.5kJ$$

$$S + \frac{3}{2}O_2 + H_2O \longrightarrow SO_4^{2-} + 2H^+ + 584.9kJ$$

硫细菌存在于含硫、硫化氢和硫代硫酸盐丰富的环境中。在氧化硫化氢时可形成元素硫，元素硫可形成硫粒储藏在生物体内，当环境中的硫缺乏时，再通过硫的氧化释放能量。

4. 铁细菌

铁细菌因其在细胞外鞘或原生质内含有铁粒或铁离子而得名，一般生活在含溶解氧少，但溶有较多铁质和二氧化碳的水体中。它能从将 Fe^{2+} 氧化为 Fe^{3+} 的反应中获得能量，其反应如下。

$$4FeCO_3 + O_2 + 6H_2O \longrightarrow 4Fe(OH)_3 + 4CO_2 + 167.5kJ$$

由于反应产生的能量很少，铁细菌为了满足对能量的需求，必然氧化大量的 Fe^{2+} 为 Fe^{3+}，从而形成大量的 $Fe(OH)_3$。如果铁细菌在输水管道中大量生存，其代谢作用产生的 $Fe(OH)_3$ 沉淀，会降低管道的输水能力，使水生色、浑浊，影响水质。而且，铁细菌对 Fe^{2+} 的吸收，将促使更多的管道铁质向水中溶解，从而加速了铁质管道的腐蚀。

三、光能自养型微生物的能量代谢

光能自养型生物以光作为能源，以无机物作为供氢体来合成细胞物质。蓝细菌、藻类、红硫细菌和绿硫细菌等都属于光能自养型微生物。

蓝细菌和藻类通过非循环光合磷酸化作用，利用光能产生 ATP。非循环光合磷酸化作用的特点是：①在有氧条件下进行，电子传递是非循环式的；②存在两个光合系统，即光系统Ⅰ和光系统Ⅱ；③反应过程中有 ATP、$NADPH_2$ 和 O_2 产生。

光合细菌（如红硫细菌和绿硫细菌等）通过循环光合磷酸化作用，利用光能产生 ATP。它在光的驱动下通过电子的循环式传递完成磷酸化作用。循环光合磷酸化作用的特点是：①在光能的驱动下，电子从菌绿素分子上释放后，通过呼吸链式的循环，又回到菌绿素，在这个过程中有 ATP 产生；②还原力来自 H_2S 等无机供氢体；③反应过程中不产生 O_2。循环光合磷酸化作用和非循环光合磷酸化作用的具体反应过程可参阅其他相关书籍。

第三节　微生物的有机物质分解

微生物能直接吸收相对分子质量较小的有机物，而相对分子质量较大的有机物必须先行分解为相对分子质量较小的有机物才能被微生物吸收。

一、不含氮有机物的分解

不含氮有机物主要有碳水化合物（如糖、淀粉、纤维素等）、脂肪、木质素、烃类等。微生物在物质循环中起很重要的作用（见图 6-7），下面介绍几种含碳有机物的转化。

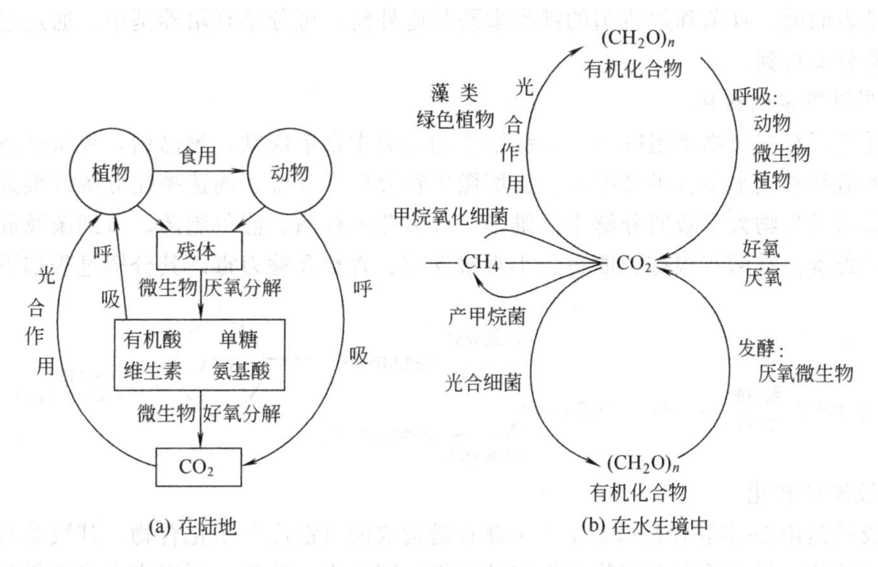

图 6-7　碳循环

1. 纤维素的转化

纤维素是葡萄糖的高分子聚合物，每个纤维素分子含 1400～10000 个葡萄糖基，分子式为$(C_6H_{10}O_5)_n$（n=1400～10000）。树木、农作物和以这些为原料的工业产生的废水，如棉纺印染废水、造纸废水、人造纤维废水及城市垃圾等，均含有大量纤维素。纤维素在微生物酶的作用下沿下列途径分解。

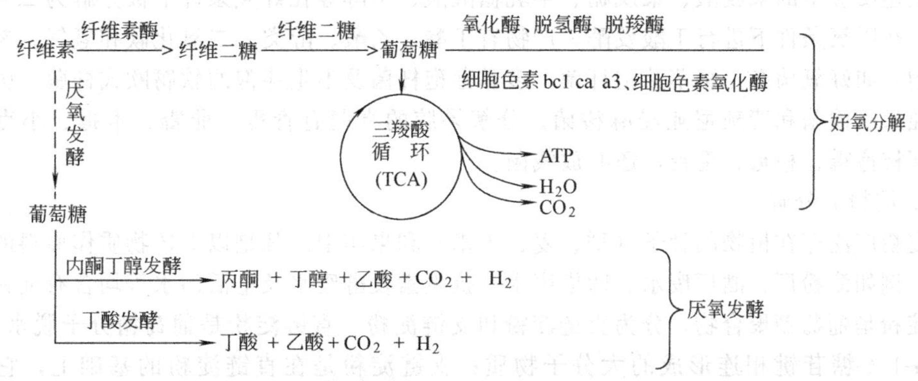

参与分解纤维素的微生物主要有细菌、放线菌和真菌，其中细菌研究得较多。好氧的纤维素分解菌中，黏细菌为多，占重要地位，有生孢食纤维菌、食纤维菌及堆囊黏菌。它

们都是革兰阴性菌。好氧纤维素分解菌还有镰状纤维菌和纤维弧菌。黏细菌和弧菌均能同化无机氮（主要是硝酸氮），对氨基酸、蛋白质及其他无机氮利用能力较低，有的能还原硝酸盐为亚硝酸盐。其最适温度为22～30℃，在10～15℃便能分解纤维素，其最高温度为40℃左右。最适pH为7～7.5，pH为4.5～5时不能生长，其pH最高可达8.5。厌氧的有产气纤维二糖芽孢梭菌、无芽孢厌氧分解菌及嗜热纤维芽孢梭菌，好热性厌氧分解菌最适温度55～65℃，最高温度为80℃。最适pH为7.4～7.6，中温性菌最适pH为7～7.4，在pH 8.4～9.7还能生长。它们为专性厌氧。

分解纤维素的微生物还有青霉、曲霉、镰刀霉、木霉和毛霉。有好热真菌属和放线菌中的链霉菌属。它们在23～65℃生长，最适温度为50℃。细菌的纤维素酶结合在细胞质膜上，是表面酶。真菌和放线菌的纤维素酶是胞外酶，可分泌到培养基中，通过过滤和离心很容易分离得到。

2. 半纤维素的转化

半纤维素存在植物细胞壁中。半纤维素的组成中含聚戊糖，聚己糖，聚糖醛酸。造纸废水和人造纤维废水中含半纤维素。土壤微生物分解半纤维素的速率比分解纤维素快。分解纤维素的微生物大多数能分解半纤维素。许多芽孢杆菌、假单胞菌、节细菌及放线菌能分解半纤维素。霉菌有根霉、曲霉、小克银汉霉、青霉及镰刀霉。其分解过程如下。

半纤维素 $\xrightarrow[H_2O]{\text{聚糖酶}}$ 单糖 + 糖醛酸
- 好氧分解 → 经EMP途径 → TCA → ATP、CO_2+H_2O
- 厌氧分解 → 各种发酵产物

3. 胶质的转化

果胶质是由D-半乳糖醛酸以α-1,4糖苷键构成的直链高分子化合物，其羧基与甲基酯化形成甲基酯。果胶质存在植物的细胞壁和细胞间质中，造纸、制麻废水多含果胶质。天然的果胶质不溶于水，称为原果胶。原果胶在酶的作用下发生如下反应。

$$\text{原果胶}+H_2O \xrightarrow{\text{原果胶酶}} \text{可溶性果胶}+\text{聚戊糖}$$

$$\text{可溶性果胶}+H_2O \xrightarrow{\text{果胶甲酯酶}} \text{果胶酸}+\text{甲醇}$$

$$\text{果胶酸}+H_2O \xrightarrow{\text{聚半乳糖酶}} \text{半乳糖醛酸}$$

上述反应中的果胶酸、聚戊糖、半乳糖醛酸、甲醇等在好氧条件下被分解为二氧化碳和水；在厌氧条件下进行丁酸发酵，产物有丁酸、乙酸、醇类、二氧化碳和氢气。参与的微生物，如好氧菌有：枯草芽孢杆菌、多黏芽孢杆菌及不生芽孢的软腐欧式杆菌。厌氧菌有：蚀果胶梭菌和费新尼亚浸麻梭菌。分解果胶的真菌有青霉、曲霉、木霉、小克银汉霉、芽枝孢霉、根霉、毛霉，还有放线菌。

4. 淀粉的分解

淀粉广泛存在植物的种子（稻、麦、玉米）和果实中。凡是以上述物质作原料的工业废水，例如淀粉厂、酒厂废水、印染废水、抗生素发酵废水及生活污水等均含有淀粉。

淀粉是葡萄糖聚合物，分为直链淀粉和支链淀粉。直链淀粉是葡萄糖分子脱水缩合，通过α-1,4-糖苷键相连形成的大分子物质；支链淀粉是在直链淀粉的基础上，它除以α-1,4-糖苷键相连外，还有由α-1,6-糖苷键相连，构成分支的链状结构。在自然淀粉中，直链淀粉占10%～20%左右，支链淀粉占80%～90%左右。自然界中的细菌、放线菌和真菌等多种微生物都可以降解淀粉，真菌中的根霉和曲霉等对淀粉的分解能力很强。

淀粉的分子较大，需要在淀粉水解酶的作用下分解为小分子的单糖和双糖才能被微生物吸收。淀粉酶主要包括如下几类。

(1) α-淀粉酶　α-淀粉酶是一种内切酶，以随机方式分解 α-1,4-糖苷键，能将淀粉切断，使其成为相对分子质量较小的糊精，使淀粉溶液黏度迅速下降。同时由于α-1,4-糖苷键的水解，还原性葡萄糖残基大量增加。

(2) β-淀粉酶　β-淀粉酶是一种直链淀粉的端切酶，仅作用于链的末端单位。它从链的非还原性末端开始，每次切下两个葡萄糖单位——麦芽糖。由于麦芽糖能增加甜味，故又称为糖化酶。

(3) 葡萄糖淀粉酶　葡萄糖淀粉酶是一种外切酶，能从淀粉的非还原性末端开始，以葡萄糖为单位，逐步作用于淀粉的α-1,4-糖苷键，最终淀粉可完全水解为葡萄糖。

(4) α-1,6-糖苷酶　是一种特异性水解α-1,6-糖苷键的淀粉酶。淀粉是多糖，在微生物作用下的分解过程如下。

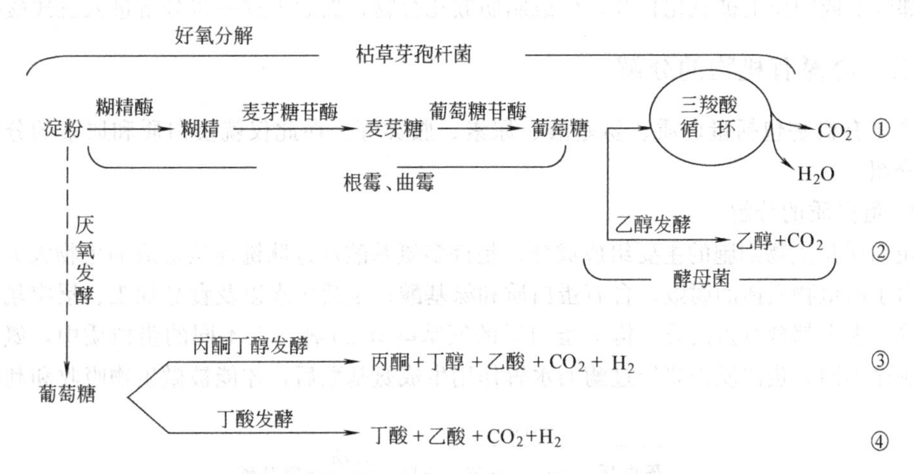

在好氧条件下，淀粉沿着①的途径水解成葡萄糖，进而酵解成丙酮酸，经三羧酸循环完全氧化为二氧化碳和水。在厌氧条件下，淀粉沿着②的途径转化，产生乙醇和二氧化碳。在专性厌氧菌作用下，沿③和④途径进行。

5. 脂类的分解

脂类是生物体生命活动中重要的能源物质，也是合成细胞有机物质的碳源。人们通常将来自动物体的脂类称为脂肪，把来自植物体的脂类称为油。在洗毛、肉类加工等工业废水和生活污水中都含有油脂。

脂类分解的第一阶段是在脂酶的作用下，分解为甘油和脂肪酸，甘油经过几步反应转变为丙酮酸，再进入三羧酸循环进行氧化分解。脂肪酸的分解主要通过β-氧化的方式进行。脂肪酸经过β-氧化后形成乙酰 CoA，在有氧条件下，乙酰 CoA 通过三羧酸循环彻底氧化分解，最终生成 H_2O 和 CO_2。

6. 木质素的分解

木质素是植物木质化组织的重要成分，稻草秆、麦秆、芦苇和木材是造纸工业的原料，木材是人造纤维的原料。所以，造纸和人造纤维废水均含大量木质素。木质素的化学结构一般认为是以苯环为核心带有丙烷支链的一种或多种芳香族化合物经氧化缩合而成。

分解木质素的微生物主要是担子菌纲中的干朽菌、多孔菌、伞菌等的一些种，有厚孢毛霉和松栓菌。假单孢菌的个别种也能分解木质素。木质素被微生物分解的速率缓慢，在好氧条件下分解木质素比在厌氧条件下快，真菌分解木质素比细菌快。

7. 烃类物质的分解

石油中含有烷烃（30%）、环烷烃（46%）及芳香烃（28%）等烃类物质。

(1) 烷烃的分解　烷烃通式 C_nH_{2n+2}，可被微生物分解。

$$CH_4 + 2O_2 \longrightarrow CO_2 + 2H_2O + 887kJ$$

氧化烷烃的微生物有甲烷假单孢菌、分支杆菌、头孢霉、青霉能氧化甲烷、乙烷和丙烷。

(2) 芳香族化合物的分解　芳香族化合物是一类含有苯环或联苯类的化合物。在芳香族化合物中，酚类化合物比较重要，炼焦、石油、煤气等工业废水中都存在酚类化合物。

微生物对不同芳香族化合物的氧化，最初的步骤虽然不同，但是经过几步反应之后，往往形成共同的中间产物——儿茶酚（即邻苯二酚）或原儿茶酸。儿茶酚和原儿茶酸可以在苯环的邻位上或间位上被氧化打开，生成脂肪族化合物，然后再进一步分解进入三羧酸循环。

二、含氮有机物的分解

含氮有机物包括蛋白质、氨基酸、尿素、胺类等。在此仅就蛋白质和尿素的分解代谢进行介绍。

1. 蛋白质的分解

蛋白质是生物细胞的主要组成成分，是许多氨基酸通过肽键连接形成的生物大分子。土壤中由于动植物残体的腐败，含有蛋白质和氨基酸；生活污水以及食品加工、屠宰场、制革工业等废水中都含有蛋白质。构成蛋白质的氨基酸有 20 种，在不同的蛋白质中，氨基酸的排列顺序不同。蛋白质需要经过酶的水解作用生成氨基酸后，才能被微生物吸收和利用。

$$\overbrace{\text{蛋白质}\longrightarrow\text{朊}\longrightarrow\text{胨}\longrightarrow\text{肽}}^{\text{蛋白酶}}\xrightarrow{\text{肽酶}}\text{氨基酸}$$

能够水解蛋白质的酶有胃蛋白酶、胰蛋白酶、弹性蛋白酶、羧肽酶、氨肽酶和二肽酶等。通过这些酶的作用，蛋白质能最终水解为氨基酸。

微生物细胞内的氨基酸，一部分可直接用于合成菌体中新的蛋白质，另外一部分则被分解为含氮废物排出体外。氨基酸的分解代谢主要通过脱氨基作用完成。脱氨基作用使氨基酸分解为氨和一种不含氮的有机化合物。不含氮的有机化合物可以进一步分解或合成细胞物质，氨则可作为微生物的氮素来源。

(1) 脱氨作用　有机氮化合物在氨化微生物的作用下产生氨，称为氨化作用。脱氨的方式有氧化脱氨、还原脱氨、水解脱氨、减饱和脱氨。

① 氧化脱氨　在好氧微生物作用下进行。

$$\underset{\text{丙氨酸}}{\begin{matrix}CH_3\\|\\CHNH_2\\|\\COOH\end{matrix}} + \frac{1}{2}O_2 \longrightarrow \begin{matrix}CH_3\\|\\CO\\|\\COOH\end{matrix} + NH_3$$

$$\downarrow +O_2$$

$$\text{三羧酸循环} \longrightarrow CO_2 + H_2O + ATP$$

② 还原脱氨　由专性厌氧菌和兼性厌氧菌在厌氧条件下进行。

$$\begin{array}{l} CH_2-NH_2 \\ | \\ COOH \end{array} + 2H \xrightarrow{\text{梭状芽孢杆菌}} \begin{array}{l} CH_3 \\ | \\ COOH \end{array} + NH_3$$

甘氨酸　　　　　　　　乙酸

$$\begin{array}{l} CH_3 \\ | \\ CHNH_2 \\ | \\ COOH \end{array} + 2H \longrightarrow \begin{array}{l} CH_3 \\ | \\ CH_2 \\ | \\ COOH \end{array} + NH_3$$

③ 水解脱氨　氨基酸水解后生成羟酸。

$$\begin{array}{l} CH_3 \\ | \\ CHNH_2 \\ | \\ COOH \end{array} + H_2O \longrightarrow \begin{array}{l} CH_3 \\ | \\ CHOH \\ | \\ COOH \end{array} + NH_3$$

丙氨酸　　　　　　　乳酸

④ 减饱和脱氨　氨基酸再脱氨基时，在 α、β 键减饱和成为不饱和酸。

$$\begin{array}{l} COOH \\ | \\ CH_2 \\ | \\ CHNH_2 \\ | \\ COOH \end{array} \longrightarrow \begin{array}{l} COOH \\ | \\ CH \\ \| \\ CH \\ | \\ COOH \end{array} + NH_3$$

天门冬氨酸　　延胡索酸

以上经脱氨基后形成的羧酸在厌氧条件下，可在不同的微生物作用下继续分解。

(2) 硝化作用　氨基酸脱下的氨，在有氧的条件下，经亚硝酸细菌和硝酸细菌转化为硝酸，称为硝化作用。由氨转化为硝酸分两步进行。

$$2NH_3 + O_2 \longrightarrow 2HNO_2 + 2H_2O + 619kJ$$

此反应由亚硝酸单胞菌属、亚硝酸球菌属、亚硝酸螺菌属、亚硝酸叶菌属、亚硝酸弧菌属等起作用。

$$2HNO_2 + O_2 \longrightarrow 2HNO_3 + 201kJ$$

此反应由硝酸杆菌属、硝酸球菌属起作用。

亚硝酸细菌和硝酸细菌都是好氧菌，适宜在中性和偏碱性环境中生长，不需要有机营养，它们能利用乙酸盐缓慢生长。亚硝酸细菌为革兰阴性菌，在硅胶固体培养基上长成细小、稠密的褐色、黑色或淡褐色的菌落。硝酸细菌在琼脂培养基和硅胶固体培养基上长成小的、由淡褐色变成黑色的菌落，且能在亚硝酸盐、硫酸镁和其他无机盐培养基中生长。其世代时间为 31h。

(3) 反硝化作用　兼性厌氧的转硝酸盐细菌将硝酸盐还原为氮气，这称为反硝化作用。土壤、水体和污水生物处理构筑物中的硝酸盐在缺氧的情况下，总会发生反硝化作用。

反硝化作用通常有三种结果：①大多数细菌、放线菌及真菌利用硝酸为氮素，通过硝酸还原酶的作用将硝酸还原成氨，进而合成氨基酸、蛋白质和其他含氮化合物；②

反硝化细菌（兼性厌氧菌）在厌氧条件下，将硝酸还原为氮气；③将硝酸盐还原为亚硝酸。

（4）固氮作用　在固氮微生物的固氮酶催化作用下，把分子氮转化为氨，进而合成有机氮化合物，这叫固氮作用。各类固氮微生物进行的反应式基本相同。

$$N_2+6e^-+6H+nATP \longrightarrow 2NH_3+nADP+nPi$$

固氮微生物有根瘤菌、圆褐固氮菌、黄色固氮菌、雀稗固氮菌、拜叶林克菌属（*Beijerinckia*）和万氏固氮菌（*Azotobacter vinelandii*）。它们都是好氧菌，可利用各种糖、醇、有机酸为碳源，分子氮为氮源。另外，光合细菌的某些属在光照下厌氧生活时也能固氮。

2. 尿素的分解

人、禽畜尿中含有尿素，印染工业的印花浆用尿素做膨化剂和溶剂，故印染废水中含尿素。尿素能被许多细菌水解产生氨。尿素的分解过程很简单，尿素在尿素酶的作用下形成碳酸铵，碳酸铵很不稳定，再进一步分解为 NH_3、CO_2 和 H_2O。

$$CO(NH_2)_2+2H_2O \longrightarrow (NH_4)_2CO_3$$

$$(NH_4)_2CO_3 \longrightarrow H_2O+2NH_3+CO_2$$

能水解尿素的细菌称为尿素细菌，尿素细菌可分为球状和杆状两类。尿素分解时不放出能量，因而不能作为碳源，只能作为氮源。尿素细菌利用单糖、双糖、淀粉及有机酸作碳源。

第四节　微生物的代谢调节

生命活动的基础在于新陈代谢。微生物体内的新陈代谢过程错综复杂，参与代谢的物质种类繁多，随着环境条件的变化而迅速改变代谢反应的速率。即便是同一种物质也会有不同的代谢途径，而且各种物质的代谢之间还存在着复杂的相互关系。各种代谢反应过程之间是相互制约，彼此协调的。为了使生物体内的代谢过程能够协调有序地进行，微生物在长期的进化过程中建立了一套严格、精密的代谢调节体系。

从细胞水平上来看，微生物的代谢调节能力要明显超过结构上比其复杂的高等动、植物细胞。这是因为，微生物细胞的体积极小，而所处的环境条件却比高等生物的细胞更为多变，每个细胞要在这样复杂的环境条件下求得独立生存和发展，就必须具备一整套发达的代谢调节系统。有学者估计，在一个 *E. coli* 细胞中，同时存在着多达 2500 种左右的蛋白质，其中有上千种是催化正常代谢反应的酶。如果细胞对这么多的蛋白质作平均使用，由于每个细菌细胞的容量只够装上约 10 万个蛋白质分子，所以每种酶平均还分摊不到 100 个分子，因而无法保证各种复杂、精巧的生命活动的正常运转。

事实上，在微生物的长期进化过程中，早已发展出的一整套极其高效代谢调节的能力，巧妙地解决了上述矛盾。例如，在每种微生物的基因组上，虽然潜在着合成各种分解酶的能力，但是除了一部分是属于经常以较高浓度存在的组成酶外，大量的都是属于只有当其分解底物或有关诱导物存在时才会合成的诱导酶。据估计，诱导酶的总量约占细胞总蛋白质含量的 10%。通过代谢调节，微生物可最经济地利用其营养物，合成出能满足自己生长、繁殖所需要的一切中间代谢物，并做到既不缺乏、也不剩余或浪费任何代谢物的高效“经济核算”。

代谢调节的方式很多，例如可调节细胞膜对营养物的透性，通过酶的定位以限制它与相应底物的接触，以及调节代谢流等。其中以调节代谢流的方式最为重要，它包括“粗调”和“细调”两个方面；前者指调节酶合成量的诱导或阻遏机制，后者指调节现成酶催化活力的反馈抑制机制，通过上述两者的配合与协调，可达到最佳的代谢调节效果。

微生物细胞内的代谢过程绝大多数是由一系列连续的酶促反应组成的。因此，微生物对代谢过程的调节实际上主要是通过对酶以及酶的调控物质的活性、种类和数量的调节来实现的。微生物对代谢的调节主要包括酶活性的调节和酶合成的调节。其中酶活性的调节，调节的是已有酶分子的活性，是在酶化学水平上发生的，这是一种“细调”；而酶合成的调节，调节的是酶分子的合成量，这是在遗传学水平上发生的，这是一种“粗调”。微生物通过对其代谢系统的“粗调”和“细调”从而达到最佳的调节效果。

一、酶活性的调节

酶活性的调节是指一定量的酶，通过改变酶分子构象或分子结构的改变来调节其催化反应的速率。这种调节方式可以使微生物细胞对环境变化作出迅速地反应。它是通过激活或抑制进行的。

酶活性的激活是指代谢途径中催化后面反应的酶活力为其前面的中间代谢产物（分解代谢时）或前体（合成代谢时）所促进的现象。例如，在糖原的合成过程中，6-磷酸葡萄糖作为中间产物就能起到激活糖原合成酶的作用，从而促进糖原的合成。

酶活性的抑制主要是产物抑制，它主要表现在某代谢途径的末端产物（即终产物）过量时，这一产物就会直接抑制该途径中第一个酶的活性，导致整个反应的速率减慢或停止，从而避免末端产物的过度累积。抑制大多属反馈抑制（feedback inhibition）类型。

无反馈抑制时

$$A \xrightarrow{\text{酶 a}} B \xrightarrow{\text{酶 b}} C \xrightarrow{\text{酶 c}} D \xrightarrow{\text{酶 d}} \cdots\cdots \longrightarrow P$$

有反馈抑制时

$$A \text{—}\| \xrightarrow{\text{酶 a}} B \xrightarrow{\text{酶 b}} C \xrightarrow{\text{酶 c}} D \xrightarrow{\text{酶 d}} \cdots\cdots \longrightarrow P$$

也就是说，反馈抑制作用是通过改变酶促反应中酶的活性来实现的。当末端产物过剩时，它就与第一个酶分子上的非催化部位以外的别构中心相互作用，使酶蛋白分子发生构象的改变，从而抑制酶的活性，使整个代谢过程受到抑制。这类活性受到底物或产物影响的酶叫做调节酶。一些代谢途径的末端产物往往是合成微生物细胞的原料，如氨基酸是合成蛋白质的原料，脂酰 CoA 是合成脂肪酸的原料，因此末端产物的浓度会在生物合成的过程中逐渐降低，当末端产物的浓度降低到一定程度后，酶的活力又可以重新恢复。反馈抑制是酶活性调节的主要方式，它具有调节精细、快速以及需要这些终产物时可以消除抑制再重新合成等优点。

上述是最简单的直线式生化合成途径中的反馈抑制，很多生化合成过程往往是分支的，比较错综复杂。在分支的合成代谢途径中，为避免一条合成支路的终产物过量不致影响其他支路的终产物供应，有各种各样针对特定情况的反馈抑制。例如，天冬氨酸族氨基酸的生物合成受同工酶反馈机制和协同反馈抑制调节，谷氨酰胺合成受累积反馈调节，核苷酸生物合成受合作反馈抑制体调节以及芳香族氨基酸合成受顺序反馈抑制调节等。

酶活性调节的机制目前一般都用变构酶理论来解释。变构酶在生物合成途径中普遍存在。它有两个重要的结合部位，一个是与底物结合的活力部位或催化中心；另一个是与氨基酸或核苷酸等小分子效应物结合并变构的变构部位或调节中心。当变构部位上有效应物结合时，酶分子构象便发生改变，致使底物不再能结合在活性部位上而失活。只有当氨基酸或核苷酸等的浓度下降，平衡有利于效应物从变构部位上解离而使酶的活力部位又恢复到它催化的构象时，反馈抑制被解除，酶活力恢复，终产物重新合成。

二、酶合成的调节

酶合成的调节是一种通过调节酶合成的数量而控制代谢反应速率的调节机制。它对代谢过程的调节是间接的、缓慢的，而且主要在基因的转录水平上进行调节。酶合成的调节主要有两种类型，即酶合成的诱导和酶合成的阻遏。这一调节作用的机制可以用操纵子学说解释。

（一）诱导

诱导是酶促分解底物或产物诱使微生物细胞合成分解途径中有关酶的过程。通过诱导而产生的酶成为诱导酶，如β-半乳糖苷酶、青霉素酶等。诱导降解酶合成的物质成为诱导物，它常是酶的底物，例如诱导β-半乳糖苷酶或青霉素酶合成的乳糖或青霉素；但在色氨酸分解代谢中酶的分解产物（如犬尿氨酸）也会诱导酶合成。此外，诱导物也可以是难以代谢的底物类似物，例如乳糖的结构类似物硫代甲基半乳糖苷和异丙基-β-*D*-半乳糖苷以及苄基青霉素的结构类似物2,6-二甲基苄基青霉素等。

人们在研究中发现，大肠杆菌只有在含有乳糖的培养基上生长时，才能产生大量与乳糖代谢有关的β-半乳糖苷酶、β-半乳糖苷渗透酶和转乙酰基酶。这种环境中的某些物质能够促使微生物细胞合成某些酶蛋白的现象就是酶的诱导作用。

1961年，Jacob和Monod提出了乳糖操纵子学说，这一学说很好地解释了酶诱导的作用机制。乳糖操纵子学说的模型如图6-8所示。

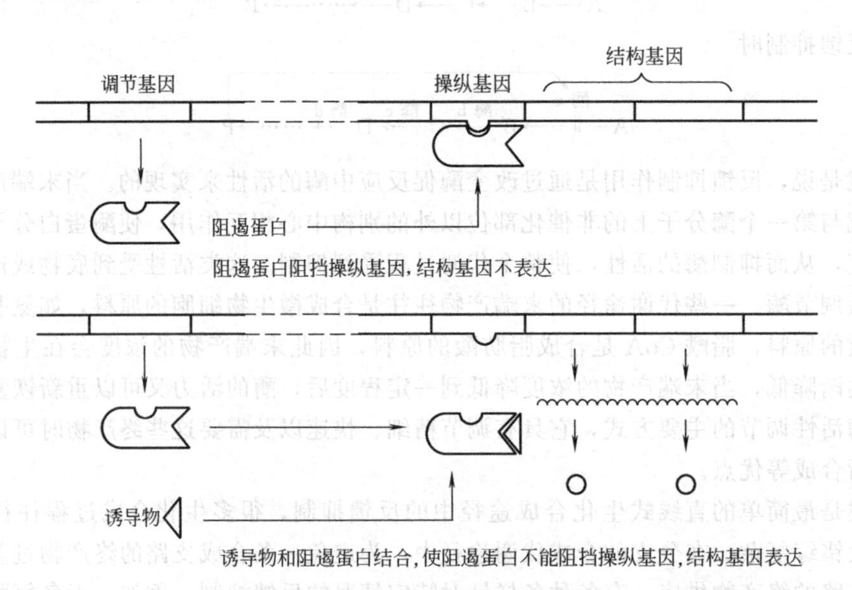

图6-8　酶诱导的操纵子模型

操纵子（operon）是指一组功能上相关的基因，包括启动基因（promoter）、操纵基因（operator）和结构基因（structural gene）。启动基因是转录的起始点。操纵基因能与阻遏物结合，以此来决定结构基因的转录是否能够进行。结构基因是确定酶蛋白氨基酸序列的 DNA，通过转录和翻译生成相应的酶。微生物的染色体上除了含有以上几种基因外，还有指导产生阻遏蛋白的调节基因（repressor）。

根据乳糖操纵子学说，在没有诱导物（乳糖）存在的情况下，阻遏蛋白和操纵基因结合，从而阻止了启动基因发出指令合成 mRNA，转录无法进行，结构基因处于休眠状态，因此不能合成与乳糖代谢有关的酶。当乳糖存在时，乳糖作为诱导物与阻遏蛋白结合，并改变了阻遏蛋白的构象，从而使阻遏蛋白不能与操纵基因结合，操纵子“开关”被打开，启动基因发出可合成 mRNA 的指令，并由 mRNA 指导合成利用乳糖的酶。

（二）阻遏

阻遏是微生物在某些代谢途径中，当末端产物过量时，其调节体系就会阻止该途径中包括关键酶在内的一系列酶的合成，从而彻底地控制代谢，减少末端产物的生成的现象。阻遏主要由终产物阻遏和分解代谢产物阻遏。前者发生于生物合成途径中；后者则与分解代谢途径有关。

1. 终产物阻遏

催化某一特异产物合成的酶，在培养基中有该产物存在的情况下常常是不合成的，即受阻遏的。这种由于终产物的过度积累而导致生物合成途径中酶合成的阻遏称为终产物阻遏，它常常发生在氨基酸、嘌呤和嘧啶等这些重要结构元件生物合成时。在正常情况下，当微生物细胞中氨基酸、嘌呤和嘧啶等过量时，与这些物质合成有关的许多酶就停止合成。

终产物阻遏也可以用操纵子学说来解释，其中研究较深入的是组氨酸操纵子系统（图 6-9）。大肠杆菌在低浓度组氨酸培养基上生长时，能合成大量的组氨酸。但是一旦组氨酸过量，它的合成就受到抑制。因为，当组氨酸浓度过高时，它先与 tRNA 生成复合体，称为辅阻遏物。辅阻遏物与阻遏蛋白结合，使阻遏蛋白活化，迅速和操纵基因结合，从而阻止了启动基因发出指令合成 mRNA，转录无法进行，不能合成与组氨酸合成有关的酶。

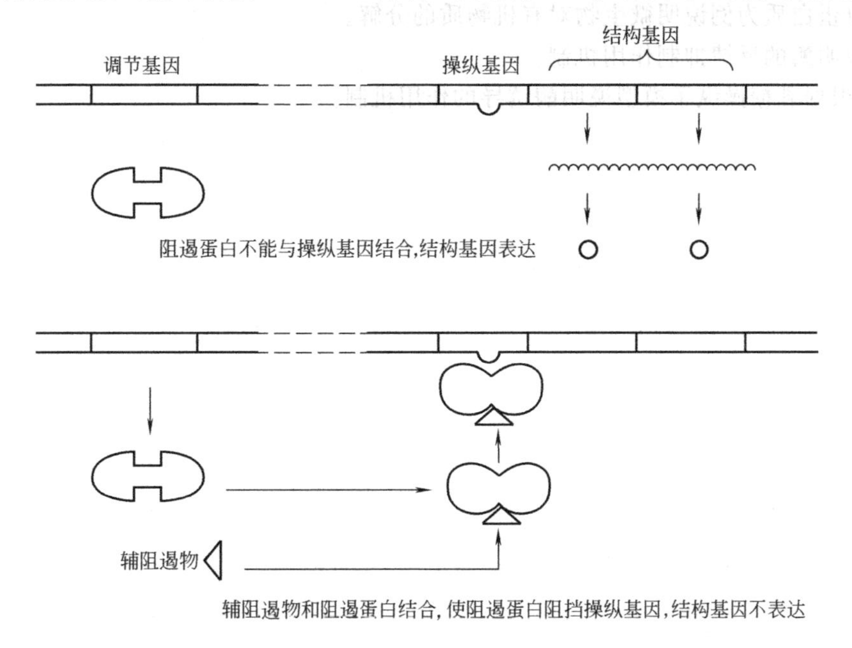

图 6-9 酶阻遏的操纵子模型

而当组氨酸浓度降低时，辅阻遏物不再与阻遏蛋白结合，使阻遏蛋白失去了活性，不能与操纵基因结合，操纵子“开关”被打开，启动基因发出可合成 mRNA 的指令，并由 mRNA 指导合成与组氨酸合成有关的酶。

2. 分解代谢产物阻遏

当大肠杆菌在同时含有葡萄糖和乳糖的培养基上生长时，大肠杆菌总是首先利用葡萄糖而不利用乳糖，只有在葡萄糖被全部利用后，大肠杆菌才开始利用乳糖，这就是葡萄糖效应。其原因是葡萄糖的分解代谢产物阻遏了分解利用乳糖的有关酶合成的结果。生长在含葡萄糖和山梨醇或葡萄糖和乙酸的培养基中时也有类似的情况。由于葡萄糖常对分解利用其他底物的有关酶的合成有阻遏作用，故导致所谓“二次生长”，即先是利用葡萄糖生长，待葡萄糖耗尽后，再利用另一种底物生长，两次生长中间隔着一个短暂的停止期。

葡萄糖效应在污水的生物处理中普遍存在。通常污水中含有多种有机成分，微生物在利用污水中的有机物时，总是优先利用简单的有机物，只有在简单的有机物全部利用后，才开始利用较为复杂的有机物。在处理难降解物质的时候也应注意，微生物产生分解这些物质的酶类需要经过一定时间的诱导，需要对接种污泥进行适当的驯化。

思考题

1. 什么是新陈代谢、合成代谢和分解代谢？

2. 酶作为生物催化剂有何特点？

3. 什么是酶的活性中心？它在结构上有何特点？

4. 根据米式方程，说明酶促反应速率与底物浓度之间的关系。

5. 说明各种类型酶抑制剂的作用特点。

6. 比较无氧呼吸、有氧呼吸和发酵的异同点。

7. 以淀粉、脂类为例说明微生物对有机物质的分解。

8. 以蛋白质为例说明微生物对有机物质的分解。

9. 说明酶的反馈抑制作用机制。

10. 根据乳糖操纵子模型说明酶诱导的作用机制。

第七章

微生物的生长繁殖

生长是一个复杂的生命活动的过程。微生物在适宜的环境条件下，通过酶的作用，不断地吸收营养物质，按照自己的代谢方式进行一系列的新陈代谢活动。正常情况下，同化作用大于异化作用，使得细胞内原生质的总含量不断增加，个体体积不断增大，这个过程称为生长。简单地说，生长就是有机体的细胞组分与结构在量方面的增加。

个体细胞的生长是有限度的。当细胞个体生长到一定程度时，由一个亲代细胞分裂为两个大小、形状与亲代细胞相似的子代细胞，使得个体数目增加，这就是单细胞微生物的繁殖。此种繁殖方式称为裂殖。在多细胞微生物中，如某些霉菌，细胞数目的增加如不伴随着个体数目的增加，只能叫生长，不能叫繁殖。例如菌丝细胞的不断延长或分裂产生同类细胞均属生长，只有通过形成无性孢子或有性孢子使得个体数目增加的过程才叫做繁殖。在一般情况下，当环境条件适合，微生物的生长与繁殖始终是交替进行的。从生长到繁殖是一个由量变到质变的过程，这个过程就是发育。

生长是繁殖的基础，繁殖是生长的结果。微生物处于一定的物理、化学条件下，生长发育正常，繁殖速率高；某一或某些环境条件发生改变，超出微生物可以适应的限度时，就会对机体产生抑制乃至致死的作用。

第一节　微生物的纯培养

微生物在自然界中是无处不在的，而且都是混杂地生活在一起的。土壤中就生长有多种大量的微生物。要想研究或利用某一微生物，必须把混杂的微生物类群分离开来，以得到只含有一种微生物的培养。微生物学中将在实验室条件下从一个细胞或一种细胞群繁殖得到的后代称为纯培养。

一、纯培养的分离方法

纯培养的分离目的是为了得到纯培养物，此过程也是研究和利用微生物的第一步。纯培养的分离最常用的方法有稀释法、划线法、单细胞挑取法及利用选择培养基分离法等。

（一）稀释法

（1）液体稀释法　首先将待分离的材料接种于培养液中，经培养、测定或估计单位容积中含有细菌的数目，然后进行稀释，使稀释后的一定容积液体中大约只含有一个微生物个体；第二步将已稀释好的菌液接种一滴至盛有液体培养基的试管中，摇匀，静置培养24～48h后观察。如果管底只出现一个菌落，它可能就是由一个细胞繁殖而成。此种方法适用于细胞较大的微生物。

（2）固体稀释倒平皿法　将待分离的材料作一系列稀释（如1∶10、1∶100、1∶1000……等），取不同稀释液少许与已熔化并冷却至45℃的琼脂培养基相混合，摇匀后，倾入灭过菌的培养皿中，待琼脂培养基凝固后，保温培养一定时间即可有菌落出现（图7-1）。如果稀释得当，平皿上就可出现分散的单个菌落，这个菌落可能就是由一个细菌繁殖形成的。随后挑取该单个菌落，或重复以上操作数次，便可得到纯培养。

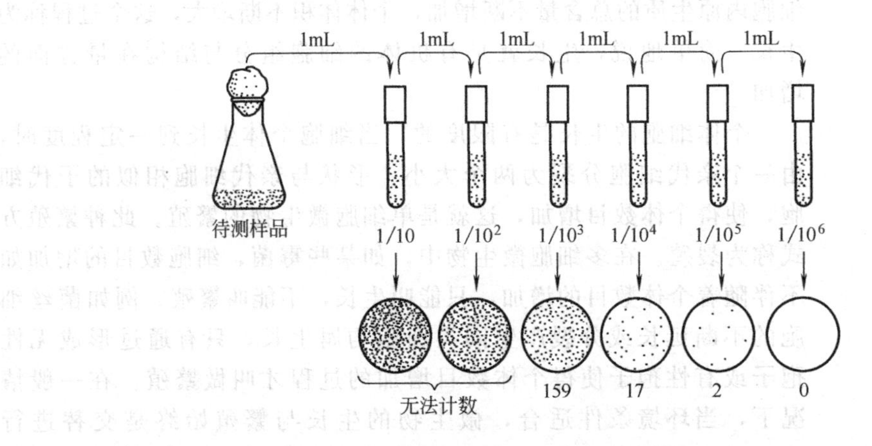

图7-1　稀释倒平皿分离法示意图

（二）平皿划线分离法

将熔化的琼脂培养基倾入无菌培养皿中，冷凝后，用接种环蘸取少许待分离材料，无菌条件下，在培养基表面连续划线，如可作平行划线、扇形划线或其他形式连续划线（图7-2），微生物将随着划线次数的增加而分散，经保温培养形成菌落。划线开始的部分细菌分散度小，形成的菌落往往连在一起。由于连续划线，微生物逐渐减少，划到最后，常可形成单个孤立的菌落。这种单个菌落可能由一个细胞繁殖而来，照此法重复划线便可获得纯种。用其他工具如弯形玻璃棒代替接种环，在培养基表面涂布，亦可得到同样结果（图7-3）。

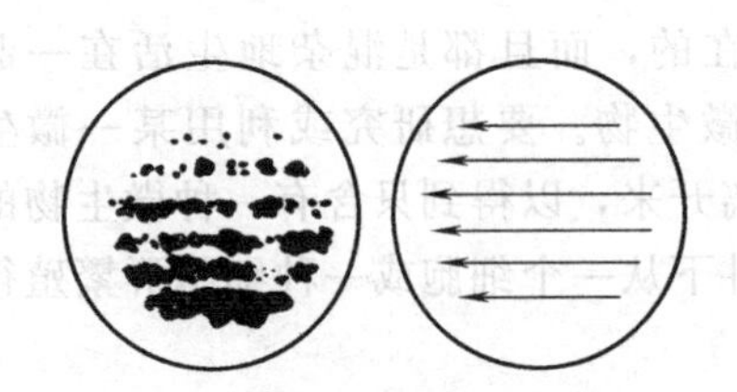

图7-2　平行划线后细菌生长情况

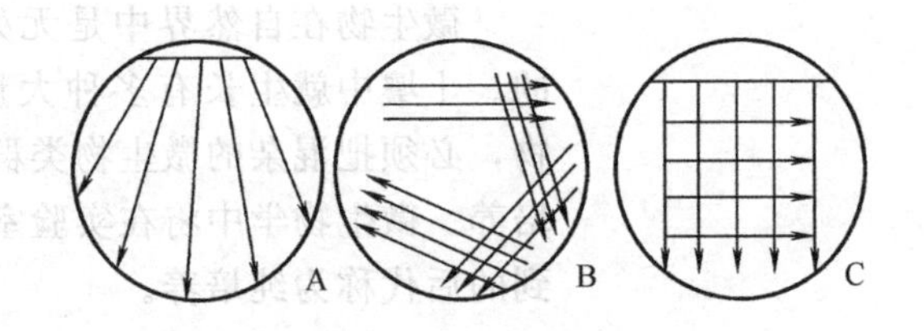

图7-3　平皿划线分离法

A—扇形划线；B—连续划线；C—方格划线

（三）单细胞挑取法

这种方法是从待分离的材料中只挑取一个细胞来培养，从而获得纯培养。具体方法是将显微镜挑取器装置于显微镜上，把一滴细菌悬液置于载玻片上，用安装在显微镜挑取器上的极细的毛细吸管，在显微镜下对准某一个单独的细胞挑取，再接种于培养基上培养而得到纯培养。

（四）利用选择培养基分离法

不同的微生物需要的营养物质、环境条件是不相同的。有些微生物的生长适于酸性环境，有些则适于碱性环境。各种微生物对于不同的化学试剂例如消毒剂、染料、抗生素以及其他物质等具有不同的抵抗能力。因此，可以把培养基配制成适合于某种细菌生长而限制其他细菌生长的类型。利用它们彼此间的差异，创造条件以达到分离纯种的目的。

也可以将待分离的样品先进行适当处理以排除不希望分离到的微生物。例如想分离得到芽孢细菌，可在倒平皿前将样品在高温处理一段时间，以破坏所有的或大部分的非芽孢细菌，这样分离得到的菌落将是具有芽孢的细菌。

有些病原菌可先将它们接种至敏感动物，感染后，宿主的某些组织中可能只含有该种微生物，这样较易得到纯培养。

对一些生理类型比较特殊的微生物，为了提高分离几率，往往在涂布分离前先进行富集培养，其目的是提供一个特别设计的培养环境，以帮助所需的特殊生理类型的微生物的生长，而不利于其他类型微生物的生长。

将上述各种方法的应用范围列于表 7-1 中。

表 7-1 微生物纯培养分离方法的比较

方 法	应 用 范 围
液体稀释法	适宜于培养细胞较大的微生物
固体稀释倒平皿法	既可定性，又可定量，用途广泛
平皿划线分离法	方法简便，多用于分离细菌
单细胞挑取法	局限于高度专业化的科学研究
利用选择培养基分离法	适用于分离某些生理类型较特殊的微生物

二、微生物生长量的测定方法

描述微生物生长对不同的微生物和不同的生长状况可以选取不同的指标。对于处于旺盛生长期的单细胞微生物，既可选细胞数，又可以选细胞质量作为生长指标，因为这时两者是成比例的；对于多细胞微生物的生长（以丝状真菌为代表），则通常以菌丝生长长度或者菌丝质量作为生长指标；对于体积很小的单细胞微生物，个体的生长很难测定，而且也没有什么实际应用价值。因此，测定它们的生长不是依据细胞个体的大小，而是测定群体的增长量。微生物生长量的测定是研究微生物群体生长规律、动力学特性、细胞成分分析、生理生化特性分析及培养与管理的基础。

微生物的生长量可以根据菌体细胞量、菌体体积或质量直接测定，也可以根据某种细胞物质的含量或某个代谢活动强度间接测定。如直接或间接地测定群体中细胞数的增加，测定原生质量，测定细胞中某些生理活性的变化等。

（一）测定微生物总数

（1）涂片染色法　将已知容积的细菌悬液（例如 0.01mL）迅速均匀地涂布于载玻片上的一定面积内（如 $1cm^2$），经固定染色后，在显微镜下借镜台测微尺测得视野的半径及面积，从细菌涂布的总面积得知视野的总数。然后从几个视野的平均细胞数可计算出每毫升原液的细菌数。若原菌液含菌量大，需适当稀释，最后再乘以稀释倍数。计算公式如下

(以 0.01mL 样品为例)。

每毫升原菌液的含菌数＝视野中的平均菌数×(涂布面积÷视野面积)×100×稀释倍数

(2) 比例计数法　将待测细菌悬液与等体积血液相混涂片，在显微镜下测得细菌数与红血细胞数的比例。由于每毫升血液中的红细胞数是已知的，于是从细菌数与红血细胞数的比例可计算出每毫升样品中的细菌数。

(3) 细胞的自动计数　此法用电子细胞计数器计算菌数。电子计数是通过测定一个小孔中液体中的电阻来进行的。小孔仅能通过一个细胞，当细胞通过这个小孔时，电阻明显增加，并作为一个脉冲记录在一个电子标尺装置上，使一份已知体积含有待测细胞的液体通过这个小孔，当每个细胞通过的时候就被计数了。

(4) 比浊法　细菌培养物在其生长过程中，由于原生质含量的增加，会引起培养物浑浊度的增高。光束通过菌悬液时引起光的散射或吸收，从而降低透光度。菌悬液中细胞浓度与浑浊度成正比，与透光度成反比。利用浊度计、光电比色计等仪器通过对细菌悬浮液光密度或透光度的测定可以反映出细菌的浓度。此法简便，容易得到测定结果，但需注意样品颜色不宜太深，样品不能混杂其他物质，菌悬液浓度适当，以显示可信的浑浊度。选择适当的波长时，不同浓度的菌悬液光密度吸收值呈线性关系。

(二) 测定活细菌数

(1) 平皿菌落计数法　平皿菌落计数法是常用的一种菌落计数法，即使样品中菌落较少，也可以测得。像稀释倒平皿分离法一样，先将待测菌液做一系列 10 倍稀释，使平皿上生长出的菌落数在 30～300 个之间，然后将最后三个稀释度的稀释液各取一定量(一般为 0.2mL) 与熔化并冷却至 45℃左右的琼脂培养基一起，倾入无菌平皿中摇匀，静置，待凝固后进行保温培养，通过平皿上出现的菌落数，可推算出原液中的细菌数。计算公式如下。

每毫升总活菌数＝同一稀释度三次重复的菌落平均数×稀释倍数×5

此法由于个人掌握程度的不同，结果常不稳定。

(2) 薄膜过滤计数法　用微孔薄膜（如硝化纤维素薄膜）过滤法，可以测定空气或水中的含菌数。此法特别适宜于测定量大的而且其中含有细菌浓度很低的样品。一定体积的水或空气通过薄膜过滤后，将膜与阻留在其上的细菌一起放在培养基或浸透了培养液的支持物表面，进行培养，由形成的菌落数可计算样品中的含菌量。此法结合鉴别培养基的应用来作水中大肠杆菌的检查较为简便。

(3) 计数器测定法　此法是直接在显微镜下计算菌数的方法。计数时使用特制的细菌计数器或血球计数板计数。先将欲测样品制成一定稀释倍数的液体，再将细菌悬液置于计数器载玻片与盖玻片之间的计数室中。由于载玻片上计数室内的容积是已知的，内有很多小格并有一定刻度，因此，可以从载玻片刻度内所观察到的细菌数计算出细菌悬液中的含菌浓度。这是一种常用的方法，测定速度快，适应于原生动物、真菌、藻类等微生物计数，如果是细菌，应染色后测定。

(三) 测定细胞或原生质物质的量

(1) DNA 含量测定法　利用 DNA 与 DABA-2HCl（即新配制的质量分数为 20% 3,5-二氨基苯甲酸-盐酸溶液）能显示特殊荧光反应的原理设计的。将一定容积培养物的菌悬液，通过荧光反应强度，求得 DNA 的含量，可以直接反映所含细胞物质的量，同时还可以根据 DNA 含量计算出细菌的数量。因为每个细菌平均含 DNA8.4×10^{-5}纳克

(1 纳克=10^{-9}g)。此法是研究微生物生长的一种重要方法。

(2) 干重法　测定单位体积培养物中细胞的干质量，可以用来表示菌体的生长量。这是测定细胞物质较为直接而可靠的方法，也是测定丝状真菌生长量的一种常用的方法。测定时，取定容培养物，用离心或过滤的方法将菌体从菌悬液中分离出来，洗净、烘干、称重，求得单位容积菌悬液中的细胞干质量。

此法较准确，但只适用于菌体浓度较高的样品，而且要求样品中不含菌体以外的其他干物质。

(3) 含氮量测定法　细胞的主要物质是蛋白质，而氮又是蛋白质的重要组分，在蛋白质中氮的含量比较稳定。一般而言，细菌的含氮量为6.5%～13%，霉菌菌丝的氮含量为4.5%～8.5%，酵母菌的氮含量在7.5%左右。因此可以借菌体含氮量来表示菌体的多少。从一定培养物中分离出菌体，洗涤，除去由培养基中带来的含氮物质，然后用凯氏微量定氮法测定总氮含量，则可表示原生质含量的多少。

此法的特点是样品需要量少，只适用于菌体浓度较高的样品，而且难以同时测定多个样品，操作过程也比较麻烦，因此只适用于研究工作。

(4) 生理指标法　微生物的新陈代谢作用会消耗或产生一定量的物质，用此物质表示微生物的生长量的方法称生理指标法。如微生物对O_2的吸收，产生CO_2的量，发酵糖产酸量等。一般生长旺盛时消耗的物质多，或者积累的某种代谢产物也多。

第二节　微生物的生长曲线

微生物的生长和繁殖所导致的群体生长，即表现为细胞数量的增加。把一定量的细菌接种于一定容积的合适的液体培养基中，在适宜的温度下培养时，它的生长过程具有一定的规律性。如果以培养时间为横坐标，细胞增加数目的对数（生长速率）为纵坐标，所绘制一条反映细菌从开始生长到死亡的动态过程的曲线称为微生物的生长曲线。生长曲线反映了典型的微生物群体生长过程的规律，微生物生长规律的研究对工业生产具有重要指导意义。

一、细菌的生长曲线

根据细菌生长繁殖速率（或生长速率常数即每小时的分裂代数）的不同，生长曲线可

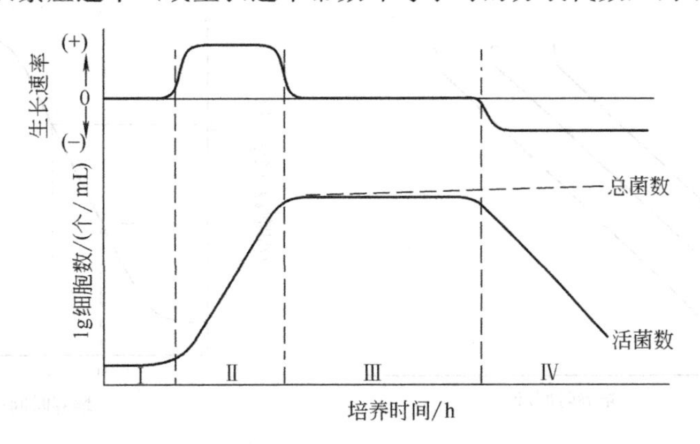

图 7-4　细菌生长曲线

Ⅰ—停滞期；Ⅱ—对数期；Ⅲ—静止期；Ⅳ—衰亡期

大致分为停滞期、对数期、静止期和衰亡期四个时期（图 7-4)。

(一) 停滞期

这是细菌对新环境的适应过程。微生物接种到新培养基中后，在刚开始培养的一段时间内细胞数目并不增加，甚至稍有减少，这段时间称为停滞期，又可叫调整期、延滞期或适应期。在此阶段，微生物必须重新调整其小分子和大分子的组成，包括酶和细胞质成分，以适应新的培养环境。有的微生物能适应新环境，表现为细胞物质的增加，但细菌总数尚未增加；有的微生物不适应新环境而死亡，细菌数目有所减少。能适应的微生物生长到某个程度便开始细胞分裂，进入停滞期的加速生长阶段。此时，细菌的生长繁殖速度逐渐加快，细菌总数有所增加。

1. 停滞期微生物的特点

停滞期内微生物有以下几个特点。

① 菌体内物质量显著增加，菌体体积增大，许多杆菌可长成长丝状。例如，巨大芽孢杆菌在接种的当时，细胞长为 3.4μm；培养至 3.5h，其长则为 9.1μm；至 5.5h 时，竟可达到 19.8μm。

② 生长速率常数等于零，即每小时的分裂代数等于零。

③ 细胞内 RNA 尤其是 rRNA 含量增高，原生质呈嗜碱性。

④ 细胞代谢机能活跃，核糖体、酶类和 ATP 的合成加快，易产生诱导酶，生长速率逐渐加快。

⑤ 对外界不良条件，例如 NaCl 溶液、浓度、温度和抗生素等化学药物的反应敏感。

2. 影响停滞期长短的因素

影响停滞期长短的因素有以下几种。

① 菌种类型　菌种不同其停滞期的长短不同。

② 接种龄　接种龄即接种群体细菌的生长年龄，简称菌龄。将不同时期的细菌接种到新鲜的、相同的培养基中，其所对应的停滞期不同。实验证明，如果以对数期接种龄的“种子”接种，则子代培养物的停滞期就短；反之，如以停滞期或衰亡期的“种子”接种，则子代培养物的停滞期就长；如果以静止期的“种子”接种，则停滞期居中。

③ 接种量　接种量的大小明显影响停滞期的长短。一般来说，接种量大，停滞期短，反之则长（图 7-5)。因此，在发酵工业上，为缩短不利于提高发酵效率的停滞期，一般采用 1/10 的接种量。

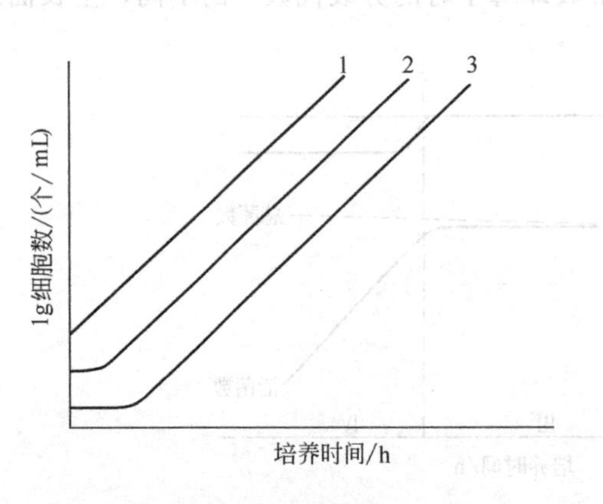

图 7-5　接种量对停滞期的影响

1—大接种量；2—中等接种量；3—小接种量

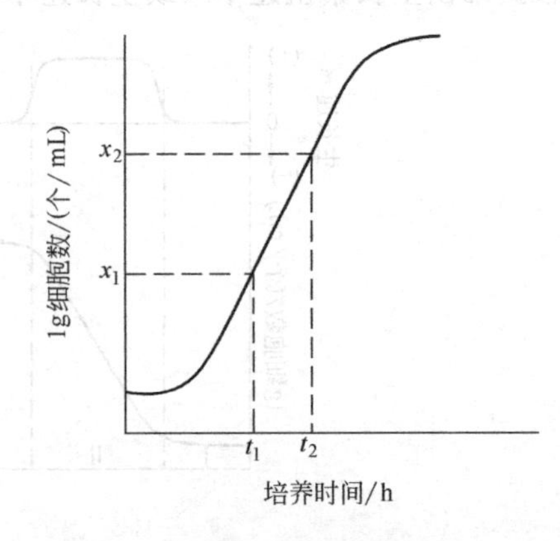

图 7-6　对数期

④ 培养基的成分　接种到营养丰富的培养基中的微生物，微生物可直接利用培养基中的营养成分，停滞期短，反之则长。所以，在发酵生产中，常使发酵培养基的成分与种子培养基的成分尽量接近。

不同微生物停滞期长短不一，短到几分钟，长达几小时。经过停滞期的准备，菌体便开始分裂，曲线开始上升，将进入下一阶段。

(二) 对数期

又称指数期，是指在生长曲线中，继停滞期末期，细菌的生长速率增至最大，细菌数量以几何级数速率增加的一段时期。对数生长期，细菌数目的增加与培养时间成正比，以时间为横坐标，以细胞数目的对数值为纵坐标，绘图呈直线关系，若用细胞数目的算术值为纵坐标则呈一条直线，不能表达彼此间的线性关系，故一般采用细胞数目的对数值。

在对数生长期中，有三个参数最为重要，即繁殖代数（n）、生长速率常数（R）和代时（G）。所谓的代时，即单个细胞完成一次分裂所需的时间，亦即增加一代所需的时间，也称世代时间。

1. 繁殖代数（n）

若刚接入培养基时（t_1）的菌数为 x_1，经过一段时间到 t_2 时，繁殖 n 代后的菌数为 x_2（图 7-6）。

则

$$x_2 = x_1 \times 2^n \tag{7-1}$$

以对数表示为

$$\lg x_2 = \lg x_1 + n\lg 2 \tag{7-2}$$

$$n = \frac{\lg x_2 - \lg x_1}{\lg 2} = 3.322(\lg x_2 - \lg x_1) \tag{7-3}$$

2. 生长速率常数（R）

由生长速率常数的定义可知

$$R = \frac{n}{t_2 - t_1} = \frac{3.322(\lg x_2 - \lg x_1)}{t_2 - t_1} \tag{7-4}$$

3. 代时（G）

按前述平均代时的定义可知

$$G = \frac{1}{R} = \frac{t_2 - t_1}{3.322(\lg x_2 - \lg x_1)} \tag{7-5}$$

处于该期的微生物有以下特点。

① 生长速率常数达到最大。因为细菌在该期得到丰富的营养，细菌代谢活力最强，合成新细胞物质的速度最快，细菌生长旺盛，细胞分裂一次所需的代时或原生质增加一倍所需的倍增时间最短。

② 细胞生长平衡，菌体内各种成分最为均匀。因为营养物质充足，有毒代谢的代谢产物积累不多，对生长繁殖影响很小，细菌几乎不死亡。

③ 酶系活跃，代谢旺盛，细菌对不良环境因素的抵抗力较强。

影响对数期微生物增代时间的因素很多，主要有以下几个。

① 菌种种类：不同菌种的代时差别很大。如同样在培养温度为37℃的组合培养基中，结合分支杆菌和活跃硝化杆菌的代时分别为792～932min和1200min。

② 营养成分：同一种细菌，在营养物丰富的培养基中生长，其代时较短，反之则长。

③ 营养物浓度：营养物的浓度可影响微生物的生长速率和总生长量。如图7-7所示，营养物的浓度很低的情况下，营养物的浓度才会影响生长速率，随着营养物浓度的逐渐增高，生长速率不受影响，而只影响最终的菌体产量。如果进一步提高营养物的浓度，则生长速率和菌体产量两者均不受影响。凡是处于较低浓度范围内，可影响生长速率和菌体产量的营养物，就称为生长限制因子。

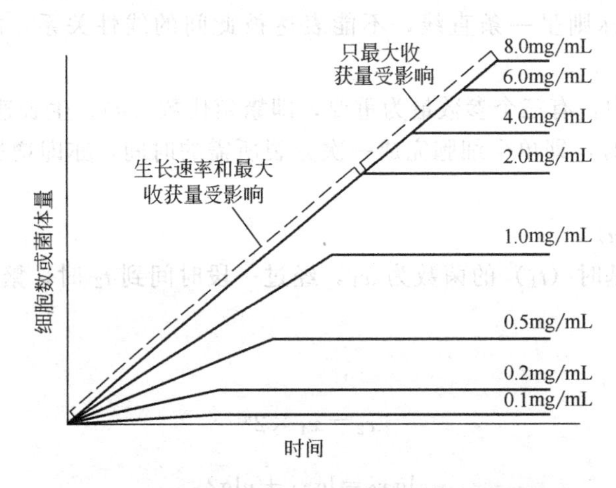

图7-7　营养物浓度对生长速率和菌体产量的影响

④ 培养温度：温度对微生物的生长速率有极其明显的影响（表7-2）。

表7-2　*E. coli* 在不同温度下的代时

温度/℃	代时/min	温度/℃	代时/min
10	860	35	22
20	120	40	17.5
15	90	45	20
25	40	47.5	77
30	29		

由于对数期的微生物具有以上这些特点，故可作为代谢、生理等研究的良好材料、教学实验和发酵工业都用对数期的细胞做实验材料。

（三）静止期

又称为稳定期或最高生长期。细菌在经历了细胞的高速增长对数期之后，由于消耗了大量的营养物质，致使一定容积的培养基浓度降低，再加上某些有毒代谢产物的积累，以及诸如pH、氧化还原电位、温度等外界因素的影响，生长受到限制，细菌的死亡率与繁殖率达到平衡，活细菌总数达到最大值，并恒定一段时间。微生物生长的这个时期叫做静止期，生长曲线中表现为直线。

静止期细菌有以下特点：

① 死亡率和繁殖率相等，细菌处于正增长和负增长相等的动态平衡之中，生长速率

等于零；

② 细菌产生量达到最大值，细菌总数最高且保持不变，并维持一段时间；

③ 细菌开始积累储存物质，如糖原、脂肪粒、异染颗粒、淀粉粒、肝糖等；一些微生物形成荚膜物质，多数芽孢细菌此时形成芽孢。

在此时期细菌形态大小典型，生理生化反应相对稳定，所以该期是对某些生长因子如维生素和氨基酸等进行生物测定的必要前提，也是发酵生产中的最佳收获期。

（四）衰亡期

由于静止期时消耗了大量的营养物质，静止期之后，细菌继续培养的话，细菌会因缺乏营养物质而开始利用自身储存的物质进行内源呼吸，即自身溶解，同时，由于细菌在代谢过程中产生的有毒代谢产物抑制细菌生长繁殖，细菌死亡率逐渐增加，死亡数大大超过新生数，群体中活细菌数目急剧下降，出现负增长，此阶段称为衰亡期。其中有一段时间，活细菌数按几何级数急剧下降，故有人称之为“对数衰亡期”。

这一时期的细胞进行内源呼吸，形态多样，例如会产生很多膨大、不规则的退化形态，有的细胞内多液泡，革兰染色反应的阳性菌变成阴性反应，芽孢杆菌形成芽孢，菌体开始自溶，并释放出氨基酸、酶及抗生素等产物。

产生衰亡期的原因主要是外界环境对继续生长越来越不利，从而引起细胞内的分解代谢大大超过合成代谢，继而导致菌体死亡。

二、细菌的连续培养

将微生物置于一定容积的培养基中，经过培养生长，最后一次收获，称为分批培养。连续培养是相对于分批培养或密闭培养而言的，又称开放培养。

通过对细菌纯培养的生长曲线的分析可知，在分批培养中，培养基一次加入，不予补充，不用再更换。随着微生物的活跃生长，培养基中营养物质逐渐消耗，有害代谢产物不断积累，细菌的对数生长期不可能长时间维持。如果在培养器中不断补充新鲜营养物质，并及时不断地以同样速度排出培养物（包括菌体及代谢产物），从理论上讲，对数生长期就可无限延长。只要培养液的流动量能使分裂繁殖增加的新菌数相当于流出的老菌数，就可保证培养器中总菌量基本不变。连续培养技术就是据此原理而设计的（图 7-8）。

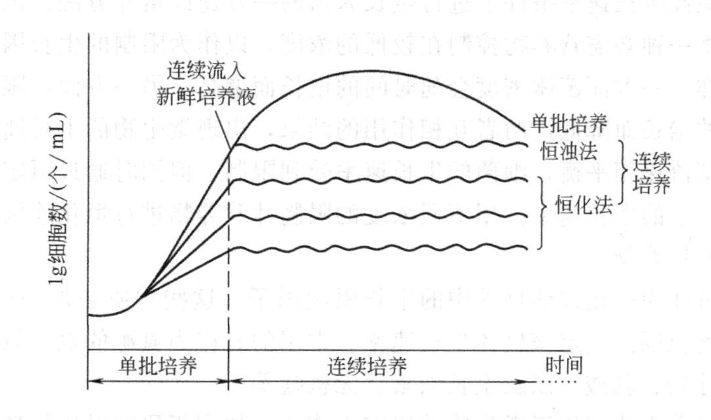

图 7-8　单批培养与连续培养的关系

连续培养时流出的培养物与新生的培养物达到动态平衡。其中的微生物可长期保持在对数期的平衡生长状态和稳定的生长速率上。

连续培养器的种类很多，可从下表解中看出。

- 连续培养器
  - 按控制方式分
    - 内控制（控制菌体密度）：恒浊
    - 外控制（控制培养液流速，以控制生长速率）：恒化器
  - 按培养器的级数分
    - 单级连续培养器
    - 多级连续培养器
  - 按细胞状态分
    - 一般连续培养器
    - 固定化细胞连续培养器
  - 按用途分
    - 实验室科研用：连续培养器
    - 发酵生产用：连续发酵罐

控制连续培养的方法有两类。

（一）恒浊连续培养

不断调节流速而使细菌培养液浊度保持恒定的连续培养的方法叫恒浊连续培养。

其工作原理是：在恒浊连续培养系统中，根据培养器内微生物的生长密度，并借光电控制系统来控制培养液流速，以取得菌体密度高、生长速率恒定的微生物细胞。当培养基的流速低于微生物生长速率时，菌体密度增高，这时通过光电控制系统的调节，可促使培养液流速加快，反之亦然，并以此来达到恒密度的目的，使培养物维持某一恒定浊度。恒浊连续培养中，细菌的生长速率不仅受流速的影响还与菌种种类、培养基成分以及培养条件有关。

恒浊连续培养，可以不断提供具有一定生理状态的细胞，可以得到始终能以最高生长速率进行生长的培养物，并可在允许范围内控制不同的菌体密度。在生产实践上，为了获得大量菌体或与菌体生长相平行的某些代谢产物如乳酸、乙醇时，使用都有较好的经济效益。

（二）恒化连续培养

控制恒定的流速，使由于细菌生长而耗去的营养物及时得到补充，培养室中营养物浓度基本恒定，从而保持细菌的恒定生长速率，此种情况称为恒化连续培养，也可称为恒组成连续培养。

与恒浊连续培养相反，恒化连续培养是一种设法使培养液流速保持不变，并使微生物始终在低于其最高生长速率条件下进行生长繁殖的一种连续培养方法。恒化培养所用培养基成分中，要将一种必需营养物控制在较低的浓度，以作为限制的生长因子，其他营养物均为过量。这样，一方面菌体密度会随时间的增长而增高，另一方面，限制生长因子的浓度又会随时间的增长而降低，两者互相作用的结果，出现微生物的生长速率正好与恒速流入的新鲜培养基流速相平衡，细菌的生长速率受到限制，但同时通过恒定流速不断得到补充，故能保持恒定的生长速率。用不同浓度的限制性营养物进行恒化连续培养，可以得到不同生长速率的培养物。

多种物质可作为恒化连续培养中的生长限制因子。这些物质必须是机体生长所必需，而且在一定浓度范围内决定该机体生长速率。常用的有作为氮源的氨、氨基酸，作为碳源的葡萄糖、麦芽糖、乳酸，以及生长因素、无机盐等。

恒化连续培养方法多用于微生物的研究工作中。如用于研究微生物遗传、生理、生态问题，特别是可提供恒定的低生长速率的细胞。由于在自然界中微生物一般处于低营养物浓度下，生长也较慢，恒化培养作为研究自然条件下微生物生态体系的实验模型是有用的。

连续培养如用于生产实践上，就称为连续发酵。连续发酵与单批发酵相比有许多优点：①高效，它简化了装料、灭菌、出料、清洗发酵罐等许多单元操作，从而减少了非生产时间和提高了设备的利用率；②自控，便于利用各种仪表进行自动控制；③产品质量较稳定；④生长与代谢产物形成的两种类型节约了大量动力、人力、水和蒸汽，且使水、汽、电的负荷均匀合理。

与一切事物一样，连续培养或连续发酵也有其缺点。最主要的是菌种易于退化。可以设想，处于如此长期高速繁殖下的微生物，即使其自发突变几率极低，也无法避免变异的发生，尤其发生比原生产菌株生长速率高、营养要求低和代谢产物少的负变类型；其次是易遭杂菌污染。可以想像，在长期运转中，要保持各种设备无渗漏，尤其是通气系统不出任何故障，是极其困难的。因此，所谓“连续”是有时间限制的，一般可达数月至一、二年；此外，在连续培养中，营养物的利用率一般亦低于单批培养。

在生产实践上，连续培养技术已广泛应用于酵母菌体的生产，乙醇、乳酸和丙酮、丁醇等发酵，以及用假丝酵母（*Candidaspp.*）进行石油脱蜡或是污水处理中。国外还把微生物连续培养的原理扩大运用于提高浮游生物的产量，并收到了良好的效果如在25℃下，日产量可比原有方法提高一倍。

三、细菌生长曲线在污（废）水处理中的应用

微生物生长曲线不仅可以作为控制微生物生长发育及环境因素对微生物影响的理论基础，而且在水污染控制的生物处理法中也具有重要的指导作用。

在废水生物活性污泥处理系统中，活性污泥与细菌有着极为相似的生长规律。系统处于不同的运行状态所采用的微生物所处的生长阶段不同，或处于静止期，或处于对数生长期，或处于衰亡期等。根据废水水质的具体情况，主要是废水中有机物浓度，利用不同生长阶段的微生物对废水中的有机物进行消化，达到净化废水的目的。因此，在废水生物处理过程中，正确选择不同阶段的微生物并将微生物维持在合适的阶段极为重要。

一般来说，常规活性污泥法和生物膜法处理废水时利用生长率下降阶段的微生物，包括减速期、静止期的微生物，而不用生长率上升阶段的微生物。因为生长率上升阶段的微生物代谢活力很强，生长繁殖速率很快，需消耗大量的营养物质，能去除废水中有机物也较多，但必须要求废水维持较高的有机物浓度，而常规活性污泥法属于连续培养方式，在进水有机物浓度高的情况下，出水中残留的有机物含量也会相应增加，难以达到出水要求。另外，该阶段的微生物生长繁殖旺盛，细胞表面的黏液层和荚膜尚未形成，微生物运动活跃而不形成菌胶团，沉降性能差，从而导致出水水质差，所以不采用生长率上升阶段的微生物。而静止期的微生物，代谢活力虽然不如对数期，但仍有相当的代谢活性，既具有去除有机物的能力，又有利于荚膜等结构的形成，易于凝聚和沉降，处理效果仍然较好。此时微生物最大的特点是体内积累了大量储存物，如异染粒、聚β-羟基丁酸、黏液层和荚膜，产生了荚膜物质，强化了微生物的生物吸附能力，且凝聚和沉降能力强，在二沉池中泥水分离效果好，出水水质较好。所以为了获得既具有较强的氧化和吸附有机物的能力，又具有良好的沉降性能的活性污泥，在实际中常将活性污泥控制在减速生长末期和内源呼吸初期。

用高负荷活性污泥法处理废水时，宜用对数期和静止期的微生物。如在吸附生物降解法（adsorption biodegradation，又称AB法）中，*A*段由于废水有机物浓度高，采用对数期的微生物对之降解，降解速率虽高，但此时污泥凝聚、沉降性能差，有时还可能有大量

游离细菌，出水浑浊，残留有机物浓度较高；而其后的 B 段的水质已处于常规的负荷范围，此时采用静止期的微生物对之降解处理即可达到较好的出水水质。AB 法采用对数期和静止期的组合对高浓度废水进行生物降解处理，既保证降解速率高、负荷高、曝气池相对小的优点，又具有出水水质好、运行稳定的长处。

对于有机物含量低、$BOD_5/COD<0.3$、可生化性差的废水，可用衰亡期微生物处理。如在污泥好氧消化和厌氧消化中，均采用衰亡期的微生物处理。因为污泥消化的目的是使污泥减量化和稳定化，使污泥在好氧或厌氧条件下尽可能的保持长的停留时间，微生物细胞以储存物、酶甚至细胞本身的蛋白质作为营养，进行内源代谢，并随着营养物质的逐渐耗尽，细胞的生长明显受阻，菌体自溶、解体、死亡，结果使细菌总数不断下降，污泥浓度随之下降，达到污泥减量和稳定的目的。

延时曝气法处理低浓度有机废水时，一般也采用衰亡期而不采用静止期的微生物。因为低浓度有机废水中的有机物，不能满足静止期微生物对营养物的要求，处理效果不好。而延时曝气法曝气时间一般在 8h 以上，甚至 24h，通过延长水力停留时间，增大进水量，提高有机负荷，满足生物的营养要求，从而取得较好的处理效果。

思考题

1. 什么叫纯培养物？怎样得到纯培养物？

2. 生物生长量的测定方法有哪些？

3. 细菌生长曲线分为哪几个阶段？各阶段具有哪些特点？

4. 连续培养的方法主要有哪两类？原理的主要不同是什么？

5. 简述细菌生长曲线在废水处理中的应用。

第八章

微生物的遗传和变异

遗传（Heredity，inheritance）和变异（variation）是一切生物体最本质的属性之一。所谓遗传是指发生在亲子间即上下代的关系，即上一代如何将自身的一整套遗传基因稳定地传递给下一代的行为或功能，它具有极其稳定（保守）的特性。例如大肠杆菌要求 pH 为 7.2、温度 37℃，发酵糖（如葡萄糖、乳糖），产酸、产气。大肠杆菌为杆菌，在异常情况下呈短杆状、近似球形或呈丝状。亲代大肠杆菌将上述这些属性传给后代，这就是大肠杆菌的遗传。一旦大肠杆菌的营养和其他外界条件剧烈变化，它就会因不适应而受抑制或死亡。遗传是微生物在系统发育过程中形成的，具有保守性，系统发育愈久的微生物遗传的保守程度愈大，愈不容易受外界环境条件的影响。不但不同种的微生物的遗传程度不同，而且同一微生物因个体发育不同而不同。个体发育年龄越老，遗传保守程度越大；个体发育越年幼，其遗传保守程度越小。高等生物的保守程度比低等生物的大。遗传保守性，对微生物有利，可使生产中选育出来的优良菌种各属性稳定地一代一代传下去。相反，保守性对微生物不利，当环境条件改变，微生物会不适应改变了的外界环境条件而死亡。

任何一种生物的亲代和子代以及个体之间，在形态结构和生理机制方面都有所差异，这一现象叫做变异。当微生物从适应它的环境迁移至不适应的环境后，微生物改变自己对营养和环境条件的要求，在新的生活条件下产生适应新的环境的酶（适应酶），从而适应新环境并生长良好。遗传变异性使微生物得到发展，为人类改造微生物提供理论依据。微生物的变异现象比较普遍，常见的有：个体形态的变异，菌落形态（光滑型/粗糙型）的变异，营养要求的变异，对温度、pH 要求的变异，毒力的要求，生理生化的要求及代谢途径、产物的变异等。

遗传与变异是生物最基本的属性，两者相辅相成，相互依存，遗传中有变异，变异中有变异，遗传是相对的，变异是绝对的，有些变异了的形状的形态或性状，又会以相对稳定的形式遗传下去，但并非一切变异都具有遗传性。遗传与变异的辩证关系使微生物不断进化。在工农业生产和污（废）水、有机固体废物生物处理过程中，可利用自然条件或理化因素促进微生物变异，使它符合生产实践的需要。

利用物理、化学药物处理微生物可提高其变异频率。通过一定的筛选方法可获得生产上所需要的变异株。定向培养即通过有计划、有目的地控制微生物的生长条件，使微生物的遗传性向人类需要的方向发展。在水的生物处理中，这种定向培养过程称为驯化。经验证明，驯化是选育微生物品种是普通而有效的方法和途径。

第一节　微生物的遗传

一、遗传的物质基础

遗传的物质基础是蛋白质还是核酸，曾是生物学中激烈争论的重大问题之一。1944年Avery等人以微生物为研究对象进行的实验，无可辩驳地证实了遗传的物质基础不是蛋白质而是核酸，并且随着对DNA特性的了解，“核酸是遗传物质的基础”这一生物学中的重大理论才真正得以突破。

（一）DNA作为遗传物质

1. Griffith的转化实验

1928年英国的细菌学家F. Griffith以*Streptococcus pneumoniae*（肺炎链球菌，旧称“肺炎双球菌”）作研究对象，肺炎链球菌是一种球形细菌，常呈双或成链排列，可使人患肺炎，也可使小白鼠患败血症而死亡。它有几种不同菌株，有的具有荚膜，其菌落表面光滑（smoth），故称S型，属致病菌株；另一种不形成荚膜，菌落外观粗糙（rough），称为R型，为非致病菌株。F. Griffith作了以下3组实验。

（1）动物实验

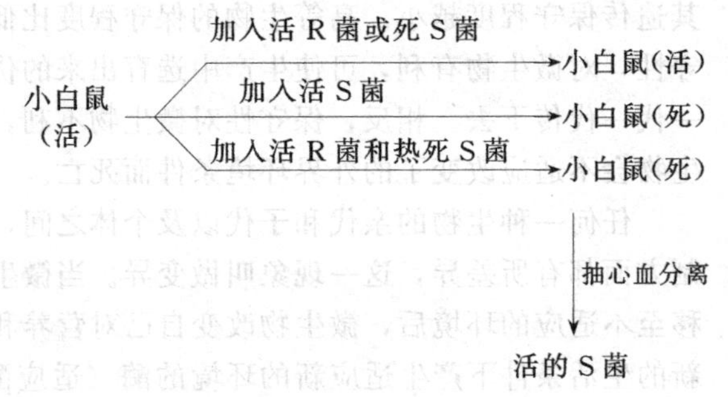

（2）细菌培养试验

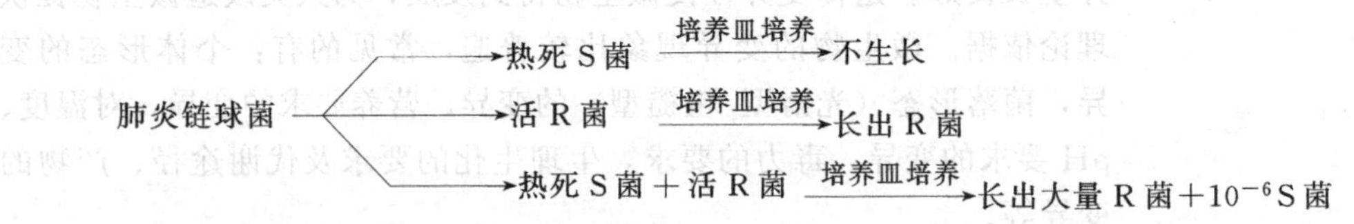

（3）S型菌的无细胞抽提液的试验

$$活R菌+S菌的无细胞抽提液\xrightarrow{培养皿培养}长出大量R菌和少量S菌$$

以上实验说明，加热杀死的S型细菌，在其细胞内可能存在一种具有遗传转化能力的物质，它能通过某种方式进入R型细胞，并使R型细菌获得表达S型荚膜性状的遗传特性。Griffith是第一个发现这种转化现象的，虽然当时还不知道称之为转化因子的本质是什么，但他的工作为后来Avery等人进一步揭示转化因子的实质，确立DNA为遗传物质奠定了重要基础。

2. DNA作为遗传物质的第一个实验证据

1944年，O. T. Avery，C. M. MacLeod和M. McCarty从热死的*S. pneumoniae*中提纯了几种有可能作为转化因子的成分，并深入到离体条件下进行转化实验。

(1) 从活的S型细菌中抽提各种细胞成分（DNA，蛋白质，荚膜多糖等）；

(2) 对各种生化组分进行转化试验。

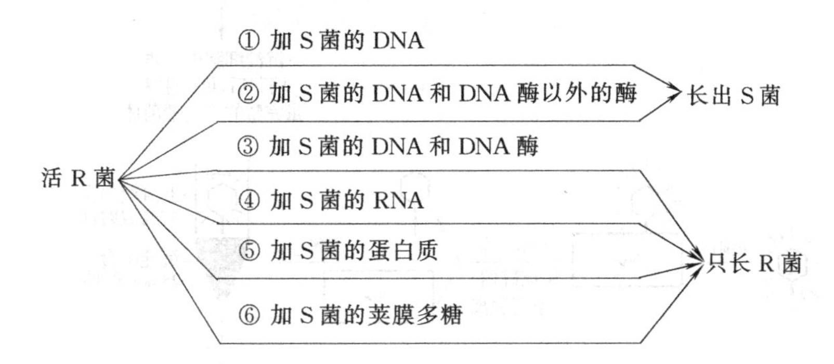

上述结果表明，只有S型菌株的DNA才能将*S. pneumoniae*的R型菌株转化为S型；而且，DNA纯度越高，其转化效率也越高，直至只取用6×10^{-8}g的纯DNA时，仍保持转化活力。这就有力地说明，S型转移给R型的绝不是遗传性状（在这里是荚膜多糖）的本身，而是以DNA为物质基础的遗传信息。

3. T2噬菌体的感染实验

1952年，A. D. Hershey和M. Chase发表了证实DNA是噬菌体的遗传物质基础的著名实验——噬菌体感染实验。首先，他们把*E. coli*培养在以放射性$^{32}PO_4^{3-}$和$^{35}SO_4^{2-}$作为磷源或硫源的组合培养基中，从而制备出含^{32}P-DNA的核心的噬菌体或含^{35}S-蛋白质外壳的噬菌体。接着，又做了以下两组实验。

从图8-1中两组实验可清楚看出，在噬菌体感染过程中，其蛋白质外壳根本没进入宿主细胞。进入宿主细胞的虽只有DNA，但却有自身的增殖、装配能力，最终会产生一大群既有DNA核心，又有蛋白质外壳的完整的子代噬菌体粒子。这就有力的证明，在其DNA中，存在着包括合成蛋白质外壳在内的整套遗传信息。

(二) RNA作为遗传物质

有些生物只由RNA和蛋白质组成，例如某些动物和植物病毒以及某些噬菌体。1956年，H. Fraenkel-Conrat用含RNA的烟草花叶病毒（Tobacco Mosaic virus，简称TMV）所进行的拆分与重建试验证明RNA也是遗传物质的基础。将TMV放在一定浓度的苯酚溶液中振荡，就能将它的蛋白质外壳与RNA核心相分离。结果发现裸露的RNA也能感染烟草，并使其患典型症状，而且在病斑中还能分离到完整的TMV粒子。当然，由于提纯的RNA缺乏蛋白质衣壳的保护，所以感染频率要比正常TMV粒子低些。在实验中，还选用了另一株与TMV近缘的霍氏车前花叶病毒（简称HRV)。实验显示：当用由TMV-RNA与HRV-衣壳重建后的杂合病毒去感染烟草时，烟叶上出现的是典型的TMV病斑。再从中分离出来的新病毒也是未带任何HRV痕迹的典型TMV病毒。反之，用HRV-RNA与TMV-衣壳进行重建时，也可获得相同结论。这就充分证明，杂种病毒的感染特征和蛋白质的特性是由它的RNA所决定的，而不是由蛋白质所决定，遗传物质是RNA。

通过以上具有历史意义的经典实验，得到一个确信无疑的共同结论：只有核酸才是负

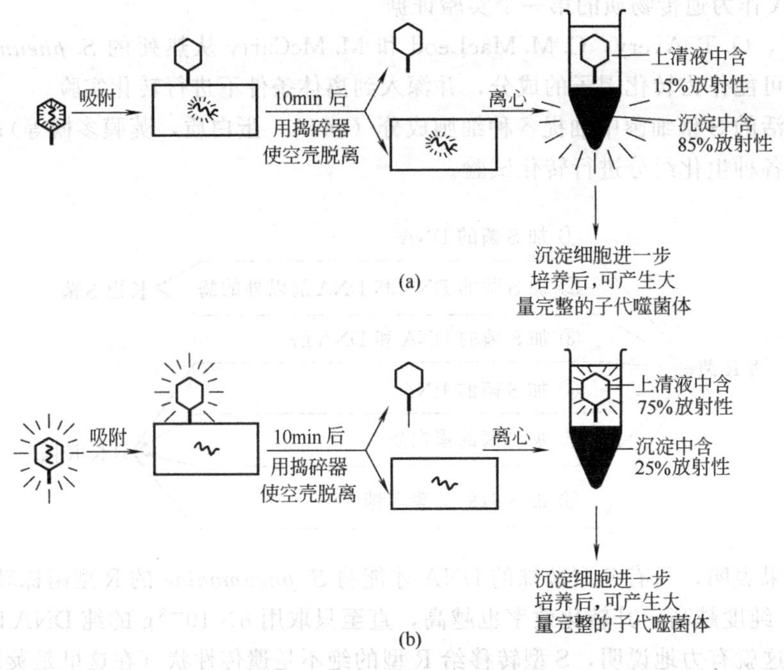

图 8-1 *E. coli* 噬菌体的感染实验

(a) 用含^{32}P-DNA 核心的噬菌体作感染；(b) 用含^{35}S-蛋白质外壳的噬菌体作感染

载遗传信息的真正物质基础。

二、核酸的种类和结构

(一) 核酸的种类

绝大多数生物的遗传物质是 DNA，只有部分病毒，包括多数植物病毒和少数噬菌体等的遗传物质才是 RNA。在真核生物中，DNA 总是与缠绕的组蛋白同时存在的，而原核生物的 DNA 却是单独存在的。

(二) 核酸的结构

绝大多数微生物的 DNA 是双链的，只有少数病毒，如 *E. coli* 的 Φx174 和 fd 噬菌体等的 DNA 为单链结构；RNA 也有双链与单链之分，前者如多数真菌病毒，后者如多数 RNA 噬菌体。此外，同是双链 DNA，其存在状态有的呈环状（如原核生物和部分病毒），有的呈线状（部分病毒），而有的则呈超螺旋状（麻花状），例如细菌质粒的 DNA。

1. DNA 存在部位

真核微生物和原核微生物的大部分 DNA 都集中在细胞核或核区（核质体）中。在不同种微生物和同种微生物的不同细胞中，细胞核的数目常有所不同。例如，*Saccharomyces cerevisiae*（酿酒酵母）、*Aspergillus niger*（黑曲霉）、*A. nidulans*（构巢曲霉）和 *Penicillium chrysogenum*（产黄青霉）等真菌一般是单核的；另一些如 *Neurospora crassa*（粗糙脉孢菌）和 *A. oryzae*（米曲霉）是多核的；藻状菌类（真菌）和放线菌类的菌丝细胞是多核的，而其孢子则是单核的；在细菌中，杆菌细胞内大多存在两个核区，而球菌一般仅一个。

如果一个细胞中只有一套染色体，就称单倍体。在自然界中存在的微生物多数都是单倍体，而高等动、植物只有其生殖细胞才是单倍体；如果一个细胞中含有两套功能相同的染色体，就称双倍体，只有少数微生物如 *S. cerewslae* 的营养细胞以及由两个单倍体性细胞通过接合形成的合子等少数细胞才是双倍体，而高等动、植物的体细胞都是双倍体。在原核生物中，通过转化、转导或接合等过程而获得外源染色体片段时，只能形成一种不稳定的、称作部分双倍体的细胞。

2. DNA 长度

即基因组的大小，一般可用 bp（碱基对，base pair）、kb（千碱基对，kilobp）和 Mb（百万或兆碱基对，megabp）作单位。不同微生物基因组的大小差别很大。在全球性人类基因组计划（Human Genome Project，HGP）的推动下，微生物充分发挥了特有的模式生物的作用，已成为全球基因组研究的热点，从 1995 年公布了第一个微生物 *Haeraophilus influenzae*（流感嗜血杆菌）的基因组全序列以来，至 1999 年 5 月中旬已发表了 19 种微生物基因组结果，2000 年 5 月上旬已达 31 种，同年 7 月初又猛增到 43 种，且待发表和正在研究的还有 100 余种。

3. DNA 存在形式

真核生物的细胞核是有核膜包裹、形态固定的真核，核内的 DNA 与组蛋白结合在一起形成一种在光学显微镜下能见的核染色体；原核生物只有原始的无核膜包裹的呈松散状态存在的核区，其中的 DNA 呈环状双链结构，不与任何蛋白质相结合。不论真核生物的细胞核或原核生物细胞的核区都是该微生物遗传信息的最主要负荷者，被称为核基因组、核染色体组或简称基因组。

除核基因组外，在真核生物和原核生物的细胞质（仅酵母菌 2μm 质粒例外地在核内）中，多数还存在着一类 DNA 含量少、能自主复制的核外染色体，例如，在真核细胞中就有：①细胞质基因，包括线粒体和叶绿体基因等；②共生生物，如草履虫"放毒者"品系中的卡巴颗粒，它是一类属于 *Caedibacter*（杀手杆菌属）的共生细菌；③2μm 质粒，又称 2μm 环状体（2μm circle），存在于 *S. cerevisiae*（酿酒酵母）的细胞核中，但不与核基因组整合，长 6300bp，每个酵母细胞核中约含 30 个 2μm 质粒。在原核细胞中，其核外染色体通称为质粒，种类很多。常见质粒的种类有：F 质粒、R 质粒、Col 质粒、Ti 质粒、巨大质粒、降解性质粒。

（1）F 质粒　又称 F 因子、致育因子或性因子，是 *E. coli* 等细菌决定性别并有转移能力的质粒。大小仅 100kb，为 cccDNA，含有与质粒复制和转移有关的许多基因，其中有近 1/3（30kb）是 tra 区（转移区，与质粒转移和性菌毛合成有关），另有 oriT（转移起始点）、oriS（复制起始点）、inc（不相容群）、rep（复制功能）、phi（噬菌体抑制）和一些转座因子，后者可整合到宿主核染色体上的一定部位，并导致各种 Hfr 菌株的产生。

除 *E. coli* 中存在 F 质粒外，在不少其他细菌中也可找到它，例如 *Pseudomonas*（假单胞菌属）、*Haemophilus*（嗜血杆菌属）、*Neisserim*（奈瑟氏球菌属）和 *Streptococcus*（链球菌属）等。

（2）R 质粒　又称 R 因子。1957 年，日本出现经抗生素治愈的痢疾病人中，可分离到同时对许多抗生素或化学治疗剂如链霉素、氯霉素、四环素和磺胺等（多达 8 种）呈抗药性的 *Shigella dysenteriae*（痢疾志贺菌）。这种抗药菌株不仅能抗多种抗生素等药物，而且还能把抗药基因传递到其他肠道细菌中，例如 *E. coli*，*Klebsiella*（克杆菌属），*Proteus*（变形杆菌属），*Salmonella*（沙门菌属）和 *Shigella*（志贺菌属）等。

R 质粒的种类很多，如 R1（94kb）和 R100（89.3kb）等。一般是由两个相连的 DNA 片段组成，其一为抗性转移因子（简称 RTF），它主要含调节 DNA 复制和拷贝数的基因以及转移基因，相对分子质量约 1×10^7，具有转移功能；其二为抗性决定因子，大小不很固定，相对分子质量从几百万至 1.0×10^8 以上，无转移功能，其上含各种抗性基因，如抗青霉素、氨苄青霉素、氯霉素、链霉素、卡那霉素和磺胺等基因。

R 质粒在细胞内的拷贝数可从 1～2 个至几十个，分属严紧型和松弛型复制控制。若是松弛型控制 R 质粒，当经氯霉素处理后，拷贝数甚至可达 2000～3000 个。因为 R 质粒可引起致病菌对多种抗生素的抗性，故对传染病防治等医疗实践有极大的危害；相反，若把它用作菌种筛选时的选择性标记或改造成外源基因的克隆载体，则对人类有利。

(3) Col 质粒　又称大肠杆菌素质粒或产大肠杆菌素因子。许多细菌都能产生抑制或杀死其他近缘细菌或同种不同菌株的代谢产物，因为它是由质粒编码的蛋白质，且不像抗生素那样具有很广的杀菌谱，所以称为细菌素（bacteriocin）。细菌素种类很多，都按其产生菌来命名，如大肠杆菌素，枯草杆菌素（subtilicin）等。大肠杆菌素是一类由 *E. coli* 某些菌株所产生的细菌素，具有通过抑制复制、转录、转译或能量代谢等方式而专一地杀死它种肠道菌或同种其他菌株的能力，其相对分子质量一般为 2.3×10^4～9.0×10^4。大肠杆菌素是由 Col 质粒编码。Col 质粒种类很多，主要分两类，其一以 Col E1 为代表，特点是相对分子质量小（9kb，约 5×10^6），无接合作用，是松弛型控制、多拷贝的；另一以 Col Ib 为代表，特点是相对分子质量大（94kb，约 8.0×10^7），它与 F 因子相似，具有通过接合而转移的功能，属严紧型控制，只有 1～2 个拷贝。凡带 Col 质粒的菌株，因质粒本身可编码一种免疫蛋白，故对大肠杆菌素有免疫作用，不受其伤害。Col E1 已被广泛用于重组 DNA 的研究和体外复制系统上。

(4) Ti 质粒　即诱癌质粒或冠瘿质粒。*Agrobacterium tumefaciens*（根癌土壤杆菌或根癌农杆菌）从一些双子叶植物的受伤根部侵入根部细胞后，最后在其中溶解，释放出 Ti 质粒，其上的 T-DNA 片段会与植物细胞的核基因组整合，合成正常植株所没有的冠瘿碱类，破坏控制细胞分裂的激素调节系统，从而使它转为癌细胞。据知，Ti 质粒是一种 200kb 的环状质粒，包括毒性区、接合转移区、复制起始区和 T-DNA 区 4 部分。其中的毒性区（30kb，分 A～J 等至少 10 个操纵子）和 T-DNA 区与冠瘿瘤生成有关。因 T-DNA 可携带任何外源基因整合到植物基因组中，所以它是当前植物基因工程中使用最广、效果最佳的克隆载体，在 2000 年全世界已获成功的约 200 种转基因植物中，约有 80%是由 Ti 质粒介导的，除传统的双子叶植物外，还发展到用于裸子植物、单子叶植物和真菌的基因工程中。

(5) Ri 质粒　*Agrobacterium rhizogenes*（发根土壤杆菌或发根农杆菌）可侵染双子叶植物的根部，并诱生大量称为毛状根的不定根。与 Ti 质粒相似，该菌侵入植物根部细胞后，会将大型 Ri 质粒（250kb）中的一段 T-DNA 整合到宿主根部细胞的核基因组中，使之发生转化，从而使这段 T-DNA 就在宿主细胞中稳定地遗传下去。由 Ri 质粒转化的根部不形成瘤，仅生出可再生新植株的毛状根。若把毛状根作离体培养，还能合成次生代谢物。在实践上，Ri 质粒已成为外源基因的良好载体，也可用作进行次生代谢产物的生产。

(6) mega 质粒　即巨大质粒，存在于 *Rhizobium*（根瘤菌属）中，其上有一系列与共生固氮相关的基因。因其相对分子质量比一般质粒大几十倍至几百倍（相对分子质量为 2.0×10^8～3.0×10^8）。

(7) 降解性质粒　只在 *Pseudomonas*（假单胞菌属）中发现。这类质粒可为降解一系列复杂有机物的酶编码，从而使这类细菌在污水处理、环境保护等方面发挥特有的作用。

这些质粒一般按其降解底物命名，如CAM（樟脑）质粒，OCT（辛烷）质粒，XYL（二甲苯）质粒，SAL（水杨酸）质粒，MDL（扁桃酸）质粒，NAP（萘）质粒和TOL（甲苯）质粒等。曾有人通过遗传工程手段构建具有数种降解质粒的菌株，这种具有广谱降解能力的工程菌被称为“超级菌”。

现将各种核外染色体分类列在以下表解中。

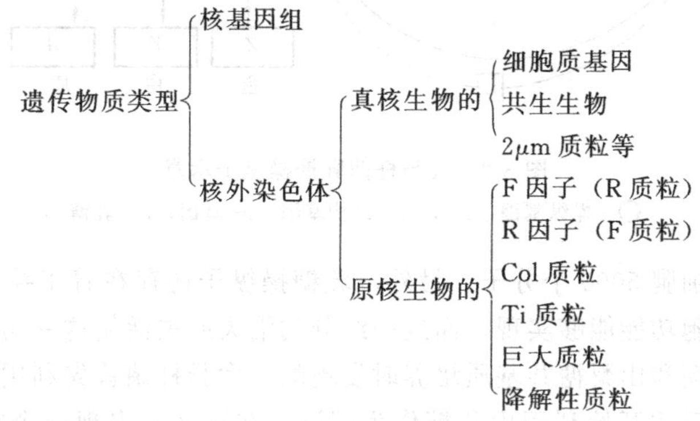

4. 基因——遗传因子

基因是具有遗传功能的DNA分子上的片段，平均含有1000个碱基对。一个DNA分子中含有许多基因，不同基因分子含碱基对的数量和排列序列不同，并具有自我复制能力。各种基因在染色体上均有其特定的位置称为位点，如果染色体上基因缺失、重复、或在新的位置上和别的基因相邻，改变了原有的排列序列，都会引起某些性状的变异。由于基因的功能差异，又可分为结构基因，调节基因和操纵基因。

① 结构基因　决定某一种蛋白质分子结构相应的一段DNA，可将携带的特定遗传信息转录给mRNA，再以mRNA为模板合成特定氨基酸序列的蛋白质。

② 调节基因　调节基因带有阻遏蛋白，控制结构基因的活性。平时阻遏蛋白与操纵基因结合，结构基因无活性，不能合成酶或蛋白质，当有诱导物与阻遏蛋白结合时，操纵基因负责打开控制结构基因的开关，于是结构基因就能合成相应的酶或蛋白质。

③ 操纵基因　操纵基因O位于结构基因的一端，与一系列结构基因合起来形成一个操纵子。

例如大肠杆菌中降解乳糖的酶由3个蛋白质Z、Y和A所组成，受结构基因z、y及a控制，当培养基中不存在乳糖时，调节基因I的阻遏蛋白与操纵基因结合，结构基因就不能表达出来，当培养基中除乳糖外无其他碳源时，乳糖是诱导物，与调节基因I的阻遏蛋白结合，使阻遏蛋白丧失与操纵基因结合的能力，此时操纵基因“开动”，结构基因z、y和a合成蛋白质Z、Y和A，从而形成分解乳糖的酶（如图8-2所示），培养基中乳糖就被大肠杆菌分解利用，当乳糖全部被利用后，阻遏蛋白就与操纵基因结合，操纵基因“关闭”，酶的合成停止。遗传性状的表现是在基因控制下个体发育的结果，即从基因到表现型必须通过酶催化的代谢活力来实现，而酶的合成直接受基因控制，一个基因控制一种酶，或者说一种蛋白质的合成控制一个生化步骤。从而控制新陈代谢决定遗传性状的表现。

乳糖操纵子的上述调控方式称负控制，也就是说，调节基因的阻遏蛋白的操纵基因结合，它存在时操纵基因关闭，酶合成停止。若与诱导物结合而从操纵基因消失后，则操纵子开启，酶活性得到翻译和表达。据实验测定，大肠杆菌不接触乳糖时，每一细胞中大约有5个分子的β-半乳糖苷酶（结构基因z），接触诱导物2～3min后就能测得酶的大量合

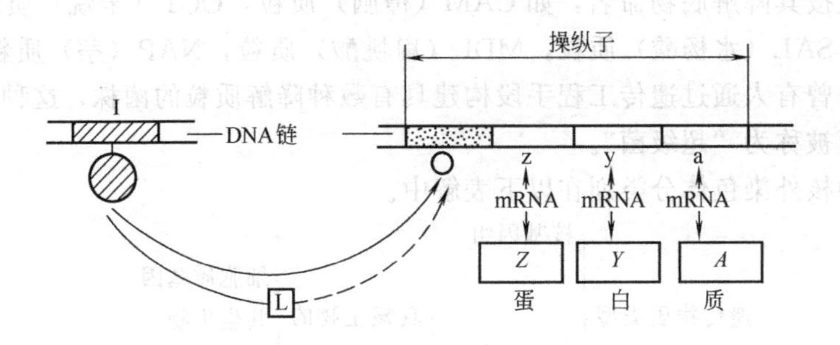

图 8-2　大肠杆菌乳糖操纵子示意

○—操纵基因；z，y，a—结构基因；I—基团；L—乳糖

成，直到达到每一细胞 5000 个分子。另外，乳糖操纵子还存在着正控制作用，即某种物质的存在使某种细胞功能能够实现，而这一组分的消失或失活使这一功能不能实现。这一现象最初是从葡萄糖和山梨糖共基质培养时发现的。大肠杆菌首先利用葡萄糖作为碳源生长，葡萄糖消耗完后才开始利用山梨糖作为碳源，在这之前出现一个很短的生长停顿时期。这种现象称为二度生长。后来发现，不仅山梨糖这样，凡是必须通过诱导才能利用的糖（包括乳糖）和葡萄糖同时存在时都呈现这种二度生长现象。这种现象又称葡萄糖效应。以后发现实际上是葡萄糖的降解物在起作用，故又称降解阻遏效应。经过研究发现细胞中存在着一种 cAMP 受体蛋白（CAP），cAMP 与 CAP 结合后作用于启动基因 P（位于操纵基因前面），转录才能进行。大肠杆菌细胞中一般含有一定量的 cAMP，在含有葡萄糖的培养液中 cAMP 则大大降低，其机理是葡萄糖的降解物有抑制腺苷酸环化酶，或者促进磷酸二酯酶的作用。乳糖操纵子中 CAP 的正调控和阻遏蛋白的负调控双重调控机制有利于大肠杆菌的生存。这是因为一方面乳糖不存在时没有必要合成分解乳糖的酶；另一方面葡萄糖代谢中的酶都是组成酶，所以葡萄糖和乳糖共存时分解乳糖的酶的诱导合成也就成为多余，这时葡萄糖的降解物对于分解乳糖的相关酶的合成阻遏便成为有利于生存了。

5. DNA 的复制

为确保微生物体内 DNA 碱基顺序精确不变，保证微生物的所有属性都得到遗传，则在细胞分裂之前，DNA 必须十分精确地进行复制。DNA 具有独特的半保留式的自我复制能力，确保了 DNA 复制的精确，并保证一切生物遗传性状的相对稳定。

DNA 的复制过程包括解旋和复制。首先 DNA 双螺旋分子在解旋酶的作用下，两条多核苷酸链的碱基对之间的氢键断裂，分离成两条单链，然后各自以原有的多核苷酸链，按照碱基排列顺序，合成一条互补的新链，复制后的 DNA 双链，由一条新链和一条旧链构成。新链的碱基与旧链的碱基以氢键相连接成新的双螺旋结构，称为半保留复制，整个复制过程是边解旋边复制。

DNA 的复制（合成）是在环上的一个点开始的，从复制点以恒定速率沿着 DNA 环移动，DNA 多聚酶参与 DNA 的复制。在正常速率和慢速率生长的细胞中合成 DNA 所用的时间大约为该种微生物世代时间的 2/3。例如：60min 为一个世代时间生长的大肠杆菌，DNA 的复制需要 40min。大肠杆菌的 DNA 长度约 1100μm，则 DNA 的复制速率约为 27μm/min。快速生长的微生物其 DNA 的复制较为复杂，因为生长速率快，DNA 新一轮复制还没有完成，就开始第二轮复制。这样，在同一时间里就有许多复制点出现在细胞中，快速生长的细胞要比以正常周期开始的细胞具有更多的副本，在每个生长周期之末，

DNA 的副本总是生长周期开始的 2 倍。当 DNA 副本被分配到子细胞时，它们在新一轮复制开始之前，已有部分复制了。

真核微生物的 DNA 复制同时在各染色体中进行，在每个染色体中有许多分离的位点，各位点上 DNA 的复制同时进行。

三、遗传信息的传递

DNA 上储存的遗传信息需要通过一系列物质变化过程才能在生理上和形态上表达出相应的遗传性状。DNA 的复制和遗传信息的传递遵循分子遗传学的中心法则。不论是细胞生物还是非细胞生物，储存在 DNA 上的遗传信息都通过 DNA 转录为 RNA，将遗传信息传给后代，并通过 RNA 的中间指导作用指导蛋白质的合成。只含 RNA 的病毒其遗传信息储存在 RNA 上，通过反转录酶的作用由 RNA 转录为 DNA，这叫反转录。从而将遗传信息传给后代。mRNA 携带着由 DNA 转录来的遗传信息。这些信息蕴藏在 mRNA 的 3 字密码上，密码的序列决定了蛋白质中氨基酸的序列。在蛋白质合成中，核糖体的小亚基主要识别 mRNA 的起动密码子 AUG，并搭到 mRNA 的链上移动，直到遇到 mRNA 的终止信号 UAA、UAG、UGA 时，合成工作终止。tRNA 按 mRNA 密码的指示，依赖一种强特异性的氨基酰 tRNA 合成酶，将不同的氨基酸活化，活化后的氨基酸被特异的 tRNA携带，按排列顺序结合到核糖体的大亚基上，缩合成肽链，如图 8-3。蛋白质或者多肽链是各种遗传性状的物质基础。

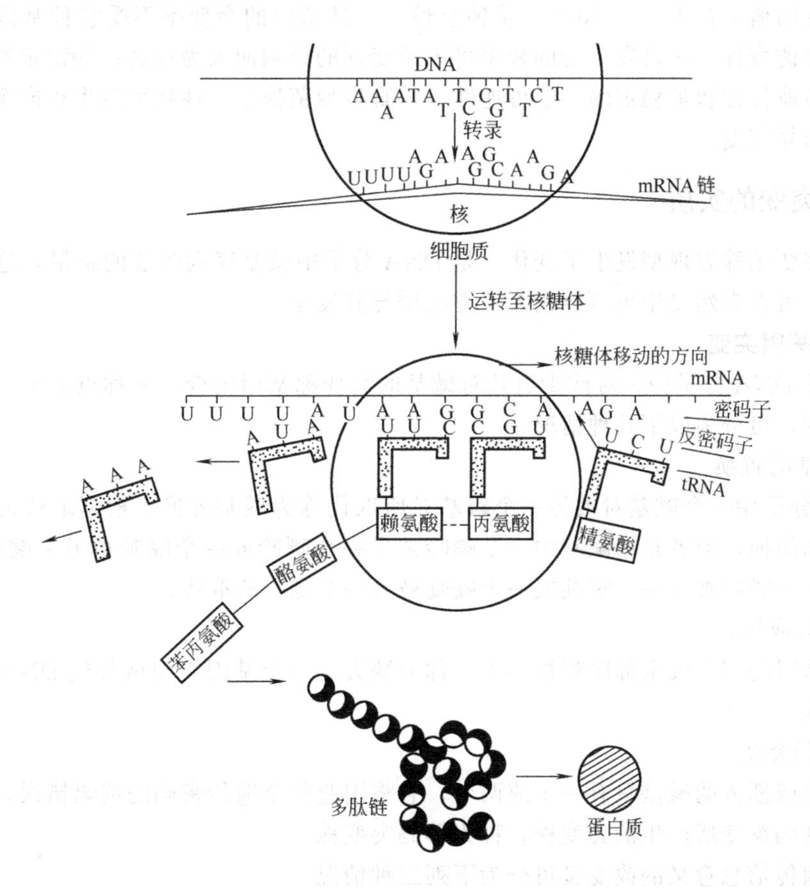

图 8-3 遗传信息的表达和特定蛋白质的合成

第二节 微生物的突变

微生物群体中偶尔会出现个别在形态或生理方面有所不同的个体，个体的变异性能够遗传，产生变株。这是由于某种原因，引起生物体内的DNA链上碱基的缺乏、置换或插入，改变了基因内部原有的碱基排列顺序（基因型的改变），引起表现型突然发生了可遗传的变化。当后代突然表现和亲代显然不同的遗传的表现时，这样的变异成为突变。

突变是生物的基本遗传过程。在广义上，突变是指染色体数量、结构及组成等遗传物质发生多种变化的现象，包括染色体畸变和基因突变等，它可导致后代形态、功能的改变。微生物发生突变的强弱用突变率表示。所谓突变率是指每个细胞在每一世代中发生突变的概率。

常用的基因突变表示方法是：每个基因座位用其英文单词的头3个英文字母的小写来表示，其座位上的不同基因突变则在3个英文小写字母后加一个大写字母表示，如*his*A、*his*B代表组氨酸的A和B基因；在3个字母的右上方可用不同符号表示微生物的突变型，如his^{+}、his^{-}分别表示组氨酸营养型和缺陷型，gal^{+}、gal^{-}分别表示能发酵半乳糖和不能发酵半乳糖，str^{S}、str^{R}分别表示对链霉素敏感和具有抗性。

基因突变一般有以下7个共同特点：①自发性——指可自发地产生突变；②不对应性——指突变性状（如抗青霉素）与引起突变的原因间无直接对应关系；③稀有性——通常自发突变的概率在$10^{-6}\sim10^{-9}$；④独立性——某基因的突变率不受它种基因突变率的影响；⑤可诱变性——自发突变的频率可因诱变剂的影响而大为提高；⑥稳定性——基因突变后的新遗传性状是稳定的；⑦可逆性——野生型菌株某一性状可发生正向突变也可发生相反的回复突变。

一、突变的实质

一个突变菌株表现型发生了变化，是DNA分子中碱基序列改变的结果，这种遗传结构的改变，可以自然发生也可以用人工方法诱导其发生。

(一) 基因突变

只涉及DNA分子中一对或少数几对碱基的突变称基因突变，又称点突变。根据碱基特性的改变，可分为以下几种情况。

1. 碱基的置换

DNA分子中一个碱基对被另一个碱基对所取代称为碱基置换。根据取代的方式又可分为转换和颠换，前者是指碱基中一个嘌呤被另一个嘌呤或一个嘧啶被另一嘧啶所置换，后者是指一个嘌呤被另一个嘧啶或一个嘧啶被另一个嘌呤所取代。

2. 缺失或插入

一个基因的部分或全部序列被移去，称为缺失。一个基因中间被其他DNA片段插入则称为插入。

3. 移码突变

当缺失或插入的碱基只有一个或两个，它将引起整个遗传密码的读码错误，称为移码突变。由移码突变所产生的突变株，称为移码突变株。

根据遗传信息意义的改变又可分为下列三种情况。

① 同义突变　是指一个或两个碱基对的突变并不使多肽链上相应的氨基酸发生改变。

这是与密码子的兼并性相关的。

② 错义突变　是指碱基序列的改变直接引起了多肽链上相应氨基酸的改变。有些错义突变严重影响到蛋白质的活性甚至使之完全无活性，从而影响了表型。如果该基因是必需基因，则该突变为致死突变。

③ 无义突变　是指某个碱基的改变，造成UAA、UAG和UGA等终止密码子的出现，导致了多肽链合成的终止，使基因产物的功能减少或完全丧失功能，故使突变失去意义。

（二）染色体畸变

是指染色体在结构上有较大范围变化的变异。既包括染色体结构上的缺失、插入、易位和倒位，也包括染色体数目的变化。

① 缺失　是指染色体丢掉了某一区段。因而会失去某些基因，并直接影响到基因的排列顺序、基因间的相互关系。

② 重复　是指染色体上个别区段的增加。重复对表型的影响主要有两方面：一是剂量效应，是指某一基因的拷贝数越多，表型效应越显著；二是位置效应，是指因重复区段位置的不同而影响基因间的相互关系，使表型出现差异。重复通常由同源染色体间的非对等交换产生。

③ 倒位　是指正常染色体的某区段断裂后，断裂的片段倒转180°又重新连接愈合。其遗传物质没有丢失，只是基因的排列顺序有变化，从而影响染色体正常的基因重组和基因交换而使后代产生突变。

④ 易位　是染色体上一区段断裂后连接到另一条非同源染色体上的现象。易位的结果改变了基因在非同源染色体上的分布，从而改变了原有基因的连锁和互换规律。

二、突变的类型

突变的类型可以从不同的角度加以区分。按发生的方式，分为自发突变和诱发突变；按突变的表型，分为形态突变、生理生化突变、抗性突变和致病性突变等；按遗传物质的结构改变，可分为染色体畸变和基因突变等。本章主要介绍基因突变和诱变育种。

（一）自发突变

自发突变是指生物体在无人工干预下自然发生的低频率（约10^{-6}～10^{-9}）突变。它是生物进化的根据。自然地出现这种遗传物质的变异虽然是一种偶然事件，却是生物界的一种普遍现象。

1. 自发突变的原因

引起微生物自发突变的因素很多，主要有以下几方面。

(1) DNA复制　遗传物质DNA在复制过程中，由于某些内在或外在的原因，引起核苷酸对掺入的错误，使子代DNA分子核苷酸次序产生变化，从而引起突变，在特定环境中则表现出表型的改变。如在大肠杆菌和枯草杆菌中发现了由于DNA聚合酶Ⅲ基因结构的微小变化，而造成在高温下（43℃）该酶失活的突变株，而这些突变株在常温（30～37℃）下可使自发突变的频率大大增加。

(2) 微生物自身产生诱变物质　通过对环境诱变原的研究发现，通常存在于细胞内的天然物质中也有表现出诱变原活性的物质。例如，微生物细胞内的咖啡碱、硫氰化合物、二硫化二丙烯、重氮丝氨酸等，它们既是微生物自身的代谢物，又可以引起微生物的自发诱变。

(3) 环境对微生物的诱变作用　在自然界中存在着能引起突变的物质，当微生物偶然与之接触时便会发生自发突变。例如，自然界的短波辐射，加热等，有人估计 T4 噬菌体在 37℃每天每一 GC 碱基对以 4×10^{-8} 的频率发生变化。又如，通常使用的培养基以及通气等，也有微弱的诱变作用。

2. 自发突变的偶然性及其热点

S. Luria 等人提出突变是一个偶然事件，突变概率很低，这些突变可发生在任一瞬间、任一碱基，这是难以预见的，因此任何时间、任何基因或任一个基因位置都有可能发生突变，这似乎说明突变是随机的，但有些事实证明突变并非是完全随机的，突变位置也并非是完全随机分布的。发现突变热点和突变频率有某种规律性。所谓突变热点是指同一基因内部突变率特别高的位点。无论在自发突变或是诱发突变中均有热点存在。即通常在多数位点上发生的突变概率是一次至十多次，但在某些位点上可发生几百次，可比一般位点高出几百倍。究其原因，发现甲基化的胞嘧啶可能是自发突变的热点，因为在无甲基化反应的大肠杆菌菌株中不存在这些热点。也发现邻近的碱基 GC 强烈地促进 2-氨基嘌呤的诱变作用。后来许多实验证实了，移码突变容易发生在具有重复碱基的位置，而且许多热点也具有重复的碱基序列。此外，发现诱发突变还与所用的诱变剂有关，某一诱变剂常常对一种特殊的碱基序列的“识别”比另一些序列更敏感。所谓突变频率的某种规律性主要表现在两个方面，即在大肠杆菌、志贺菌等许多细菌中发现均以一定频率发生抗性突变，而同一细菌也以一定频率发生不同突变，如大肠杆菌均以一定频率发生不同突变，如大肠杆菌均以一定频率发生抗性突变对紫外线、噬菌体 T1、T3 等的抗性突变。

3. 定向育种

定向育种是指在某一特定条件下，长期培养某一微生物菌群，通过不断转接传代以积累其自发突变，并最终获得优良菌株的过程。由于自发突变的频率较低，变异程度较轻微，故用此法育种十分缓慢。例如，当今世界上应用最广的预防结核病制剂——卡介苗（BCG vaccine）的获得，便是定向育种的结果。这是法国科学家 A. Calmette 和 C. Guerin 经历了 13 年时间，把牛型结核分支杆菌（*Mycobacterium tuberculosis*）接在牛胆汁、甘油、马铃薯培养基上，连续转接了 230 代，才在 1923 年成功地获得了这种减毒的活菌苗——卡介苗。

(二) 诱发突变

自发突变的频率是很低的。许多化学、物理和生物因子能够提高其突变频率，将这些能使突变提高到自发突变水平上的物理、化学和生物因子称为诱变剂。突变可以通过诱导剂而加速产生。诱变剂的种类很多，主要包括物理因素和化学因素。

1. 物理因素的诱变

(1) 紫外线　DNA 具有强烈的紫外吸收能力，尤其是核酸链上的碱基对，其中嘧啶比嘌呤更敏感。紫外线的大剂量作用可导致菌体死亡，小剂量则可引起突变。其主要生物学效应是其对 DNA 的作用，包括使 DNA 链断裂、DNA 分子内部和分子间交联、核酸和蛋白质交联、嘧啶碱的水合作用以及胸腺嘧啶二聚体的形成等。其中主要机制是胸腺嘧啶二聚体的形成，它可在同一条链或两条链上发生。属前者，使双链的解开和复制受阻，属后者则会破坏腺嘌呤的正常掺入和碱基正常配对，从而导致突变的产生。但发现当形成的复合物暴露在可见光下时，会使胸腺嘧啶二聚体重新解聚成为单体，此过程称为光复活作用。此时形成了胸腺嘧啶二聚体的 DNA 分子，在黑暗中会与一种光复活酶结合而得以稳定存在，但可见光能使这种结合解离，导致二聚体重新解聚成为单体（此过程机理目前还不清楚)。故在紫外线照射进行诱变育种工作时，必须在红光下进行处理或操作，并在黑暗条件下培养，以免发生光复活作用。

(2) X射线和γ射线　X射线和γ射线是不带电的光量子，不能直接引起物质电离，但在与原子或分子碰撞时，能把全部能量或部分能量传给原子而产生次级电子，这些次级电子具有很高的能量，使产生电离作用，从而直接或间接地改变DNA的结构。其直接效应是使碱基间、DNA间、糖与磷酸间相接的化学键断裂；间接效应是：电离作用引起水或有机分子产生自由基作用于DNA分子，导致缺失或损伤。

此外，快中子、热和激光等也可用作诱变剂。快中子是原子核中不带电荷的粒子，可以从回旋加速器或原子反应堆中产生，其生物学效应与X射线基本相同，并具有更大的电离密度。热可使胞嘧啶脱氨基变成尿嘧啶，从而引起碱基配对的错误。热还可引起鸟嘌呤脱氧核糖键移动，从而在DNA复制时出现碱基对的错配。

(3) 热　短时间的热处理也可诱发突变，据认为热的作用是胞嘧啶脱氨基而成为尿嘧啶，从而导致GC→AT的转化，另外，热也可以引起鸟嘌呤-脱氨核糖键的移动，从而在DNA复制过程中出现包括两个鸟嘌呤的碱基配对，在再一次复制中这一对碱基错配就会造成GC→CG颠换。

2. 化学因素的诱变

(1) 碱基类似物　这是一类与正常碱基结构(A、T、C、G)相似的物质，如5-溴尿嘧啶(5-BU)、5-脱氧尿嘧啶(5-dU)、8-氮鸟嘌呤(8-NG)和2-氨基嘌呤(5-AP)等，在DNA复制过程中能够整合进DNA分子，但由于他们比正常碱基产生异构体的频率高，因此碱基错配的概率也高，从而提高突变频率。

(2) 与核酸上碱基起化学反应的诱变剂　有些化合物能与DNA分子的某些基团起化学反应，最常见的有亚硝酸、烷化剂和羟胺。如亚硝酸可使碱基脱氨，脱去的氨基被羟基取代，从而使A、G、C分别转变成H(次黄嘌呤)、X(黄嘌呤)、U(尿嘧啶)，复制时它们便与C、G、A配对；如硫芥、氮芥、乙烯亚胺、亚硝基化合物、硫酸二乙酯、乙基磺酸乙酯等，是一类烷化剂，能与核苷酸分子中的磷酸基、嘌呤、嘧啶碱基起烷化作用，造成DNA损伤。羟胺类化合物能专一性地与胞嘧啶起反应，使其改变成能专一地与腺嘌呤配对，从而引起G-C到A-T的转换。

(3) 插入染料　这是一类扁平的具有三个苯环的化合物，在分子形态上类似于碱基对的扁平分子。吖啶类化合物(如原黄素、吖啶橙、吖啶黄、α-氨基吖啶等)是一类具有扁平结构的染料，能插入到DNA分子的碱基对之间，使DNA结构变形，在复制时产生不对称交换，从而引起在DNA链中插入或缺失一个或几个核苷酸，造成这一对核苷酸以后的所有密码发生移动，产生移码突变。

3. 生物诱变因子

转座因子也是实验室中常用的一种诱变因子，它们在基因组的任何部位插入，一旦插入某基因的编码序列，就引起该基因的失活而导致中断突变，而且由于转座因子Tn、Mu带有可选择标记(抗生素抗性等)，因此可容易地分离到所需的突变基因。

第三节　基因重组

自然界的微生物可通过多种途径进行水平方向的基因转移，并通过基因的重新组合适应随时改变的环境以求生存，这种转移不仅发生在不同的微生物之间，而且也发生在微生物与高等动、植物之间。基因的转移和交换是普遍存在的，是生物进化的重要动力。

两个不同性状的个体细胞的DNA融合，使基因重新组合，从而发生遗传变异，产生新品种，这过程称为基因重组。可通过接合、转化、转导等手段达到基因重组。

一、原核生物的基因重组

原核生物的基因重组形式很多，机制较原始，其特点为：①片段性，仅一小段DNA序列参与重组；②单向性，即从供体菌向受体菌（或从供体基因组向受体基因组）作单方向转移；③转移机制独特而多样，如接合、转化和转导等。以下分别介绍原核生物的4种主要遗传重组形式。

（一）转化

1. 定义

受体菌直接吸收供体菌的DNA片段而获得后者部分遗传性状的现象，称为转化或转化作用。通过转化方式而形成的杂种后代，称转化子。转化现象的发现，尤其是转化因子DNA本质的证实，是现代生物学发展史上的一个重要里程碑。

2. 转化微生物的种类

种类十分普遍。在原核生物中，主要有 *Streptococcus pneumoniae*（肺炎链球菌，旧称“肺炎双球菌”）、*Haemophilus*（嗜血杆菌属）、*Bacillus*（芽孢杆菌属）、*Neisseria*（奈瑟球菌属）、*Rhizobium*（根瘤菌属）、*Staphylococcus*（葡萄球菌属）、*Pseudomonas*（假单胞菌属）和 *Xanthomonas*（黄单胞菌属）等；在真核微生物中，如 *Saccharomyces cerevisiae*（酿酒酵母）、*Neurospora crassa*（粗糙脉孢菌）和 *Aspergillus niger*（黑曲霉）等。可是，在实验室中常用的一些属于肠道菌科的细菌，如 *E. coli* 等则很难进行转化。为克服这一不利条件，可选用 $CaCl_2$ 处理 *E. coli* 的球状体，以使之发生低频率的转化。有些真菌在制成原生质体后，也可实现转化。

3. 感受态

两个菌种或菌株间能否发生转化，有赖于其进化中的亲缘关系。但即使在转化频率极高的微生物中，其不同菌株间也不一定都可发生转化。研究发现，凡能发生转化，其受体细胞必须处于感受态。感受态是指受体细胞最易接受外源DNA片段并能实现转化的一种生理状态。它虽受遗传控制，但表现却差别很大。从时间上来看，有的出现在生长的指数期后期，如 *S. pneumoniae*，有的出现在指数期末和稳定期，如 *Bacillus* 的一些种；在具有感受态的微生物中，感受态细胞所占比例和维持时间也不同，如 *Bacillus subtilis*（枯草芽孢杆菌）的感受态细胞仅占群体的20%左右，感受态可维持几小时，而在 *S. pneumoniae* 和 *H. influensae*（流感嗜血杆菌）群体中，100%都呈感受态，但仅能维持数分钟。外界环境因子如环腺苷酸（cAMP）及 Ca^{2+} 等对感受态也有重要影响，如cAMP可使 *Haemophilus* 的感受态水平提高1万倍。

调节感受态的一类特异蛋白称感受态因子，它包括3种主要成分，即膜相关DNA结合蛋白、细胞壁自溶素和几种核酸酶。

4. 转化因子

转化因子的本质是离体的DNA片段。一般原核生物的核基因组是一条环状DNA长链（如在B. subtilis中长为1700μm），不管在自然条件或人为条件下都极易断裂成碎片，故转化因子通常都只是15kb左右的片段。若以每个基因平均含1kb计，则每一转化因子平均约含15个基因，而事实上，转化因子进入细胞前还会被酶解成更小的片段。在不同的微生物中，转化因子的形式不同，例如，在 G^- 细菌 *Haemophilus* 中，细胞只吸收 dsDNA 形式的转化因子，但进入细胞后须经酶解为 ssDNA 才能与受体菌的基因组整合；而在 G^+ 细菌 *Streptococcus* 或 *Bacillus* 中，dsDNA 的互补链必须在细胞外降解，只有 ssDNA 形式的转化因子才能进入细胞。但不管何种情况，最易与细胞表面结合的仍是 dsDNA。由于每个细胞表面能与转化因子相结合的位点有限（如 *S. pneumoniae* 约 10 个），因此从外界加入无关的 dsDNA 就可竞争并干扰转化作用。除 dsDNA 或 ssDNA 外，质粒 DNA 也是良好的转化因子，但它们通常并不能与核染色体组发生重组。转化的频率通常为 0.1%～1.0%，最高为 20%。能发生转化的最低 DNA 浓度极低，为化学方法无法测出的 $1\times10^{-5}\mu g/mL$（即 $1\times10^{-11}g/mL$）。

5. 转化过程

转化过程被研究得较深入的是 G^+ 细菌 *S. pneumoniae*，其主要过程可见图 8-4。①供体菌（str^R，即存在抗链霉素的基因标记）的 dsDNA 片段与感受态受体菌（str^S，有链霉素敏感型基因标记）细胞表面的膜连 DNA 结合蛋白相结合，其中一条链被核酸酶水解，另一条进入细胞；②来自供体菌的 ssDNA 片段被细胞内的特异蛋白 RecA 结合，并使其与受体菌核染色体上的同源区段配对、重组，形成一小段杂合 DNA 区段；③受染色体组进行复制，于是杂合区也跟着得到复制；④细胞分裂后，形成一个转化子（str^R）和一个仍保持受体菌原来基因型（str^S）的子代。

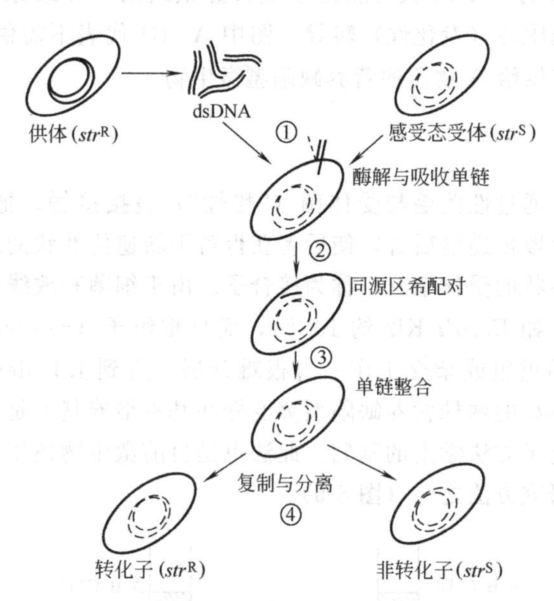

图 8-4　转化过程示意图

转染指用提纯的病毒核酸（DNA 或 RNA）去感染其宿主细胞或其原生质体，可增殖出一群正常病毒后代的现象。从表面上看，转染似与转化相似，但实质上两者的区别十分明显。因为作为转染的病毒核酸，绝不是作为供体基因的功能，被感染的宿主也绝不是能形成转化子的受体菌。

（二）转导

通过缺陷噬菌体的媒介，把供体细胞的小片段 DNA 携带到受体细胞中，通过交换与整合，使后者获得前者部分遗传性状的现象，称为转导。由转导作用而获得部分新性状的重组细胞，称为转导子。转导现象由诺贝尔奖获得者 J. Lederberg 等首先在 *Salmonella typhimurium*（鼠伤寒沙门菌）中发现（1952 年），以后又在许多原核生物中陆续发现，例如 *E. coli*、*Bacillus*、*Proteus*（变形杆菌属）、*Pseudomonas*（假单胞菌属）、*Shigella*（志贺菌属）、*Staphylococcus*、*Vibrio*（弧菌属）和 *Rhizobium*（根瘤菌属）等。

转导现象在自然界较为普遍，它在低等生物进化过程中很可能是一种产生新基因组合的重要方式。

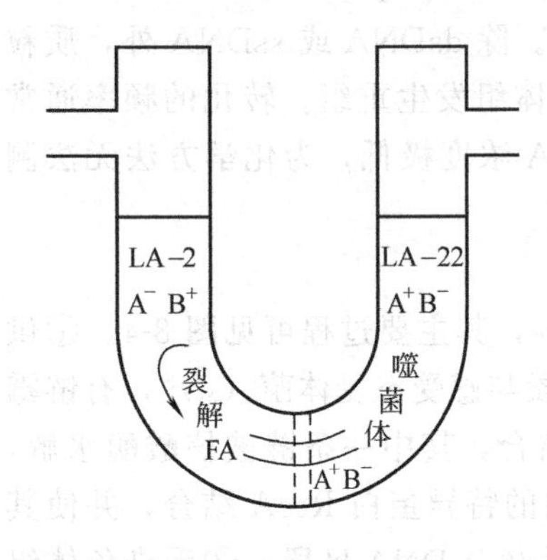

图 8-5　转导实验中的 U 形管试验

转导的实验大致如下。如图 8-5 所示：U 形管的两端与真空泵连接，管的中间有烧结玻璃滤板隔开，它只允许液体中比细菌小的颗粒通过。管的右臂放溶原性细菌 LA-22（受体），左臂放敏感细菌 LA-2（供体），然后用泵交替吸引，使两端的液体来回流动，结果在 LA-22 端出现了原养型个体（his^+、try^+）：这是由于溶原性菌株 LA-22 中有少数细胞在培养过程中自发释放温和噬菌体 P22，它通过滤板感染另一端的敏感菌株 LA-2。当 LA-2 裂解后，产生大量的“滤过因子”，其中有极少数在成熟过程中包裹了 LA-2 的 DNA 片段（含 try^+ 基因），通过滤板再度去感染 LA-22 细胞群体，从而使极少数的 LA-22 获得新的基因，经重组后，导致原养型转导子的形成。转导分普遍性转导和局限性（专化性）转导。图中 A^-B^+ 代表不需供给 A 物质的野生型微生物，A^+B^- 代表需供给 A 物质的营养缺陷型微生物。

（三）接合

1. 定义

供体菌（“雄性”）通过性菌毛与受体菌（“雌性”）直接接触，把 F 质粒或其携带的不同长度的核基因组片段传递给后者，使后者获得若干新遗传性状的现象，称为接合。通过接合而获得新遗传性状的受体细胞，称为接合子。由于细菌和放线菌等原核生物中出现基因重组的频率极低（如 *E. coli* K12 约 10^{-6}），而且重组子（recombinant）的形态指标不明显，故有关细菌的重组或杂交工作一直很难开展。直到 J. Lederberg 和 E. L. Tatum（1946 年）建立用 *E. coli* 的两株营养缺陷型突变株在基本培养基上是否生长来检验重组子存在的方法后，才奠定了方法学上的基础。此法也是目前微生物遗传学和分子遗传学中最基本的和极为重要的研究方法之一（图 8-6）。

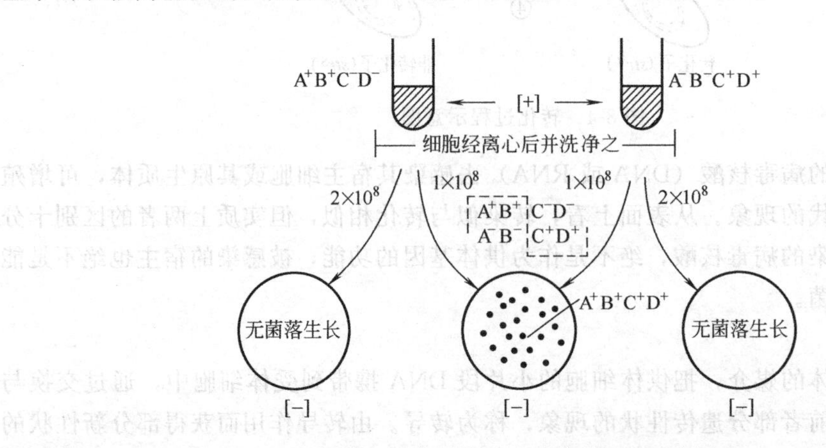

图 8-6　研究细菌接合的营养缺陷型法原理

2. 能进行接合的微生物种类

主要在细菌和放线菌中存在。在细菌中，G^-细菌尤为普遍，如*E. coli*、*Salmonella*、*Shigella*、*Klebsieua*（克雷伯菌属）、*Serratia*（沙雷菌属）、*Vibrio*（弧菌属）、*Azotobacter*（固氮菌属）和*Pseudomonas*（假单胞菌属）等；放线菌中，以*Streptomyces*（链霉菌属）和*Nocardia*（诺卡菌属）最为常见，其中研究得最为详细的是*S. coelicolor*（天蓝色链霉菌）。此外，接合还可发生在不同属的一些菌种间，如*E. coli*与*Salmonella typhimurium*间或*Salmonella*与*Shigella dysenteriae*（痢疾志贺菌）间。在所有对象中，接合现象研究得最多、了解得最清楚的当推*E. coli*。*E. coli*是有性别分化的，决定性别的是其中的F质粒（即F因子，见第八章第一节），它是一种属于附加体（episome）性质的质粒，它既可在细胞内独立存在，也可整合到核染色体组上；它既可经接合而获得，也可通过吖啶类化合物、溴化乙锭或丝裂霉素等的处理而从细胞中消除（这些因子可抑制F质粒的复制）；它既是合成性菌毛基因的载体，也是决定细菌性别的物质基础。

3. *E. coli*的4种接合型菌株

根据F质粒在细胞内的存在方式，可把*E. coli*分成4种不同接合型菌株（图8-7）。

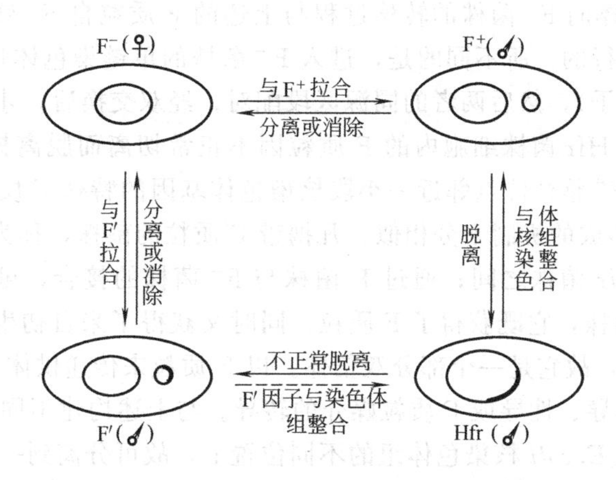

图8-7　F质粒的4种存在方式及相互关系

(1) F^+菌株　即"雄性"菌株，指细胞内存在一至几个F质粒，并在细胞表面着生一至几条性菌毛的菌株。当F^+菌株与F^-菌株（无F质粒，无性菌毛）接触时，通过性菌毛的沟通和收缩，F质粒由F^+菌株转移至F^-菌株中，同时F^+菌株中的F质粒也获得复制，使两者都成为F^+菌株。这种通过接合而转性别的频率几乎100%，其具体过程如下。

① 在F质粒的一条单链特定位点上产生裂口。

② 以"滚环模型"（rolling circle model）方式复制F质粒：在断裂的单链（B）逐步解开的同时，留存的环状单链（A）边滚动、边以自身作模板合成一互补单链（A′）。同时，含裂口的单链（B）以5′端为先导，以线形方式经过性菌毛而转移到F^-菌株中。

③ 在F^-中，线形外源DNA单链（B）合成互补双链（B—B′），经环化后，形成新的F质粒，于是，完成了F^-至F^+的转变。

(2) F^-菌株　即"雌性"菌株，指细胞中无F质粒、细胞表面也无性菌毛的菌株。它可通过与F^+菌株或F′菌株的接合而接受供体菌的F质粒或F′质粒，从而使自己转变成"雄性"菌株；也可通过接合接受来自Hfr菌株的一部分或一整套核基因组DNA。如果是后一种情况，则它在获得一系列 Hfr 菌株遗传性的同时，还获得了处于转移染色体末端的 F 因子，从而使自己从原来的“雌性”变成了“雄性”，不过这种情况极为罕见。F^- 较为少见，据统计，从自然界分离到的 2000 个 *E. coli* 菌株中，F^- 仅占 30%左右。

(3) Hfr 菌株（高频重组菌株，high freguency recombination strain） 此菌株在 20 世纪 50 年代初由 J. Lederberg 实验室的学者所发现。在 Hfr 菌株细胞中，因 F 质粒已从游离态转变成在核染色体组特定位点上的整合态，故 Hfr 菌株与 F^- 菌株相接合后，发生基因重组的频率要比单纯用 F^+ 与 F^- 接合后的频率高出数百倍，故名。当 Hfr 与 F^- 菌株接合时，Hfr 的染色体双链中的一条单链在 F 质粒处断裂，由环状变成线状，F 质粒中与性别有关的基因位于单链染色体末端。整段单链线状 DNA 以 5′端引导，等速地通过性菌毛转移至 F^- 细胞中。在毫无外界干扰的情况下，这一转移过程约需 100min。在实际转移过程中，这么长的线状单链 DNA 常发生断裂，以致越是位于 Hfr 染色体前端的基因，进入 F^- 细胞的几率就越高，其性状在接合子中出现的时间也就越早，反之亦然。由于 F 质粒上决定性别的基因位于线状 DNA 的末端，能进入 F^- 细胞的机会极少，故在 Hfr 与 F^- 接合中，F^- 转变为 F^+ 的频率极低，而其他遗传性状的重组频率却很高。

Hfr 菌株的染色体向 F^- 菌株的转移过程与上述的 F 质粒自 F^+ 转移至 F^- 基本相同，都是按滚环模型来进行的。所不同的是，进入 F^- 菌株的单链染色体片段经双链化后，形成部分合子（即半合子），然后两者的同源区段配对，经双交换后，才发生遗传重组。

(4) F′菌株　当 Hfr 菌株细胞内的 F 质粒因不正常切离而脱离核染色体组时，可重新形成游离的、但携带整合位点邻近一小段核染色体基因的特殊 F 质粒或 F′质粒或 F′因子。这种情况与 λ_d 形成的机制十分相似。凡携带 F′质粒的菌株，称为初生 F′菌株，其遗传性状介于 F^+ 与 Hfr 菌株之间；通过 F′菌株与 F^- 菌株的接合，可使后者也成为 F′菌株，这就是次生 F′菌株，它既获得了 F 质粒，同时又获得了来自初生 F′菌株的若干原属 Hfr 菌株的遗传性状，故它是一个部分双倍体。以 F′质粒来传递供体基因的方式，称为 F 质粒转导或 F 因子转导、性导或 F 质粒媒介的转导。与上述构建不同 Hfr 菌株相似的是，因为 F 质粒可整合在 *E. coli* 核染色体组的不同位置上，故可分离到一系列不同的 F′质粒，从而可用于绘制细菌的染色体图。

(四) 原生质体融合

通过人为的方法，使遗传性状不同的两个细胞的原生质体进行融合，借以获得兼有双亲遗传性状的稳定重组子的过程，称为原生质体融合。由此法获得的重组子，称为融合子。原核生物原生质体融合研究是从 20 世纪 70 年代后期才发展起来的一种育种新技术，是继转化、转导和接合之后才发现的一种较有效的遗传物质转移手段。

能进行原生质体融合的生物种类极为广泛，不仅包括原核生物中的细菌和放线菌，而且还包括各种真核生物细胞，例如，属于真核类微生物的酵母菌、霉菌和蕈菌，各种高等植物细胞。至于各种动物和人体的细胞更由于它们本来就不存在阻碍原生质体进行融合的细胞壁，因此就较容易发生原生质体融合。

原生质体融合的主要操作步骤是：先选择两株有特殊价值、并带有选择性遗传标记的细胞作为亲本菌株置于等渗溶液中，用适当的脱壁酶（如细菌和放线菌可用溶菌酶等处理，真菌可用蜗牛消化酶或其他相应酶处理）去除细胞壁，再将形成的原生质体（包括球状体）进行离心聚集，加入促融合剂 PEG（聚乙二醇）或借电脉冲等因素促进融合，然后用等渗溶液稀释，再涂在能促使它再生细胞壁和进行细胞分裂的基本培养基平板上。待形成菌落后，再通过影印平板法，把它接种到各种选择性培养基平板上，检验它们是否为稳定的融合子，最后再测定其有关生物学性状或生产性能。

当前，有关在育种工作中应用原生质体融合的研究甚多，成绩显著，在某些例子中，其重组频率已达到10^{-1}，而诱变育种一般仅为10^{-6}；此外，除同种的不同菌株间或种间能进行融合外，还发展到属间、科间甚至更远缘的微生物或高等生物细胞间的融合，并借此获得生产性状更为优良的新物种。例如，中国有报道用 *Saccharomyces cerevisiae*（酿酒酵母）与 *Kluyveromyces*（克鲁维酵母属）进行属间原生质体融合，已获得在45℃下能进行酒精生产的高温融合子，其产酒率达7.4%，此外，近年来在原生质体融合育种中还出现用加热或UV灭活的原生质体作一方甚至两方亲本参与融合，此法大大简化了制备遗传标本的繁琐准备工作，颇有创意。

二、真核微生物的基因重组

在真核微生物中，基因重组的方式很多，主要有杂交、原生质体融合和遗传转化等，由于后两者与原核生物中已讨论过的内容基本相同，故这里仅介绍一下杂交。

杂交是水平上进行的一种遗传重组方式。杂交主要包括有性杂交、准性杂交。有性杂交，一般指不同遗传型的两性细胞间发生的接合和随之进行的染色体重组，进而产生新遗传型后代的一种育种技术。凡能产生有性孢子的酵母菌、霉菌和蕈菌，原则上都可应用与高等动、植物杂交育种相似的有性杂交方法进行育种。在生产实践上，利用有性杂交培育优良微生物菌株的事例很多。例如，用于酒精发酵的酵母菌和用于面包发酵的酵母菌虽同 *S. cerevisiae* 一个种，但菌株间的差异很大，表现在前者产酒精率高，而对麦芽糖和葡萄糖的发酵力弱，后者则正好相反。通过杂交，就可育出既能高产酒精，又对麦芽糖和葡萄糖有很强发酵能力的优良杂种菌株，同时发酵后的残余菌体还可综合利用作为面包厂和家用发面酵母的优良菌种。

准性生殖是一种类似于有性生殖，但比它更为原始的两性生殖方式，这是一种在同种而不同菌株的体细胞间发生的融合，它可不借减数分裂而导致低频率基因重组并产生重组子。因此，可以认为准性生殖是在自然条件下，真核微生物体细胞间的一种自发性的原生质体融合现象。它在某些真菌尤其在还未发现有性生殖的半知菌类如 *Aspergillus nidulans* 中最为常见。准性生殖对一些没有有性生殖过程但有重要生产价值的半知菌类育种工作来说，提供了一个杂交育种的手段。中国在灰黄霉素生产菌——*Penicillium urticae*（荨麻青霉）的育种中，曾借用准性杂交的方法取得了较好的成效。

第四节　遗传工程技术在水处理工程中的应用

科学家的理性探索和微生物的育种实践推动着微生物遗传变异基本理论的研究，而对遗传本质的日益深入认识又大大地促进了遗传育种实践的发展。科学和技术、理论和实践间的这种依存关系，在微生物遗传育种领域中获得了最充分的证实。从19世纪巴斯德时代起，在微生物学者仅初步认识微生物存在自发突变现象的阶段，育种工作只能停留在从生产中选种和搞些初级的“定向培育”等工作；1927年，当发现X射线能诱发生物体基因突变，以后又发现UV（紫外线）等物理因素的诱变作用后，就很快被用于早期的青霉素生产菌种 *Penicillium chrysogenum*（产黄青霉）的育种工作中，并取得了显著成效；1946年，当发现了化学诱变剂的诱变作用，并初步研究其作用规律后，就在生产实践中掀起了利用化学诱变剂进行诱变育种的热潮；几乎在同一时期，由于对真核微生物有性杂交、准性生殖和对原核微生物各种基因重组规律的认识，推动了杂交育种工作的开展；步入20世纪50年代后，由于对遗传物质本质的深刻认识，以及对它们的存在形式、转移方式及其功能等问题的深入研究，促进了分子遗传学的迅速发展，由此引起了20世纪70年代开始的、在遗传育种观念与技术上具有革命性的基因工程的诞生和飞速发展。

一、遗传工程技术在水处理工程中的应用

在自然界中存在许多优良菌种，有效分解自然界中的各种物质，但随着现代工业的不断发展，人工合成的非天然物质日益增多。例如：有机氯农药、有机磷农药、塑料、合成洗涤剂等、不易被现存的微生物分解，上述物质在土壤和水中存留时间较长，丧失75％～100％所需的时间快的要一周，慢的要几年甚至十多年。这类物质积累在土壤和水体中，严重污染环境。因此，在环境工程中极其需要快速降解上述污染物的高效菌，为此，人们已在质粒育种和基因工程菌做了一些研究和试验。

（一）质粒育种

质粒在原核微生物中除有染色体外，还含有另一种较小的、携带少量遗传基因的环状DNA分子叫质粒，也叫染色体外DNA。它们在细胞分裂过程中能复制，将遗传性状传给后代。有的质粒独立存在于细胞质中，也有的和染色体结合叫附加体。例如：大肠杆菌的F因子（性因子）。

目前所发现的质粒基因有：F因子（大肠杆菌性因子），对某些药物表现抗性的R因子，控制大肠杆菌素产生的Col因子，假单胞菌属中存在的降解某些特殊有机物的降解因子，如：恶臭假单胞菌（*Pseudomonas. putida*）有分解樟脑的质粒（CAM. comphor）、食油假单胞菌（*P. oleovorans*）有分解正辛烷（OCT. N-octanc）的质粒、恶臭假单胞菌R-1有分解水杨酸（SAL. Salicyate）的质粒、铜绿色假单胞菌（*P. aeruginosa*）有分解萘（NPL. Nephthalene）的质粒等。质粒的种类大致可分5类，见表8-1。

表8-1　质粒的种类

种　类	代表菌
1. 接合性质粒	*E. coli* 的F质粒；*Pseudomonas*（假单胞菌属）的pfdm和K质粒；*Vibrio cholerae*（霍乱弧菌）的P质粒；*Streptomyces*（链霉菌属）的SCP质粒
2. 抗药性质粒：抗各种抗生素，抗重金属等离子（汞，镉，镍，钴，锌，砷）	肠道细菌和*Staphylococcus*（葡萄球菌属）的R质粒
3. 产细菌素和抗生素质粒	肠道细菌；*Clostridium*（梭菌属）；*Streptomyces*
4. 具生理功能的质粒	
①利用乳糖、蔗糖、尿素，固氮等	肠道细菌
②降解辛烷、樟脑、萘、水杨酸等	*Pseudomonas*
③产生色素	*Erwinia*（欧文菌）；*Staphylococcus aureus*
④结瘤和共生固氮	*Rhizobium*（根瘤菌属）
5. 产毒质粒	
①外毒素，K抗原（荚膜抗原），内毒素	*Escherichia coli*
②致瘤	*Agrobacterium tumefaciens*（根癌土壤杆菌）
③引起龋齿	*Streptococcus mutans*（变异链球菌）
④产凝固酶、溶血素、溶纤维蛋白酶和肠毒素	*Staphylococcus aureus*（金黄色葡萄球菌）

质粒在原核微生物的生长中不像染色体那样举足轻重，常因某种外界因素影响发生质粒丢失或转移。某种细菌一旦丧失质粒，就会丧失由该质粒决定的某些性状，但菌

体不死亡。质粒可诱导产生，有些质粒如：F因子、R因子能通过细胞与细胞的接触而转移，质粒从供体供细胞转移到不含质粒的受体细胞中，使受体细胞具有由该质粒决定的遗传性状。有的质粒可携带供体的一部分染色体基因一起转移，从而使受体细胞既获得供体细胞质粒决定的遗传性状，又得到了供体细胞染色体决定的某些遗传性状。

质粒的这些性状可利用来培育优良菌种，同时质粒在基因工程中常被用作基因转移的运载工具——载体。

质粒具有许多有利于基因工程的操作的优点，例如：①体积小，便于DNA的分离和操作；②呈环状，使其在化学分离过程中能保持性能稳定；③有不受核基因组控制的独立复制起始点；④拷贝数多，使外源DNA可很快扩增；⑤存在抗药性基因等选择性标记，便于含质粒克隆的检出和选择。因此，质粒早已被广泛用于各种基因工程领域中。现今的许多克隆载体（指能完成外源DNA片段复制的DNA分子）都是用质粒改建的，如含抗性基因、多拷贝、限制性内切酶的单个酶切位点和强启动子等特性的载体等。*E. coli*的pBR322质粒就是一个常用的克隆载体，其具体优点是：①体积小，仅4361bp；②在宿主*E. coli*中稳定地维持高拷贝数（20～30个/细胞）；③若用氯霉素抑制其宿主的蛋白质合成，则每个细胞可扩增到含1000～3000个质粒（约占核基因组的40%）；④分离极其容易；⑤可插入较多的外源DNA（不超过10kb）；⑥结构完全清楚，各种核酸内切酶可酶解的位点可任意选用；⑦有两个选择性抗药标记（氨苄青霉素和四环素）；⑧可方便地通过转化作用导入宿主细胞。

（二）质粒育种举例

质粒育种是将两种或多种微生物通过细胞结合或融合技术，使供体菌的质粒转移到受体菌体内，使受体菌保留自身功能质粒，同时获得供体菌的功能质粒，即培育出具有两种功能质粒的新品种，这已在环境工程中获得初步研究成果，举例如下。

1. 多功能超级细菌的构建

把降解芳烃、萜烃、多环芳烃的质粒转移到能降解脂烃的假单胞菌体内，结果得到了同时降解4种烃类的超级菌（图8-8）。它能把原油中约2/3的烃消耗掉。与自然菌种相比其降解速度快。自然菌种要花一年多才能将海上浮油分解完全，而超级细菌只要几小时就分解完全。

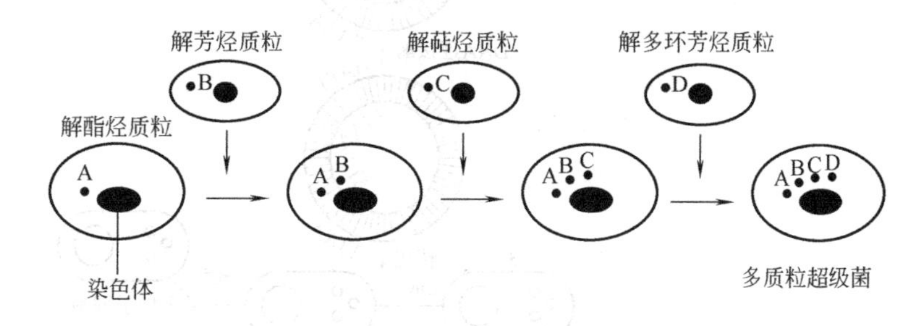

图8-8 用遗传工程获得多质粒超级细菌

2. 解烷抗汞质粒菌的构建

Chakrabarty等人将嗜油假单胞菌体内有降解辛烷、乙烷、癸烷功能的OCT质粒和抗汞质粒MER同时转移到对20mg/L汞敏感的恶臭假单胞菌体内，结果使这敏感的恶臭假单胞菌转变成抗50～70mg/L汞的，同时高效分解辛烷的解烷抗汞质粒菌。

3. 脱色工程菌的构建

将分别含有降解偶氮染料质粒的编号 K24 和 K46 两株假单胞菌通过质粒转移技术培育出兼有分解两种偶氮染料功能的脱色工程菌。

4. Q5T 工程菌

Q5T 工程菌是将嗜温的 *Pseudomonas putda pawl* 和嗜冷的 Q5 菌株融合，使 *Pseudomonas putda pawl* 体内降解甲苯、二甲苯的 TOL 质粒转移入 Q5 菌株体内构建而成。该菌在 0℃仍能正常利用浓度为 1000mg/L 的甲苯作碳源，这对寒冷地区进行废水生物处理很有意义。

二、基因工程技术在水处理工程中的应用

20 世纪 70 年代，基因工程技术得到发展，人们把希望寄托在利用基因工程构建新品种，用于环境保护中。

基因工程指在基因水平上的遗传工程，又叫基因剪接或核酸体外重组。

基因工程是用人工方法把所需要的某一供体生物的 DNA 提取出来，在离体的条件下用限制性内切酶将离体 DNA 切割成带有目的基因的 DNA 片段，每一片段平均长度有几千个核苷酸，用 DNA 连接酶把它和质粒（载体）的 DNA 分子在体外连接成重组 DNA 分子，然后将重组体导入某一受体细胞中，以便外来的遗传物质在其中进行复制扩增和表达；而后进行重组体克隆筛选和鉴定；最后对外源基因表达产物进行分离提纯，从而获得新品种。这是离体的分子水平上的基因重组，是既可近缘杂交又可远缘杂交的育种新技术。更是一种前景宽广、正在迅速发展的定向育种新技术。基因工程操作分五步，详见图 8-9。

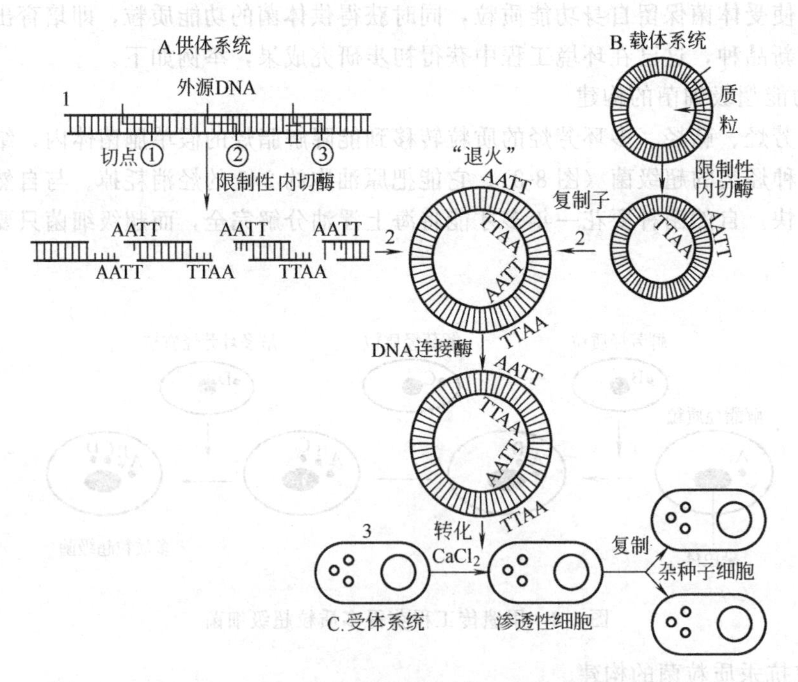

图 8-9 基因工程的操作步骤（DNA 体外基因重组）

① 先从供体细胞中选择获取带有目的基因的 DNA 片段；

② 将目的 DNA 的片段和质粒在体外重组；

③ 将重组体转入受体细胞；

④ 重组体克隆的筛选与鉴定；

⑤ 外源基因表达产物的分离与提纯。

用作基因工程的载体应具有松弛型复制和抗生素抗性选择两个特性，还应有自主复制的复制子；对多种限制性内切酶有单一切点；能赋予宿主细胞易于检测的表型；相对分子质量小、拷贝数多；携带外源DNA的幅度较宽；对其他生物及环境安全。

如今，在原核微生物之间的基因工程已有不少成功的例子。在环境保护方面，利用基因工程获得了分解多种有毒物质的新型菌种。若采用这种多功能的超级细菌可望提高废水生物处理的效果。例如：A. Khan等从*P. putda* OV83分离出3-苯儿茶酚双加氧酶基因，将它与pCP13质粒连接后转入*E. coli*中表达。还有将降解氯化芳香化合物的基因和降解甲基芳香化合物的基因分别切割下来组合在一起构建成工程菌，使它同时具有降解上述两种物质的功能。

除草剂2，4-二氯苯氧乙酸是致癌物质，美国对它的生物降解研究一直很重视，并积极研究基因工程菌。已将降解2，4-二氯苯氧乙酸的基因片段组建到质粒上，将质粒转移到快速生长的受体菌体内构建成高效降解的功能菌。减少了在土壤中2，4-二氯苯氧乙酸的累积量，有益于环境保护。

尼龙是极难生物降解的人工合成物质，现已发现自然界中的黄杆菌属（*Flavobacterium*）、棒状杆菌属（*Coynebacteriun*）和产碱杆菌属（*Alcaligenes*）均含有分解尼龙低聚物6-氨基已酸环状二聚体的pOAD2质粒，S. Negoro等人将上述三种菌的pOAD2质粒和大肠杆菌的pBR322质粒分别提取出来，用限制性内切酶HindⅢ分别切割pOAD2质粒和pBR322质粒，得到整齐相应的切口，以pBR322质粒为受体，用T4连接酶连接，获得第一次重组质粒。再以重组质粒为受体，以同样操作方法进行第二次基因重组，获得具有合成酶EⅠ和酶EⅡ能力的质粒。将经两次重组的质粒转移入大肠杆菌体内后得以表达，获得了生长繁殖快、含有高效降解尼龙低聚物6-氨基已酸环状二聚体质粒的大肠杆菌。

在环境保护领域里还获得不少成功的实例，如：从生长慢的菌株体内提取出其具有抗汞、抗镉、抗铅等性能的质粒，在体外进行基因重组后转移入大肠杆菌体内表达。此外，还获得含有快速降解几丁质、果胶、纤维二糖、淀粉和羧甲基纤维素等质粒的大肠杆菌。

基因工程菌在废水生物处理模拟试验中也取得一些成果。McClure用4L曝气池装置考察体内含有降解3-氯苯甲酸酯质粒pD10的基因工程菌的存活时间和代谢活性。工程菌浓度为4×10^6个/L，存活时间达56d以上。但32d以后，降解3-氯苯甲酸酯的功能下降。

质粒育种和基因工程在环境保护中的实际应用受到人们的关注和予以很大的期望。但在具体实施上有较大的难度。因为细菌的质粒本身容易丢失或转移，重组的质粒也会面临这个问题。再者，质粒具有不相容性，两种不同的质粒不能稳定地共存于同一宿主内。只有在一定条件下，属于不同的不相容群的质粒才能稳定地共存于同一宿主中。

在原核微生物与动物之间，动物与植物之间的基因工程均已获得成功。这为微生物与动、植物之间超远缘杂交开辟了一条新途径。苏云金杆菌体内的伴胞晶体含有杀死鳞翅目昆虫的毒素，过去生产苏云金杆菌用作棉花和蔬菜的杀虫剂。现在，农业科技人员将苏云金杆菌体中的毒性蛋白质抗虫基因提取出来，用基因工程技术转接到小麦、水稻、棉花植株内中，进行基因重组，使小麦、水稻、棉花具有抗虫、杀虫能力。栽培这些作物不需施杀虫剂，避免了农药污染，有利环境保护。它们都具有高效、无公害等特点，堪称是生物农药领域中的一大创新。

三、PCR技术的应用

PCR（polymerase chain reaction）称DNA多聚酶链式反应，是美国Cetus公司人类遗传研究室的科学家K. B. Millus于1983年发明的一种载体外快速扩增特定基因或DNA序列的方法。因PCR操作简单，容易掌握，检测速度快，只需5～6h就可出结果，且结果也较为可靠，故深受检测单位关注，并积极研究和应用。PCR技术已广泛应用于法医鉴定、医学、卫生检疫、环境检测等方面。

环境中存在各种生物的DNA，在环境中采集到少量DNA，加入引物和DNA多聚酶，经过变性和复性（退火）的过程，就可在体外扩增至足以供检测、鉴定用的量。例如：法医在某处找到死者的骨骼，从骨骼中提取少量DNA，用PCR技术，在体外扩增某一DNA片段就可鉴定出死者的身份。在土壤和水中存在微生物的尸体及其分解物。同样可以采集到环境中微生物的DNA，可利用PCR技术鉴定微生物。

1. PCR扩增技术原理

如果DNA片段两端的序列是已知的，那么采用聚合酶链式反应（PCR）就可很容易将此DNA片段扩增出来。进行PCR需要合成一对低聚核苷酸作为引物，它们各自与所要扩增的靶DNA片段的末端互补。引物与模板DNA相结合并沿模板DNA延伸，以扩增靶DNA序列。

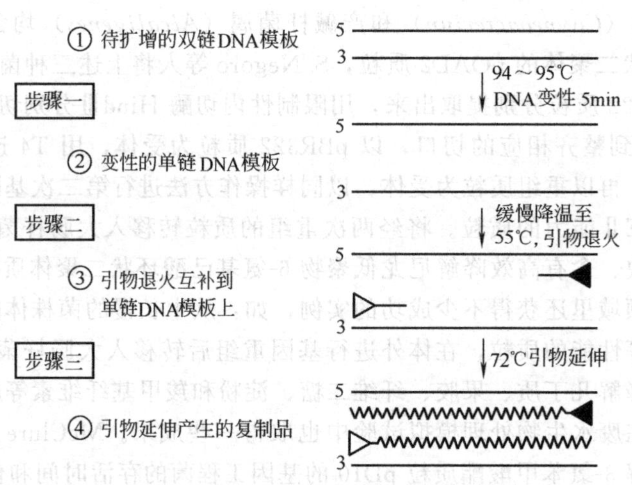

图 8-10　PCR技术的操作步骤

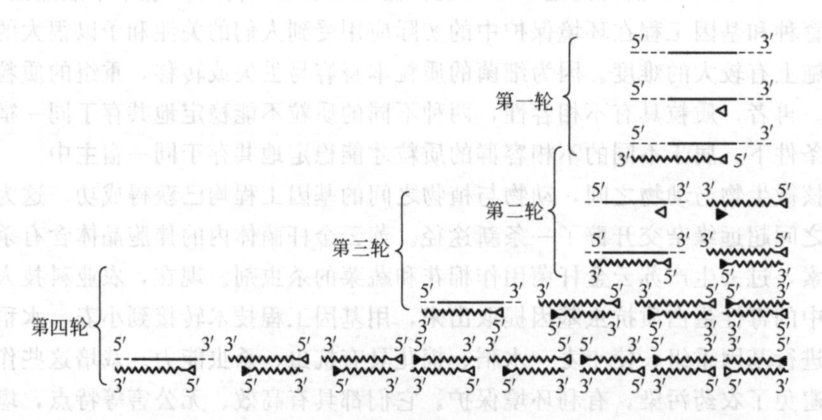

图 8-11　PCR开始的几个循环

2. PCR技术的操作步骤

见图8-10和图8-11，具体如下。

① 加热变性　将待扩增的DNA置于94～95℃的高温水浴中加热5min，使双链DNA解链为单链DNA，分开的两条单链DNA作为扩增的模板。

② 退火　将加热变性的单链DNA溶液的温度缓慢下降至55℃后，在这过程中将引物DNA的碱基与单链模板DNA一端碱基互补配对。

③ 延伸　在退火过程中，当温度下降至72℃时，在耐热性Taq DNA多聚酶从嗜热水生菌（*Thermus aquaticus*）提取纯化，95℃不变性、适当的pH和一定的离子强度下，低聚核苷酸引物（引物DNA）碱基和模板DNA结合延伸成双链DNA。经过30～35次循环，扩增倍数达10^6，可将长2kb的DNA由原来的1pg扩增到0.5～1μg。若经过60次（变性、退火、延伸）循环，DNA扩增倍数可达10^9～10^{10}。

值得指出的是，最初PCR技术，使用的是Klenow聚合酶，此酶主要的缺点是不耐热，在PCR过程中，高温使酶变性，因此反应中每个循环都需添加酶；此外，该酶的最适反应温度是37℃，在此温度下增加了引物与DNA之间非特异碱基配对，从而降低PCR产物特异性。1988年，萨奇（SaiKi）等人从水生栖热菌（*Thermus aquaticus*）中成功分离到一种耐热的DNA聚合酶，称为TaqDNA聚合酶，一次加酶即可满足PCR全过程需求；同时简化操作并提高了PCR产物特异性。此酶在PCR技术中被广泛应用。缺点是该酶缺乏校正功能。

最近已陆续发现一些既耐热且具有校正功能的DNA聚合酶，一种是从火球菌（*Pyrococcus Furiosus*）中分离到的，称为Pfu DNA聚合酶；另一种是从*Thermococcus litoralis*中分离到的，称为Vent DNA聚合酶。这些酶已被用于PCR反应。

3. PCR技术的应用

PCR技术具有十分广泛的实际用途，介绍如下。

(1) 可用于DNA的扩增和克隆：制备单链或双链DNA探针；也可用于定位诱变和DNA测序。

(2) 在临床医学上可用于检测病原体，诊断遗传病，以及对癌基因的分析确定。

(3) 用于法医，以鉴别个体和判定亲缘关系。当用多对引物进行PCR时，可得到对个体特定的条带图谱，称为指纹图谱（DNA fingerpinting）。从作案现场得到的痕量血液、体液、毛发、皮屑等。经PCR得到指纹图谱即可用来指证嫌犯。DNA指纹图谱还能确定个体间的血缘关系。

由于PCR技术操作简单、实用性强、灵敏度高，并可自动化，因而在分子生物学、基因工程研究，以及临床医学、法医和检疫等实践领域得到日益广泛的应用。

思考题

1. 什么是微生物的遗传性和变异性？遗传和变异的物质基础是什么？如何得以证明？

2. 微生物的遗传基因是什么？微生物的遗传信息是如何传递的？

3. 什么是质粒？它有哪些特点？主要质粒有几类？

4. DNA是如何复制的？何谓DNA的变性和复性？

5. 什么是细菌的接合？什么是F质粒？

6. 微生物变异的实质是什么？微生物突变类型有几种？变异表现在哪些方面？

7. 废水生物处理中变异现象有哪几方面？举例说明。

8. 什么叫定向培育和驯化？

9. DNA 损伤修复有几种形式？各自如何修复？

10. 质粒在遗传工程中有什么作用？举例说明。

11. 何谓基因工程？它的操作有几个步骤？

12. 什么叫 PCR 技术？有几个操作步骤？

13. 基因工程和 PCR 技术在环境工程中有何实践意义？举例说明。

14. 试比较 *E. coli* 的 F^+、F^-、Hfr 和 F′菌株的异同，并图示四者间的联系。

第九章

微生物的生态

微生物的生态，研究的是微生物群体对环境的影响及其在整个生态系统中的作用。通过对微生物生态的研究，可以掌握微生物与环境之间的相互关系，了解微生物在自然界和各种人工环境中的分布规律，为人类利用微生物资源及控制微生物生存提供理论依据，并能根据微生物生态学原理，开发新型的人工生态系统，使水处理工程得到更高层次的发展。

第一节　水体中的微生物

天然水体可分为淡水和海水两大类型，在淡水和海水中，微生物的分布和群落结构存在显著差异。

地球上的水，有97%是海水，淡水仅占3%。淡水和海水的区别在于所含的无机盐浓度不同。淡水的含盐量，硬水为0.03%，软水为0.0065%。海水的含盐量在3.3%～3.8%之间，海水中含量最高的为Na^{+}和Cl^{-}，此外还有Mg^{2+}、Ca^{2+}、K^{+}、SO_4^{2-}等，这些都是微生物生长繁殖所必需的。

水体中的微生物主要来源于以下四个方面。

(1) 水体中固有微生物　如荧光杆菌、产红色和产紫色的灵杆菌、不产色的好氧芽孢杆菌、产色和不产色的球菌、丝状硫细菌、球衣菌及铁细菌等。

(2) 来自土壤的微生物　如枯草芽孢杆菌、巨大芽孢杆菌、氨化细菌、硝化细菌、硫酸还原菌、霉菌等，这些微生物是由于雨水对地表的冲刷而被带入水体中的。

(3) 来自生产和生活中的微生物　各种工业废水、生活污水和牲畜的排泄物夹带各种微生物进入水体。它们是大肠杆菌、肠球菌、产气荚膜杆菌、各种腐生性细菌、厌氧梭状芽孢杆菌等，致病微生物有：霍乱弧菌、伤寒杆菌、痢疾杆菌、立克次体、病毒、赤痢阿米巴等。

(4) 来自空气的微生物　雨雪降落时，空气中的微生物将被带入水体中。初雨尘埃多，微生物含量也多，而初雨之后的降水微生物较少。雪花的表面积较大，与尘埃接触面大，故其微生物含量要比雨水多。

一、淡水中的微生物

微生物在淡水中的分布、种类和数量受到许多因素的影响，如水中有机物的含量、溶解氧含量、水温、水深等。水中有机物含量越高，则微生物的数量越多；高温水体及低温水体要比中温水体中微生物的数量少；表层水中因溶解氧含量高，好氧微生物较多，而深水层中厌氧微生物较多。

淡水中的微生物主要来源于土壤、空气、污水、人和动物的排泄物及死亡腐败的动植物尸体。由于地表径流的冲刷作用，土壤中的大部分细菌、放线菌和真菌，在水体中几乎都能找到。如色杆菌属（*Chromobacterium*）和柄杆菌（*Caulobacter sp.*）能在低营养的水环境中生存；藻类能从流水中摄取营养，附生在石头、水生植物或其他固体表面。但也有许多微生物不能适应水体环境，如随人畜排泄物或植物残体进入水体的病原微生物，一般不能长期生存。

微生物的种类和数量在不同水域中的情况不同。在远离城镇的清洁的湖泊、池塘和水库中，由于水质较好，有机物含量少，故微生物汲取的营养少，微生物的数量也就少，清洁淡水水体中细菌总数一般为每毫升几十至几百个，微生物的种类大部分为自养型。在处于城镇等人口聚集地区的湖泊、河流及排水管道中，有机物的含量较高，故而微生物的种类和数量都很多，每毫升可达几千万甚至几亿个。种类上主要是一些腐生性细菌、真菌和原生动物，如粪链球菌（*Streptococcus faecalis*）、变形菌属（*Proteus*）、大肠杆菌（*E. coli*）等多种芽孢杆菌，真菌主要以水生藻状菌为主。

丝状藻类、丝状细菌和真菌常生长在水流缓慢的湖泊或池塘等浅水区域。藻类等大量繁殖，使环境中有机质含量增高，腐生细菌和原生动物则在充足的营养供应下大量繁殖。在流动的水体中，藻类和细菌只出现在水的上层，水的底层淤泥中主要生长着厌氧性细菌，厌氧性细菌在水底进行着厌氧消化。

地下水、山泉、温泉等所含的微生物的种类和数量都很少，这是由于经过土壤的过滤作用，水中有机物含量少，由土壤渗入地下水中的少量细菌不易生长繁殖，在浅层地下水中主要有无色杆菌属（*Achromobacter*）和黄杆菌属（*Flavobacterium*），而在深层地下水中几乎无微生物生存。被污染的地下水中由于有机物含量高，常含有大量微生物。

二、海水中的微生物

海水具有盐分高、温度低、有机物含量低、静水压力大等特点。海水中常见的细菌主要有假单孢菌属（*Pseudomonas*）、枝动菌属（*Mycoplana*）、弧菌属（*Vibrio*）、梭菌属（*Clostridium*）等。海水中含有大量的藻类，主要有硅藻、囊根藻、翅藻、墨角藻等。此外，还有大量的原生动物。

海水中微生物的种类与海水区域、海水的深浅等因素有关。在海岸及港口内的海水中，有机物含量较高，含盐量较低，细菌含量较高。一般每毫升水中约含 10 万个细菌，底泥中常含有几亿个细菌。在远海区域，因有机物浓度低，微生物含量较少，每毫升水中含菌量仅为 10～250 个。因为海水含盐量高，主要生存着嗜盐并耐高渗透压的细菌，如盐生盐杆菌（*Halobacterium halobium*）在含盐量 12%的饱和盐水中也可生长。

微生物在海水中的分布还与海水的深浅有关，在距海面 10m 以内的海水中，菌数较少，基本属于好氧异养菌，藻类和原生动物占较大比例；在 10m 至 50m 的海水中，微生物数量较多，而且随海水深度增加而增加，大多为兼性厌氧微生物；在50m以下，微生物数量又随深度增加而减少。在海底因沉积有丰富的有机物，生存有大量的有机物，但因溶解氧缺乏，大多为兼性厌氧菌和厌氧异养菌。

三、水体自净

水体污染是当前普遍存在的环境问题，工业废水的排放是造成水体污染的主要原因。工业废水中的污染物种类繁多，数量极大，按其种类和性质，一般可分为四大类：可生物降解的有机污染物（如BOD、COD、TOD、TOC等）、难生物降解的有机污染物（如酚类化合物、合成高分子聚合物等）、无直接毒害的无机污染物（如酸、碱、氮磷等植物营养物质）和有直接毒害的无机污染物（如砷、汞等重金属）。此外，对水体造成污染的还有放射性物质、生物污染物质和热污染等。

水体自净指的是受污染的河流经过物理、化学、生物等方面的作用，使污染物浓度降低或转化，水体恢复到原有状态，或从最初的超过水质标准降低到等于水质标准的现象。自净容量指的是水环境对污染物质的承受能力，当排入水体的污染物数量超出水体的自净容量，就会导致水体被污染。

水体的自净机理，包括混合、扩散稀释、沉淀、挥发等物理作用；氧化还原、酸碱反应、分解化合、吸附、凝聚、离子交换等化学、物理化学作用；以及好氧和厌氧的生物同化作用。各种作用可同时或连续发生，并互相影响和交织进行。简要介绍如下。

（1）物理净化作用　污水或污染物排入水体之后，可沉淀固体逐渐沉至水底形成底泥，悬浮胶体和解性污染物则因混合扩散稀释而逐渐降低其在水中的浓度。

（2）化学净化作用　水体通过多种化学或物理化学净化作用能去除水中的污染物。例如：通过氧化可使一些难溶性的硫化物形成溶解的硫酸盐；可溶的 Fe^{2+} 和 Mn^{2+} 可氧化为几乎不溶的 Fe^{3+} 和 Mn^{4+} 而沉淀下来；随污水进入水体的洗涤剂、肥皂等表面活性剂，不仅其自身能形成泡沫浮至水面而从水中去除，而且它们还能通过离子浮选作用捕集和携带其他污染物如重金属、放射性物质等，从而将其从水中去除。

（3）生物化学净化作用　物理净化作用与化学净化作用，只能使污染物的存在场所与存在形态发生变化，使水体中的存在浓度降低，但不减少污染物总量。而生物化学净化可使污染物的总量降低，使水体得到真正净化。如图9-1所示。

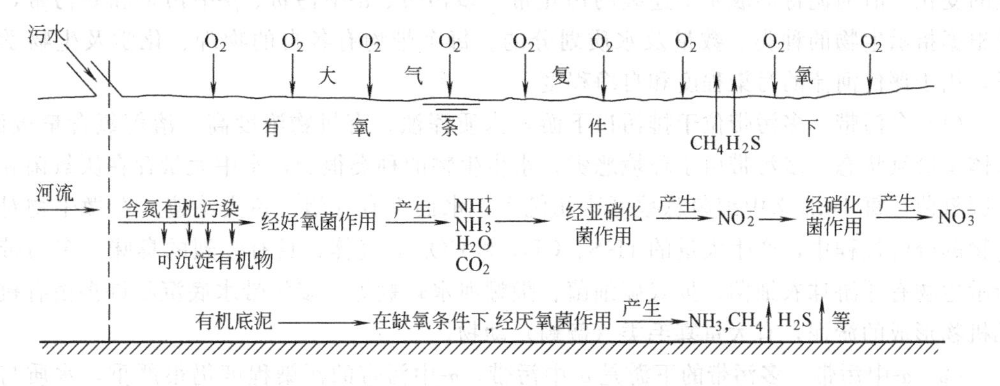

图9-1　天然水体中含氧有机物生物化学净化示意图

生物化学作用后，最终使有机物无机化，由有害向无害转化。图9-1说明了生物化学作用对有机物降解的复杂过程。

在水体的自净过程大致是这样的：有机物排入水体后被水体稀释，固体物质沉淀至水底；利用水中的溶解氧，水中的好氧菌降解有机物分解为简单的有机物和无机物，并合成自身细胞，水中溶解氧急速下降至零，此时水中鱼虾等好氧生物绝迹，水体呈厌氧状态，厌氧细菌大量繁殖，对有机物进行厌氧分解；随着水体的自净，水中有机物含量逐渐降低，水中细菌所需的营养物质逐渐缺乏，再加上诸如阳光照射、温度、pH 等其他影响因素的变化，使细菌死亡，溶解氧上升，水质变清，高等水生动物重新出现，水体恢复到污染前的状态和功能，自净过程完成。

受营养与溶解氧等环境因素的影响，水体中的微生物群落也表现出有规律的更迭和演替，如图 9-2。

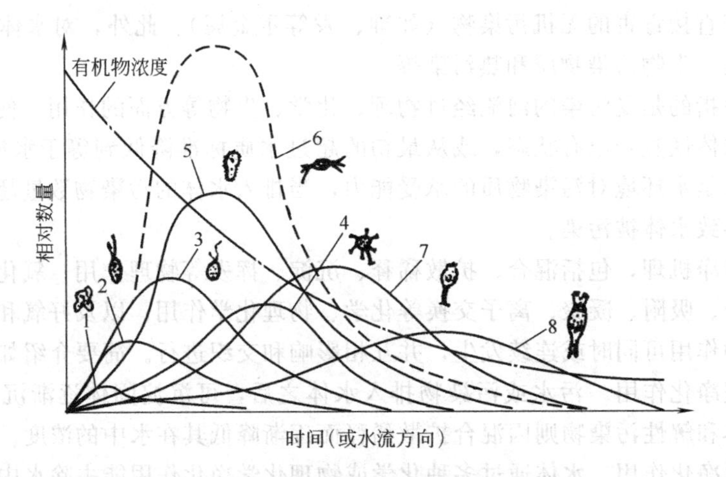

图 9-2　水体自净过程中原生动物的演替

1—肉足虫；2—植物性鞭毛虫；3—动物性鞭毛虫；4—吸管虫；5—游泳型纤毛虫；6—细菌；7—固着型纤毛虫；8—轮虫

四、污染水体的微生物生态学特征

当排入水体的污染物数量不超出水体的自净容量时，在排污点下游将进行正常的自净过程。在自净过程中，水体中有机污染物逐渐减少，水体生态系统的结构同时也发生着相应的变化，沿河流将形成 4 个连续的污化带：多污带、α-中污带、β-中污带和寡污带，这是根据指示生物的种类、数量及水质划分的。每个带均有各自的物理、化学及生物学特征，用于评价河流的污染程度和自净程度。

(1) 多污带　多污带位于排污口下游，水质浑浊，有机物浓度高，溶解氧含量极低，水体呈厌氧状态。多污带由于环境恶劣，水生生物的种类很少，水中大量存在厌氧菌和兼性厌氧菌，每 1mL 水中细菌总数可达几亿个。水面上有气泡，鱼类绝迹。在微生物对有机物的分解过程中，产生大量的 H_2S、CH_4 和 CO_2 等气体，具有强烈的臭味。多污带的指示生物有浮游球衣细菌、贝式硫细菌、颤蚓河水蚂蟥等。多污带水底沉积许多由有机和无机物形成的淤泥，有大量寡毛类（颤蚓）动物。

(2) α-中污带　多污带的下游是 α-中污带，α-中污带的污染程度仍很严重，水质与中污带基本相似，水质浑浊呈灰色。水中有少量溶解氧，氧化作用水平依然很低，水中 BOD 下降，有 H_2S、NH_3 及氨基酸产生。细菌数量仍然很多，每 1mL 水中细菌总数达几十万个，细菌种类依然较少，有蓝藻、裸藻、绿藻，还出现了轮虫类和纤毛虫类，在水体的底泥滋生很多颤蚯蚓。

(3) β-中污带　α-中污带的下游是β-中污带，β-中污带的污染程度较α-中污带有所降低，水质浑浊程度减轻，水中BOD和悬浮物含量减少，溶解氧浓度增大，氧化作用水平提高，NH_3 和 H_2S 分别被氧化为 NO_3^- 和 SO_4^{2-}，二者在水中含量大大减少。细菌数量显著减少，每1mL水中细菌总数为几万个。β-中污带的生物种类是极多样化的，主要生物种类有蓝藻、绿藻等各种藻类，固着型纤毛虫如毒缩虫、聚缩虫等运动活跃，还有轮虫、甲壳动物及昆虫甚至野生杂鱼类出现。

(4) 寡污带　寡污带在β-中污带之后，其水质已接近清洁水体，标志着河流自净过程已完成。水中溶解氧含量经常能达到饱和值，有机物浓度极低，基本上不存在有毒物质，水质清澈且呈中性，很适合生物的生存。细菌含量极少，而生物种类较为丰富，指示生物有：鱼腥藻、硅藻、黄藻、钟虫、变形虫、旋轮虫、浮游甲壳动物、水生植物及鱼类。

污染水体的微生物生态学特征如上所述，从多污带到寡污带，呈现污染物浓度逐渐降低，细菌数量逐渐减少，生物种类由少到多的变化规律。由于生物的生存和分布并不单纯，受污染环境的影响，还受到地理和气候条件、河流的地质、流速、水深等因素的影响，所以，在利用指示生物对水体污染程度进行监测和评价时，对这些因素都应给予足够的重视。同时，由于河流污化系统只能定性反映水体受污染的状况，对污染物的种类和数量不能精确地定量，因此，应结合对各污染指标的化学分析结果才能准确反映水体自净的程度。

第二节　微生物个体生态学

微生物个体指的是具有完整生命的最小功能有机体。微生物个体生态学研究的是微生物个体与环境的相互关系，其中包括生物和非生物因子对微生物个体生长、繁殖的影响。

一、生态因子

对微生物生长发育具有直接或间接影响的环境要素，称为生态因子（ecological factors）。生态因子中各要素可分为生物因子和非生物因子两大类。前者包括竞争、捕食、共生、互生、拮抗、寄生等；后者包括温度、光、渗透压、pH、氧化还原电位和营养物质等因素。所有生态因子构成了生物的生态环境（ecological environment）。具体的生物个体和群体的生态环境，称为生境（habitat）。生态因子对微生物作用的基本规律有限制因子定律、最低定律、耐性定律等。

(一) 限制因子定律

生境中各种生态因子并非孤立地发挥作用，而是彼此相互联系、相互促进、相互制约的，从而构成一个综合体。但在特定条件下，对微生物而言，必有一个或几个生态因子居主导地位，即该因子的改变将影响微生物个体的生长、繁殖或改变生物种群或群落，这种因子即为限制因子（limiting factors）。限制因子并非绝对的，它随时间、空间和生物的不同生活期而变化。例如，在清洁的湖泊中，CO_2、N、P中至少有一个成为藻类生长的限制因子，而当湖泊中进入大量非含氮有机化合物的废水时，有机物在细菌的降解下产生大量 CO_2，此时N或P将成为主要限制因子。

(二) 最低定律

最低定律（Law of Minimum）即在稳定状态下，当生物所能利用的物质（生态因子）

量达到最低限度时，将对生物的生长发育起限制作用，这种物质将成为限制因子。最低定律是德国有机化学家利比赫（Liebig）1840 年在研究土壤营养对谷物产量的影响中发现的。利比赫发现一块田地上谷物产量的增减与有机肥料中矿质营养转运给植物的多寡成正比。每种植物都需要一定种类和一定数量的营养物质，如果环境中缺乏其中一种，植物就会死亡；倘若某一种营养物质供给的数量减少到最低限度，植物的生长和发育将是最低限度的。

关于最低定律，这里需要补充说明的是：最低定律只适用于“单因子”作为限制因子的假设，只有在稳定状态下，即生境中能量和物质的流入和流出相平衡时才能严格应用。如当暴雨将大量农田中的氮、磷肥冲入清洁湖泊，则藻类的生长在一定阶段便不存在限制因子。由于湖泊的“富营养化”，藻类大量繁殖，覆盖整个湖面，形成水华现象。当光照作为限制因子阻碍了下层藻类的光合作用而导致藻类相继死亡，则在好氧性腐生细菌的分解代谢下重新释放出 CO_2、N、P 等营养物质，藻类又出现一个新的大量繁殖。如此周而复始，耗尽了水体中的溶解氧，致使其他水生生物窒息死亡。此后在厌氧性腐生细菌的分解代谢下为藻类提供 CO_2、N、P 等营养物质，同时产生 H_2S、CH_4 等，使水体发黑、变臭。所以，对这种变化无常的现象，营养物质的流入、流出已不平衡，这主要是因为在非稳定状态下，CO_2 或 N 或 P 已不成为惟一的限制因子，而与光照构成交替的限制因子，因而出现了藻类生长速率狂增及迅速死亡的不稳定状况。如果应用最低定律来说明以上现象，并将藻类狂增及迅速死亡亦看成是一种稳定状况，则说明：微生物在某一生境中生存时，任何一个稳定条件的建立，都是由于生境中至少存在一种生态因子限制的结果。在自然条件下，微生物生长发育到一定阶段，必然有某种生态因子成为限制因子。

（三）耐性定律

通过研究生态因子对生物的影响，美国生态学家谢尔福德（Shelford）发现：某种生态因子太低能限制生物的生存和繁殖，太高也同样能起限制作用。因此提出耐性定律（Law of tolerance）：生物对任何一个生态因子都有一个适应范围，即最大临界阈和最小临界阈。两者之间的幅度为耐受限度，即生态幅（ecological amplitude）。在稳定状态下，当某种生态因子超出生物的生态幅时，该生物就会受到损伤或不能生存。如图 9-3 所示。

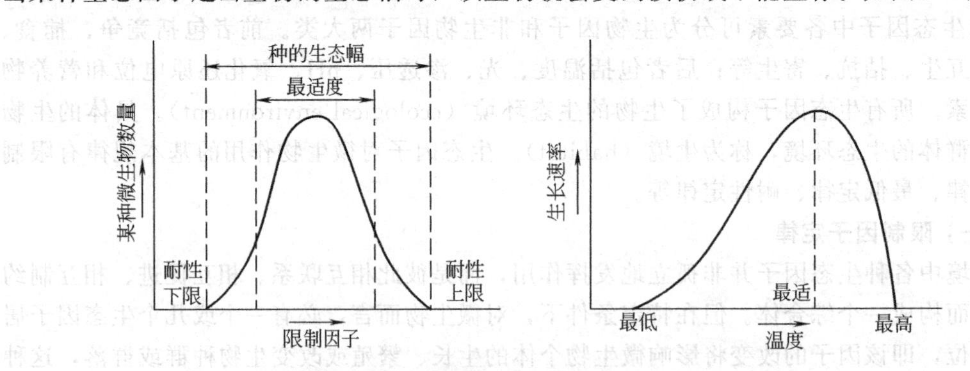

图 9-3　耐性定律图示及温度对微生物生长速率的影响

各种生态因子对微生物的影响大多遵循耐性定律，因此耐性定律具有普遍意义。不同的生态因子对特定的微生物所具有的生态幅有宽有窄，因而常分为狭适性和广适性。如狭温性微生物所具有的温度生态幅较窄，而广温性微生物所能适应的温度范围较宽。此外还有狭盐性和广盐性、狭食性和广食性等。

耐性定律较最低定律更具有普遍意义，适用范围更广泛。但最低定律在某些条件下仍具有实际意义，如营养缺陷型微生物对某种生长因子的需求就遵循最低定律原则。

另外需要指出的是，耐性极限范围仅当微生物从一个状态平稳过渡到另一个稳定状态下才有意义。当微生物频繁处于接近耐性极限的环境中，它的生存将受到严重危害。例如：某些嗜冷性微生物细胞内由于含不饱和脂肪酸较多，因而即使生存于−10℃的冰层内，亦不会死亡，但若在0～5℃之间频繁采用迅速冰融、冰冻方法，则该嗜冷性微生物将很快死亡。

环境中的各种生态因子不是孤立存在的，它们之间是彼此相互联系、相互促进、相互制约的，某个生态因子对生物的生态效应总是在与其他各种生态因子的配合中才能发挥出来。所以，一个生态因子的效应可因与不同的因子配合而不同，固定不变的最佳因子范围是不可能存在的。另外，生态因子的综合作用还表现在增效和减效作用两个方面。两个或多个生态因子在一起作用于生物的生态效果超过各单个因子作用之和时，称为生态因子间的增效作用；当两个或多个生态因子在一起作用于生物的生态效果不及单个因子作用之和时，称为生态因子间的减效作用。

由于生态因子的相互联系性，可以看出，环境中的生态因子并非单独对微生物发生作用，而总是综合的作为一个系统作用于微生物，微生物的生长发育是否良好，复杂生态因子组合的完善程度是决定性的因素。

二、生物因子

在自然界中，各种微生物极少单独存在于某一生境中，而总是较多种相互聚集。在天然生态系统和人工生态系统中，微生物不仅与环境因素关系密切，而且与其他生物之间也有密切关系。在污（废）水活性污泥法生物处理和固体废物生物处理中，只存在微生物之间的关系，在江、河、湖、海和土壤中，存在微生物与微生物之间，微生物与动、植物之间，微生物与人之间的关系。它们之间相互联系、相互依赖、相互制约、相互影响，促进整个生物界的发展和进化。

微生物的生物因子有竞争、捕食、共生、互生、拮抗、寄生等，它们可分为种内关系和种间关系。

(一) 竞争

竞争（competition）关系是指不同的微生物种群在同一环境中，对食物、营养、生活空间、溶解氧及其他共同要求的资源进行竞争，互相受到不利影响。竞争关系既可以在种内微生物之间发生，也可以在种间微生物之间发生。如在曝气池中，当溶解氧或营养成为限制因子时，菌胶团细菌和丝状细菌就会表现出竞争关系。微生物的生存竞争在自然界及人工环境中十分激烈，并对生态系统内微生物种群构成起重要作用。竞争关系将在种群生存竞争中详细介绍。

(二) 互生

互生（protocooperation）关系是指两种能够独立生活的生物，当它们生活在一起时，可以互助互利，亦可一方得利，比单独生活时更有利。互生关系是微生物间较为松散的联合，在废水生物处理过程中普遍存在。在脱氮过程中，氨化细菌分解含氮有机物产生的氨作为亚硝化细菌的营养，亚硝化细菌将氨转化为亚硝酸，为硝化细菌提供营养。亚硝酸对各种生物都有害，但由于硝化细菌将亚硝酸转化为硝酸，即为其他微生物解了毒，同时为其他微生物和植物提供了无机氮源。在废水氧化塘处理系统中，细菌与藻类之间也表现为互生关系，细菌将废水中有机物分解为CO_2、NH_3、H_2O、SO_4^{2-}及PO_4^{3-}，为藻类提供碳源、氮源、硫源和磷源等。藻类得到上述营养，利用光能合成有机物组成自身细胞，放出氧气供细菌用于分解有机物。由此可见细菌和藻类在氧化塘中共处是一种双方获利的例子，因而常称细菌和藻类构成氧化塘中的藻-菌互生系统。

(三) 共生

共生（mutualism）关系是两种不能单独生活的微生物紧密结合在一起，形成特殊的共生体，各自执行优势的生理功能，在组织上和形态上产生新的结构，在营养上互为有利，组成共生体。

地衣是微生物中典型的互惠共生关系，它是藻类和真菌的共生体，常形成有固定形态的叶状结构，称为叶状体。在叶状体内，真菌菌丝无规律地缠绕藻细菌，或两者组成一定的层次排列。当地衣繁殖时，在表面上生出球状粉芽，粉芽中含有少量藻细胞和真菌菌丝，粉芽脱离母体散布到适宜的环境中就生长出新的地衣。不仅如此，在生理上，真菌和藻细胞也是紧密的相互依存。共生菌从基质中吸收水分和无机养料的能力特别强，能够在十分贫瘠环境条件中吸收水分和无机养料供共生藻利用；共生藻从共生菌得到水分和无机养料，进行光合作用，合成有机基质，结果在结合中双方都有利。

(四) 拮抗

拮抗（antagonism）关系是指两种微生物生活在同一环境中时，甲方产生特殊的代谢产物或使环境条件发生变化，从而对乙方产生危害，而乙方对甲方无任何影响。

拮抗关系可分为非特异性拮抗和特异性拮抗两种。非特异性拮抗不具有专一性，如乳酸菌产生大量乳酸，导致环境 pH 下降，以抑制其他腐败细菌生长；海洋中的红腰鞭毛虫可以分泌某种代谢产物，以抑制甚至毒死其他许多生物。特异性拮抗具有专一性，如青霉菌产生的青霉素对 G^+ 细菌有致死作用，多黏芽孢杆菌产生多黏菌素可杀死 G^- 细菌。能产生抗菌性物质的微生物很多，所以，拮抗关系在自然界是普遍存在的。

(五) 捕食

捕食（pradation）关系是指一种微生物直接吞噬另一种微生物。在自然界中，捕食关系是微生物中的一个引人注目的现象。如原生动物不是藻类、真菌等，大原生动物捕食小原生动物，微型后生动物吞噬原生动物、细菌、藻类、真菌等微生物。捕食作用在水处理中起着非常重要的作用。例如，在无纤毛类原生动物存在时，活性污泥出水的上清液中每毫升含游离细菌达 100 百万～160 百万个，而存在纤毛类原生动物时，上清液中每毫升水仅含游离细菌 1 百万～8 百万个，出水亦较清澈。捕食关系在控制种群密度、组成生态食物链中，具有重要意义。

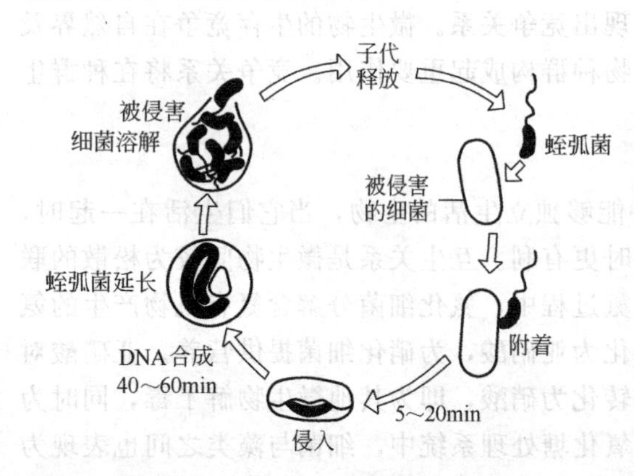

图 9-4　蛭弧菌侵害寄主及其繁殖过程

(六) 寄生

寄生（parasitism）关系是指一种生物生活在另一种微生物的表面或体内，从中摄取营养得以生长繁殖，并使后者发生病害或死亡。前者称为寄生物或寄生菌，后者称为寄主或宿主。微生物之间的寄生关系集中表现在噬菌体与细菌、放线菌、真菌、藻类之间的关系上，而且噬菌体对各种细胞类微生物的寄生具有高度的专一性。细菌与细菌之间、真菌与真菌之间也存在寄生关系，例如，蛭弧菌属（*Bdellovibrio*）有寄生在假单胞菌、大肠杆菌、浮游球衣菌等菌体中的种。蛭弧菌侵害寄主的过程见图 9-4。

有的寄生菌不能离开寄主而生存，叫专性寄生，有的寄生菌离开寄主后营腐生生活，叫兼性寄生。寄生的结果一般都引起寄主的损伤或死亡，虽然有时会给工、农业生产带来某些损失，但又能被利用来防治植物病害。

三、非生物因子

微生物的生长繁殖除了需要多种营养物外，同时还受许多环境因子即非生物因子的制约，如温度、酸碱度、氧化还原电位、渗透压、光照、有毒物质等。如果非生物因子出现异常，微生物的生命活动就会受到影响，甚至发生变异或死亡。

（一）温度

微生物的生化反应需要在一定的温度范围内进行，所以温度是影响微生物生存的重要生态因子，它不仅对微生物的生长、繁殖等生理生化活动产生影响，同时也影响微生物的分布及数量。

1. 温度对微生物生长的影响

微生物可生长的温度范围比较广泛。在适宜的温度范围内，温度每升高 10℃，酶促反应速率将提高 1～2 倍，微生物的代谢速率和生长速率均可相应提高。适宜的培养温度使微生物以最快的生长速率生长，过高或过低的温度均会降低代谢速率及生长速率。微生物适宜生长的温度范围在－10～95℃，但每种微生物只在一定的温度范围内生长。根据生态幅，每种微生物都有三种基本温度：最低生长温度，即微生物生长的温度耐性下限，低于这个温度，微生物就不能生长；最适生长温度，即微生物生长最旺盛的温度；最高生长温度，即微生物生长的温度上限，超过这个温度，就会引起细胞成分发生不可逆的失活而死亡。微生物的最适生长温度通常靠近最高生长温度，不同微生物的基本生长温度差异很大。根据微生物的最适生长温度，可将微生物分为三类，见表 9-1。

表 9-1　各类微生物生长的温度范围

类　别	生长温度/℃			备　注
	最　低	最　适	最　高	
嗜冷性微生物	－5～0	15～20	25～30	水生微生物
适温性微生物	10	25～37	45～50	大多数腐生性微生物及所有寄生微生物
嗜热性微生物	30	50～60	70～80	土壤、堆肥、温泉中的微生物

（1）嗜冷性微生物　嗜冷性微生物可在较低温度下生长，常见于寒带土壤、深湖、冷泉和冷藏库中。它们对这些区域中有机物质的分解起着重要作用。嗜冷性微生物之所以能在低温下生长，是由于一方面嗜冷性微生物的酶在低温下具有更有效的催化活性；其次是其主动输送物质的功能运转良好，能有效地供应必需的营养物质；再者嗜冷性微生物的细胞质膜含有大量的不饱和脂肪酸，在低温下能保持半流动性。

嗜冷性微生物可分为专性和兼性两种，专性嗜冷性微生物的最适生长温度为 15℃左右，属狭温性。兼性嗜冷性微生物的最适生长温度为 25～30℃，但在 0℃下也能生长。如假单胞菌属和芽孢杆菌属中有些嗜冷的种在废水低温处理中起着重要作用。

（2）适温性微生物　绝大多数微生物都属于适温性微生物，如大部分土壤微生物和植物、温血动物、人等体内的寄生性微生物。在废水的生物处理系统中，形成活性污泥的主要是适温性微生物。适温性微生物的最低生长温度是 10℃左右，低于 10℃便不能生长。

如大肠杆菌在10℃以下时，蛋白质的合成不能启动，致使蛋白质的合成受阻。低温能抑制许多酶的催化功能，从而使生长受到抑制。当温度升高时，抑制可以解除。因而，实验室常采用低温下保存菌种。

(3) 嗜热性微生物　嗜热性微生物包括芽孢杆菌和嗜热古菌。凡在55～75℃生长良好，在37℃以下不能生长的称为专性嗜热菌；凡在55～75℃生长良好，在37℃以下能生长的称为兼性嗜热菌；75℃以上生长良好的称为超嗜热菌。嗜热性微生物常见于温泉、堆肥、土壤及其他腐烂有机物中，它们体内的酶蛋白、核酸的化学成分及细胞膜中较多的饱和脂肪酸保证了其更强的抗热性。由于嗜热性微生物比适温性微生物的生长速率快，而且分解有机物的速率也快，所以，在一些发酵工业中具有特别重要的意义。在废水、污泥厌氧消化处理中利用嗜热性微生物（温度常控制在55～60℃），其处理效果要比适温性微生物（温度为30～35℃）好得多。

尽管各类微生物对热的敏感程度不同，但当温度超过其最高生长温度时，都会因酶变性而引起死亡。一般来说，温度越高，酶变性速率越快。表9-2列出的是废水处理中一些常见微生物生长的温度范围。

表9-2　废水生物处理中一些微生物生长的温度范围

微生物	温度范围/℃		
	最低温度	最适温度	最高温度
假单孢菌属(*Pseudomonas*)	1	26	37
芽孢杆菌属(*Bacillus*)	0	35	50
黄杆菌属(*Flavobacterium*)	10	25	37
球衣细菌属(*Sphaerotilus*)	15	30	37
大肠杆菌(*Escherichia coli*)	10	37	45
动胶杆菌属(*Zoogloea*)	10	28～30	45
甲烷八叠球菌属(*Methanosarcina*)		35～37	
嗜热放线菌属(*Thermoactinomyces*)	28	50	65
嗜热脂肪芽孢杆菌(*B. slearothermophilus*)	37	50～60	

2. 高温灭菌

灭菌即杀死所有微生物包括有芽孢的细菌、放线菌和霉菌等的孢子的方法。高温灭菌是微生物实验、食品加工及发酵工业中重要的灭菌方法。高温灭菌分为干热灭菌和湿热灭菌两种。前者利用灼烧或烘烤的方法，后者利用热蒸汽灭菌。在相同的温度下，湿热灭菌的效率比干热灭菌高，这是因为以下原因。①菌体在有水的情况下，蛋白质容易凝固。含水率越高，蛋白质凝固所需的温度越低。如蛋白质含水率为50%时，在30min内凝固所需的温度为50℃；含水率为零时，所需温度为160～170℃。②热蒸汽的穿透力大，可使被灭菌的物品内部温度迅速上升。③湿热的蒸汽含有潜能，与被灭菌的物体接触时凝成水，放出潜能，能迅速提高被灭菌物体的温度。高温灭菌常采用高压蒸汽灭菌法，通常在高压蒸汽灭菌锅内进行。另外，对于不耐热药品、特殊培养基等的灭菌也常采用间歇灭菌法，即用流通蒸汽几次反复处理的灭菌方法，将待灭菌物品置于阿诺灭菌器中，常压下100℃处理15～30min，以杀死其中的营养细胞，冷却后置于28～37℃保温过夜，使残存的芽孢萌发，然后再用同样方法加热处理，反复三次。

3. 消毒

消毒即杀灭病原微生物的方法。常用的消毒方法有煮沸消毒和巴斯德消毒法。煮沸消毒是将待消毒物品置于水中煮沸15min以上，可杀死细菌的所有营养细胞和部分芽孢。

巴斯德消毒法采用60～70℃的温度，将食品（牛奶、啤酒等）处理15～30min，以除去食品中的微生物，同时保持食品的营养和风味。

4. 低温保存菌种

微生物对低温的抵抗力一般较强。虽然低温可以使一部分微生物死亡，但大部分微生物在低温条件下只是新陈代谢活力降低，菌体处于休眠状态，一旦遇到适宜环境，即可恢复生长繁殖。所以，在冰冻条件下，只要冰冻初期细胞不被损坏，则微生物可以生存长达数年。目前实验室普遍采用的冰箱保存菌种法和真空冷冻干燥法保存菌种，就是基于微生物的这一特性。

应用冷冻保存菌种时必须将菌体温度迅速降低到冰点以下。如果降温速度较慢，可能会对菌体造成伤害乃至死亡，因为温度逐渐低于冰点时，细胞内的水分转变成冰的结晶，引起细胞脱水，并且冰的结晶可对细胞结构特别是细胞膜产生物理损伤。若采取快速冷冻，则细胞内形成的冰晶体积小，对细胞的损害也小。

冰冻和融化反复交替进行对菌体影响较大，容易引起菌体死亡。

（二）pH

环境中的pH对微生物的生命活动影响很大，主要作用在于：引起细胞膜电荷的变化，从而影响了微生物对营养物质的吸收；影响代谢过程中酶的活性；改变生长环境中营养物质的可给性及有害物质的毒性。

1. 水中pH的性质

天然水体中的pH主要取决于游离CO_2的含量及碳酸平衡。淡水的pH变化范围较大，在3.2～10.5之间，大多数的江、河、湖泊及池塘的pH为6.5～8.5。硬水偏碱，多为7.5～9.0，含腐殖酸较多的淡水水体（如沼泽水域）等pH多低于5.0。水生生物对pH亦有较大影响。水中微生物的呼吸作用可放出大量CO_2，使pH降低；而水生植物（包括藻类）的光合作用吸收CO_2，则使pH升高。在兼性塘和好氧塘中常因CO_2含量改变引起昼夜的pH改变。水生植物的光合作用在白昼强烈，由于CO_2的消耗使pH升高；而在夜间光合作用停止，微生物及藻类进行呼吸时产生大量CO_2，使pH降低。由于藻、菌的作用，水体中的pH不但出现昼夜变化，而且还随季节和生物的垂直分布情况等而改变。

2. 污（废）水中常见微生物生长的pH范围

每种有机体都存在可以生长的pH范围，通常有一个确定的最适pH。污废水中常见的微生物有许多种，不同的微生物要求不同的pH。大多数细菌、藻类和原生动物的最适pH为6.5～7.5，它们的pH适应范围在4～10之间。细菌一般要求中性和偏碱性。某些细菌，例如氧化硫硫杆菌和极端嗜酸菌，需在酸性环境中生活，其最适pH为3，在pH为1.5时仍可生活。放线菌在中性和偏碱性环境中生长，pH以7.5～8.0最适宜。酵母菌和霉菌要求在酸性或偏碱性的环境中生活，最适pH范围在3～6，有的在5～6，其生长极限在1.5～10之间。凡对pH变化适应强的微生物，对pH要求不甚严格；而对pH变化适应性不强的微生物，则对pH要求严格。表9-3列出的是污废水中常见的几种细菌的pH范围。

污水生物处理的pH宜维持在6.5以上至8.5左右，是因为pH在6.5以下的酸性环境不利于细菌和原生动物生长，尤其对菌胶团细菌不利。相反，对霉菌和酵母菌有利。如果活性污泥中有大量霉菌繁殖，由于多数霉菌不像细菌那样分泌黏性物质于细胞外，就会降低活性污泥的吸附能力，其絮凝性能较差，结构松散不易沉降，处理效果会下降，甚至

表 9-3 几种微生物生长的 pH 范围

微生物种类	pH		
	最低值	最适值	最高值
固褐固氮菌(*Azotobacter chroococcus*)	4.5	7.4～7.6	9.0
大肠杆菌(*Escherichia coli*)	4.5	7.2	9.0
放线菌(*Actinomyces sp.*)	5.0	7.0～8.0	10.0
霉菌(*mold*)	2.5	3.8～6.0	8.0
酵母菌(*yeast*)	1.5	3.0～6.0	10.0
小眼虫(*Euglena gracilis*)	3.0	6.6～6.7	9.9
草履虫(*Paramaccum sp.*)	5.3	6.7～6.8	8.0

导致活性污泥丝状膨胀。当曝气池的 pH 维持在 6.5～8.5 之间时，大多数细菌、藻类、放线菌和原生动物等在这种 pH 下均能生长繁殖，尤其是形成菌胶团的细菌能互相凝聚形成良好的絮状物，取得良好的净化效果。

3. pH 对发酵产物的影响

在发酵工业中，为了获得较高的目的产物收率，及其在废水厌氧生物处理中为了获得较好的处理效果，往往需要控制一定的 pH。根据研究，在厌氧生物处理反应器中，控制 pH 大于 6.5 或小于 5 均可避免丙酸积累，因为丙酸发酵的最适 pH 范围为 5～6.5。在厌氧生物处理（单相）反应器中常常同时存在产酸菌和产甲烷菌。产甲烷菌能够生存的 pH 范围为 6.6～7.8，当 pH 低于 5 就不能生存。若产酸菌产生的有机酸来不及为产甲烷菌所分解，有机酸过剩，pH 降低，就会影响产甲烷菌的存活。为了保证产甲烷菌的生存，使有机物得到充分分解，就要通过调节产酸菌的产有机酸量（往往通过控制有机负荷）来控制反应器中的 pH 在 6.6～7.8 之间。因而，这种（单相）反应器往往是通过限制产酸菌的代谢能力，以保证产酸发酵过程与产甲烷厌氧呼吸过程达到动态平衡。从这种角度来看，采用两相厌氧生物处理方法，将产酸菌和产甲烷菌分别在两个反应器中培养，则可创造两者各自所需的最佳生存环境，充分发挥各自的分解代谢能力。

（三）氧气

根据微生物对氧的需求情况，可将微生物分为好氧微生物与厌氧微生物两大类。好氧微生物又可分为专性好氧与兼性厌氧两种，厌氧微生物又可分为专性厌氧与兼性好氧两种。

1. 好氧微生物与氧的关系

好氧微生物包括大多数细菌、放线菌、霉菌、原生动物和微型后生动物等。它们都属于专性好氧微生物，在缺氧环境中完全不能生活。氧对好氧微生物的作用主要有两方面：①作为微生物好氧呼吸的最终电子受体；②供不饱和脂肪酸的合成。好氧微生物体内有相应的过氧化氢酶，过氧化物酶和超氧化物歧化酶，可以分解在利用氧的过程中所产生的有毒物质，如过氧化氢（H_2O_2）、过氧化物、和羟自由基等，从而使自身不致中毒。

好氧微生物需要的是溶于水的氧，即溶解氧。氧在水中的溶解度与水温、大气压有关。低温时，氧的溶解度大；高温时，氧的溶解度小。冬季水温低，污水的好氧生物处理中溶解氧能保证供应。夏季水温高，氧不易溶于水，常造成供氧不足。因此，常因夏季缺氧，促使适合低溶解氧生长的丝状细菌的优势生长，从而造成污泥丝状膨胀。含有有机物的污水中溶解氧浓度很低，因此，在对废水进行好氧生物处理时必须设置充氧设备充氧，如通过表面叶轮机械搅拌、鼓风曝气、压缩空气曝气、溶气释放器曝气、射流气曝气等方式充氧。在实验室中可用振荡器（摇床）充氧（大气中的氧气向液体培养基中扩散）。充氧量与好氧微生物的生长量、有机物浓度等呈正相关性。因此，在废水生物处理中，溶解氧的供给量要根据好氧微生物的数量、生理特性、基制性质及浓度等综合考虑。例如，在曝气池进水的 BOD_5 为 200～300mg/L、污泥浓度 MLSS 为 2～3g/L 时，溶解氧的质量浓度要维持在 2mg/L 以上。如果供氧不足，将导致活性污泥性能变差，使废水处理效果下降。

2. 厌氧微生物与氧的关系

厌氧微生物生活在无氧环境中，主要分布在湖泊、河流及海洋的沉泥中，泥炭、沼泽、积水的土壤中，灭菌不彻底的罐头食品中，动物的肠道中，以及污水或污泥的厌氧处理系统中等。

专性厌氧微生物中最著名的专性厌氧菌属除产甲烷菌外，还有梭状芽孢杆菌属，它是一组 G^+ 反应的，形成芽孢的杆状菌。梭状芽孢杆菌属在土壤、湖底沉淀物和肠道中广泛分布，且常常导致罐头食品的腐败。其他专性厌氧细菌还有类菌体（*Bacteroides*）、镰状细菌属（*Fusobacterium*）、瘤胃球菌和链球菌（少数一些种）。即便是在专性厌氧菌中，对氧的敏感性也是不相同的，有些微生物能耐少量的氧，而另一些菌则不能。

专性厌氧微生物之所以能被 O_2 或氧化条件所杀死，主要是因为：在 O_2 存在的条件下，大多数微生物产生过氧化氢（H_2O_2），这种毒物能被过氧化氢酶所破坏。过氧化氢酶在需氧微生物中是存在的，而在厌氧微生物中则很少见到。可以相信，厌氧微生物所以被 O_2 杀死，主要是因为它们产生 H_2O_2 而被杀死。微生物由 O_2 产生的另一种强氧化性物质是氧的游离基形式 O_2^-，O_2^- 可能是有毒的物质。耐氧厌氧微生物具有的一种酶——超氧化物歧化酶（*superoxide dismutase*）能破坏 O_2^-，专性厌氧微生物却缺乏这种酶。但耐氧厌氧微生物亦不具备过氧化氢酶，因此仍会被 H_2O_2 杀死。

因此，在培养基中要维持厌氧条件需要十分小心，因为即使微量氧也可阻碍细菌生长。在接种和移种传代过程中，可用氦气、氢气和氮气驱赶氧气，其中氮气用得比较多。通入氮气驱赶培养基中的氧以后，需用不透氧的橡皮塞塞紧容器口以防氧气进入。为了便于观察，可向培养基中加入少量氧化还原性颜料——甲基蓝或刃天青，以指示培养基内的氧化还原电位。甲基蓝和刃天青在还原态时为无色，在氧化态时显色，所以，培养基变色表明培养管中有氧。为确保厌氧微生物的生长，培养时可将培养管、培养瓶、平板放在无氧培养罐或厌氧培养箱内培养。在细菌培养时，把专性厌氧菌和兼性好氧菌一起混合培养，能比较容易获得前者的生长，因为后者消耗掉微量的氧，以维护专性厌氧菌所需的厌氧环境。

3. 兼性厌氧微生物与氧的关系

兼性厌氧微生物既能在无氧条件下，又可在有氧条件下生存。这是因为兼性厌氧微生物既具有脱氢酶也具有氧化酶。例如：酵母菌在有氧条件下迅速生长繁殖，进行好氧呼吸，将有机物彻底氧化成 CO_2 和 H_2O，并产生大量菌体；在无氧条件下，发酵葡萄糖产生乙醇和 CO_2。如果将氧通入正在发酵的酵母菌悬液中，发酵速度迅速下降，葡萄糖的消耗速度也显著下降。可见，氧对葡萄糖的利用有抑制作用，这一现象被称作巴斯德效应。兼性厌氧微生物在废水生物处理和污泥厌氧消化中发挥着积极作用。在废水好氧生物处理中，在正常供氧条件下，好氧微生物和兼性厌氧微生物两者共同起积极作用；在供氧不足时，好氧微生物不起作用，而兼性厌氧微生物仍起积极作用，只是分解有机物不如在有氧条件下彻底。兼性厌氧微生物在污水、污泥厌氧消化中也是起积极作用的，它们多数是起水解、发酵作用的细菌、能将大分子的蛋白质、脂肪、碳水化合物等水解为小分子的有机酸和醇类等。

在污（废）水生物处理过程中会产生硝酸盐（NO_3^-）和亚硝酸盐（NO_2^-）。如果将这种出水排放到缺氧的水体，则 NO_3^- 在缺氧水体中会被反硝化转为 NO_2^- 并积累，NO_2^- 遇氨转化为致癌物亚硝胺，从而会危害水生生物和污染饮用水水源，危害人体健康。因此，污（废）水不但要去除有机物，还需要脱氮，利用反硝化菌通过反硝化作用将硝酸盐（NO_3^-）和亚硝酸盐（NO_2^-）转化为 N_2 释放到大气中。反硝化细菌（如某些假单胞菌、脱氮小球菌等）在有溶解氧的水中进行好氧呼吸，在缺氧环境中又有 NO_3^- 存在时，进行无氧呼吸，利用 NO_3^- 作最终电子受体进行反硝化作用，使 NO_3^- 还原为 NO_2^-，进而生成 N_2。现在常用的除氮工艺有 A/O（缺氧-好氧）系统，A^2/O（厌氧-缺氧-好氧）系统、SBR（序批式间歇曝气器）等。以上工艺既可去除有机物又能达到除氮的目的，还可除磷。根据不同的水质可选择采用上述其中一种工艺。

（四）氧化还原电位

氧化还原电位（E_h）的单位为 V 或 mV。氧化环境具有正电位，还原环境具有负电位。氧化还原电位对微生物的生长繁殖及存活有很大影响。在自然界中，氧化还原电位的上限是 $E_h=+0.82V$，存在于高氧而没有氧的利用系统的环境中；下限是 $E_h=-0.42V$，是在富含氢（H_2）的环境中显现出来。氧化还原电位通常是用一个铂金电极与一个标准参考电极同时插入体系中来测定的，电极显示的电位差可以从一个敏感的伏特计上读出来。

各种微生物生长所要求的 E_h 值不同。一般好氧微生物在 E_h 值+0.1V 以上均可生长，以 E_h 值为+0.3～+0.4V 的最合适。厌氧微生物只能在 E_h 值低于+0.1V 以下，在−0.1V 以下生长较好。兼性厌氧微生物在+0.1V 以上时进行好氧呼吸，在+0.1V 以下时进行发酵。好氧活性污泥法系统中 E_h 值在+0.2～+0.6V 是正常的。在废水厌氧生物处理反应器中，氧化还原电位往往可保持在较低值，一般为 E_h 为−0.2～0.4V，这一方面是由于反应器本身与大气隔绝，且进入反应器的高浓度有机废水本身已无溶解氧，更重要的是，在发酵细菌代谢过程中往往产生大量 H_2 及抗坏血酸等还原性物质，因而不需添加任何试剂即可保证厌氧性细菌的生存环境。

环境中的 pH 对氧化还原电位会产生影响。pH 低时，氧化还原电位低；pH 高时，氧化还原电位高。氧化还原电位还受氧分压的影响，氧分压高，氧化还原电位高；氧分压低，氧化还原电位低。在培养微生物的过程中，由于微生物生长繁殖消耗了大量氧气，分解有机物产生氢气，使得氧化还原电位降低，在微生物对数生长期中下降到最低点。微生物与氧化还原电位及氧的关系如表 9-4。

表 9-4 微生物与氧化还原电位及氧的关系

存在环境	好氧微生物		厌氧微生物	
	专性好氧	兼性厌氧	专性厌氧	兼性好氧
高氧化还原电位	生长，有氧呼吸	生长，有氧呼吸	死亡	生长，有氧呼吸
低氧化还原电位	死亡	生长，发酵	生长，无氧呼吸	生长，无氧呼吸
气态氧	需要	不需，但有 O_2 更佳	有损害	不需，且有 O_2 较差

（五）水的活度与渗透压

水的活度 a_W 表示在一定温度（如 25℃）下，某溶液或物质在与一定空间空气相平衡时的含水量与空气饱和水量的比值，用小数表示。大多数微生物在 a_W 值为 0.95～0.99

时生长最好。当 a_W 值为 1.0 时，由于外界的低渗溶液导致水大量流入细胞内而造成细胞破碎；而当细胞处于高渗溶液（a_W 值较小）中，由于细胞内水向胞外流，则细胞可因失水而失去活性。因而，每种微生物都存在 a_W 值的耐性上限和下限，不过它们能够忍耐的生态幅不同。表 9-5 为某些微生物对 a_W 值的耐性下限。对于正常的细菌有机体，耐性下限一般为 0.93 左右，而大多数霉菌和某些酵母菌的忍受下限均很低。如酵母菌大多可存在于高浓度的啤酒、果汁、乳酪中，这些环境中的 a_W 值均很低；而霉菌即使在脱离水环境的潮湿环境中亦可良好地生长。

表 9-5　某些微生物对 a_W 值的耐性下限

类　群	a_W 下限	类　群	a_W 下限
细菌		霉菌	
大肠埃希杆菌(*E. coli*)	0.935～0.960	黑曲霉(*Asepergillus niger*)	0.88
沙门菌属某些种(*salmonella sp.*)	0.945	灰绿曲霉(*A. glaucus*)	0.78
枯草芽孢杆菌(*Bacillus subtilis*)	0.950	酵母	
八叠球菌属某些种(*Sarcina sp.*)	0.915～0.930	产朊假丝酵母(*Candida utilis*)	0.94
玫瑰色微球菌(*Micrococcus roseus*)	0.905	裂殖酵母属某些种(*Schizosaccharomyces sp.*)	0.93
金黄色葡萄球菌(*Staphylococcus aureus*)	0.900	酵母属(*Saccharomyces*)	0.60
嗜盐杆菌属某些种(*Halobacterium sp.*)	0.750		

注：数据引自 T. D. Brock（1974 年）。

任何两种浓度的溶液被半渗透膜隔开，均会产生渗透压。溶液的渗透压决定于其浓度。溶质的离子或分子数目越多渗透压越大。在同一质量浓度的溶液中，含小分子溶质的溶液渗透压比含大分子溶质的溶液大，例如，质量浓度为 50g/L 的葡萄糖溶液的渗透压大于质量浓度为 50g/L 的蔗糖溶液的渗透压。离子溶液的渗透压比分子溶液大。

生物体内渗透压必须与水环境的渗透压相适应，每种生物对环境的渗透压要求都有一定的最适度。按生态幅宽来看，水生生物可分为狭渗性和广渗性两种，这主要是因为每种生物对渗透压的调节能力以及体内的酶对渗透压变化幅度的适应能力不同的缘故。一般来说，狭渗性水生生物仅生长在水的活度较恒定的水域，如淡水水体和海洋中生物，而广渗性生物即使在水的活度变化很大的水域中（如江河入海口的淡咸水混交处）仍能正常生存。淡水原生动物所具有的伸缩泡对于渗透压调节起着重要的作用。例如，大草履虫（*Paramecium caudatum*）伸缩泡伸缩的速率随环境盐度的不同而改变，如表 9-6 所示，随着含盐量的增加，伸缩泡伸缩间隔时间越来越长，排出的水量越来越少。但必须指出，这类生物只能在盐量变化不大的水域中存在，移入海水中是不能生存的。

表 9-6　草履虫伸缩泡伸缩与含盐量的关系

水中的含盐量/%	0	0.25	0.5	0.75	1.00
伸缩泡的伸缩间隔/s	6.2	9.3	18.4	24.8	16.3
每小时的排水量(与体积之比)	4.8	2.8	1.38	1.08	0.16

注：数据引自 Herfs 1922 年数据。

(六) 毒物

自然水体中的有机或无机毒性物质大多来自排入水体的工业废水，或固体废弃物经降雨冲刷后进入水体。这些毒性物质在自然水体或废水处理构筑物中常发生生物和化学变化或转化。毒性物质常作为防止和控制有害微生物生长的消毒剂或防腐剂，但在自然水体或废水生物处理系统中往往可抑制微生物的分解代谢活动，并对人或牲畜等带来较大的危害。

1. 有机化合物

对微生物具有毒害效应的有机化合物种类很多，其中酚、醇、醛等能使蛋白质变性，是常用的杀菌剂。

(1) 酚及其衍生物　苯酚又名石炭酸。它们对细胞的有害作用主要是使细胞变性，同时又有表面活性剂的作用，破坏细胞膜的半透性，使细胞内含物外溢。当浓度高时是致死因子，反之则起抑菌作用。0.5%～1%的水溶液可用于皮肤消毒，但具有刺激性；2%～5%的溶液可用于消毒粪便与用具；3%～5%的溶液杀菌效果好；5%的则用作喷雾以消毒空气。芽孢与病毒比细菌营养细胞的抗性强，细菌的芽孢在5%的石炭酸溶液中仍可存活几小时。甲酚是酚的衍生物，杀菌能力比酚强几倍。甲酚在水中的溶解度较低，但在皂液与碱性溶液中易形成乳浊液。市售的消毒剂煤酚皂液（来苏）就是甲酚与肥皂的混合液，常用3%～5%的溶液来消毒皮肤、桌面及用具等。

(2) 醇　醇是脱水剂、蛋白质变性剂，也是脂溶剂，通过损害细胞膜而具有杀菌能力。50%～70%的乙醇即可杀死营养细胞，70%的乙醇杀菌效果最好，超过70%以至无水酒精效果较差。菌体与无水乙醇接触后迅速脱水，表面蛋白质凝固，形成了保护膜，阻止了乙醇分子进一步渗入。乙醇是普遍使用的消毒剂，常用于实验室内用具的消毒。甲醇的杀菌力较乙醇差，而且对人，尤其是对眼睛有害，不适于作消毒剂。

(3) 醛　甲醛也是一种常用的杀细菌剂与杀真菌剂，效果良好。纯甲醛为气体状态，可溶于水，市售的福尔马林溶液就是37%～40%的甲醛水溶液。

2. 重金属及其化合物

大多数重金属及其化合物都是有效的杀菌剂或防腐剂，其中作用最强的是Hg、Ag、和Cu。它们的杀菌作用，有的是容易与细胞蛋白质结合而使之变性，有的是进入细胞后与酶上的—SH基结合而使酶失去活性，从而抑制微生物的生长或导致死亡。

(1) 汞　汞化合物有二氯化汞（$HgCl_2$）、氯化亚汞（Hg_2Cl_2）和有机汞。二氯化汞又名升汞，是杀菌力极强的消毒剂之一，(1∶500)～(1∶2000)的升汞溶液对大多数细菌有致死作用。由于汞盐对人及动物有剧毒，所以应用受到限制。红汞（汞溴红）也是最常用的外用消毒剂之一。

(2) 银　银长期以来作为一种温和防腐剂而被使用。0.1%～1%硝酸银（$AgNO_3$）用于皮肤消毒。新生婴儿常用1%硝酸银滴入眼内以预防传染性眼炎。蛋白质与银或氧化银制成的胶体银化物，刺激性较小，也可用作消毒剂或防腐剂。

(3) 铜　硫酸铜是主要的铜化物杀菌剂，对真菌及藻类效果较好。在易生长藻类的给水水源地，常用硫酸铜抑制藻类生长。在农业上为了杀灭真菌、螨和防治某些植物病害，常用硫酸铜与石灰以适当比例配制成波尔多液使用。

(4) 铬　六价铬被认为是对生物有毒害作用的重金属，目前尚无资料报道其在低浓度时可成为微生物的激活剂。然而，有研究说明，高浓度Cr^{6+}对活性污泥有毒害作用，而当混合液中Cr^{6+}的浓度低于0.1mg/L时，对活性污泥有激活作用。实验中还发现，若废水中蛋白质含量增加，Cr^{6+}的毒性降低，这是由于Cr^{6+}可与蛋白质发生螯合作用而使水中处于游离状态的Cr^{6+}离子减少的结果。

3. 卤族元素及其化合物

碘是强杀菌剂。3%～7%的碘溶于70%～83%的乙醇中配置成碘酊，是皮肤及小伤口有效的消毒剂。另外将2%的碘与2.4%的碘化钠溶于70%乙醇，刺激性较小，而仍有杀菌效果。目前已发展到用有机碘化物杀菌。碘一般都用作外用药。1%的碘酒或1%的碘甘油溶液，10min 内可杀死一般的细菌和真菌，并使病毒灭活。

液氯和漂白粉［有效成分为次氯酸钙 $Ca(ClO)_2$］常用于自来水厂和游泳池的消毒。一般认为，液氯和漂白粉的杀菌机制，是氯与水结合产生了次氯酸（HClO），次氯酸易分解产生新生态氯。新生态氯是一种强氧化剂，对微生物起破坏作用。由于液氯和漂白粉常与自然水体中的腐殖酸等形成致癌、致畸、致突变等有机卤代化合物（如 $CHCl_3$），因而，人们正在寻找自来水和游泳池水的新型消毒剂，对于饮用水，也可在常规处理工艺后，加以进一步处理，如目前研究的较为广泛的固定化生物活性炭技术，经进一步处理后，水质可达到优质饮用水标准，其原理将在以后有关章节中讲述。

4. 染料

一般而言，染料不具有杀菌能力。但是，多数染料，特别是碱性染料在低浓度下即可抑制细菌生长。这是由于碱性染料的阳离子与菌体的羧基作用可形成难电离的化合物，妨碍菌体的正常代谢，扰乱菌体的氧化还原能力，并阻碍芽孢的形成。

常见的碱性染料有龙胆紫（医药上用作紫药水）、结晶紫、碱性复红、亚甲蓝、孔雀绿等。通常，革兰阳性菌比革兰阴性菌对染料更敏感。例如，结晶紫质量浓度为 $(3.3\sim5.0)\times10^{-4}$g/L 时将抑制革兰阳性菌，而对于革兰阴性菌则需浓缩 10 倍才能起到抑制作用。

在质量浓度较低（小于 1g/L）的情况下，染料可成为微生物的营养源，因此可利用驯化的活性污泥处理含有染料的废水。但印染废水中常含有各种各样的染料，采用生物处理法处理印染废水时应考虑微生物的耐性限度，否则将影响生物处理能力，甚至使处理系统运行失效。

第三节　微生物种群的生存竞争

种群（population）可理解为同种生物个体的集合体。种群是由个体组成的，但种群内的每个个体不是孤立的，而是通过种内关系组成一个有机的统一体。自然界中的一切生物都具有高繁殖率的倾向，以保证种群的生存和延续。当然，也不可避免地会出现生存竞争。如果种群内、种群间不存在生存竞争，自然界则将出现“群满为患”之灾。

生存竞争是生物间相互关系的一个重要方面，概括地说就是“物竞天择，适者生存”，这一现象在自然界中永恒存在，这是由于生物为了自身的生存，对共同需要的因子（包括非生物因子和生物因子）竞争的结果。生存竞争可在种群内发生，也可在种群间发生。

一、种内的生存竞争

种群内的竞争表现为个体间的竞争，这种竞争在种群繁殖初期并不激烈，各自可能具有较多的空间和食物来源。一旦在某个生境确立了种群的分布区，并在分布区中随着种群密度增加，竞争才逐渐产生，而且日趋激烈。由此可见，种群数量过剩将是导致种内竞争的根源，而种内竞争又是种群密度的制约因子。

种内竞争分为分摊竞争和争夺竞争两种形式。

(一) 分摊竞争（scramble competition）

种群内的每一位成员均有相等的机会去接近和获取有限的资源。这一竞争关系是在对羊绿蝇的研究中发现的。在实验室中，当几个幼虫取食 1g 的公牛脑匀浆时，得到的成虫数量很高；而将 50 只幼虫放在等量的公牛脑匀浆上培养时，可以得到更高的成虫数量；

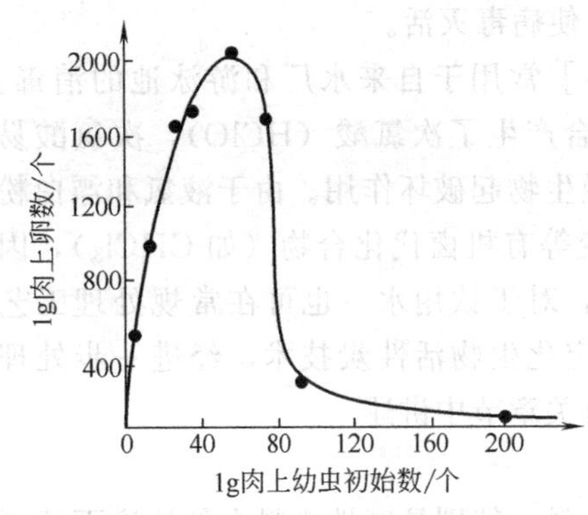

图 9-5　羊绿蝇对食物的种内竞争
（成年个体产卵数与初始幼虫数量的关系）

当放养的幼虫量高于这一密度时，成虫数量迅速下降，假如在 1g 公牛脑匀浆上放养 200 只或更多的幼虫，则成虫数量很低。（如图 9-5）。

（二）争夺竞争（contest competition）

竞争中的优胜者为了生存和繁殖的需要，必须尽可能多地控制必需资源，而劣势者则将必需资源让给它的竞争优胜者。例如，在动物界，在资源有限的情况下，种群内的强者总是占据更多的食物、活动场所等资源，而弱者所能得到的生活资源相对较少，在竞争中处于劣势。

任何一个环境中所能容纳的生物密度存在着上限值，当超过环境容量，即可利用资源相对有限时，则必然出现种群内竞争现象。因而，种群内竞争的产生是一种密度制约效应，这一效应则避免了“繁殖过剩”，并保证了种群的生存和延续。

二、生态位

（一）生态位的概念

生态位是指每个种群受群落中生态因子限定的空间地位及其功能作用。

哈奇森（Hutchinson）是生态位研究中最有影响的学者之一。在 1957 年他提出，环境变量（包括非生物因子和生物因子）是影响一个物种种群的一组 n 个坐标的点集，而这些变量的变化幅度是物种生存与繁殖所能适应的，生态位就是这样一种 n 维抽象体积和超体积。例如，研究一个种群与温度的关系，可以确定该种群在温度方面的忍受幅度，这便是它的一维生态图（图 9-6）；如果这一种群以细菌为食，并且只能取食栖息地中一定大小的细菌，则与温度共同构成一个二维生态位，即一个面；假若该种群在水面下一定深度内生存，第三维坐标可以是该种群所需水深，因而可描述为一个三维的生态位，即一个体积。如果这一种群的生存与繁殖受到 n 个环境因子制约，则构成一个 n 维的、超体积的生态位。他还认为，在某一生境中，能够为某一种群所栖息的理论最大空间，称为基础生态位（fundamental niche）。但实际上，一个种群很少能全部占据基础生态位，当存在竞争者时，必然使该种群只占据基础生态位的一部分，这一部分实际占有的生态位，称为实际生态位（realized niche）或实现生态位。参与竞争的种群越多，各种群所占有的实际生态位越小。

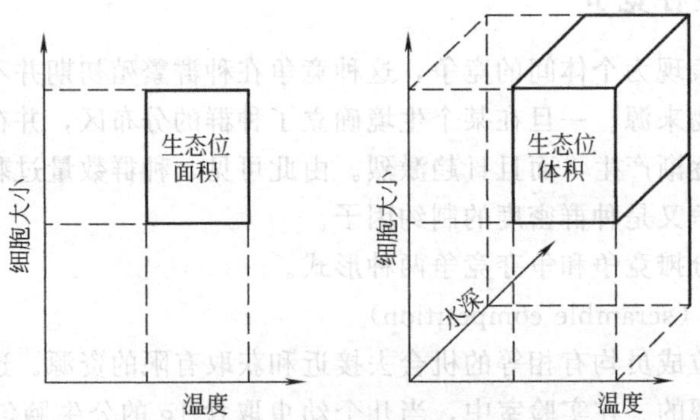

图 9-6　生态位图解

(二) 生态位的属性

生态位的属性可以概括为时间、空间和物质（生态因子，包括非生物因子和生物因子），它们之间相互联系、相互制约和相互依存，共同构成一定的因果关系。

1. 时间

是随时间而变的因子，这些因子往往与人们所研究的系统有关。如在自然界中（包括敞开系统的废水生物处理单元）随季节性变化和日变化的各种自然因素，如气候因子（水、热条件等）、化学因子（如污染物质种类和排放量）等。而等温废水生物处理单元（如厌氧消化反应器）和发酵工业，在稳定条件下，则与时间无关。时间的概念往往应用于群落生态学中或着重分析随时间变化的生境中，通过定期地改变组分种（component species）的相对竞争能力，可以促进多样性，从而允许它们共同生存。

2. 空间

空间是生态位的重要属性，它包括动物种群捕食、栖息的垂直分布和平面分布。无论是自然界还是人工环境系统（如废水处理构筑物），不同的空间往往存在不同的生物种群，这种现象几乎在任何地方均可观察到。

(三) 高斯原理与竞争排斥原理

高斯（Gause）是第一个采用试验来研究种群竞争与生态位关系的学者。他在试管中加入两种在生态习性上很接近的草履虫—双小核草履虫（*Paramecium-aurelia*）和大草履虫（*P. caudutum*），并移入一定数量的细菌作为饵料。如图 9-7 所示，单独培养时，两种群繁殖速率相差无几，并均表现出典型的 S 型增长；将两个种群放在一起混合培养时，开始两种都增长，且大草履虫繁殖速率稍快，但不久死亡速率迅速增加，16d 后，双小核草履虫占据了绝对优势，大草履虫被淘汰。高斯根据这一试验结构提出了高斯原理（Gause principle），即生态学上完全相同的种，不能长久共存，最终一个种被另一个种所取代。

在高斯理论的基础上，人们又提出了竞争排斥原理（competition exclusion princi-

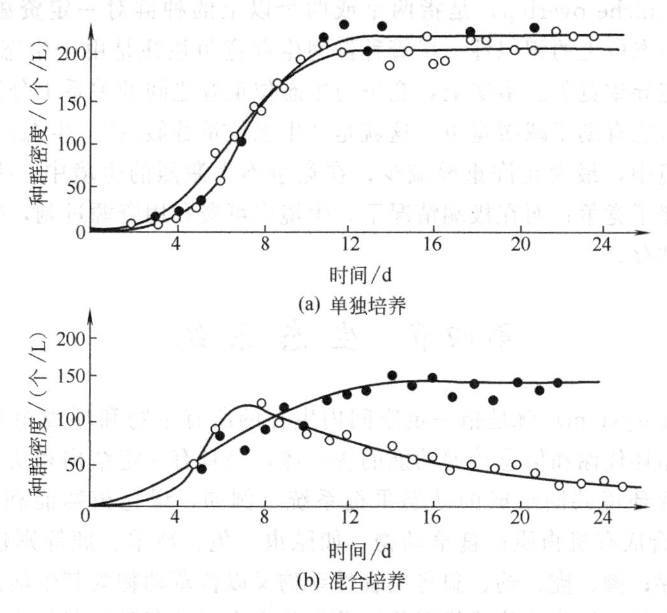

图 9-7　双小核草履虫和大草履虫的竞争实验

●—双小核草履虫；○—大草履虫

ple)：在一个稳定环境中，同一个生态位不能长时间被一个以上的安定种群同时占据和长期存在。也就是说，两个或两个以上的种群对于生态位需求极为相似时，就不能在同一生境中长久共存。因为，它们会对相同的环境资源进行竞争，而竞争的结果一般不会形成适应均等的局面，经常是一个种群具有较优越的适应性和较大的入侵性，直到全部占据生态位的容纳量为止。

(四) 生态位分离

生态位分离（niche separation）是指在稳定的环境中，不同种群在同一生境长期共存时，必须有各自不同的（实际）生态位，从而避免种群间长期而又激烈的竞争，并有利于每个种群在生境内进行有序和有效的生存。生态位分离可能来源于种群自身，也可能来源于生境，或者来源于种群与生境之间的协调作用。

赖克（Lack）为了证实高斯原理，研究了在同一水域摄食、同一峭壁上营巢的两种鸬鹚（*Phalacrocorx carbo* 和 *P. aristotelis*）。经过深入地观察发现，它们中一种主要以水上层自由游泳的鱼类沙鳗为食，而另一种主要捕食底栖的比目鱼和底栖无脊椎动物。这说明它们的营养生态位是有区别的，因之竞争压力减小。对其他一些生物的研究也发现了类似的现象。可见，在同一环境中生活，生态特征很相似的种类之间，可以通过取食位置、取食方式等的区别以利用不同的资源，减弱它们之间的竞争。也就是说，两个亲缘较近的种群能够在同一空间生存的原因，是由于生态位的分离。

(五) 生态位宽度与生态位重叠

种群生活在一定的空间内，共同利用空间的资源。可用生态位宽度这一指标来描述不同种群占据空间范围和利用资源的能力。生态位宽度（niche breadth）可以简单理解为有机体利用已知资源的幅度。生态位宽度往往涉及资源利用的“多样性”，即使在不存在种间竞争的理想条件下，在生境中，若有机体可利用的资源仅限制在有效资源系列的一小部分，则生态位宽度较窄；若能利用资源谱中的多个系列，则被认为有宽广的生态位。

生态位重叠（niche overlap）是指两个或两个以上的种群对一定资源共同利用的程度，或是它们在生态位上的相似性。尽管种群间生存竞争往往是由于生态位重叠造成的，但是重叠并不一定导致竞争。事实上，竞争与生态位重叠之间的关系十分复杂，有时，广泛的重叠实际上可能有助于减缓竞争，这就是“生态位重叠假说”。生态位重叠假说指出，在激烈竞争的生境中，最大允许重叠减少；在竞争不太激烈的生境中，生态位广泛的重叠，实际上也减缓了竞争；而在极端情况下，生境中可资利用资源过剩，生态位即使完全重叠，种间仍能共存。

第四节　生 态 系 统

生态系统（ecosystem）就是指一定空间内生存的所有生物和环境相互作用的，具有能量转换、物质循环代谢和信息传递功能的统一体，是具有一定结构和功能的单位，即由生物群落及其生存环境共同组成的动态平衡系统。例如，绿色植物能利用日光将 CO_2、H_2O 和矿质营养合成有机物质；食草动物，如昆虫、兔、羚羊、鹿等则依靠绿色植物合成的有机物而生存；狮、虎、豹、狼等肉食性动物又以食草动物为其生活的食物来源；微生物则靠分解死亡的动植物残体或排泄物以获得其生命活动所需的营养物质和能量。绿色植物、动物、微生物通过呼吸代谢作用，分解有机化合物获得生命活动所需能量的同时，

将 CO_2、H_2O 和其他代谢产物归还于环境。因此，生物与生物、生物与环境总是不可分割地相互联系、相互作用着。

一、生态系统的结构

(一) 非生物环境

非生物环境（abiotic environment）包括气候因子，如光照、热量、水分、空气等；无机物质，如 CO_2、H_2O、O_2、N_2 及矿质盐分等；有机物质，如碳水化合物、蛋白质、脂类及腐殖质等。

(二) 生物因子

① 生产者　生产者（producers）是指能利用太阳能等能源，将 CO_2、H_2O 和无机盐等简单无机物合成为复杂有机物的自养生物，如陆生的各种植物、水生的高等植物和藻类，还包括一些光能营养型细菌和化能营养型细菌。在污染严重的水体中，水生多细胞藻类占优势。生产者是生态系统的必要成分，它们将光能转化为化学能，是生态系统所需一切能量的基础。

② 消费者　消费者（comsumers）是相对生产者而言的，它们不能利用无机物制造有机物，而是直接或间接依赖生产者所制造的有机物，因此属于动物营养的异养生物（heterotrophs）。消费者一般可划分为数个营养级（trophic level），较小的消费者被较大的消费者所食。

③ 分解者　分解者（decomposers）是指分解已死的有机体或有机化合物的微生物，如细菌和真菌等腐生性生物（saprotrophs）。微生物体积虽小，但在自然界物质循环中起着巨大的作用。

二、生态系统的功能

生态系统的功能包括生物生产、能量流动、物质循环、信息传递及调节能力等功能。

① 生物生产　即生产者利用太阳能或化学能，将 CO_2 合成碳水化合物。

② 能量流动　生物有机体进行的代谢、生长、繁殖均需能量，一切生物所需的能源归根到底都来自太阳能。太阳能通过光合作用进入生态系统，将简单的无机物（CO_2、H_2O）转变为复杂的有机物，即转化为储存于有机物分子的化学能。这种化学能以食物的形式沿着食物链的各个环节，也就是在各个营养级中依次流动。在流动过程中，有一部分能量要被生物体储存，另一部分被生物的呼吸作用消耗掉（以热的形式散失），还有一部分能量则作为不能被利用的废物浪费掉。所以，处于较高的各个营养级中的生物所能利用的能量是逐渐减少的（图 9-8）。

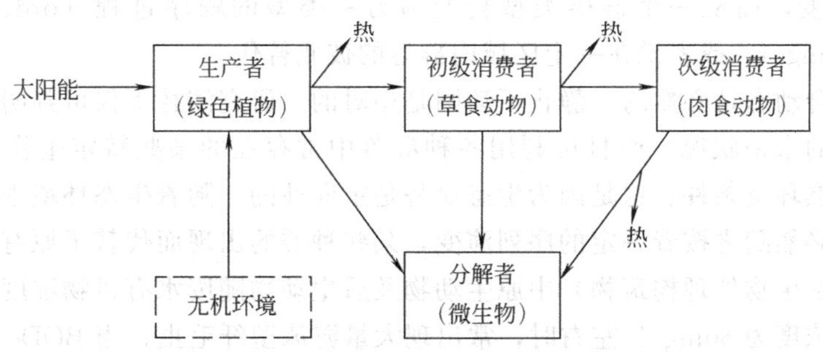

图 9-8　能量流动示意图

可见，生态系统中的能量流动是单方向的，是不能一成不变的反复循环利用的，一般来说，食物的化学能在各个营养级流动时，其有效率仅为10%左右，故需要太阳能不断地补充和更新。

③ 物质循环　生物有机体约有40余种化学元素组成，其中最主要的是C、H、O、N、P、S，它们来自环境。构成生态系统中的生物个体和生物群落的各种化学元素，经由生产者（主要是植物）、消费者（动物）、分解者（微生物）所组成的营养级依次转化，从无机物→有机物→无机物，最后归还给环境，构成物质循环。物质循环不同于能量循环，它在生态系统中周而复始地运行，能被反复利用。

④ 信息传递　包括物理信息（声、光、颜色等）、化学信息（生长素、抗菌素、酶等）、行为信息和营养信息，这些信息最终都是经由基因和酶的作用形成，并以激素和神经系统为中介体现出来，它们对生态系统的调节有重要作用。

营养信息是通过营养交换的形式把信息从一个种群传递给另一个种群，或从一个个体传递给另一个个体。食物链（网）即为一个营养系统。当鹌鹑多时，猫头鹰大量捕食鹌鹑的同时也捕食鼠类，这样，通过猫头鹰对鼠类捕食的轻重，向鼠类传递了鹌鹑的多少的信息（图9-9）。

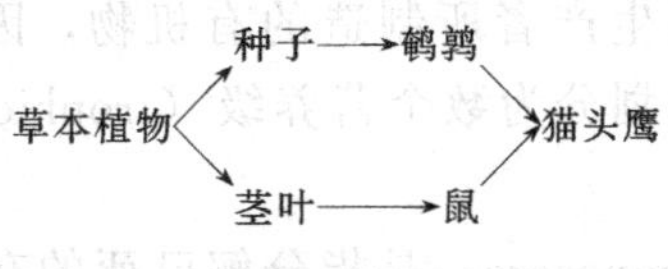

图9-9　信息传递示意图

⑤ 调节能力　是指生态系统具有的自动调节恢复稳定状态的能力。系统的组成成分越多样，能量流动和物质循环的途径越复杂，这种能力越强。反之，成分越单调，结构越简单，则调节能力就越小，然而这种调节能力有一定的限度，超过此限度就不再起调节作用，从而使生态系统破坏。

使生态系统失去调节能力的主要元素有：一是种群成分的改变，如单一种植物的农田生态系，因缺乏多样性而易被昆虫破坏；二是环境因素的变化，如湖泊富营养化使水质破坏，使水中溶解氧大大减少，造成鱼及其他水生生物死亡；三是信息系统的破坏，如石油污染导致回游性鱼类信息系统破坏，无法逆流产卵以致影响回游性鱼类的繁殖，破坏鱼类资源。

三、生态演替

所谓群落的生态演替（ecological succession）是指群落经过一定的发展时期及生境内生态因子的改变，而从一个群落类型转变为另一类型的顺序过程（orderly process of community change），或者说在一定区域内群落的彼此替代。

群落的组合动态是必然的，静止不动则是相对的。研究演替不仅可判明群落动态的机理及推断群落的未来状况，而且可利用各种群落中常存在的某些特定生物（即指示性生物）来了解自然环境条件。这是因为生态演替是定向性的，随着生态环境中各生物因子的变化，群落也必然随之按着一定的序列演变，某些种群的出现而代替了原有种群构成。如自然水体（包括生物处理构筑物）中原生动物及后生动物随废水有机物浓度改变的演替规律。当BOD_5浓度为60mg/L左右时，常出现大量游泳型纤毛虫；当BOD_5浓度为30mg/L左右时，常见固着型纤毛虫；而BOD_5浓度为15mg/L时，常出现轮虫。值得注意的是，每个种群微生物尽管有特定的生态位，但是由于它们的耐性限度有一定幅宽，因而往往在某一特定群落中常会发现不同类群的原生动物共存。

（一）活性污泥中原生动物的演替规律

（1）原生废水进入曝气池后，由于营养充足，细菌和部分鞭毛虫，尤其是植鞭毛类能通过细胞表膜的渗透作用，将溶于水的有机质吸收到体内作为营养物质，异养菌分泌胞外酶使大分子有机物降解为小分子，再加以利用，肉足虫靠吞食有机颗粒、细菌为生，因此三者占优势。

（2）由于溶解型有机质的消耗，菌胶团的形成，游离菌的减少，加之微型动物群的增殖扩大，使曝气池内营养体系发生了巨变。在这种情况下，各类微生物（细菌、植鞭毛虫、动物鞭毛虫和肉足虫）为了生存，就以食物为中心进行竞争。细菌和植鞭毛虫争夺溶解性有机营养，植鞭毛虫竞争不过细菌而被淘汰，而肉足虫与动鞭毛虫在竞争过程中因肉足虫竞争力差很快被淘汰。

（3）由于异养菌的大量繁殖，又为纤毛虫提供了食料来源，纤毛虫掠食细菌的能力大于动鞭毛虫，因此，取代动鞭毛虫成为优势类群。随之，以诱捕纤毛虫为生的吸管虫也大量出现。

（4）由于有机质被氧化，营养缺乏，游离菌减少，游泳型纤毛虫和吸管虫数量相应减少，优势地位被固着型纤毛虫取代，因为它可以生长在细菌少、有机物含量很低的环境中。

（5）水中的细菌和有机质越来越少，固着型纤毛虫得不到营养，便出现了以有机残渣、死细菌及老化污泥为食料的轮虫。它的适量出现指示着一个比较稳定的生态系统。

各类微生物出现的程序，主要受食物因子约束，反映了一个由有机物→细菌→原生动物→后生动物的演替规律。

（二）生物膜中原生动物的演替规律

采用生物膜法处理有机废水，各类微生物的演替规律主要受溶解氧和有机营养因子的制约。

若以溶解氧控制生态演替规律的话，主要体现在从生物外表面到滤料（或盘片）表面优势微生物种群变化顺序上，即按好氧→兼性→厌氧的顺序变化。

若以有机营养因子控制生态演替规律，主要体现在沿废水流向出现的优势微生物种群。在生物滤池的上层（或转盘前边盘片），有机物浓度高，生物膜厚，主要由菌胶团组成；在中层（或盘片），有机物浓度开始降低，开始大量出现丝状菌，并伴有少量的原生动物，如鞭毛虫、游泳型纤毛虫等。在下层（或盘片）有机物浓度减少，生物膜变薄，种类多，数量少，有柄纤毛虫和轮虫占优势。

总之，沿水流方向，生物膜上的微生物呈现种类依次增多，数量依次减少的变化。微型动物基本上按照鞭毛虫→游泳型纤毛虫→固着型纤毛虫→轮虫、线虫的顺序大量出现。当有毒物或有机物发生变化时，会引起生物膜上种群特征的上下（或前后）移动，由此可判断废水浓度或污泥负荷的变化。

思考题

1. 水体自净的原理是什么？

2. 什么是限制因子、最低定律和耐性定律？

3. pH对微生物生长和发酵产物有什么影响？

4. 氧气对微生物的生长有什么影响？

5. 微生物之间的关系是怎样的？举例说明之。

6. 生态位的含义是什么？如何理解生态位分离？

7. 生态系统的结构是怎样的？

8. 生态系统有哪些功能？

9. 什么是生态演替？水处理构筑物中原生动物如何随有机物的浓度而改变？它对污水处理的实践有什么指导意义？

第十章

饮用水生物处理基本原理

水是国民经济发展和人类生存的基本条件，水资源短缺已成为全球性的问题。随着环境污染和生态破坏日趋严重，导致全球性水危机的出现，直接影响到社会和经济的可持续性发展。

中国是世界上水资源严重短缺的13个国家之一。加之水污染的加剧和利用不合理，导致水资源短缺问题更加突出。据2003年中国环境公报统计，全国工业和城镇生活废水排放总量为460.0亿吨，其中工业废水排放量212.4亿吨，城镇生活污水排放量247.6亿吨，城市污水处理率为14%左右，工业废水处理率为80%左右。由于受纳水体被污染，不仅加剧了城市用水的供需矛盾，而且直接影响了城市供水水质，威胁城镇居民的健康。据世界卫生组织（WHO）统计，全世界每年至少有1500万人死于因水污染引起的疾病。我国90%以上的城市水域受到不同程度的污染，约50%的重点城镇的集中饮用水水源不符合标准。从目前国内外研究现状和发展动态来看，主要的趋势是强化现行的常规给水处理工艺及供水的安全输配和发展除污染的高新技术。

第一节　水的卫生细菌学

一、水中的病原微生物

在供给人们生活饮用水时，必须保证水中没有病原微生物。为此，需要知道水中有哪些常见的病原微生物，并学习检验它们的方法。

(一) 水中细菌及病原微生物群落的分布

水中所含微生物来源于空气、土壤、废水、垃圾、死的动植物等，所以，水中微生物种类是多种多样的。进入水体中的病原微生物大多来自人或动物的排泄物，或死于传染病的人或动物，如伤寒杆菌、霍乱弧菌、痢疾杆菌、钩端螺旋体、甲型肝炎病毒、脊髓灰质炎病毒等。病原微生物进入水环境的途径主要有医院废水、家庭废水及城市街道排水等。当它们进入水体后，则以水作为它们生存和传播的媒介。

水体中生存的细菌大多为腐生性细菌（包括大肠菌群），当水被废水、垃圾、粪便污染时，水中细菌的种类和数量将大大增加。一般来说，在远离工厂和居民区的清洁河、湖中，细菌的种类主要是通常生活在清洁水中和土壤中的细菌。在工业区或城市附近，河水受到污染，不但含有大量腐生细菌，还可能含有病原细菌。河水下游离城镇越远，受清洁支流冲淡和生化自净作用的影响越大，细菌数目也就逐渐下降。地下水经过土壤过滤，逐渐渗入地下。由于渗滤作用和缺少有机物质，地下水中所含细菌量远远少于地面水，深层的地下水甚至会没有细菌。

（二）水中的病原微生物

水中细菌虽然很多，但大部分都不是病原微生物。经水传播的疾病主要是肠道传染病，如伤寒、痢疾、霍乱、肠炎等。

1. 伤寒杆菌

伤寒杆菌主要有三种：伤寒沙门菌（*Salmonella typhi*）、甲型副伤寒沙门菌（*S. paraty-phiA*）和乙型副伤寒沙门菌（*S. paraty-phiB*）。它们的大小约（0.6～0.7）μm×(2～4)μm，不生芽孢和荚膜，借周生鞭毛运动，革兰阴性反应。加热到60℃，30min可以杀死，在5%的石炭酸中可存活5min。

伤寒和副伤寒是一种急性传染病，特征是持续发烧，牵涉到淋巴样组织，脾脏肿大，躯干上出现红斑，使胃肠壁形成溃疡以及产生腹泻。感染来源为被感染者或带菌者的尿及粪便，一般是由于与病人直接接触或与病人排泄物所污染的物品、食物、水等接触而被传染。

2. 痢疾杆菌

痢疾杆菌主要是指志贺菌属（*shigella*）中的两种菌，它们可引起细菌性痢疾。

(1) 痢疾志贺菌（*S. dysenteriae*）

大小为（0.4～0.6)μm×(1～3) μm。所引起的痢疾在夏季最为流行，特征是急性发作，伴以腹泻。有时在某些病例中有发烧，通常大便中有血及黏液。

(2) 副痢疾志贺菌（*S. paro dysenteriae*）

这种杆菌的大小约为0.5μm×(1～1.5)μm，所引起疾病的症状与痢疾杆菌引起的急性发作类似，但症状一般较轻。

痢疾杆菌不生芽孢和荚膜，一般无鞭毛，革兰阴性反应。加热到60℃能存活10min，在1%的石炭酸中可存活0.5h。其传播方式主要通过污染的食物和水，以及蝇类传播。

3. 霍乱弧菌

霍乱弧菌（*Vibrio cholerae*）大小约（0.3～0.6)μm×(1～5)μm。细胞可以变得细长而纤弱，或短而粗，具有一根较粗的鞭毛，能运动，革兰阴性反应，不生荚膜与芽孢。在60℃下能存活10min，在1%的石炭酸中能存活5min，能耐受较高的碱度。

在霍乱的轻型病例中，只出现腹泻。在较严重或较典型的病例中，除腹泻外，症状还包括呕吐、腹疼和昏迷等。此病病程短，重者常在症状出现12h内死亡。霍乱弧菌可借水及食物传播，与病人或带菌者接触也可能被传染，也可由蝇类传播。

以上三种肠道传染病菌对氯的抵抗力都不大，用一般的加氯消毒法都可除去。但有些病原菌，采用通常的消毒剂量难以杀死，如赤痢阿米巴对氯的抵抗力较强，需游离性余氯3～10mg/L左右，接触30min才能杀死。但赤痢阿米巴虫体较大，可在过滤时除去。杀死炭疽菌则需更多的氯量。目前，一般水厂的加氯量只能杀死肠道传染病菌。

除传染病菌外，还有一些借水传播的寄生虫病，如蛔虫、血吸虫等。防止寄生虫病传播的重要措施是改善粪便管理工作，在用人粪施肥前，应经过曝晒和堆肥。在用城市生活废水灌溉前，应经过沉淀等处理，将多数虫卵除去。在水厂中经过砂滤和消毒，可将水中的寄生虫卵完全消除。

二、大肠菌群和生活饮用水的细菌标准

（一）大肠菌群

大肠菌群通常作为检验水的卫生指标。

肠道正常细菌有三种：大肠菌群、肠球菌群和产气荚膜杆菌群。选作卫生指标的菌群必须符合的要求，一是该细菌的生理习性与肠道病原菌类似，而且它们在外界的生存时间基本一致；二是该种细菌在粪便中的数量较多；三是检验技术较简单。因为大肠菌群（如大肠杆菌，见表10-1）的生理习性与伤寒杆菌、副伤寒杆菌和痢疾杆菌等病原菌的生理特性较为相似，在外界生存时间也与上述病原菌基本一致，故选定大肠菌群作为检验水的卫生指标。若由水中检出此菌群，则证明水最近曾受粪便污染，就有可能存在病原微生物。

表10-1　大肠菌群及某些病原菌在各种水体中生存时间/d

水　体	大肠杆菌	伤寒杆菌	甲型副伤寒杆菌	乙型副伤寒杆菌	痢疾杆菌	霍乱弧菌
灭过菌的水	8～365	6～365	22～5	39～167	2～72	3～392
被污染的水		2～42		2～42	2～4	0.2～213
自来水	2～262	2～93		27～37	15～27	4～28
河水	21～183	4～183			12～92	0.5～92
井水		1.5～107				1～92

大肠菌群在人的粪便中数量很大，健康人的每克粪便中平均含5000万个以上；每毫升生活废水中含有大肠菌群3万个以上。检验大肠菌群的技术并不复杂。

目前认为，总大肠菌群和粪大肠菌群是较理想的水体受粪便污染的指示菌。总大肠菌群是对一群需氧及兼性厌氧在37℃培养24h，能分解乳糖产酸、产气的革兰阴性无芽孢杆菌的统称，它们大量存在于人及温血动物粪便中，可作为水体粪便污染指示菌。但总大肠菌群细菌除在人和温血动物肠道内生活外，在自然环境的水和土壤中亦常有分布，因此只检测总大肠菌群数尚不能确切地证明污染来源及危害程度。在自然环境中生活的大肠菌群培养的适宜温度为25℃，37℃培养时仍可生长，如将温度提高到44.5℃，则不再生长。而直接来自粪便的大肠菌群细菌，习惯于37℃左右生长，将培养温度提高到44.5℃仍可继续生长。凡在44.5℃仍可继续生长的大肠菌群细菌称为粪大肠菌群。如在饮用水中检出粪大肠菌群则表明此饮用水已被粪便污染，可能存在肠道致病微生物。因此可用提高培养温度的方法将自然环境中生长的大肠菌群与粪便中的大肠菌群区分开。

大肠菌群一般包括大肠埃希杆菌（*E. coli*）、产气杆菌（*Aerobacter aerogenes*）、枸橼酸盐杆菌（*Coli citrovorum*）和副大肠杆菌（*Paracoli bacillus*）。

大肠埃希杆菌也称为普通大肠杆菌或大肠杆菌，它是人和温血动物肠道中正常的寄生细菌。一般情况下大肠杆菌不会使人致病，在个别情况下，发现此菌能战胜人体的防卫机制而产生毒血症、腹膜炎、膀胱炎及其他感染。从土壤或冷血动物肠道中分离出来的大肠菌群大多是枸橼酸盐杆菌和产气杆菌，也往往发现副大肠杆菌。副大肠杆菌也常在痢疾或伤寒病人粪便中出现。因此，如水中含有副大肠杆菌，可认为受到病人粪便的污染。

大肠埃希杆菌是好氧及兼性的，革兰染色阴性，无芽孢，大小约为（2.0～3.0）μm×（0.5～0.8）μm，两端钝圆的杆菌；生长温度为10～46℃，适宜温度为37℃，生长pH范

围为4.5～9.0，适宜的 pH 为中性；能分解葡萄糖、甘露醇、乳糖等多种碳水化合物，并产酸产气，所产生的 CO_2/H_2 为2。大肠菌群中各类细菌的生理习性较相似，只是副大肠杆菌分解乳糖缓慢，甚至不能分解乳糖，而且它们在品红亚硫酸钠固体培养基（远藤培养基）上所形成的菌落不同；大肠埃希杆菌菌落呈紫红色，带金属光泽，直径约为2～3mm；枸橼酸盐杆菌菌落呈紫红或深红色；产气杆菌菌落呈淡红色，中心较深，直径较大，一般约为4～6mm；副大肠杆菌的菌落则为无色透明。

目前，国际上检验水中大肠杆菌的方法不完全相同。有的国家用葡萄糖或甘露醇做发酵试验，在43～45℃的温度下培养。在此温度下，枸橼酸盐杆菌和产气杆菌大多不能生长，培养分离出来的是寄生在人和温血动物体内的大肠菌群。如果43～45℃下培养出副大肠杆菌，常可代表有肠道传染病菌的污染。还有的国家检验水中大肠菌群时，不考虑副大肠杆菌，因为，人类粪便中存在着大量大肠杆菌，在水中检验出大肠杆菌，就足以说明此水已受到粪便污染，因此，可采用乳糖作培养基。选择培养温度为37℃，这样可顺利地检验出寄生于人体内的大肠杆菌和产气杆菌。

（二）生活饮用水的细菌卫生标准

中国于2001年颁布的《生活饮用水卫生规范》，对生活饮用水的细菌学标准规定如下。

① 细菌总数每毫升不超过100cfu（colony-forming unit）；

② 总大肠菌群每100mL水样中不得检出；

③ 粪大肠菌群每100mL水样中不得检出；

④ 若只经过加氯消毒便供作生活饮用水的水源水，每100mL水样中总大肠菌群MPN（最可能数）值不应超过200；经过净化处理及加氯消毒后供作生活饮用的水源水，每100mL水样中总大肠菌群MPN不应超过2000。

三、水的卫生细菌学检验

（一）细菌总数的测定

以无菌操作方法用灭菌吸管吸取1mL充分混合均匀的水样注入无菌平皿中，倒入融化的（45℃左右）的营养琼脂培养基约15mL，并立即摇动平皿，使水样与培养基充分混匀，待冷却凝固后，翻转平皿，使底部朝上，在37℃的温度下培养24h以后，数出生长的细菌菌落数，即为1mL水样中的细菌总数。

在37℃营养琼脂培养基中能生长的细菌可以代表在人体温度下能繁殖的腐生细菌，细菌总数越大，说明水被污染得越严重。

（二）总大肠菌群的测定

常用的检验总大肠菌群的方法有两种：发酵法和滤膜法。

1. 发酵法

发酵法是测定总大肠菌群的基本方法，水中总大肠菌群数100mL水样中总大肠菌群最可能（MPN）表示。此法总体上分三个步骤进行。

① 初步发酵试验　本实验是将水样置于糖类液体培养基中，在一定温度下，经一定时间培养后，观察有无酸和气体产生，即有无发酵现象，以初步确定有无大肠菌群存在。如采用含有葡萄糖或甘露醇的培养基，则包括副大肠杆菌；如不考虑副大肠杆菌，则用乳糖培养基。由于水中除大肠菌群外，还可能存在其他发酵糖类物质的细菌，所以培养后如发现气体和酸的生成，并不一定能肯定水中有大肠菌群的存在，还需根据这类细菌的其他

特性进行更进一步的检验。水中能使糖类发酵的细菌除大肠菌群外，最常见的有各种厌氧和兼性的芽孢杆菌。在被粪便严重污染的水中，这类细菌的数量比大肠菌群的数量要少得多。在此情形下，本阶段的发酵一般即可被认为确有大肠菌群存在，在比较清洁的或加氯的水中，由于芽孢的抵抗力较大，其数量可能相对地比较多，所以本试验即使产酸产气，也不能肯定是由于大肠菌群引起的，必须继续进行试验。

② 平板分离　这一阶段的检验主要是根据大肠菌群在特殊固体培养基上形成典型菌落，革兰染色阴性和不生芽孢的特性来进行的。在此阶段，可先将上一试验产酸产气的菌种移植于品红亚硫酸钠培养基（远藤培养基）或伊红—美蓝培养基表面。这一步可以阻止厌氧芽孢杆菌的生长，培养基所含染料物质也有抑制许多其他细菌生长繁殖的作用。经过培养，如果出现典型的大肠菌群菌落，则可认为有此类细菌存在。为作进一步的肯定，应进行革兰染色检验，可将大肠菌群与呈革兰阳性的好氧芽孢杆菌区别开来，若革兰染色阴性，则说明无芽孢杆菌存在。为了更进一步验证，可作复发酵试验。

③ 复发酵试验　本实验是将可疑的菌落再移置于糖类培养基中，观察它是否产酸产气，以便最后确认有无大肠菌群存在。

采用发酵法进行大肠菌群定量计数，常采取多管发酵法，如用 10 个小发酵管（10mL）和两个大发酵管（或发酵瓶，100mL）。根据肯定有大肠菌群存在的发酵试验中发酵管或发酵瓶数目及试验所用的水样量，即可利用数理统计原理，算出每升水样中大肠菌群的最可能数目（MPN 值），下面是计算的近似公式。

$$\text{MPN}/(\text{个}\cdot\text{L}^{-1})=\frac{1000\times\text{得阳性结果的发酵管(瓶)的数目}}{\{\text{得阴性结果的水样体积数(mL)}\times\text{全部水样体积数}\}^{1/2}}$$

【例】 今用 300mL 水样进行初步发酵试验，100mL 的水样 2 份，10mL 的水样 10 份。试验结果得在这一阶段试验中，100mL 的 2 份水样中都没有大肠杆菌存在，在 10mL 的水样中有 3 份存在大肠杆菌。计算大肠杆菌的最可能数。

【解】

$$\text{MPN}/(\text{个}\cdot\text{L}^{-1})=\frac{1000\times3}{(270\times300)^{1/2}}=10.5\approx11$$

计算结果一般情况下可利用专门图表查出。

2. 滤膜法

为了缩短检验时间，简化检验方法，可以采用滤膜法。用这种方法检验大肠菌群，有可能在 24h 左右完成。

滤膜法通常是用孔径为 0.45μm 的微孔滤膜水样，细菌被截留在滤膜上，将滤膜贴在悬着型培养基上培养，计数生长在滤膜上的典型大肠菌群落数。

滤膜法的主要步骤如下。

① 将滤膜装在滤器上，用抽滤法过滤定量水样，将细菌截流在滤膜表面。

② 将此滤膜没有细菌的一面贴在品红亚硫酸钠培养基或伊红美蓝固体培养基上，以培育和获得单个菌落。根据典型菌落特性及可测得大肠菌群数。

③ 为进一步确证，可将滤膜上符合大肠菌群特征的菌落进行革兰染色，然后镜检。

④将革兰染色阴性无芽孢杆菌的菌落接种到含糖培养基中，根据产气与否来最终确定有无大肠菌群存在。

滤膜上生长的总大肠菌群数的计算公式如下。

$$总大肠菌群菌落数(cfu/100mL)=\frac{数出的总大肠菌群菌落数\times 100}{过滤的水样体积(mL)}$$

滤膜法比发酵法的检验时间短，但仍不能及时指导生产。当发现水质有问题时，这种不符合标准的水已进入管网。此外，当水样中悬浮物较多时，会影响细菌的发育，使测定结果不准确。

为了保证给水水质符合卫生标准，有必要研究快速而准确的检验大肠菌群的方法。国外曾研究用示踪原子法，如用同位素 C^{14} 的乳糖作培养基，可在 1h 内初步确定水中有无大肠杆菌。国外大型水厂还有使用电子显微镜直接观察大肠杆菌的。

目前以大肠菌群作为检验指标，只间接反映出生活饮用水被肠道病原菌污染的情况，而不能反映出水中是否有传染性病毒以及除肠道原菌外的其他病原菌（如炭疽杆菌）。因此，为了保证人民的健康，必须加强检验水中病原微生物的研究工作。

四、水中的病毒及其检验

(一) 水中的病毒

可由饮用水传染的病毒性疾病现在已知的主要是脊椎灰质炎（小儿麻痹症）和病毒性肝炎。此外，柯萨奇病毒（*Coxsackie. virus*）和艾柯病毒（ECHO）是肠道病毒。

① 脊椎灰质炎病毒（*Polionelitis virus*） 脊椎灰质炎病毒是一种圆形的微小病毒，直径为 8～30nm，属肠道病毒。脊椎灰质炎是一种急性传染病。此病多见于小儿，故又名小儿麻痹症，染病后常发热和肢体疼痛，主要病变在神经系统，对脊椎灰质损害显著，部分病人可发生麻痹，严重者可造成瘫痪后遗症。

脊椎灰质炎病毒在人体外生活能力很强，低温下可长期保存，可在水中及粪便中存活数月，但对高温及干燥较敏感。加热至 60℃经紫外线照射均可在 0.5～1h 灭活。各种氧化剂、2%碘酒、甲醛、升汞等都有一定的消毒作用。

② 肝炎病毒（*Hepatitis virus*） 甲型肝炎和乙型肝炎是由肝炎病毒引起的，两者病理变化和临床表现基本相同。主要临床症状有食欲减退、恶心、上腹部（肝区）不适、乏力等，部分病人有黄疸和发热，多数肝肿大，伴有肝功能损害。对人体的健康有很严重的影响。

肝炎病毒对一般化学消毒剂的抵抗力强，在干燥或冰冻环境下能生存数月至数年。用紫外线照射 1h 或煮沸 30min 以上可灭活。加氯消毒有一定的灭活作用。

③ 其他肠道病毒 柯萨奇病毒和艾柯病毒也是肠道病毒。这两种病毒一般在夏秋季流行，主要侵犯小儿，在世界上传布也极广。它们都是具有暂时寄居人类肠道的特点，个体较小，一般直径小于 30nm，抵抗力较强，能抗乙醚、70%乙醇和 5%煤酚皂液，但对氧化剂很敏感。

这两种病毒引起的临床表现复杂多变，同型病毒可引起不同的症候，而不同型的病毒又可引起相似的临床表现。一般症状有以下几种：无菌性脑膜炎、脑炎、急性心肌炎和心包炎、流行性胸痛、疱疹性咽峡炎、出疹性疾病、呼吸道感染、小儿腹泻等。

(二) 水中病毒的检验

使人致病的病毒都是动物性病毒，具有很强的专性寄生性。可采用组织培养法检验这类病毒，但是所选择的组织细胞必须适宜于这类病毒的分离、生长和检验。目前在水质检验中使用的方法是“蚀斑检验法”。

蚀斑法大致的步骤如下：将猴子肾脏表皮剁碎，用 pH 为 7.4～8.0 的胰蛋白酶溶液处理。胰蛋白酶能使肾表皮组织的胞间质发生解聚作用，因而使细胞彼此分离。用营养培养基洗这些分散悬浮的细胞，将细胞沉积在 40mm×110mm 平边瓶（鲁氏瓶）的平面上，并形成一层连续的膜。将水样接种到这层膜上，再用营养琼脂覆盖。

水样中的病毒会破坏组织细胞，增殖的病毒紧接着破坏邻接的细胞。这种效果在24～48h 内可以用肉眼看清。病毒群体增殖处形成的斑点称为蚀斑。实验表明，蚀斑数和水样中病毒浓度间具有线性关系。根据接种的水样数，可求出病毒的浓度。

每升水中病毒蚀斑形成单位（plaque-forming unit，简称 PFU）小于 1，饮用才安全。

（三）病毒的灭活

病毒对强氧化剂敏感，但对各种消毒剂的抵抗力均较强。自来水厂采用液氯消毒，即使投氯量达 20mg/L，也难以将病毒杀死。研究发现，采用二氧化氯作为消毒剂，当投加的 ClO_2 量为 3.0mg/L，接触 30min，可有效的灭活脊髓灰质炎病毒、柯萨奇病毒、艾柯病毒、缌腺炎病毒、单纯疱疹病毒等；而液氯投加量达 10mg/L 仍无灭活作用。可见，ClO_2 的消毒能力远超常规的液氯消毒，这一消毒方法对于医院污水的消毒尤为适宜。

第二节　饮用水的消毒

经过预处理和深度处理的原水，还会有一些微生物甚至病原微生物。为了饮用水完全达到卫生安全，须对处理水进行消毒，以杀死病原（致病）微生物。水的消毒有物理方法和化学方法。化学消毒是指使用气体态氯和含氯物质（漂白粉、氯胺、二氧化氯、次氯酸盐）、臭氧、重金属离子等化学药剂对水进行消毒，而物理方法则采用紫外线、超声以及加热等物理手段。

一、加氯消毒

氯消毒经济有效，使用方便，应用历史悠久且广泛。但自 20 世纪 70 年代发现受污染水源经氯消毒后往往会产生一些有害健康的副产物，例如三氯甲烷等后，人们便开始重视其他消毒剂或消毒方法的研究，例如，近年来人们对二氧化氯消毒日益重视。但不能就此认为氯消毒会被淘汰。一方面，对于不受有机物污染的水源或在消毒前通过前处理把形成氯消毒副产物的前期物（如腐殖酸和富里酸等）预先去除，氯消毒仍然是安全、经济、有效的消毒方法；另一方面，除氯以外其他各种消毒剂的副产物以及残留于水中的消毒剂本身对人体健康的影响，仍需进行全面、深入的研究。因此，就目前情况而言，氯消毒仍是应用最广泛的一种消毒方法。

（一）氯消毒的原理

氯对微生物的作用效能，在很大程度上与氯的初始剂量、氯在水中的持续时间及水的 pH 有关。氯被消耗用于氧化有机杂质和无机杂质。未澄清水氯化时，可观察到氯的过量消耗。悬浮物把氯吸附在自己身上，而位于絮凝体中或悬浮物小块中的微生物不受氯的作用。在用氯消毒时，水中有机杂质被破坏，例如，腐殖质矿化、二价铁氧化为三价铁、二价锰氧化为四价锰、稳定的悬浮物由于保护胶体的破坏而转化为不稳定的悬浮物等。有时氯化作用产生动植物有机体分解时所形成的强烈臭味的卤素衍生物。在氯化被含酚和其他芳香族化合物废水所污染的水时，产生的气味特别稳定和令人不愉快。在含有酚的水中经过 1∶10000000 的稀释，仍然有气味存在。在加热时随着时间的延长气味增浓不消失。有时为破坏芳香族化合物，需增加氯的投放量。

氯化作用在水净化去除细小悬浮物中也起着重大的作用，从而有助于降低水的色度并为澄清和过滤创造了有利的条件。

氯在水中溶解时产生两种酸——盐酸和次氯酸。

$$Cl_2 + H_2O \rightleftharpoons HCl + HClO$$

次氯酸是很弱的酸。它的离解作用与介质的活性反应有关。氯消毒作用的实质是氯和氯的化合物与微生物细胞有机物的相互作用所进行的氧化-还原过程。许多人认为，次氯酸和微生物酶起反应，从而破坏微生物细胞中的物质交换。在所有的含氯化合物中较为有效的药剂是次氯酸。

水中的 HClO 在不同的 pH 下的离解作用（在 20℃情况下）如表 10-2 所示。

表 10-2　pH 对离解 HClO 的影响

pH	4	5	6	7	8	9	10	11
OCl^- 含量/%	0.05	0.5	2.5	21.0	75.0	97.0	99.5	99.9
HClO 含量/%	99.95	99.5	97.5	79.0	25.0	3.0	0.5	0.1

可见，物系中的 pH 越低，在物系中次氯酸含量越高。所以，用氯和含氯物质消毒水时，应在加入碱性药剂之前进行。

在往水中加入含氯物质时，含氯物质水解并形成次氯酸，例如

$$2CaCl_2 + 2H_2O \rightleftharpoons CaCl_2 + Ca(OH)_2 + 2HClO$$

$$NaOCl + H_2CO_3 \rightleftharpoons NaHCO_3 + HClO$$

或

$$NaOCl + H_2O \rightleftharpoons NaOH + HClO$$

$$Ca(OCl)_2 + 2H_2O \rightleftharpoons Ca(OH)_2 + 2HClO$$

的确，盐的水解比游离氯进行得慢些，所以形成 HClO 的过程进行的也比较慢。但是，次氯酸的进一步作用就与气态氯在水中的作用相同了。

（二）二氧化氯消毒

在水消毒的实践中，人们对二氧化氯有一定的兴趣。二氧化氯比氯具有优越性，如在用二氧化氯处理含酚的水时，不形成氯酚味，因为 ClO_2 可直接氧化酚至醌和顺丁烯二酸。

二氧化氯可以用不同的方法得到，例如，盐酸和亚氯酸按以下流程作用，即

$$5NaCl_2 + 4HCl = 5NaCl + 4ClO_2 + 2H_2O$$

（三）氯胺消毒

在氯化含酚杂质的河水时，为避免形成氯酚味和土腥味，采用氨化和氯化作用。往净化的水中加入氨或氨盐以实现氨化作用。投入水中的氯按以下方程式形成氯胺。

$$NH_3 + Cl_2 \rightleftharpoons NH_2Cl + HCl$$

氯胺在水中逐渐水解并按下式形成 $NH_3 \cdot H_2O$ 和 HClO。

$$NH_2Cl + 2H_2O \rightleftharpoons NH_3 \cdot H_2O + HClO$$

氯胺的慢性水解导致 HClO 逐渐进入水中，以保证比较有效的杀菌作用。

在带有氨化的氯化作用下，先加入氨然后加入氯。氯的剂量按 30min 后在水中的剩余氯不低于 0.3mg/L 和不高于 0.5mg/L 计算。它由氯化作用的试验决定。

理论上为了得到单氯胺，1mg 的氨氮需要 5.07mg 的氯。实际上采用 5～6mg 氯。

氯胺消毒过程的速度比游离氯低，所以水和氯胺接触的持续时间不应该小于 2h。在具有氨化氯化作用下，氯的耗量与单一的氯化作用一样。但是，在消毒含有大量有机物的水时用氯胺是合适的，因为在这种条件下氯耗量大大地降低。

在水的氯化作用时，不发生完全的杀菌作用，在水中还剩有个别保持生命力的菌体，为了消灭孢子形成菌和病毒，要求加大氯的投放量和延长接触时间。

在选择消毒物质时须考虑其中“活性”氯的含量。在酸的性质中，符合该种化合物相对碘化钾的氧化能力的分子氯数量，称为活性氯量。“活性”氯的概念所确定的不是化合物中氯的含量，而是在酸性介质中按碘化钾计的化合的氧化能力，例如，1mol$NaCl$ 中含氯 35.5g，但“活性”氯含量为零，1mol$NaClO$ 中含有 35.5g 的氯，而“活性”氯含量则为 71g。

在含氯物质中活性氯的含量可用下式计算，用百分数表示为

$$(nM/M_0)\times 100\%$$

式中 n——含氯物质的分子中次氯酸离子数；

M_0——含氯物质的相对分子质量；

M——氯相对分子质量。

在 $3Ca(ClO)_2 \cdot Ca(OH)_2 \cdot 5H_2O$ 的漂白粉的组成中，活性氯含量为

$$(3\times 71\times 100\%)/545=39.08\%$$

在决定氯剂量时，必须考虑水对氯吸收容量和余氯的杀菌效率。

二、臭氧氧化消毒

臭氧是氧的同素异形变体，在通常条件下是浅蓝色气态物质，在液态下是暗蓝色，在固态下几乎是黑色。在臭氧的所有集聚状态下，在受冲击时能够发生爆炸。臭氧在水中的溶解度比氧高。

在空气中低浓度的臭氧有利于人的器官，特别是有利于呼吸道疾病患者。相对的高浓度臭氧对人的机体是有害的。人在含臭氧 1∶1000000 级的大气中长期停留时，易怒，感觉疲劳和头痛。在较高浓度下，往往还恶心、鼻子出血和眼黏液膜发炎。经常受臭氧的毒害会导致严重的疾病。生产厂房工作区空气中臭氧的极限允许浓度为 0.1mg/m^3。

利用臭氧对水进行消毒起于 20 世纪初期，当时在世界上最大的臭氧处理装置是 1911 年俄国圣彼得堡臭氧过滤站的投产，该装置每天可处理 50000m^3 的饮用水。目前在法国、美国、瑞士、意大利、加拿大以及其他许多国家，为了净化饮用水而建立了多处臭氧处理装置。臭氧氧化过程的高工艺指标，使臭氧用于给水厂具有广泛的前景。

(一) 臭氧的消毒机理

臭氧的杀菌作用与它的高氧化电位及容易通过微生物细胞膜扩散有关。臭氧氧化微生物细胞的有机物而使细胞致死。

由于高的氧化电位（2.067V），臭氧比氯（1.3V）具有更强的杀菌作用。臭氧对细胞的作用比氯快，它的消耗量也明显少。例如，在 0.45mg/L 臭氧作用下经过 2min 脊髓

灰质炎病毒即死亡，如用氯剂量为2mg/L时，需要经过3h才死亡。

经研究确定，在1mL原水中含274～325个大肠杆菌，臭氧剂量为1mg/L时则可使大肠菌数减少86%，而剂量为2mg/L时则可完全消灭大肠杆菌。孢子形成菌比不形成孢子的细菌对臭氧更为稳定。但是这些微生物用样对氯也是很稳定的。臭氧对于水生生物活动有致死作用。对于水藻0.5～1.0mg/L是足够的致死臭氧剂量。在剂量0.9～1.0mg/L时软体动物门饰贝科幼虫死亡90%，在3.0mg/L时完全消灭。水蛭对臭氧是很敏感的，约1mg/L剂量死亡。为了完全杀死见水蚤、寡毛虫、水蚤、轮虫需要约2mg/L剂量的臭氧。对臭氧作用特别稳定的是摇蚊虫、水虱，它们在4mg/L的臭氧剂量下还不死，但这些有机体同样对氯也是稳定的。

对水的消毒，臭氧的剂量与水的污染程度有关，通常处于0.5～4.0mg/L之间。水的浊度越大，水的去色和消毒效果越差，臭氧的消耗量越高。由于污染质的氧化和矿化，用臭氧消毒的同时使水的气味消失、色度降低和味道改善，例如，臭氧破坏腐殖质，变为二氧化碳和水。

用臭氧消毒效率与季节温度波动关系甚小。

水的臭氧氧化与氯化相比有一系列优点：①臭氧改善水的感官性能，不使水受附加的化学物的污染；②臭氧氧化不需要从已净化的水中去除过剩杀菌剂的附加工序，如在用氯时的脱氯作用，这就允许采用偏大剂量的臭氧；③臭氧可就地制造，为了获得它仅需要电能，且仅采用硅胶作为吸潮剂（为了干燥空气）。

（二）臭氧的获取与特点

臭氧是由氧按以下方程式形成。

$$3O_2 \rightleftharpoons 2O_3 - 69\text{kcal}\ (288\text{kJ})$$

由热化学方程式可见臭氧的形成是吸热过程。因此，臭氧分子是不稳定的，可自发地分解。这些恰恰说明臭氧比分子氧具有较高的活性。

在自然界中打雷放电和氧化某些有机物时生成臭氧。在针叶树林中木焦油的氧化，在海边被击岸的浪所抛弃水藻的氧化，都可使空气中含有可以感觉到的臭氧含量。

工业上，可在臭氧发生器中获得臭氧。空气经过净化和干燥，并通入到臭氧发生器中，在稳定压力下，受静放电作用（无火花放电），形成的臭氧-空气混合物与水在专门的混合器中混合。在现代的装置中采用鼓泡或在喷射泵中混合。

但是，与大量消耗高频和高压电能相联系的制取臭氧的复杂性，妨碍了臭氧氧化法的广泛使用，而且，由于臭氧的高锈蚀活性也产生了许多问题。臭氧和其水溶液会破坏钢、铁、铜、橡胶和硬质橡胶。所以臭氧装置的所有零件和输送臭氧水溶液的水管，应由不锈钢和铝制造。在这些条件下，装置和输水管的服务年限，由钢制的15～20a，变成铝制的5～7a。

含有高于10%臭氧的臭氧-空气混合物或臭氧-氧混合物有爆炸的危险。但是低浓度臭氧的同样混合物在几个大气压下，在加热时，在冲击下和在与微量有机污染物的反应中是稳定的。纯臭氧稳定性较差，即使受到很小的冲击，也会产生很大的爆炸力。随着温度的升高，臭氧分解加速。在干燥的空气中臭氧分解较慢，但在水中较快，在强碱液中最快，而在酸性介质中它是足够稳定的。试验研究表明，在1L蒸馏水中溶解2.5mg臭氧，经过45min能分解掉1.5mg。

臭氧在水中的溶解度，与所有气体一样与其在水面上的分压、水的温度有关。在实践中，在给定温度下，为了测定臭氧的溶解度常常采用在同一温度下臭氧在空气相和液相间的分配系数（R_t）来计算，计算如下。

$$R_t=(\text{在 }t℃\text{时溶解在 1L 水中 }O_3\text{ 量})/(\text{在 }t℃\text{时在 1L 空气相中所含的 }O_3\text{ 量})$$

知道分配系数值，在平衡开始时，根据上述公式可以计算在水中臭氧可能的浓度。分配系数值随温度的变化而变化，如果在 0℃分配系数等于 5，则在 25℃时其值等于 2.4。

在天然水中臭氧的溶解度和介质的反应速率与溶解水中物质的数量有关。例如，在水中存在硫酸钙或少量的酸，会增加臭氧的溶解度，而水中含碱时，会大大降低臭氧的溶解度。因此，在臭氧氧化水时，应该考虑介质的酸性，反应应该接近中性条件下进行。

臭氧的定性观察可以借助于红色石蕊试纸或 KI 溶液浸泡过的淀粉试纸。臭氧对试纸作用进行以下反应。

$$2KI+O_3+H_2O\longrightarrow 2KOH+I_2+O_2$$

在臭氧存在时，两种纸发蓝，即石蕊试纸由于存在 KOH 而发蓝，淀粉试纸由于存在碘分子而发蓝。

臭氧的定量测定是经过含硼砂（为了造就弱碱性反应）的 KI 溶液通入一定容量的气体。在这些条件下臭氧按反应式 $KI+O_3\longrightarrow KIO_3$ 完全结合。按形成的碘酸钾的数量测定在气体中臭氧的含量。

三、紫外线消毒

紫外线对细菌的繁殖体、孢子、原生动物以及病毒具有致死作用。波长从 200～295nm 的射线（紫外线的这个区域称为杀菌区），对细菌具有最强的杀灭作用。紫外线的杀菌作用被解释为紫外线对微生物细胞酶和原生质的影响，导致细胞的死亡。

（一）细菌对紫外线作用的抗性

采用紫外线消毒时，细菌对紫外线作用的抗性具有重要意义，不同种类的细菌对紫外线的抗性是不一样的。为了终止细菌的生命活动，达到指定的消毒程度所必需的杀菌能量，是抗性的准数。杀菌程度是以单位体积中最终的细菌数 P 与初始的细菌数 P_0 比值 P/P_0 计算。

在所有被照射的热-伤寒类的细菌中，大肠杆菌具有最大的抗性。甚至在 5s 照射下，大肠杆菌并未全部死亡。因此，大肠杆菌可作为被不形成孢子病菌污染水的处理效果指标。当对含有稳定的孢子形成菌（例如炭疽杆菌）的水进行消毒时，对紫外线照射最不敏感的孢子形成菌的抗性应该是确定照射剂量的标准。

照射后残存的细菌数量（个/mL），可按下式计算。

$$P=P_0\mathrm{e}^{-\beta t}$$

式中 P_0——细菌的初始数，个/mL；

β——试验方法求得的死亡过程常数；

e——自然对数底数；

t——照射时间，s。

被试验水对杀菌照射的吸收，用吸收系数 α 来描述，α 包括在布格尔-兰别尔特-比尔定律的方程式中，即

$$E = E_0 e^{-\alpha x}$$

式中　E——吸收物质层通过后的照射度，mW/cm^2；

E_0——在物质表面的照射度，mW/cm^2，波长 253.6nm 下，以 mW 计的射线流，照射到距离灯泡 1m 与灯泡轴平行的面积等于 $1cm^2$ 的平面上，称为杀菌照射度；

x——吸收物质厚度，cm；

α——水对杀菌射线的吸收系数，cm^{-1}。

吸收系数 α 的值取决于吸收物质的波长和性质，而不取决于吸收物质层的厚度和杂照射强度。

对于同一初始的照射度 E_0 的照射流，通过同一吸收物层厚度 x_1 和 x_2，残存的照射度将相应为 E_1 和 E_2。其比值为

$$E_1/E_2 = e^{\alpha(x_1 - x_2)}$$

从此式可以确定吸收系数 α

$$\alpha = (\lg E_1/E_2)/(x_2 - x_1)\lg e$$

研究的结果表明，随着水的色度、二价铁含量和悬浮物含量（甚至在小于 9mg/L 的低含量下）的增加，杀菌吸收系数增大很快。在水中钙、镁浓度小于 21mg/L 的含量时，杀菌吸收系数增长得慢。

已知天然水的吸收系数，可精确确定用照射消毒时水层的最大允许厚度。在粗略地初步计算用紫外线消毒水的装置时，B. Φ. 索柯洛夫建议采用以下的吸收系数 α 值。

① 对于从深层获得的无色地下水 $0.10cm^{-1}$；

② 对于泉水、土壤水、潜流水和渗滤水 $0.15cm^{-1}$；

③ 对于地面给水水源已净化的水，取决于净化程度 $0.20 \sim 0.30cm^{-1}$。

为了较准确地计算，必须根据物质-化学分析的资料决定 α 值。

以淹没水中或不淹没水中的照射消毒水所必需的杀菌照射流 F_σ，可以用下列方程式计算。

$$F_\sigma = -Q\alpha K \lg(P/P_0)/1563.4\eta_n\eta_0$$

式中　Q——被照射水的数量，m^3/h；

α——吸收系数，cm^{-1}；

K——被照射对象的抗性系数，$mW \cdot s/cm^2$；

P_0——照射前水中的细菌含量；

P——照射后水中的细菌含量；

η_n——杀菌照射度利用系数，在设计时，应采用等于 0.9（因为由石英制成的套管是空心圆柱状，壁厚 2mm，吸收由照射源放出的 1%～11% 的杀菌照射流）。

（二）紫外线的杀菌剂量

从生理学的观点看，紫外线区分为三种剂量：①不导致细菌死亡的剂量；②导致该种类细菌大部分致死的最小杀菌剂量；③导致该种类型细菌全部致死的全剂量。

紫外线的最小杀菌剂量，刺激一些在无类似照射下处于静止状态的细菌个体的生长和繁殖，更长时间的照射使细菌死亡。例如，在研究热-伤寒类的菌种中发现，紫外线照射

0.017～0.17s，可引起菌落数的增加（$P/P_0>1$），在个别情况下达到 1.6 倍。当照射持续 0.25～0.83s 时，相对的菌落数减少（$P/P_0<1$），在某些情况下减少至原有的 20%～30%。对消毒对象进行 5s 照射，某些种类的细菌完全死亡。

由石英和透紫外线玻璃制成的水银灯作为紫外线的照射源。电流作用下，水银发出含紫外线丰富的明亮的淡绿-白光。同样，也可采用高压（532～1064kPa）水银石英灯和低压氩-水银灯（4～5.3kPa）。高压灯可得到相对来说不大的杀菌效果，这个不足被它的功率大（1000W）所补偿。低压灯具有较大的杀菌效果，比高压灯约大 1 倍，但其功率不超过 30W，只能用于较小的装置。

地表水源水采用紫外线消毒时，既不会改变水的物理性质，也不会改变化学性质，水味质量仍然不变。这个方法的不足之处是价格高，并因为无持续杀菌作用可能会在随后又受到污染。

四、超声波消毒

不能被人们的听觉器官所感受的、频率超过 20000Hz 的弹性振动称为超声。

(一) 超声波的获得

超声波的获得有两种方法，第一种方法是基于压电效应。压电效应是将某些物质的晶体放进电场中时，产生机械变形，成为超声源。为了获得超声振动，采用结晶石英（压电石英）。由结晶体按一定的方式切割成同样厚度的石英片，在镶嵌的形式中互相研磨，并在两块钢片之间黏合，往两块厚钢板通入电流。这种系统作为强大的超声源。第二种方法是基于磁致伸缩现象。这是利用磁铁体的磁化作用，并且伴随着改变磁铁体线性尺寸和体积的一种过程。效应的值和符号取决于磁场强度和由磁场方向与结晶轴形成的角度（在单晶体情况下）。实践表明，第一种方法比第二种方法更有效。

(二) 超声波的消毒原理

超声杀菌作用下与超声产生穴蚀作用的能力有关。这种作用是由于超声波在水中的处理对象周围形成由极小的气泡组成的空穴，这种空穴使处理对象与周围介质隔离，并产生相当于几千个大气压的压力，液体的物理状态和超声波频率一起发生激烈变化，从而对超声场内的物质起破坏作用。在超声波作用下，能够引起原生动物和微生物死亡。破坏的效果取决于超声波强度和处理对象的生理特性。

人们推测，细菌的死亡是在超声造成环境改变后，细胞在机械破坏下死亡的，主要是由于引起原生质蛋白物质的分解而使细胞生命功能的破坏。水蛭、纤毛虫、剑水蚤、吸虫和其他有机体对超声波特别敏感。事实证明，超声波很容易杀死那些能够给饮用水和工业用水带来极大危害的大型有机体，如用肉眼可见到的昆虫（毛翅类、摇蚊、蜉蝣）的幼虫、寡毛虫、某些线虫、海绵、苔藓动物，软体动物的饰贝、水蛭等。这些有机体中的许多种类栖息在给水站的净化构筑物中，在有利条件下繁殖和占据很大的空间。同时，在超声波作用下，也能使海洋水生物区系的动、植物死亡。

试验结果表明，在薄水层中用超声波灭菌，1～2min 内就可使 95%的大肠杆菌死亡。同时，超声波对痢疾杆菌、斑疹伤寒菌、病毒及其他微生物也有良好作用，并且，已应用至牛奶灭菌中。

(三) 饮用水的加热消毒

把水煮开是最古老的消毒法。这种方法仅限于净化小量的水，如用于食堂、医疗、行政机关等饮用水的消毒。加热法通过一次煮沸消毒，并不能从水中去除微生物的孢子，因此，从可疑水源来的水一般不能用煮沸的方法进行消毒。

第三节 微生物固定化技术在饮用水深度处理中的应用

固定化微生物技术是生物工程领域中的一项新技术，始于20世纪60年代后期，其后得到迅速的发展，应用领域也越来越广泛。该技术最初主要用于工业微生物发酵生产，20世纪70年代后期，国内外开始应用这种具有独特优点的新技术来处理工业废水和分解难生物降解的有机污染物。特别是在饮用水深度净化方面已受到广泛的重视。

一、微生物固定化技术概述

微生物固定化技术是指通过化学或物理手段，将微生物限定或定位于取定的空间领域内，保持需要的催化活性，在可能或必要的情况下保持微生物的活性，使之可以反复、连续地使用的一项生物工程技术。

生物工程技术是指运用生物学、物理学、化学和工程学的手段，间接或直接地利用生物体本身或某些组分的特殊功能，为人类造福的综合性工程技术。它包括传统生物工程技术（发酵工程、细胞工程、酶工程、遗传育种等）和现代生物工程技术（包括基因工程、蛋白质工程等）。

固定化技术属于酶工程的研究范畴。酶的固定化就是把从生物体内提取出的水溶性酶，通过物理或化学方法使之与载体相结合而形成一种仍具有高效的催化活性、不溶于水的酶。根据酶与载体的结合方式，酶的固定化方法可分为：共价结合法、离子结合法、物理吸附法和生物特异结合法四种。其中物理吸附法操作最为简便。常用的载体有活性炭、多孔玻珠、高岭土、硅胶、纤维素、膨润土、陶粒等。

进入20世纪70年代后，在固定化酶的基础上，开始了固定化细胞的研究，并成为生物工程技术研究十分活跃的领域。由于固定化细胞中的细胞密度大，微生物流失少，产物易于分离，反应过程也易于控制，故在实际应用中成果显著，被广泛应用于发酵生产、化学分析及能源开发中。从80年代开始，该项技术已逐渐渗透到环境科学领域，并充分显示出它的优越性。

固定化细胞是在固定化酶的基础上发展起来的，是指利用微生物或动植物细胞作为酶源，用各种方法将其固定在不溶性的载体上，并保持相应活性的一种形式。

由于从生物体内提取酶操作复杂，费用较高，固定化微生物细胞逐步被人们研究和应用起来。因为微生物细胞自身就是一个天然的固定化酶反应器，用固定化酶的方法直接将细胞加以固定，即可催化一系列的催化反应。而且固定化细胞比游离细胞稳定性高；催化效率也比离体酶高；又比固定化酶操作简便，成本低廉，能完成多步酶反应，通常能保留某些酶促反应所必需的AYP、Mg、NAD等。因此，在参与反应时无需补加这些辅助因子。特别是具有某些特异功能的细胞，被固定在反应器内的载体上，并可以根据具体的处理要求，控制反应器内的生物量和传质面，因而处理效能很高。特别是将筛选出的高效菌种固定化后，不易流失，且忍耐力明显增强，处理效果大大增强。这些独特的优点，为研制小型、快速、高效、连续的生物处理设备创造了条件。

使用固定化微生物处理废水是通过选择高浓度地固定各种优势菌种，以达到系统高效、稳定运行的目的，目前，该技术已广泛应用于废水和臭气的处理中。关于固定化微生物技术分类，目前国内外还没有统一的标准，目前经常采用的微生物固定化方法主要有：

吸附法、包埋法、交联法和共价结合法。各种固定化方法和载体都有其特点，见表10-3。

1. 吸附法

利用吸附载体将生物催化剂吸附到其表面，从而制得固定化生物催化剂的方法，称为吸附法。生物催化剂与吸附载体之间的作用包括范德华力、氢键及静电作用，常用的吸附载体有：活性炭、木屑、多孔陶瓷、塑料、硅藻土、硅胶、纤维素等。

吸附法固定化微生物细胞时，pH、细胞壁的组分、载体的性质等均影响细胞与载体之间的相互作用。用吸附法固定微生物细胞是一个十分复杂的过程。只有当细胞的性质、载体的特征及细胞与载体间的相互作用等参数配合恰当时才能形成稳定的微生物细胞-载体复合物，应用于实际系统。

表10-3 各种固定化方法的比较

性能	交联法	吸附法	共价结合法	包埋法
制备的难易	适中	易	难	适中
结合力	强	弱	强	适中
活性保留	低	高	低	适中
固定化成本	适中	低	高	低
存活力	无	有	无	有
适用性	小	适中	小	大
稳定性	高	低	高	高
载体的再生	不能	能	不能	不能
空间位阻	较大	小	较大	大

2. 包埋法

包埋法的原理是将微生物细胞截留在水不溶性的凝胶聚合物孔隙的网络空间中。通过聚合作用或通过离子网络形成，或通过沉淀作用，或改变溶剂、温度、pH使细胞截留。凝胶聚合物的网络可以阻止细胞的泄露，同时能让基质渗入和产物扩散出来。包埋材料可分为天然高分子多糖类和合成高分子化合物两大类。

3. 交联法

交联法又称无载体固定法，该法不利用载体，生物催化剂之间依靠物理的或化学的作用相互结合。因此，交联法又分为化学交联法和物理交联法。

① 化学交联法　化学交联法是指利用醛类、胺类、水合金属氧化物等具有双重功能基团的交联剂与生物催化剂之间形成共价键相互联结形成不溶性的大分子而加以固定化的方法。

② 物理交联法　物理交联法是指在微生物培养过程中，适当改变细胞悬浮液的培养条件（如离子强度、温度、pH等），使微生物细胞间发生直接作用而颗粒化（polarization）或絮凝（flocculation）来实现固定化的方法，影响微生物细胞颗粒化的因素有：搅拌强度、培养基组成、pH、溶解氧浓度、添加剂等。加入少量的絮凝剂将有助于微生物细胞的聚集。物理交联法的优点是细胞密度大、固定化条件温和，但是其机械强度差、细胞堆积密度大导致物质传递尤其是氧传递困难。

4. 共价结合法

利用氨基酸上的一些残基（如氨基、羟基、巯基、咪唑基、羧基等）与经过化学修饰而活化的载体之间通过共价键结合的方法，称为共价结合法。其特点是结合力强、不易脱落、热稳定增加，但存在操作复杂、条件不易控制、活性损失较大等问题。

微生物细胞的固定方法以包埋法和吸附法最为常用。包埋法是将微生物封闭在天然高分子多糖类或合成高分子凝胶的网络中，从而使微生物固定化。其特点是可以将固定化微生物制成各种形状（球状、块状、圆柱状、膜状、布状、管状等），但包埋法制得的固定化微生物对传质有一定的影响。吸附法是将微生物细胞附着于固体载体上，微生物细胞与载体之间不起化学反应，并且具有操作简单、固定化条件温和、细胞活性损失小、载体可以反复使用等优点，所以被广泛应用和深入研究。

二、微生物固定化技术在饮用水深度处理中的应用

（一）活性炭与生物活性炭

1. 概述

活性炭是由含碳物质（木炭、木屑、果核、硬果壳、煤等）作为原料，经高温脱水碳化和活化而制成的多孔性的疏水性吸附剂。在活性炭的制造过程中，活化的目的是使挥发性有机物去除，导致晶格间生成的空隙形成多种形状和大小的细孔，从而构成巨大的吸附表面积，其中由微孔（孔径小于4nm）构成的内表面积约占总面积的95%以上，过渡孔和大孔仅占5%左右，这就是活性炭吸附能力强、吸附容量大的主要原因。一般来讲，良好的活性炭的比表面积在$1000m^2/g$以上，细孔的总容积可达0.6～0.8mL/g，孔径由1～10^4nm，细孔分大孔、过渡孔和微孔，其性能见表10-4。

表10-4 活性炭细孔的特性

孔径种类	平均孔径/nm	孔容积/(cm^3/g)	表面积/比表面积	吸附能力	生成条件耗氧量
大孔	10^2～10^4	0.2～0.5	1%	小	<35%
过渡孔	10～10^2	0.02～0.1	5%以下	强	35%～55%
微孔	1～10	0.15～0.9	95%以下	有	>55%

活性炭的吸附量除了与表面积有关外，主要是与细孔的构造和分布有关，细孔在吸附过程中的作用是不同的。对液相吸附来讲，大孔的作用是为吸附质提供通道，使之扩散到过渡孔和微孔中去，从而影响吸附质的扩散速度，但作用甚微；过渡孔既是吸附质进入微孔的通道，又是大分子污染物的主要吸附位置，所以水中大分子物质较多就需要过渡孔较多的活性炭；微孔的表面积占比表面的95%以上，通过过渡孔吸附小分子物质，吸附量主要靠微孔来实现。比表面积或空隙容量仅是表示一种活性炭的潜在吸附能力，但不同孔径的表面积或空隙率的分布，以及吸附质分子大小的不同，对吸附能力的影响很大。因此，要根据吸附质的直径与活性炭的细孔分布情况，来选择适当的活性炭。

普通活性炭对溶解性有机物吸附的有效范围是分子大小在10～100nm之间。极性高的低分子化合物及腐殖质等高分子化合物难于吸附。如果有机物的分子大小相同，则芳香族化合物比脂肪族化合物易于吸附，支链化合物比直链化合物易于吸附。能被活性炭有效吸附的有机物包括：①芳香族化合物（苯、甲苯、二甲苯）；②多环芳香族化合物（萘、联苯）；③氯化芳香族化合物（氯苯、艾氏剂、DOT）；④酚类化合物（氯酚、甲酚、间苯二酚）；⑤脂肪胺类（苯胺、甲苯二胺）；⑥酮、酯、醚、醇类；⑦表面活性剂（ABS、LAS）；⑧有机染料（甲基蓝）；⑨燃油（汽油、石油、煤）；⑩脂肪酸类和芳香族酸类（焦油、苯酸）。

2. 生物活性炭的形成

限制活性炭普遍应用的关键问题就是其使用寿命，即如何保持活性炭的吸附能力，而解决这一问题的有效措施就是活性炭的再生。目前，活性炭的再生方法包括药剂再生法、

湿式氧化再生法、化学氧化再生法、加热再生法和生物再生法。但这些方法均不是在活性炭使用的同时进行再生，而是在活性炭吸附饱和后再生，这样就不能适应饮用水连续处理的要求，且活性炭的损耗较大。因此，寻求一种能保证在活性炭正常使用的同时，进行再生的方法是十分必要的。

1967 年，Parkhus 等人发表了一篇关于活性炭三级处理的实验报告，文章指出在炭床内生存的活性微生物和植物群，对通过炭柱的废水起到了降低有机物含量的重要作用，首次肯定了微生物在活性炭上生长的有利性。德国不来梅水厂于 1969 年开始研究生物活性炭的有关参数。1970 年美国的 Weber 等人提出了生物活性炭膨胀床的概念。1971 年 Robert 成功地完成了脉冲式进水的生物活性炭滤床，并发现微生物在活性炭上生长良好。1978 年美国学者 Miller 和 Rice 提出了“生物活性炭”（Biological Activated Carbon，缩写为 BAC），此后，BAC 技术才被正式确立为改善水质的深度处理的新技术之一。

最初的 BAC 定义是只在水处理工艺中，与臭氧化后活性炭滤池中生长微生物的活性炭。因预臭氧化的作用，使活性炭滤池处于好氧状态，有大量生物生长于炭的表面，有利于对水中溶解性有机物的去除。随着研究的深入和应用的开展，BAC 的定义被扩充为，在饮用水和废水处理中，表面上长有好氧微生物的颗粒活性炭。日本水道协会给 BAC 下的定义为，在活性炭吸附作用的基础上，利用活性炭层中微生物对有机物的分解作用，是活性炭具有持久的吸附功能的方式。

而生物活性炭处理技术的优势就在于微生物的降解作用使活性炭吸附的有机物被降解，使活性炭内这部分物质所占有的吸附位重新空出来，从而长时间地保持活性炭的吸附能力，这就是活性炭的生物再生作用。

活性炭在水中可以自然挂膜，然而自然形成的 BAC 上的菌将活性炭的表面堵塞，活性炭内部的微孔没有利用，活性炭只起到了载体的作用，严重影响了活性炭的物理吸附作用，对水中有机物的去除只有通过菌的生物降解作用，菌的活性也低。

（二）固定化生物活性炭的形成

固定化生物活性炭（Immobile Biological Activated Carbon，缩写为 IBAC）上人工固定的菌是不连续分布的，活性炭的表面没有堵塞，通过活性炭的物理吸附作用和工程菌的生物降解作用对有机物进行去除。而工程菌是经过针对性筛选和驯化的、活性极高的微生物。

IBAC 的形成就是要使悬浮于水中的工程菌能够固定到活性炭的表面上，并能发挥高效的作用。因此，选择适当的固定化方法是十分重要的。固定化的方法很多，但基本上是通过一种交联剂，将微生物细胞固定在载体上，由于交联剂为高分子聚合物，对微生物有毒性，抑制微生物活性，同时，将使活性炭失去物理吸附作用。通过研究，可以采用循环物理吸附法，即充分发挥活性炭的物理吸附作用，将水中的微生物与活性炭结合在一起。

利用工程菌使活性炭（GAC）形成固定化生物活性炭（IBAC）的关键是工程菌必须与活性炭结合在一起，工程菌首先要经过培养和驯化，培养和驯化的目的就是通过富营养到贫营养、贫营养到富营养的反复驯化过程，最终使筛选出的菌株能够在含微量有机物的水中生长。或者由低浓度到高浓度，逐步提高工程菌的耐受性。

工程菌与活性炭的结合不能影响活性炭的吸附性能和工程菌的活性，研究结果及相关资料显示，物理吸附法是该工艺中最佳的固定技术。

物理吸附法不需要任何试剂，反应温和，这样就保证不会影响活性炭及工程菌的活性；同时，试验证明，此种形式的固定化生物活性炭的工程菌与活性炭之间连接牢固，可承受一定的水力冲击负荷。

根据IBAC工艺的情况，可以选择在含菌水循环流动的过程中使工程菌固定于活性炭上的固定方法。用扩大培养后的工程菌液以活性炭作为载体，采用间歇式循环物理吸附法进行工程菌的固定，即菌液投入活性炭柱后，循环2h，停止2h，然后重复这一过程。两天后，将菌液放空，这时的活性炭经人工固定化已形成固定化生物活性炭。

(三) 饮用水深度净化设备运行实例

从含有微量有机物的饮用水中分离、培养和驯化的细菌，可以作为工程菌，去除水中的微量有机物，实现饮用水的深度净化。

下面以哈尔滨市某高层建筑饮用水深度净化装置为例，阐述IBAC在饮用水深度净化处理中的应用。

卫生部于2000年颁布了新的生活饮用水卫生规范，对净水水质提出了更高的要求，其中规定浊度≤1NTU，铝含量≤0.2mg/L，高锰酸盐指数≤3mg/L。而市政供水尤其是二次加压供水水质都无法满足最新的饮用水水质标准，在水中铁、锰及有机微污染等方面都存在不同程度的问题。

1. 流程简介

送水→除铁、除锰罐→O_3接触氧化罐→IBAC罐→紫外线灭菌器→出水

饮用水深度净化装置处理水量为$3m^3/h$，原水采用市政管网水。生物除铁、除锰罐采用食品级不锈钢罐，O_3接触氧化塔为食品级不锈钢的材质，用钛板从底部布气，滤板孔径为20μm。O_3接触塔上端进水，下端进气，水气逆流接触，尾气从塔顶排出。水在O_3接触氧化塔中的流速为3～4m/h，O_3氧化接触时间为10min。IBAC罐亦为食品级不锈钢柱，直径为1200mm，装填高度为900mm，罐高为1700mm。滤速为8～10m/s，过滤时间为20min。实验用炭为ZJ-15颗粒炭。紫外线发生器主谱线为253.7nm，工作电压为130V，工作压力≤1.0MPa。臭氧发生器发生量为3g/h。装置图见图10-1。

图10-1 饮用水深度净化装置图

活性炭的工程均固定化采用间歇式循环物理吸附法，见图10-2。

2. 运行效果分析

(1) 循环固定化过程中的高锰酸盐指数的变化 在此过程中，对循环水的高锰酸盐指数和DO进行了测定，见表10-5。

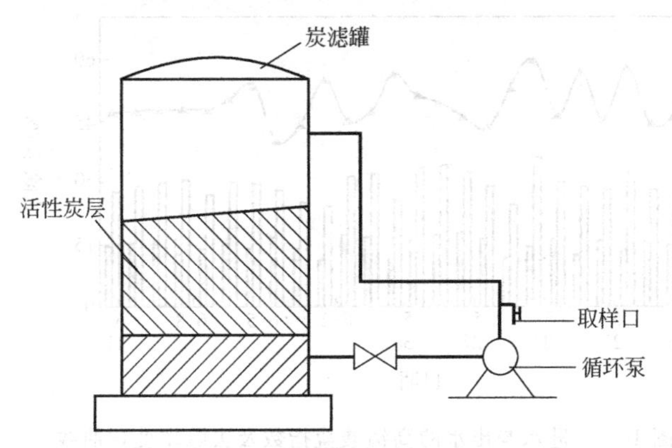

图 10-2 间歇式循环物理吸附法

表 10-5 循环固定化过程中的高锰酸盐指数和 DO 的变化

次数	高锰酸盐指数/(mg/L)	DO/(mg/L)	次数	高锰酸盐指数/(mg/L)	DO/(mg/L)
1	2.70	12.45	3	0.90	5.20
2	1.30	6.90	4	0.32	4.82

由表 10-5 可知，在循环固定化过程中，水中的高锰酸盐指数逐渐降低，而 DO 也呈现同样的变化规律。因此，高锰酸盐指数的变化，是由于活性炭的物理吸附和工程菌的生物降解二者共同作用的结果。

(2) 系统高锰酸盐指数的变化规律　为了考察饮用水深度净化设备的运行效果，从 2003 年 2 月 23 日至 2003 年 6 月 15 日，每天取样，对水样的高锰酸盐指数进行连续测定，将部分结果绘图加以说明，见图 10-3、图 10-4。

由图 10-3、图 10-4 可以看出，在连续运行阶段，进水高锰酸盐指数为 2.40～4.72mg/L，出水高锰酸盐指数为 1.20～3.04mg/L，高锰酸盐指数平均去除率为 52%。达到优质饮用水标准。从 2-23～3-27 一个多月时间里，出水水质很稳定，出水高锰酸盐指数最高为 2.13mg/L，完全达到优质饮用水标准。系统之所以出现相对稳定的运行效果，一方面是由于在 IBAC（固定化生物活性炭）前增加了 O_3 预处理，水中的微量大分子有机污染物被臭氧氧化为小分子有机物，使工程菌的利用效率大大提高，并使水中溶解氧浓度大大提高，进一步保证 IBAC 的净化效率的发挥。另一方面是由于活性炭的物理吸

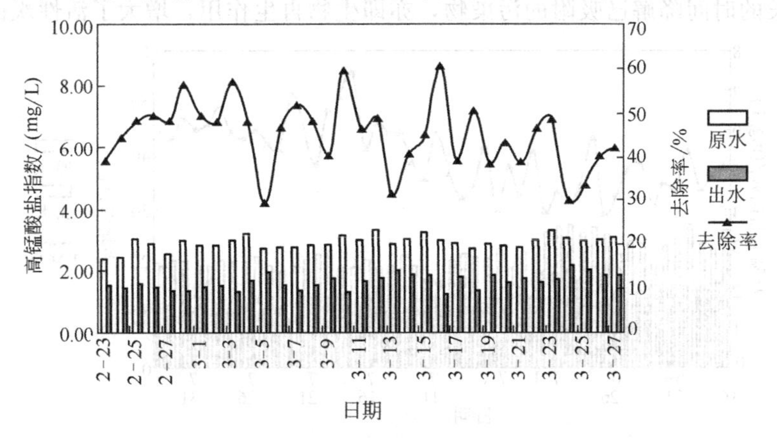

图 10-3 进水与出水的高锰酸盐指数及去除率变化曲线（一）

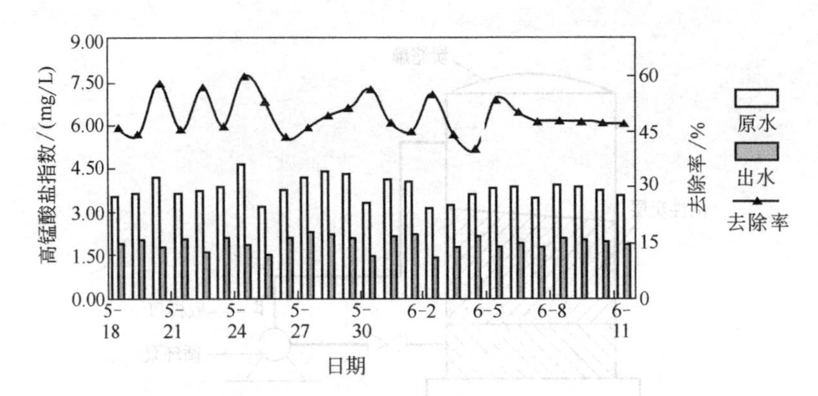

图 10-4　进水与出水的高锰酸盐指数及去除率变化曲线（二）

附作用和工程菌的生物降解共同作用的结果。IBAC 中的工程菌是经过驯化的，菌量在人工固定化过程中达到最大，而且活性炭具有吸附能力，因此，IBAC 从开始就在生物降解和物理吸附的共同作用下去除有机物，去除率也相对稳定。

系统运行至 3 月下旬，与前期相比，出水的高锰酸盐指数值有所升高，去除率有所下降，有 2d 出水高锰酸盐指数大于 2.5mg/L，这说明经过一个多月的连续运行，生物活性炭的吸附容量渐趋饱和。随着运行的继续，累计过水量不断增大，滤层吸附的物质和代谢产物不断积累，当达到饱和吸附容量以后系统的去除率就会下降，从而影响出水水质。系统运行到 4 月 1 日时，当日测定的高锰酸盐指数值为 2.66mg/L，超过了 2.5mg/L，于是对系统进行了反冲洗。

系统运行至 4 月下旬至 5 月中旬，出水水质较差，共有 8d 出水高锰酸盐指数大于 2.5mg/L，于是对炭柱进行活化。活化后前 2d 出水高锰酸盐指数分别为 2.94mg/L 和 2.56mg/L，大于 2.5mg/L，这是由于工程菌需要一段适应时间。从 5 月下旬至 6 月上旬，虽然原水的高锰酸盐指数值波动较大，数值较高，但系统出水的高锰酸盐指数波动较小，基本稳定在 2.0mg/L 左右，这说明活性炭柱经活化后，该系统的抗冲击能力较强。从 6 月中旬至 7 月末，系统采用非连续流，测定结果见图 10-5。

由图 10-5 可以看出，进出水的高锰酸盐指数都比较稳定，没有大的波动，出水的高锰酸盐指数较低，尤其是后期，随着原水的高锰酸盐指数降低，出水的高锰酸盐指数稳定在 1.5mg/L 左右，去除率基本上稳定在 45%以上。这是因为不连续的运行方式，可以使工程菌有更长的时间降解已吸附的污染物，亦即生物再生作用，增大了活性炭的物理吸附

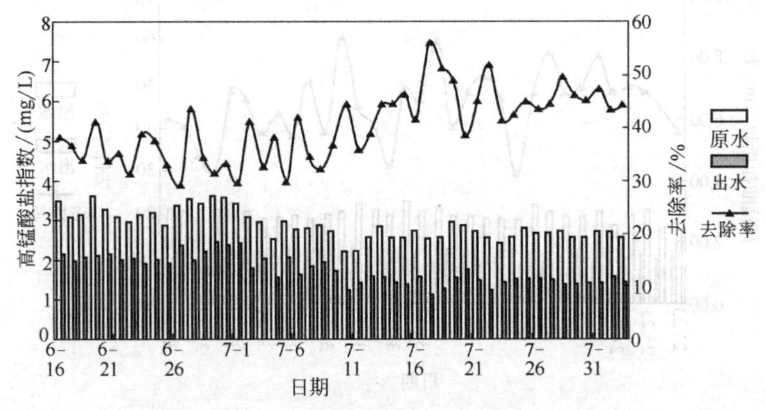

图 10-5　进水与出水的高锰酸盐指数及去除率变化曲线（三）

作用，这对大型水厂的运行具有重要的理论指导意义。

通过对高锰酸盐指数的测定，证明IBAC对微污染物有较好的去除效果。在进水高锰酸盐指数较高、且数值波动较大的情况下，该深度处理系统表现出了较强的抗冲击性。经过该设备的处理，出水水质完全达到优质饮用水的要求。

(3) 铁、锰浓度的变化规律　为了考察设备对水中铁、锰的去除效果，对铁、锰进行了不连续的测定。测定结果见图10-6、图10-7。

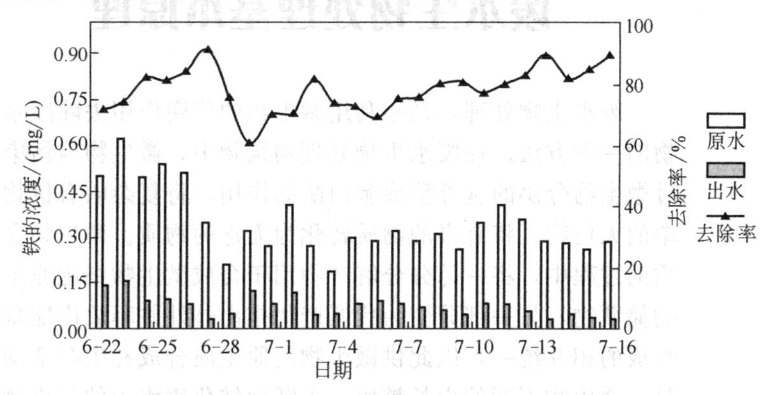

图10-6　进水与出水的铁的浓度及去除率变化曲线

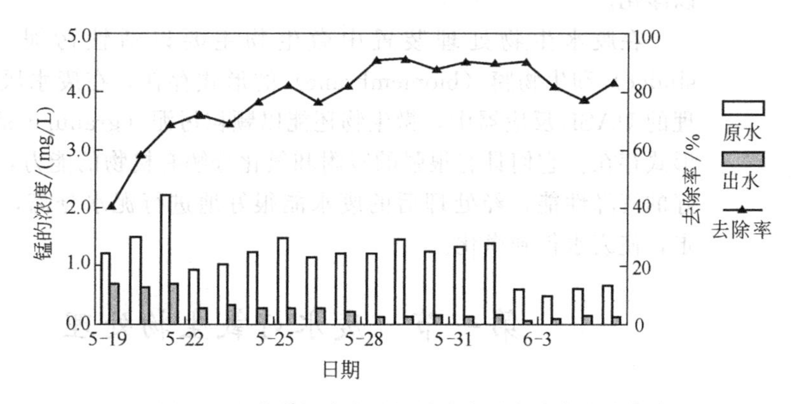

图10-7　进水与出水的锰的浓度及去除率变化曲线

由图10-6可看出，系统对铁的去除率较高，平均去除率为78%，出水铁离子浓度波动不大，平均浓度为0.08mg/L，远远小于0.30mg/L，说明出水水质完全达到优良的标准。

由图10-7可看出，锰砂滤罐首先表现出对锰的较大吸附容量，之后渐趋饱和，运行一段时间后，表现出对锰较为稳定的去除率，出水稳定为0.1mg/L左右，去除率稳定为85%左右。

思考题

1. 为什么以大肠菌群作为检验水的卫生指标？
2. 常用的消毒方法有哪些？各有什么优缺点？
3. 加氯消毒为什么会产生“三致”物质？
4. 固定化微生物技术应用于饮用水处理有哪些优点？

第十一章

废水生物处理基本原理

废水生物处理，是指利用微生物的代谢作用去除废水中有机污染物的一种方法。在废水生物处理构筑物中，微生物与污染物接触，通过微生物分泌的胞外酶或胞内酶的作用，将复杂的有机物质分解为简单的无机物，将有毒的物质转化为无毒的物质。微生物在转化有机物质的过程中，将一部分分解产物用于合成微生物细胞原生质和细胞内的储藏物，另一部分变为代谢产物排出体外并释放出能量，即分解与合成的相互统一，以此供微生物的原生质合成和生命活动的需要。于是，微生物不断的生长繁殖，不断地转化废水中的污染物，使废水得以净化。

在废水生物处理装置中微生物主要以活性污泥（activated sludge）和生物膜（biomembrane）的形式存在，在废水厌氧生物处理的UASB反应器中，微生物还能以颗粒污泥（granular sludge）的形式存在。它们具有很强的吸附和氧化分解有机物的能力，又具有良好的沉降性能，经处理后的废水能很好地进行泥水分离，澄清水排走，使废水得到净化。

第一节　废水好氧生物处理

一、活性污泥法

在当前污水处理技术领域中，活性污泥法是应用最为广泛的技术之一。

活性污泥法于1914年在英国曼彻斯特建成试验厂开创以来，已有90多年的历史，随着在实际生产上的广泛应用和技术上的不断革新改进，特别是近几十年来，在对其生物反应和净化机理进行深入研究探讨的基础上，活性污泥法在生物学、反应动力学的理论方面以及在工艺方面都得到了长足的发展，出现了多种能够适应各种条件的工艺流程，当前，活性污泥法已成为生活污水、城市污水以及有机性工业废水的主体处理技术。

（一）活性污泥处理法的基本概念与流程

活性污泥法是以活性污泥为主体的污水生物处理技术。

向生活污水注入空气进行曝气，每天保留沉淀物，更换新鲜污水。这样，在持续一段时间后，在污水中即将形成一种呈黄褐色的絮凝体。这种絮凝体就是称为“活性污泥”的生物污泥。图 11-1 所示为活性污泥法处理系统的基本流程。系统是以活性污泥反应器——曝气池作为核心处理设备，此处还有二次沉淀池、污泥回流系统和曝气与空气扩散系统所组成。

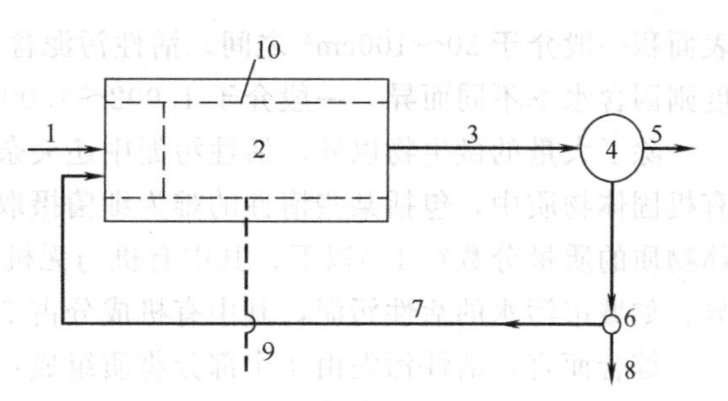

图 11-1 活性污泥法的基本流程系统（传统活性污泥法系统）

1—经预处理后的污水；2—活性污泥反应器——曝气池；3—从曝气池流出的混合液；4—二次沉淀池；5—处理水；6—污泥井；7—回流污泥系统；8—剩余污泥；9—来自空压机站的空气；10—曝气系统与空气扩散装置

在投入正式运行前，在曝气池内必须进行以污水作为培养基的活性污泥培养与驯化工作。

经初次沉淀池或水解酸化装置处理后的污水从一端进入曝气池，与此同时，从二沉池连续回流的活性污泥，作为接种污泥，也于此同步进入曝气池。此外，从空压机站送来的压缩空气，通过干管和支管的管道系统和铺设在曝气池底部的空气扩散装置，以细小气泡的形式进入污水中，其作用除向污水充氧外，还使曝气池内的污水、活性污泥处于剧烈搅动的状态。活性污泥与污水互相混合、充分接触，使活性污泥反应得以正常进行。由污水、回流污泥和空气互相混合形成的液体，称为混合液。

活性污泥反应进行的结果，污水中的有机污染物得到降解、去除，污水得以净化，由于微生物的繁衍增殖，活性污泥本身也得到增长。

经过活性污泥净化作用后的混合液由曝气池的另一端流出进入二沉池，在这里进行固液分离，活性污泥通过沉淀与污水分离，澄清后的污水作为处理水排出系统。经过浓缩的污泥从沉淀池底部排出，其中一部分作为接种污泥回流曝气池，多余的一部分则作为剩余污泥排出系统。剩余污泥与在曝气池内增长的污泥，在数量上应保持平衡，使曝气池内的污泥浓度相对地保持在一个较为恒定的范围内。

（二）活性污泥法的基本特征

活性污泥法处理系统，实质上是自然界水体自净的人工模拟，是对水体自净作用的强化。因此，活性污泥法不仅要为微生物生长繁殖提供适宜的环境条件，更要为它们设置能够高效发挥其吸附、吸收和氧化污染物能力的场所。活性污泥法尽管因处理的目的和对象不同，有许多运行方式和工艺，但它们的主要特征是相同的，具体表现在：①利用生物絮凝体为生化反应的主体物；②利用曝气设备向生化反应系统分散空气或氧气，为微生物提供氧源；③对体系进行混合搅拌以增加接触和加速生化反应传质过程；④采用沉淀方式去除生物体，降低出水中微生物的固体含量；⑤通过回流使在沉淀池浓缩的活性污泥微生物返回到反应系统；⑥为保证系统内生物细胞平均停留时间的稳定，经常排出一部分生物固体，即剩余污泥。

（三）活性污泥的基本特征

1. 活性污泥的形态和组成

活性污泥是活性污泥处理系统中的主体作用物质。在活性污泥上栖息着具有强大生命力的微生物群体。微生物群体新陈代谢功能的作用，使活性污泥具有将有机污染物转化为稳定的有机物质的活力，故此称之为“活性污泥”。

正常的活性污泥在外观上呈黄褐色的絮绒颗粒状，又称为“生物絮凝体”，其粒径一般介于 0.02～0.2mm 之间；总体而言，活性污泥具有较大的表面积，每毫升活性污泥的表面积一般介于 20～100cm^2 之间；活性污泥含水率很高，一般都在 99%以上，其相对密度则因含水率不同而异，一般介于 1.002～1.006 之间。

除了大量的微生物以外，活性污泥中还夹杂着由污水带入的有机和无机固体物质，在有机固体物质中，包括某些惰性的难为细菌摄取、利用的所谓难降解物质。活性污泥中固体物质的质量分数在 1%以下，其中有机与无机两部分组成的比例因原污水性质的不同而异，如城市污水的活性污泥，其中有机成分占 75%～85%，无机成分则占 15%～25%。

综合而言，活性污泥由 4 个部分物质组成：①具有活性的微生物群体；②微生物自身氧化的残留物；③原污水挟入的不能为微生物降解的惰性有机物质；④原污水挟入的无机物质。

2. 活性污泥中的微生物

栖息在活性污泥上的微生物以好氧细菌为主，同时也生活着真菌、放线菌、酵母菌以及原生动物和微型后生动物等，这些微生物群体在活性污泥上组成了一个相对稳定的微小生态系。

(1) 菌胶团细菌　能形成活性污泥絮状体 (floc) 的细菌称为菌胶团细菌。它们是构成活性污泥絮状体的主要成分，有很强的吸附、氧化有机物的能力。絮凝体的形成可使细菌避免被微型动物所吞噬，而性能良好的絮体是活性污泥絮凝、吸附和沉降功能正常发挥的基础。能形成絮状体的细菌最早由 Butterfield 在 1935 年从活性污泥中分离得到。这类细菌能形成胶状物，使细菌胶合在一起成为指状菌胶团，被命名为分支状动胶杆菌 (*Zoogliea ramigera*)，为无芽孢杆菌，极生鞭毛、能运动、形成荚膜，可利用碳水化合物、明胶、酪素和蛋白胨，无硝化作用，不产生硫化氢，菌株在灭菌的污水中通气纯培养能形成良好的絮状体。

关于菌胶团的形成机理，目前较广泛地被大家接受的是交替基质学说和纤维素学说。交替基质学说认为当细胞进入老龄阶段后，氮成为培养液中的限制因子，胞外聚合物分泌增加，这种聚合物主要为细菌多糖，能使细菌凝集在一起，用电镜可以观察到聚合的细菌细胞之间有胞外聚合物搭桥相连，这些桥使细胞紧密地聚合成絮凝状。纤维素学说则认为絮状体的形成是由于细菌细胞分泌许多黏液，使细胞聚合成团，或者是由于许多细菌能分泌纤维素，使细胞形成絮凝体。

可在活性污泥上占据优势的细菌种属有：动胶杆菌属 (*Zoogliea*)、假单胞菌属 (*Pseudomrmas*)、产碱杆菌属 (*Alcaliganes*)、黄杆菌属 (*Flavobacterium*) 及大肠埃希杆菌属 (*Escherichiacoli*) 等。在污水生物处理系统中，哪些种属的细菌在活性污泥中优势，取决于原污水中有机物质的性质。例如，含蛋白质多的污水有利于产碱杆菌的生长繁殖，而含糖类和烃类的污水则将使假单胞菌属得到增殖。

(2) 丝状细菌　丝状细菌也是活性污泥微生物的重要组成部分。丝状细菌在活性污泥中交叉穿织于菌胶团内，或附着生长于絮凝体表面，少数种类也可游离于污泥絮凝体之间。常见种类有：球衣菌属 (*SpHaerotilus*)、贝硫细菌 (*Beggiatoa*)、发硫细菌属 (*Thiothrix*)、透明颤菌属 (*Vitreoseillaceae*)、亮发菌属 (*Leucothrix*) 和线丝菌属 (*Lineola*) 等。丝状细菌具有很强的氧化分解有机物的能力，在污水净化中起着一定的作用。但在某些情况下会出现过量繁殖，导致污泥絮体结构松散，沉降性能变差，引起活性污泥膨胀 (sludge bulking)，造成出水水质下降。

实践说明，温度、氧、废水成分、基质浓度等多种因素均可能诱发污泥膨胀现象的发生。但一般认为活性污泥膨胀有两类：一是非丝状菌膨胀，这是由于重金属的影响而阻碍了絮凝体形成，或因温度过高和营养缺乏而发生解絮化作用；另一个就是丝状菌膨胀，是由丝状菌的大量繁殖引起沉降困难所致。废水浓度过高或过低，都有利于丝状菌在竞争中占据优势地位：当废水浓度过高时，水中缺氧，抑制了菌胶团细菌的生长，而有利于能耐受低氧条件的球衣细菌的大量繁殖；而当废水浓度过低时，会使絮凝体中的菌胶团细菌得不到足够的营养，而丝状菌形成长长的丝状体，从絮粒中伸出以增加表面积，更充分地吸收环境中的营养。

（3）真菌　活性污泥中的真菌主要是腐生或寄生的丝状菌。例如，毛酶属（*Mucor*）、根酶属（*Rhizopus*）、曲霉属（*Aspergillus*）、青酶属（*Penicillium*）、镰刀属（*Fusarium*）、漆斑菌属（*Myrothecium*）、黏帚酶属（*Gliocladium*）、瓶酶属（*PHialopHora*）、芽枝酶属（*Coadoporium*）、短梗酶属（*Aureobasidium*）、木酶属（*Trichoderma*）、地酶属（*Geotrichum*）和头孢酶属（*CepHalosporium*）等。这些真菌具有分解碳水化合物、脂肪、蛋白质及其他含氮化合物的功能，但若大量异常地增殖会导致产生污泥膨胀现象。真菌在活性污泥中的大量出现往往与水质有关，某些含碳较高或pH较低的工业废水处理系统中常可观察到较多的霉菌出现。

（4）原生动物　原生动物对废水的净化也起着重要作用，而且可作为处理系统运转管理的一种指标。在活性污泥系统启动的初期，活性污泥尚未得到良好的培育，混合液中游离细菌居多，处理水水质欠佳，此时出现的原生动物，最初为肉足虫类（如变形虫）占优势，继之出现的则是以游泳型的纤毛虫，如豆形虫、肾形虫、草履虫等为主。当活性污泥菌胶团培育成熟，结构良好，活性较强，成为处理系统微生物的主要存在形式时，处理水水质良好，此时出现的原生动物则将以带柄固着型的纤毛虫，如钟虫、等枝虫、独缩虫、聚缩虫和盖纤虫等为主。通过显微镜的镜检，能够观察到出现在活性污泥中的原生动物，并可辨别定其种属，据此能够判断处理水质的优劣，因此，可以将原生动物作为活性污泥系统运行效果的指使性生物。此外，原生动物还不断地摄食水中的游离细菌，起到了进一步净化水质的作用。

（5）微型后生动物　后生动物在活性污泥系统中并不经常出现，只有在处理水质良好时才有一些微型后生动物存在，主要有轮虫、线虫和寡毛类。它们多以细菌、原生动物以及活性污泥碎片为食。一般来说，轮虫的出现反映了有机质的含量较低，水质较好；线虫可在城市污水厂的活性污泥中大量存在。活性污泥中的寡毛类以颤蚯蚓为代表，是活性污泥中体形最大、分化较高级的一种多细胞生物。

3. 活性污泥的数量指标

活性污泥的数量一般用活性污泥浓度表示，混合液悬浮固体浓度和混合液挥发性悬浮固体浓度是两项通用指标。

混合液悬浮固体（MLSS）浓度又称混合液污泥浓度，它表示的是单位容积混合液内所含有的活性污泥固体物质的总质量，单位mg/L，但也可以使用g/L、g/m^3或kg/m^3。用MLSS表示微生物量是不够准确的，因为它包括了活性污泥吸附的无机惰性物质，这部分物质没有生物活性。但由于测定方法比较简便，在工程上常用本项指标表示活性污泥微生物数量的相对值。

混合液挥发性悬浮固体（MLVSS）浓度是指混合液活性污泥中有机固体物质的浓度，以质量表示，单位与MLSS的相同。MLVSS能够比较准确地表示活性污泥活性部分的数量。但是需要注意，其中仍然包括微生物自身氧化的残留物和不能被微生物降解的惰性的有机物质等，它表示的仍然是活性污泥数量的相对数值。

在一般情况下，MLVSS/MLSS值比较固定，对于生活污水，常为0.75左右。

4. 活性污泥的沉降性能指标

良好的沉降与浓缩性能是发育正常和活性污泥所应具有的特征之一。发育良好的活性污泥，其沉降要经历絮凝沉淀、成层沉淀和压缩沉淀等过程，最后能够形成浓度很高的浓缩污泥层。正常的活性污泥在30min内即可完成絮凝沉淀和成层沉淀过程，并进入压缩过程。压缩（浓缩）的进程比较缓慢，需时较长。一般用以活性污泥静置沉淀30min为基础的两项指标来表示其沉降-浓缩性能，即污泥沉降比和污泥体积指数。

污泥沉降比（SV）又称30min沉淀率；为混合液在量筒内静置30min后所形成沉淀污泥的容积占原混合液的百分数，以%表示。污泥沉降比能够反映曝气池正常运行时的污泥量，可用于控制剩余污泥的排放量，还能够通过它及早发现污泥膨胀等异常现象的发生。污泥沉降比测定方法比较简单，且能说明问题，应用广泛，是评定活性污泥质量的重要指标之一。通常曝气池混合液的沉降比正常范围为15%～30%。

污泥体积指数或称污泥指数（SVI）的物理意义是曝气池出口处的混合液经30min沉淀后，每克干污泥所形成的沉淀污泥所占的容积，以毫升（mL）计。其计算式为

$$SVI=SV(mL/L)/MLSS(g/L)$$

SVI值的单位为mL/g，但一般都只写数字，把单位简化。SVI值能够反映出活性污泥的凝聚、沉淀性能。通常，当SVI<100时，沉淀性能良好；当SVI为100～200时，沉淀性一般；而当SVI>200时，沉淀性较差，污泥易膨胀。一般常控制SVI在50～150之间为宜，但根据污水性质不同，这个指标也有差异。如污水中溶解性有机物含量高时，正常的SVI值可能较高；相反，污水中含无机悬浮物多时，正常的SVI值可能较低。

（四）影响活性污泥活性的因素

1. BOD负荷率

BOD负荷率是影响活性污泥增长、有机底物降解的重要因素。提高BOD负荷率，将加快活性污泥增长速率和有机底物的降解率，使曝气池容积缩小，在经济上是适宜的，但未必达到受纳水体对水质的要求。BOD负荷率过低，则有机底物的降解速率降低，即系统处理能力降低，要使处理后的废水达到排放指标，需要加大曝气池的容积，这将提高建设费用，是不适宜的。

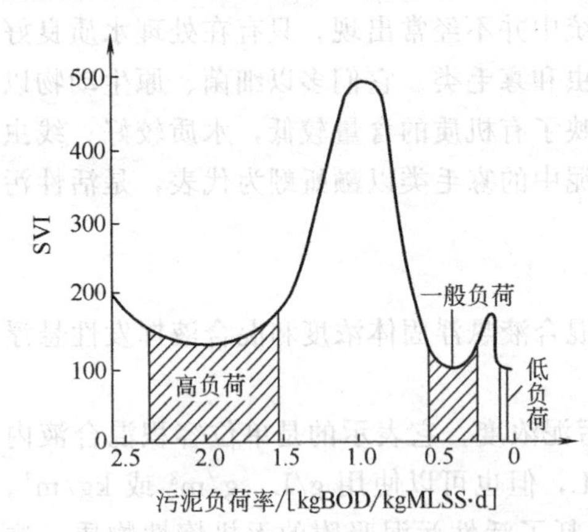

图11-2 城市污水活性污泥系统处理的BOD负荷率与SVI值的关系曲线

BOD负荷率还与活性污泥膨胀现象有直接关系。图11-2所示是城市污水活性污泥系统处理的BOD负荷率与SVI的关系曲线。从图可见，在0.5kgBOD/(kgMLSS·d)以下的低负荷率区和1.5kgBOD/(kgMLSS·d)以上的高负荷率区，SVI值都在150以下，都不会出现污泥膨胀现象。而BOD负荷率介于0.5～1.5kgBOD/(kgMLSS·d)之间的中间负荷率区，SVI值很高，属污泥膨胀区。在设计与运行上应当避免采用这个区段的负荷率值。

2. 温度

活性污泥微生物的生理活动与周围的温度密切有关，微生物酶系统酶促反应的最佳温度范围是20～30℃之间。在这个温度范围内，微生物的生理活动旺盛，高于或低于这个

温度范围，就会使活性污泥反应进程受到某些影响，而如高于35℃或低于10℃，对有机底物的代谢功能的影响就会更大一些，而如高于45℃或低于5℃，反应速率可能降至最低程度，甚至可能完全停止。所以，一般将活性污泥反应温度的最高和最低的极限值分别控制为35℃和10℃。

在一定的范围内提高水温，可以提高BOD的去除速率和能力，还可以降低废水的黏性，从而有利于活性污泥絮体的形成和沉淀。温度的变化也会给活性污泥系统带来不利影响。一方面，水温过高，微生物受到抑制；另一方面，水温的变化速率对污泥分离效果也有很大影响。实践说明，温度变化速率在0.3℃/h，即显示有影响，如达0.7℃/h并持续3～4h，活性污泥结构变得松散，原生动物改变原有形态。在二沉池里，如果进水与池内水温相差0.5℃时，沉淀池的工作将受到干扰，相差0.7℃时，污泥将会成块流失。

3. 溶解氧

活性污泥微生物以好氧为主，因此，在泥水混合液中保持一定温度的溶解氧至关重要。对混合液中的游离细菌来说，溶解氧保持0.3mg/L的浓度即可满足要求。但是，活性污泥是微生物群体"聚居"的絮凝体，溶解氧必须扩散到活性污泥絮凝体的深处。多年的运行经验证实，为了保证活性污泥系统运行正常，在混合液中必须保持浓度在2mg/L以上的溶解氧，而且以曝气池的出口处为准。溶解氧过高，大量耗能，在经济上是不适宜的；溶解氧过低时，可以诱发丝状菌的大量繁殖，进而引起污泥膨胀现象的发生。

4. pH

对活性污泥微生物最适宜的pH范围是6.5～8.5。pH低于6.5时，有利于真菌的生长繁殖，降低到4.5时，真菌将完全占优势，活性污泥絮凝体遭到破坏，产生污泥膨胀现象，原生动物完全消失，处理水质恶化。如果pH超过9，菌胶团可能解体，活性污泥絮凝体将遭到破坏。在活性污泥培养、驯化过程中，应充分重视对系统进水pH的调节，通过逐步降低或提高pH的运行方式，使活性污泥逐渐适应原水水质。但在冲击负荷的场合，pH急剧变化，则对活性污泥严重不利，净化效果将急剧变化，对这种情况，完全混合式曝气池则有较大的适应性。

5. 营养平衡

活性污泥微生物是废水生物处理的主要承担者，而微生物良好的代谢状态，除了需要适宜的物化环境条件以外，还需要均衡的营养作保障。其中，元素碳在量上是以污水中的BOD值表示的。对活性污泥微生物来说，污水中营养物质的平衡一般以BOD：N：P的关系来表示。

微生物群体因其氧化分解的物质不同，其增殖速度有所不同，生物体需要的营养元素量，也和污水的成分有关。生活污水BOD：N：P的值为100：5：1，营养比较均衡适宜。经过物理处理后，由于BOD值的降低，N与P的含量的相对值有所提高，这样进入活性污泥处理系统的污水，其BOD：N：P值变为100：20：25。这就是说经物理法处理后的生活污水，其营养物质含量多于所需要的。因此，生活污水宜于与工业废水混合处理。

当废水中的氮、磷不能满足活性污泥微生物生长的需要时，应向反应器内投加适量的氮、磷等营养物质。如果需要补充氮源，可以投加硫酸铵、硝酸铵、尿素和氨水等；如果需要补充磷，则投加过磷酸钙和磷酸等。

6. 有毒物质

大多数外源性化学物都可能对微生物的生理功能产生影响甚至毒害作用，而对微生物有害的物质都会影响废水的生物处理。有毒物质对微生物的毒害作用，主要表现在使细菌细胞的正常结构遭到破坏以及使菌体内的酶变性并失去活性。污水生物处理中常见的有毒物质有：①重金属离子，如铅、镉、铬、砷、铜、铁、锌等；②有机物类，如酚、甲醛、甲醇、苯、氯苯等；③无机物类，如硫化物、氰化钾、氯化钠、硫酸根、硝酸根等。

有毒物质对微生物产生毒害作用有一个量的概念，即达到一定浓度时显示出毒害作用，而在允许浓度以内，微生物可以承受。对某一种废水来说，需要根据所选择的处理工艺路线，通过实验来确定毒物的允许浓度。如果废水中所含有毒物质超过允许浓度，必须在生化处理前进行处理以去除有毒物质。某些物质对微生物的毒性往往很难界定，这主要取决于其在污水中的浓度，在低浓度时对微生物的生长无抑制作用，甚至有促进作用，只有达到一定浓度阈值时，才会对微生物产生毒害作用。

有毒物质的毒害作用常与水温、pH、溶解氧等因素有关，也与微生物的数量、是否经过驯化过程及是否存在其他有毒物质等因素有关。一些有毒物质可以被微生物降解，因而使其毒性降低甚至完全消除：长期的驯化可以使微生物承受较高浓度的有毒物质。稀释是降低有毒物毒害作用的常用办法，有时在生物处理前通过预处理除去有毒物质或是转变为无毒物质。总之，有毒物质对微生物生理功能产生毒害作用的原因、效果都比较复杂、取决于较多因素，应慎重对待。

(五) 活性污泥法的各种演变及应用

活性污泥法历经几十年的发展与不断革新，现已拥有以传统活性污泥处理系统为基础的多种运行方式，根据各种不同运行方式的工艺特征与应用条件分述如下。

1. 传统活性污泥法

传统活性污泥法，又称普通活性污泥法（conventional activated sludge，简写 CAS），是早期开始使用并一直沿用至今的运行方式。其工艺系统如图 11-3 所示。

该工艺具有如下特征：有机物在曝气池内的降解，经历了吸附和代谢的完整过程，活性污泥也经历一个从池首端的增长速率较快到池末端的增长率很慢或达到内源呼吸期的过程。

由于有机物浓度沿池长逐渐降低，需氧速率也是沿池长逐渐降低（参见图 11-4）。因此，在池首端和前段混合液中的溶解氧浓度较低，甚至可能是不足的，沿池长逐渐提高，在池末端溶解氧含量就已经很充足了，一般都能够达到规定的 2mg/L 以上。

传统活性污泥法处理系统在工艺上的主要优点是：①处理效果好，BOD_5 去除率可达 90%以上，适于处理净化程度和稳定程度要求较高的污水；②对污水的处理程度比较灵活，根据需要可高可低。

传统活性污泥法处理系统存在着下列问题：①曝气池首端有机物负荷高，耗氧速率也

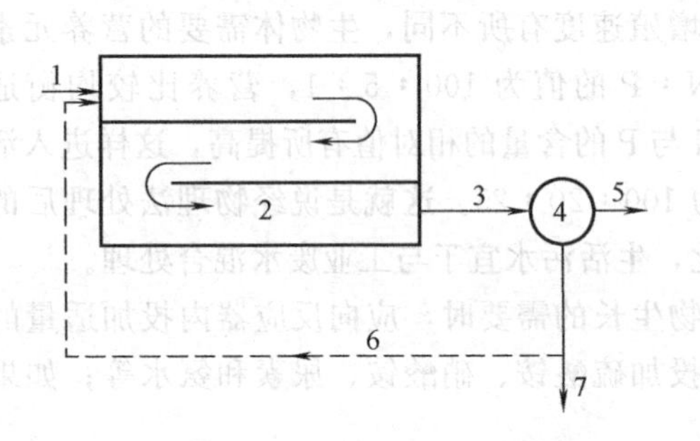

图 11-3 传统活性污泥法系统

1—预处理后污水；2—曝气池；3—混合液；4—二次沉淀池；5—处理水；6—回流污泥系统；7—剩余污泥

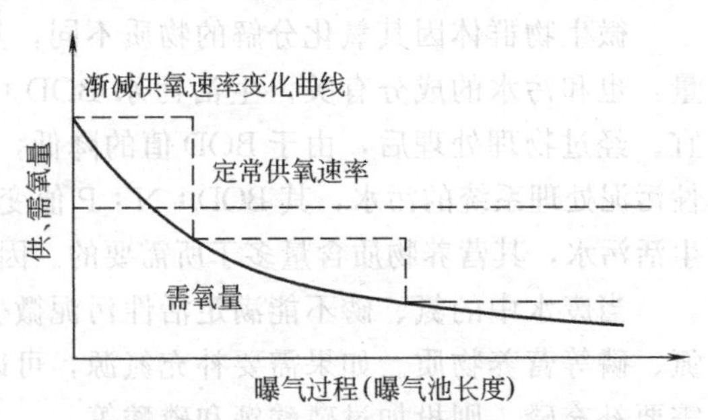

图 11-4 传统法和渐减曝气

高，为了避免由于溶解氧的不足，进水有机物质负荷不宜过高，因此，曝气池容积大，占用的土地较多，基建费用高；②耗氧速率沿池长是变化的，而供氧速率难于与其相吻合、适应，在池前段可能出现供氧不足的现象，池后端有可能出现溶解氧过剩的现象；③对进水水质、水量变化的适应性较低。

2. 渐减曝气活性污泥法

渐减曝气活性污泥法（tapered aeration）是针对传统活性污泥法中由于沿曝气池池长均匀供氧，在池末端供氧与需氧量之间的差距较大而严重浪费能源，提出的一种能使供氧量和需氧量相适应的运行方式，即供氧量沿池长逐步递减，使其接近需氧量。目前使用的活性污泥法一般都采用这种供氧方式。

3. 分段进水活性污泥法

又称阶段曝气活性污泥法或多段进水活性污泥法（step-feed activated sludge，简写SFAS)。其工艺流程如图 11-5 所示。

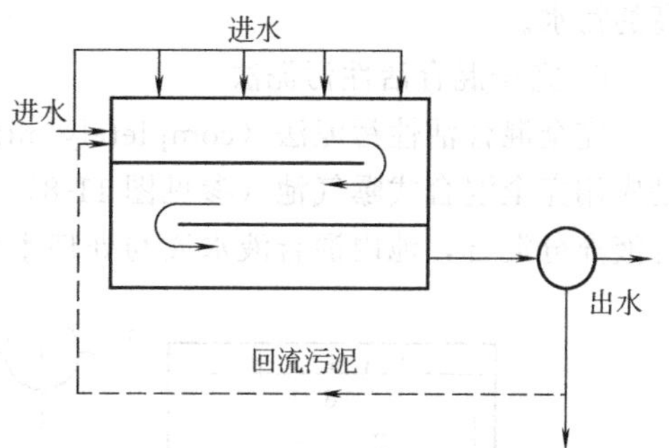

图 11-5　阶段曝气法工艺流程

分段进水活性污泥法系统是针对传统活性污泥法系统存在的问题，在工艺上作了某些改革的活性污泥法处理系统。

分段进水活性污泥法具有如下特点：①污水沿池长度分段注入曝气池，使有机物负荷及需氧量得到均衡，一定程度地缩小了需要量与供氧量之间的差距，有助于降低能耗，又能够比较充分地发挥活性污泥微生物的降解功能；②污水分散均衡注入，提高了曝气池对水质、水量冲击负荷的适应能力。

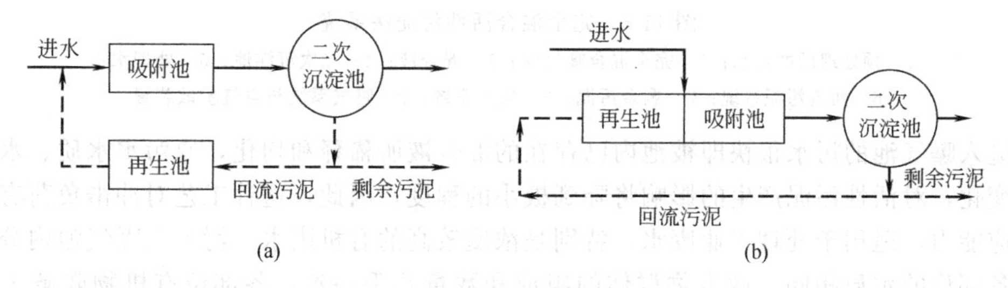

图 11-6　吸附-再生活性污泥法系统

4. 吸附-再生活性污泥法

又称生物吸附活性污泥法系统或接触稳定法（contact stabilization activated sludge，简写 CSAS)。这种方法 20 世纪 40 年代后期首先在美国使用，其工艺流程如图 11-6 所示。其主要特点是将活性污泥对有机物降解的两个过程——吸附与代谢稳定，分别在各自的反应器内进行。

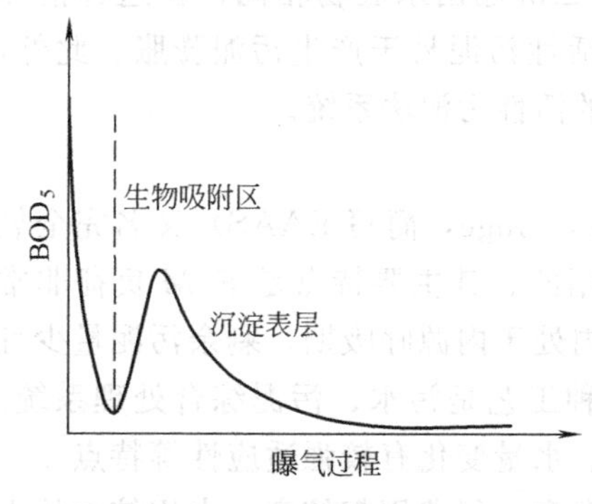

图 11-7　污水与活性污泥混合曝气后 BOD_5 值的变化情况

这种运行方式的原理，是活性较强的活性污泥对污水中的有机物进行“初期吸附去除”（见图 11-7)，随后由于胞外水解酶将吸附的非溶解状态的有机物水解成为溶解性小分子，部分有机物又进入污水中使 BOD_5 值上升。此时，活性污泥微生物进入营养过剩的对数增殖期，能量水平很高，微生物处于分散状态，污水中存活着大量的游离细菌，也进一步促使 BOD_5 值上升，随着反应的持续进行，有机物浓度下降，活性污泥微生物进入减速增殖期和内源呼吸期，BOD_5 值又缓慢下降。

与传统活性污泥法系统相比，吸附-再生系统具有如下特征：①污水与活性污泥在吸附池内接触的时间较短，因此，吸附池的容积一般较小。吸附池与再生池的容积之和，仍低于传统活性污泥法曝气池的容积，基建费用较低；②本工艺对水质、水量的冲击负荷具有一定的承受能力。当在吸附池内的污泥遭到破坏时，可由再生池内的污泥予以补救。

本工艺存在的主要问题是：①处理效果低于传统法；②不宜处理溶解性有机物含量较高的污水。

5. 完全混合活性污泥法

完全混合活性污泥法（completely mixed activated sludge，简写 CMAS）的主要特征是应用完全混合式曝气池（参见图 11-8）。污水与回流污泥进入曝气池后，立即与池内混合液充分混合，池内混合液水质与处理水相同。

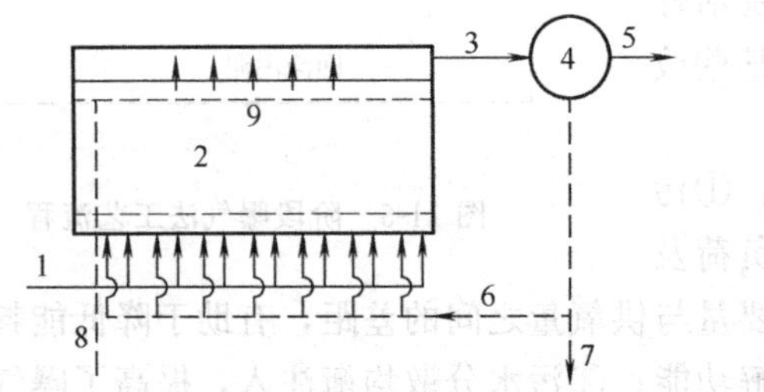

(a) 采用鼓风曝气装置的完全混合曝气池

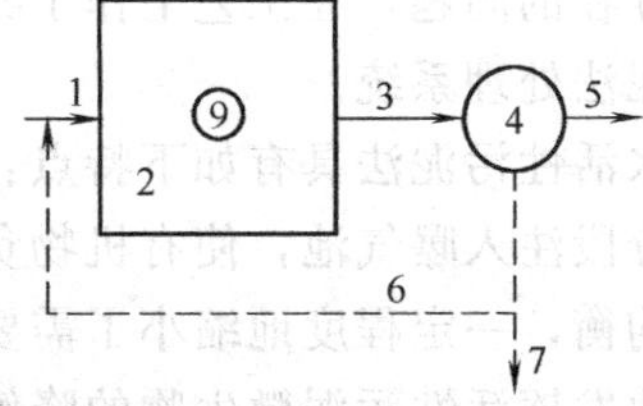

(b) 采用表面机械曝气器的完全混合曝气池

图 11-8　完全混合活性污泥法系统

1—预处理后的污水；2—完全混合曝气池；3—混合液；4—二次沉淀池；5—处理水；6—回流污泥系统；7—剩余污泥；8—供气系统；9—曝气系统与空气扩散装置

进入曝气池的污水很快即被池内已存在的混合液所稀释和均化，原污水水质、水量方面的变化，对活性污泥产生的影响将降到极小的程度，因此，这种工艺对冲击负荷有较强的适应能力，适用于处理工业废水，特别是浓度较高的有机废水。污水在曝气池内分布均匀，各部位的水质相同，微生物群体的组成和数量几乎一致，各部位有机物降解工况相同，因此，通过的 F/M 值的调整，可将整个曝气池的工况控制在最佳状态。

完全混合活性污泥法系统存在的主要问题是：在曝气池混合液内，各部位的有机物质量相同，活性污泥微生物质与量相同，其底物浓度与二沉池出水底物相同，在这种情况下，微生物对有机物的降解推动力低，由于这个原因活性污泥易于产生污泥膨胀。此外，在一般情况下，其处理水水质低于采用推流式曝气池的活性污泥法系统。

6. 延时曝气活性污泥法

延时曝气池活性污泥法（extended aeration activatd sluge，简写 EAAS）又名完全氧化活性污泥法，是 20 世纪 50 年代初期在美国开始应用的。其主要特点是 F/M 负荷非常低，曝气时间长，一般多在 24h 以上，活性污泥在池内处于内源呼吸期，剩余污泥量少且稳定，勿需再进行厌氧消化处理，因此，也可以说这种工艺是污水、污泥综合处理系统。此外，该工艺还具有处理水稳定性高，对原污水水质、水量变化有较强适应性等特点。

此工艺的主要缺点是曝气时间长，池容大，基建费和运行费用都较高，占用较大的土地面积等。延时曝气法适用于处理对处理水质要求高，而且又不宜采用污泥处理技术的小城镇污水和工业废水，水量不宜超过 1000m^3/d。

应当说明，从理论上来说，延时曝气活性污泥系统是不产生污泥的，但在实际上仍有剩余污泥产生，污泥主要是一些难于生物降解的微生物内源代谢的残留物，如细胞膜和细胞壁等。

7. 高负荷活性污泥法

高负荷活性污泥法（High Activated Sludge）又称短时曝气活性污泥或不完全处理活性污泥法。其主要特点是 F/M 负荷高，曝气时间短，处理效果较差，一般 BOD_5 的去除率不超过 70%～75%，因此，称之为不完全处理活性污泥法。与此相对，一般 BOD_5 的去除率在 90%以上，处理水的 BOD_5 值在 20mg/L 以下的工艺则称为完全处理活性污泥法。

高负荷活性污泥法在系统和曝气池的构造方面，与传统活性污泥法相同。即传统法可以按高负荷活性污泥法系统运行。适用于处理对处理水水质要求不高的污水。

8. 纯氧曝气活性污泥法

又名富氧曝气活性污泥法（high purity oxygen activated sludge，简写 HPOAS），空气中氧的含量仅为 21%，而纯氧中的含氧量为 90%～95%，纯氧比空气的氧分压高 4.4～4.7 倍，用纯氧进行曝气能够提高氧向混合液中的传递能力，如图 11-9 所示。早在 20 世纪 40 年代就有人设想用氧气代替空气进行曝气，以提高曝气池内的生化反应速率。

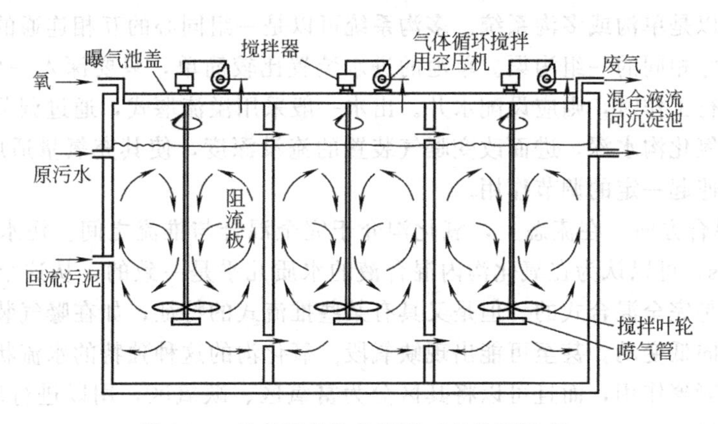

图 11-9 纯氧曝气池构造图（有盖密闭式）

1968 年在美国纽约州的巴塔维亚污水处理厂建成了一座规模为 10000m^3/d 的曝气池，并与鼓风曝气池系统进行了对比试验。1971 年美国水质管理委员会发表了该厂的对比试验报告。现在，世界上已有多座以纯氧曝气活性污泥法为主体处理技术的污水处理厂建成，其中美国底特律污水处理厂的规模达 230×10^4 m^3/d。

采用纯氧曝气系统的主要效益如下。

① 氧利用率可达 80%～90%，而鼓风曝气系统仅为 10%左右；

② 曝气池内混合液的 MLSS 值可达 4000～7000mg/L，能够提高曝气池的容积负荷；

③ 曝气池混合液的 SVI 值较低，一般都低于 100，污泥膨胀现象发生的较少；

④ 产生的剩余污泥量少。

9. 氧化沟

氧化沟又称循环曝气池，是 20 世纪 50 年代由荷兰的巴斯韦尔（Pasveer）开发的一种污水生物处理技术，属活性污泥法的一种变法，如图 11-10 为氧化沟的平面示意图，图 11-11 为以氧化沟为生物处理单元的污水处理流程。

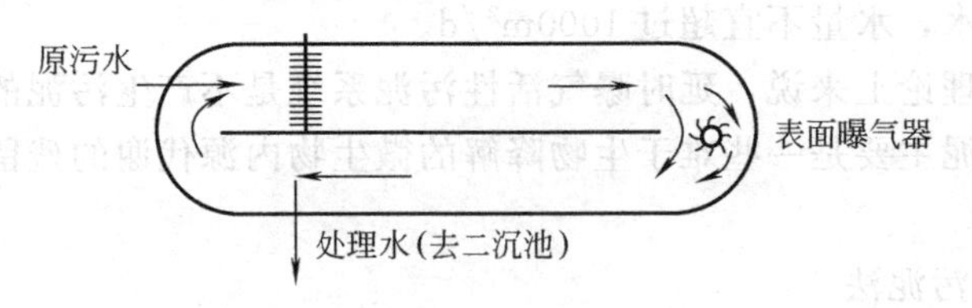

图 11-10 氧化沟平面

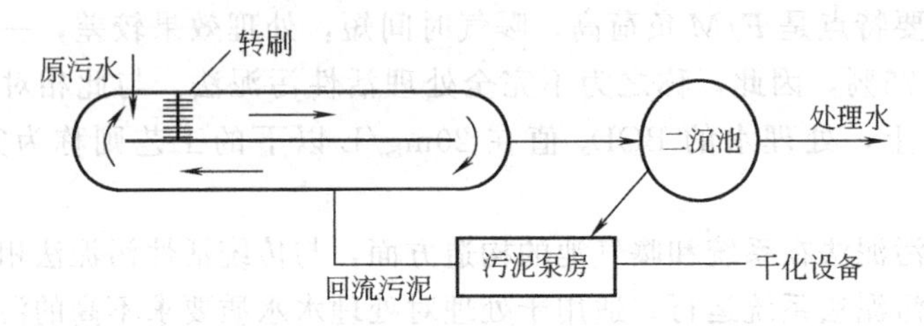

图 11-11 以氧化沟为生物处理单元的污水处理流程

(1) 氧化沟的特征

与传统活性污泥法曝气池相比，氧化沟具有下列特征。

① 构造方面 氧化沟的构造形式多样化、运行灵活。氧化沟一般呈环形沟渠状，平面多为椭圆形、圆形或马蹄形，总长可达几十米，甚至百米以上。

氧化沟可以是单沟或多沟系统。多沟系统可以是一组同心的互相连通的沟渠，也可是互相平行、尺寸相同的一组沟渠。单池的进水装置比较简单，只要深入一根进水管即可，如双池以上平行工作时，则应设配水井。出水一般采用溢流堰式，通过调节出水溢流堰的高度可以改变氧化沟水深，进而改变曝气装置的淹没深度，使其充氧量适应运行的需要，并可对水的流速起一定的调节作用。

② 水流混合方面 在流态上，氧化沟介于完全混合与推流之间。污水在沟内的平均流速为 0.4m/s，可以认为在氧化沟内混合液的水质几乎是一致的，从这个意义上讲，氧化沟内的流态是完全混合式的。但是又具有某些推流式的特征，如在曝气装置的下游，溶解氧浓度从高向低变动，甚至可能出现缺氧段。氧化沟的这种独特的水流状态，有利于活性污泥的生物凝聚作用，而且可以将其区分为富氧区、缺氧区，用以进行硝化和反硝化，取得脱氮的效果。

③ 工艺方面 氧化沟工艺流程简单，构筑物少，运行管理方便。可考虑不设初沉池，也可考虑不单设二沉池，使氧化沟与二沉池合建，可省去污泥回流装置。BOD 负荷低，同活性污泥法的延时曝气系统类似，对水温、水质、水量的变动有较强的适应性；泥龄(生物固体平均停留时间) 一般可达 15～30d，为传统活性污泥系统的 3～6 倍。可以存活繁殖时代时间长、增殖速度慢的微生物，如硝化菌，在氧化沟内可能产生硝化反应。一般的氧化沟能使污水中的氨氮达到 95%～99%的硝化程度，如设计、运行得当，氧化沟能够具有反硝化脱氮的效果。因此，氧化沟处理效果稳定、出水水质好。

由于活性污泥在系统中的停留时间很长，排出的剩余污泥已得到高度稳定，因此只需进行浓缩和脱水处理，从而省去了污泥消化池。常用的氧化沟有下列几种。

(2) 氧化沟的类型

① 卡罗塞 (Carrousel) 氧化沟 是 20 世纪 60 年代末由荷兰 DHV 公司所开发，当时开发这一工艺的主要目的是寻求一种渠道更深、效率更高和机械性能更好的系统设备，来改善和弥补当时流行的转刷式氧化沟的技术弱点。卡罗塞氧化沟系统是由多个串联氧化

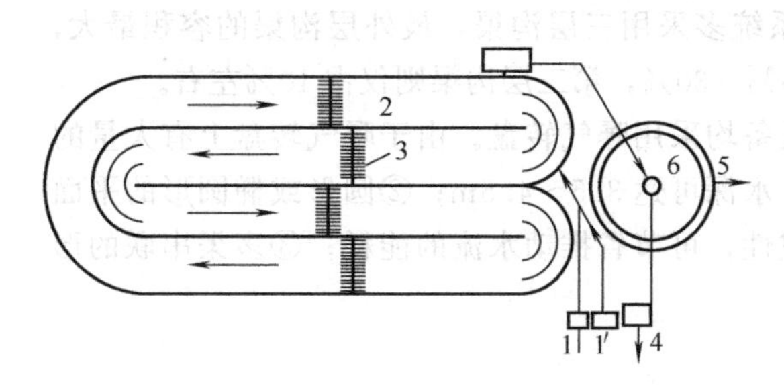

图 11-12　卡罗塞氧化沟系统（一）

1—污水泵站；1′—回流污泥泵站；2—氧化沟；3—转刷曝气器；4—剩余污泥排放；5—处理水排放；6—二次沉淀池

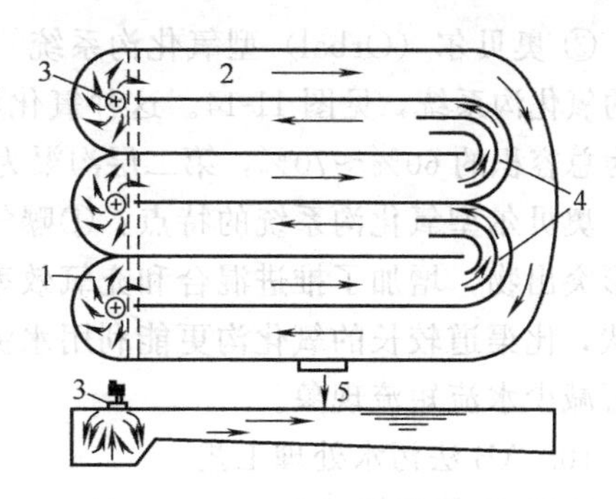

图 11-13　卡罗塞氧化沟系统（二）

1—进水；2—氧化沟；3—表面机械曝气器；4—导向隔墙；5—处理水

沟及二次沉淀池、污泥回流系统所组成，见图 11-12、图 11-13。

卡罗塞氧化沟系统在国外各地应用广泛。规模大小不等，从 $200m^3/d$ 到 $650000m^3/d$，BOD 去除率达 95%～99%，脱氮效果可达 90%以上，除磷率在 50%左右。

中国采用卡罗塞氧化沟系统处理对象有城市污水，也有有机性工业废水，现将其中主要应用厂家列举于表 11-1 中。

表 11-1　中国采用卡罗塞氧化沟系统的厂家及其各项特性

厂(站)名	处理对象	规模/(m^3/d)	形式与功能特性
昆明市兰花沟污水处理厂	城市污水	55000	6 廊道用于脱氮除磷
桂林市东区污水处理厂	城市污水	40000	4 廊道
上海市龙华肉联废水处理厂	肉联废水	1200	4 廊道
山西针织厂废水处理站	纺织废水	5000	
西安杨森制药厂废水处理站	制药废水	1000	

② 交替工作氧化沟系统　交替工作氧化沟系统由丹麦（Kruger）公司所开发，有两沟和三沟两种交替工作氧化沟系统。两沟氧化沟有容积相同的两池组成，串联运行，交替作为曝气池和沉淀池，勿需设污泥回流系统。该系统处理水质优良，污泥也比较稳定。缺点是曝气转刷的利用率低。

三池交替工作氧化沟，应用较广。两侧的两池交替地作为曝气池和沉淀池。中间池则一直为曝气池，原污水交替地进入两侧的两池，处理水则相应地从作为沉淀池的中间池流出。三池交替氧化沟不但能够去除 BOD，还能完成脱氮和除磷的目的。这种系统无需污泥回流系统。

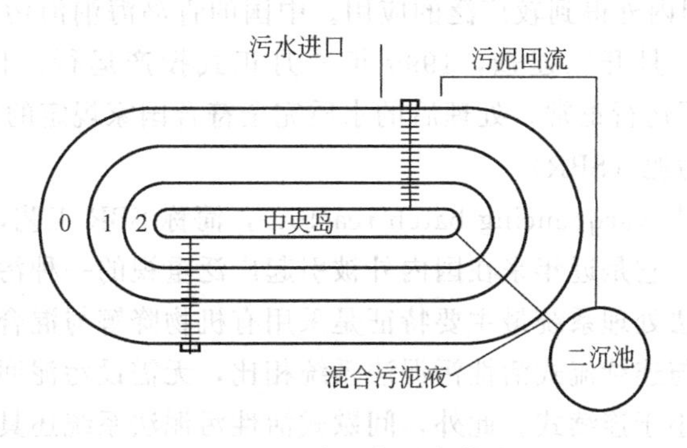

图 11-14　奥贝尔型氧化沟

③ 奥贝尔（Orbal）型氧化沟系统　奥贝尔氧化沟有多个呈椭圆形或圆形同心沟渠组成的氧化沟系统，见图 11-14。这种氧化沟系统多采用三层沟渠，最外层沟渠的容积最大，约为总容积的 60%～70%，第二层沟渠为 20%～30%，第三层沟渠则仅占 10%左右。

奥贝尔型氧化沟系统的特点：①曝气设备均采用曝气转盘。由于曝气转盘上有大量的楔形突出物，增加了推进混合和充氧效率，水深可达 3.5～4.5m；②圆形或椭圆形的平面形状，比渠道较长的氧化沟更能利用水流惯性，可节省推动水流的能耗；③多渠串联的形式可减少水流短流现象。

10. AB 法污水处理工艺

吸附-生物降解（Adsorption-Biodegration）工艺，简称 AB 法污水处理工艺。是由德国亚琛工业大学宾克（Bohnke）于 20 世纪 70 年代中期开创，目的是解决传统的二级生物处理系统，即预处理-初沉淀-曝气池-二沉池存在的去除难降解有机物和脱氮除磷效率低及投资运行费用高等问题，是在对两段活性污泥法和高负荷活性污泥法进行大量研究的基础上，开发的新型污水生物处理工艺。80 年代开始用于生产实践。由于本工艺具有一系列独特的性能，受到广泛的重视。AB 法工艺的基本流程见图 11-15。

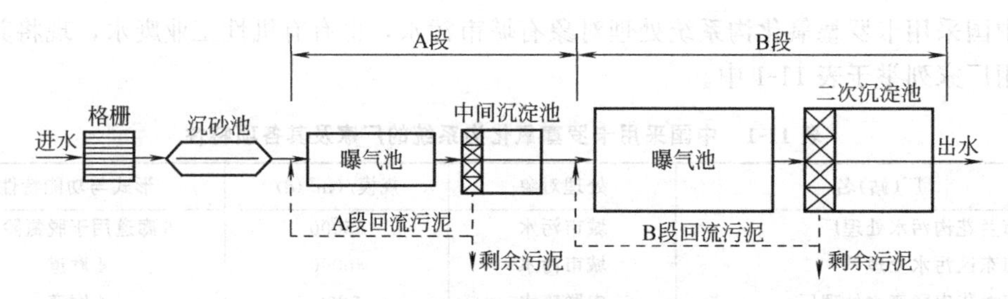

图 11-15　AB 法污水处理工艺流程

AB 工艺的主要特征如下。

① AB 法属于两段活性污泥范畴，但 A 段之前一般无初沉池，以便充分利用活性污泥的吸附利用。

② A 段由吸附池和中间沉淀池组成，B 段则由曝气池及二次沉淀池所组成。

③ A 段与 B 段各自拥有独立的污泥回流系统，两段完全分开，每段能够培育出各自独特的，适于本段水质特征的微生物种群。

④ A 段以极高负荷运行，对不同进水水质，A 段可选择以好氧或缺氧方式运行。有时，A 段曝气池可与曝气沉砂池合建。B 段则以低负荷运行，活性污泥的沉淀性能好，出水达到较高水平。

AB 处理工艺在国内外得到较广泛的应用。中国的青岛海泊河污水处理厂采用了该技术，该厂于 1993 年 3 月开工建造，1995 年 6 月正式投产运行，日处理城市污水量为 80000m^3。目前，该厂运行正常，处理后的水质完全符合国家规定的排放标准。

11. 间歇式活性污泥（SBR）

间歇式活性污泥法（sequencing batch reactor），简称 SBR 工艺，又称序批式（间歇）活性污泥法处理系统。它是近年来在国内外被引起广泛重视的一种污水生物处理技术。

间歇式活性污泥法处理系统最主要特征是采用有机物降解与混合液沉淀于一体的反应器——间歇曝气池。与连续流式活性污泥法系统相比，无需设污泥回流设备，不设二次沉淀池，曝气池容积也小于连续式。此外，间歇式活性污泥法系统还具有如下特点。

① 工艺流程简单，基建与运行费用低；

② 生化反应推动力大，速率快、效率高，出水水质好；

③ SVI 值较低，沉淀效果好，不易产生污泥膨胀现象，是防止污泥膨胀的最好工艺；

④ 通过对运行方式的调解，在单一的曝气池内能够进行脱氮和除磷反应；

⑤ 耐冲击负荷能力较强，提高处理能力；

⑥ 应用电动阀、液位计、自动计时器及可编程序控制器等自控仪表，使本工艺过程实现全部自动化的操作与管理。

(1) SBR 工艺的发展及其主要的变形工艺　SBR 工艺在设计和运行中，根据不同的水质条件、使用场合和出水要求，有了许多新的变化和发展，产生了许多新的变形。现介绍其中几种主要工艺。

① ICEAS 工艺　ICEAS（intermittent cyclic extended aeration system）工艺的全称为间歇循环延时曝气活性污泥工艺。此工艺是澳大利亚新南威尔士大学与美国 ABJ 公司合作开发的。1987 年，澳大利亚昆士兰大学联合美国、南非等地的专家对该工艺进行了改进，使之具有脱氮除磷的良好效果，并使废水达到三级处理的要求。该工艺目前已成为电脑控制系统非常先进的废水生物脱氮处理工艺。

ICEAS 的最大特点是在反应器的进水端增加了一个预反应区，运行方式为连续进水（沉淀期和排水期仍保持进水），间歇排水。

ICEAS 的优点是：a. 当主反应区处于停滞搅拌状态进行反硝化时，连续进水的污水提供反硝化所需的碳源，从而提高了脱氮效率；b. 由于连续进水，配水稳定，简化了操作程序；c. 现在的 SBR 处理系统可较容易的改造成这种运行方式。

ICEAS 的主要缺点是：由于进水贯穿于整个运行周期的各个阶段，在沉淀期时，进水在主反应区底部造成水力悸动而影响泥水分离效果，因而进水量受到了一定限制。

② CASS（CAST，CASP）工艺　CASS（cyclic activated sludge system）或 CAST（cyclic activated sludge technology）或 CASP（cyclic activated sludge process）工艺是循环式活性污泥法的简称。该工艺的前身为 ICEAS 工艺，由 Goronszy 教授开发，并分别在美国和加拿大获得专利。CASS 整个工艺为间歇式反应器，在此反应器中进行交替的曝气-不曝气过程的不断重复，将生物反应过程及泥水分离过程结合在一个池子中完成。

每个 CASS 反应器至少由两个区域组成，即生物选择区和主反应区，但也可在主反应区前设置一兼氧区。生物选择器是按照活性污泥种群组成动力学的规律而设置的，创造合适的微生物生长条件并选择出絮凝性细菌。在生物选择区内，通过主反应区污泥的回流并与进水混合，不仅充分利用了活性污泥的快速吸附作用而加速对溶解性底物的去除，而且对难降解有机物起到良好的水解作用，同时可使污泥中的磷在厌氧条件下得到有效的释放。生物选择器还可有效地抑制丝状菌的大量繁殖，克服污泥膨胀，提高系统的稳定性。选择器可定容运行，亦可变容运行，多池系统中的进水配水池也可用作选择器。

③ UNITANK 工艺　比利时 SEGHERS 公司提出的 UNITANK 系统是 SBR 法的又一种变形和发展，它集合了 SBR 和传统活性污泥法的优点，一体化设计，它的运行工况与三沟式氧化沟相似，为连续进水、连续出水的处理工艺。随着工艺的发展，UNITANK 系统有单级和多级之分。单级 UNITANK 工艺主要有两种运行方式，即单级好氧处理系统与脱氮除磷处理系统。UNITANK 工艺构筑物结构紧凑，没有单独的二沉池及污泥收集和回流系统，系统在恒水位下运行，水力负荷稳定，可使用表面曝气机械，还省去价格昂贵的滗水器，出水堰的构造更加简单；通过交替改变进水点，可以相应改善系统各段的污泥负荷，进而改善污泥的沉降性能。

④ MSBR工艺　改良式序列间歇反应器（简称MSBR，modified sequencing batch reactor），是C. Q. Yang等人根据SBR技术特点，结合传统活性污泥法技术，研究开发的一种更为理想的污水处理系统。MSBR无需设置初沉池、二沉池，且在恒水位下连续运行。采用单池多格方式，无需间断流量，还省去了多池工艺所需的更多的连接管、泵和阀门。在MSBR系统中SBR池中间设置底部挡板，避免了水力射流的影响，并且改善了水力状态，使得SBR池前端的水流状态是由下而上，而非通常的平流状态。这使系统混合液可利用高浓度沉淀底泥作为截流层，截流过滤污水中悬浮颗粒并同时完成底泥内碳源反硝化作用，在过滤截流过程中能保证较高的沉淀污泥浓度，使得剩余污泥排放浓度高，排放流量小。SBR系统采用空气堰控制出水，可有效控制出水悬浮物。MSBR增加了低水头、低能耗的回流设施，既有污泥回流又有混合液回流，从而极大地改善了系统中各个单元的MLSS的均匀性，特别是增加了连续运行单元的MLSS浓度。同时，MSBR系统能进行不同配置的设计和运行，以达到不同的处理目的。

二、生物膜法

污水的生物膜处理法是与活性污泥法并列的一种污水好氧生物处理技术。这种处理法的实质是使细菌和菌类一类的微生物和原生动物、后生动物一类的微型动物附着在滤料或某些载体上生长繁育，并在其上形成膜状生物污泥——生物膜。污水与生物膜接触，污水中的有机污染物，作为营养物质，为生物膜上的微生物所摄取，污水得到净化，微生物自身也得到繁衍增殖。

污水的生物膜处理法既是古老的，又是发展中的污水生物处理技术。迄今为止，属于生物膜处理法的工艺有生物滤池（普通生物滤池、高负荷生物滤池、塔式生物滤池）、生物转盘、生物接触氧化设备和生物流化床等。生物滤池是早期出现、至今仍在发展中的污水生物处理技术，而后三者则是近几十年来发展起来的新工艺。

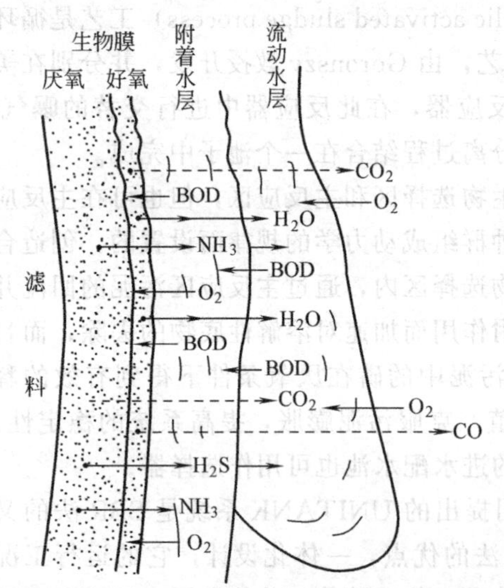

图11-16　生物滤池滤料上生物膜的构造

（一）好氧生物膜的构造

好氧生物膜是由多种多样的好氧微生物和兼性厌氧微生物黏附在生物滤池滤料上，或黏附在生物转盘盘片上的一层带黏性、薄膜状的微生物混合群体。它是生物膜法净化污（废）水的工作主体。其构造如图11-16。

生物膜形成成熟后，由于微生物的不断繁殖增长，生物膜的厚度不断增加，在增厚到一定程度后，在氧不能透入的内侧深部即转变为厌氧状态。这样，生物膜便由好氧和厌氧两层组成。生物膜的表面与污水直接接触，由于吸收营养和溶解氧比较容易，微生物生长繁殖迅速，形成了由好氧微生物和兼性微生物组成的好氧层，其厚度一般为2mm左右；其内部和载体接触的部分，由于营养物质和溶解氧的不足，微生物生长繁殖受到限制，好氧微生物恢复活性，从而形成了由厌氧微生物和兼性微生物组成的厌氧层。厌氧层在生物膜达到一定厚度时才出现，随着生物膜的增厚和外伸，厌氧层也随着变厚。但有机物的降解主要是在好氧层内进行。

(二) 生物膜对有机物质的降解及其生长

在生物膜内外、生物膜与水层之间进行着多种物质的传递过程。空气中的氧溶解于流动的水层中，从那里通过附着水层传递给生物膜，供微生物用于呼吸；污水中的有机物则由流动水层传递给附着水层，然后进入生物膜，并通过细菌的代谢活动而被降解，使污水在其流动过程中逐步得到净化；微生物的代谢产物如 H_2O 等则通过附着水层进入流动水层，并随其排走，而 CO_2 及厌氧层分解产物如 H_2S、NH_3 以及 CH_4 等气态代谢产物则从水层逸出进入气流中。

当厌氧层较薄时，它与好氧层保持着一定的平衡和稳定关系，好氧层能够维持正常的净化功能。但当厌氧层逐渐加厚达到一定厚度后，其代谢产物也逐渐增多，这些产物也逐渐增多，这些产物向外侧逸出透过好氧层时，好氧层生态系统的稳定性状态遭到破坏，造成这两种膜层之间平衡关系的丧失；又因气态代谢产物的不断逸出，减弱了生物膜在滤料（载体、填料）上的固着力，处于这种状态的生物膜即为老化生物膜，老化生物膜净化功能较差而且易于脱落。生物膜脱落后生成新的生物膜，新生生物膜必须在经过一段时间后才能充分发挥其净化功能。在正常运行情况下，整个反应系统中的生物膜各个部分总是交替脱落的，系统内活性生物膜数量相当稳定，净化效果良好。过厚的生物膜并不能增大底物利用速度，却可能造成堵塞，影响正常通风。因此，当废水浓度较大时，生物膜增长过快，水流的冲刷力也应加大，如依靠原废水不能保证其冲刷力时，可以采用处理出水回流，以稀释进水和加大水力负荷，从而维持良好的生物膜活性和合适的膜厚度。

为了保持好氧生物膜的活性，除了提供污水营养物外，还应创造一个良好的好氧条件，亦即向生物膜供氧，在填充式生物膜法设备中常采用自然通风或强制自然通风供氧，氧透入生物膜的深度取决于它在膜中的扩散系数、固-液界面处氧的浓度和膜内微生物的氧利用率。对给定的污水流量和浓度，好氧层的厚度是一定的。增大废水浓度将减少好氧层的厚度，而增大废水流量则将增大好氧层的厚度。

(三) 好氧生物膜中的微生物群落及其功能

由于生物膜上的微生物无需像活性污泥法中的悬浮物生长微生物那样承受强烈的曝气搅拌冲击，生物膜反应器为微生物的繁衍、增殖及生长栖息创造了安稳的环境。生物膜上除大量细菌生长外，还可能大量出现丝状菌，而且没有污泥膨胀之虞。生物膜上的生物固体停留时间较长，故还能够生长世代时间较长、比增殖速率很小的微生物，如硝化菌等。总之在生物膜上生长繁育的微生物，类型广泛、种类繁多。食物链长且较为复杂。

普通滤池内生物膜的微生物群落有：生物膜生物、生物膜面生物及滤池扫除生物。生物膜生物是以菌胶团为主要组成部分，辅以浮游球衣菌、藻类等。它们起净化和稳定污水水质的功能。生物膜面生物是固着型纤毛虫（例如钟虫、累枝虫、独缩虫等）及游泳型纤毛虫（例如循纤虫、斜管虫、尖毛虫、豆形虫等）它们起促进滤池净化速率，提高滤池整体的处理效率和功能。滤池扫除生物轮虫、线虫、寡毛类的沙蚕等，它们起去除滤池内的污泥、防止污泥积聚的堵塞的功能。

(四) 生物膜法的工艺类型及其特征

1. 生物滤池

生物滤池是根据土壤净化原理，在污水灌溉的实践基础之上，经较原始的间歇砂滤池和接触滤池而发展起来的人工生物处理技术。污水长时间以滴状喷洒在块状滤料的表面上，在污水流经的表面上就会形成生物膜，栖息在生物膜上的微生物摄取流经污水中的有机物作为营养，从而使污水得到净化。进入生物滤池的污水，必须通过预处理，去除原污水中的悬浮物等可能堵塞滤料的污染物，并使水质均化，因此，在生物滤池前往往需要设置初次沉淀池；滤料上的生物膜会不断脱落更新，而脱落的生物膜随处理水流出，因此，在生物滤池后还需设二沉池，以截留脱落的生物膜，保证出水水质，图 11-17 为普通生物滤池的工艺流程的示意。早期出现的生物滤池，其运行的负荷率比较低，BOD 负荷仅为 0.01～0.04kg/(m^3 滤料·d)，称为普通生物滤池。经过革新，生物滤池的负荷率得到了极大提高，BOD 负荷达到了 0.5～2.5kg/(m^3 滤料·d)，因此被称为高负荷生物滤池。20 世纪 50 年代又出现了节省用地的塔式生物滤池，下面就这几种常见的生物滤池工艺予以简单介绍。

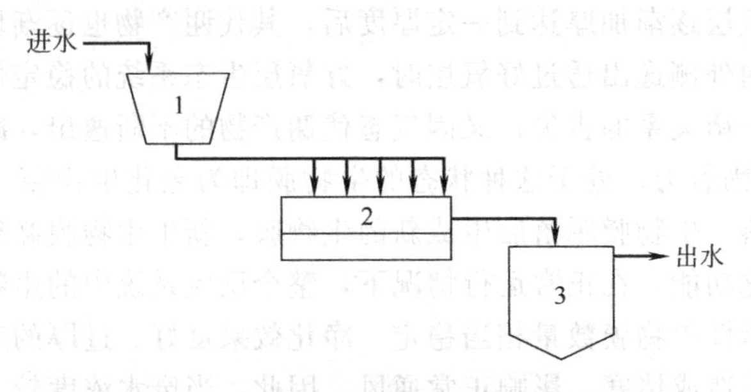

图 11-17　普通生物滤池工艺流程

1—水池；2—滤池；3—二沉池

(1) 普通生物滤池　又名滴滤池，是生物滤池早期出现的类型，它由池体、滤床、布水装置和排水装置等 4 个部分组成（如图 11-18）。

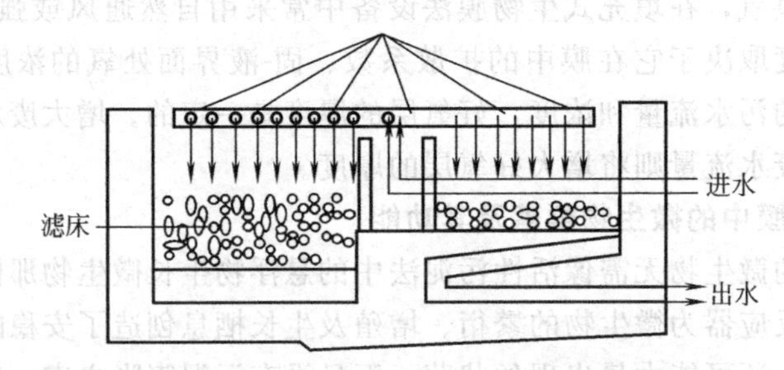

图 11-18　生物滤池处理系统的基本结构组成

普通生物滤池在平面上多呈方形或矩形，四周筑墙称为池壁，多用砖石构筑。滤床一般采用碎石、卵石或炉渣等滤料，铺成厚度约为 1.5～2.0m 的床体，生物膜便生长在这些滤料上。布水装置的作用是使污水均匀洒在滤床上，而排水装置的作用是滤床底部汇集经滤床处理过的水，并通过二沉池排出，普通生物滤池虽然具有处理效果良好、运行稳定、易于管理、节约能源等优点，但因为承受的污水负荷低、占地面积大而不适宜于处理量大的污水，而且床体容易堵塞，卫生状况差，所以目前这类滤池已逐渐被淘汰。

(2) 高负荷生物滤池　这是生物滤池的第二代工艺，是针对普通生物滤池存在的弊端进行革新而开创出来的。它大幅度地提高了滤池的负荷率，其 BOD 容积负荷率高于普通生物滤池 6～8 倍，水力负荷率则高达 10 倍，高负荷生物滤池的构造基本上与低负荷生物滤池相同，但所采用的滤料粒径和厚度都较大，而且一般均采取处理水回流的运行措施。由于负荷较高，水力冲刷能力强，滤料表面所积累的生物膜量不大，不易形成堵塞，工作过程中老化生物膜连续排出，无机化程度较低。这种滤池由于负荷大，处理程度较低，池内不出现硝化，它占地面积较小，卫生条件较好，比较适宜于浓度和流量变化较大的废水处理。

(3) 塔式生物滤池（塔滤） 这是在20世纪50年代初由前民主德国化学工程专家应用气体洗涤塔原理开创的第三代生物滤池，它具有占地面积小、基建费用低、净化效率高等优点，得到了较为广泛的应用，塔式生物滤池一般高达8～24m，直径1～3.5m，直径与高度之比介于16～18，形似高塔，塔身一般沿高度分层建造，在分层处设格栅，格栅承托在塔身上，使滤料荷重分层负担。塔式生物滤池内部通风良好，污水从上向下滴落，水流紊动强烈，污水、生物膜和空气的接触时间非常充分，提高了传质效率和污染物处理能力。塔滤的水力负荷比普通生物滤池提高了5～10倍，有机负荷也提高了2～6倍。如图11-19所示为塔式生物滤池构造示意。

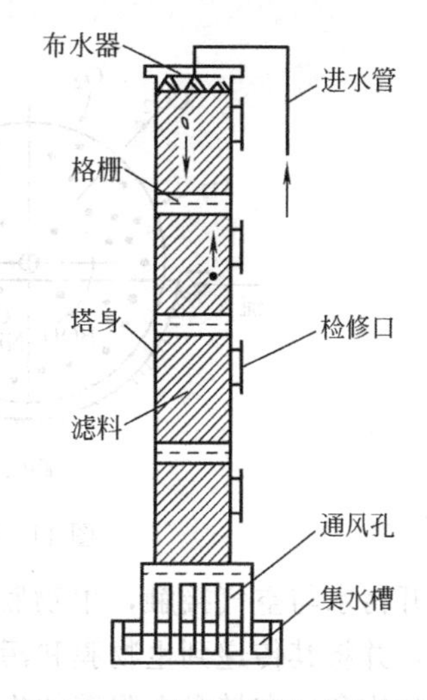

图11-19 塔式生物滤池的构造

较高的有机负荷使生物膜生长迅速，而较高的水力负荷又使生物膜受到强烈的水力冲刷而不断脱落和更新，这样，池内的生物膜能够经常保持较好的活性。塔滤滤层中存在明显的生物分层现象，在不同的滤层上，由于流经的污水水质的不同而栖息着以不同微生物种群为优势的生物群落。也就是说，在某一滤层上生活的微生物是与流经该层的污水水质相适应的，更有利于有机污染物的逐步降解与去除。也正因为如此，塔滤能够承受较高有机负荷的冲击。所以，塔滤常作为高浓度工业废水二级生物处理的第一级工艺使用，以大幅度地去除有机污染物，使第二级处理工艺段可以保持良好的净化效果。

塔滤不但适用于生活污水和城市污水的处理，也适用于处理各种工业有机废水，但不适宜于污水量过大的情形。

2. 生物转盘

如图11-20所示，生物转盘由固定在一根轴上的许多间距很小的圆盘或多角形盘片组成。盘片可用聚氯乙烯、聚乙烯、泡沫聚苯乙烯、玻璃钢、铝合金或其他材料制成。盘片可以是平板，也可以是同心圆或放射状波纹板等形式，也有平板和波纹板组合的形式。盘片有将近一半的面积浸没在半圆形、矩形或梯形的氧化槽内。在电机的带动下，盘片组在水槽内缓慢转动，废水在槽内流过，水流方向与转轴垂直，槽底设有排泥管或放空管，以控制槽内废水中悬浮污泥的浓度。

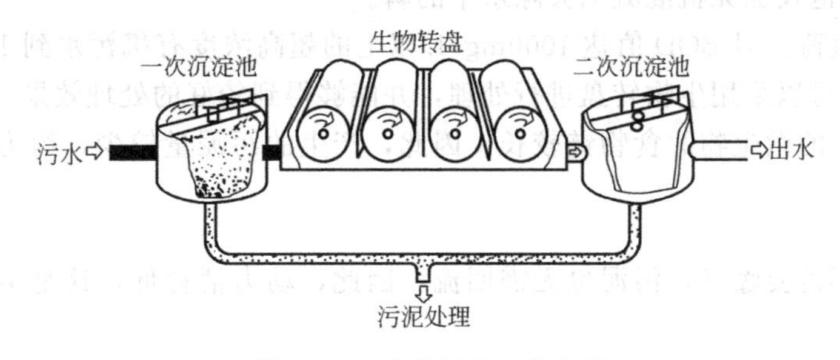

图11-20 生物转盘工艺流程

(1) 生物转盘的净化机理 如图11-21。氧化槽内充满污水，生物转盘以较低的线速度在氧化槽内转动，转盘交替地和空气与污水相接触。在经过一段时间后，在转盘上即将附着一层栖息着大量微生物的生物膜。微生物的种属组成逐渐稳定，其新陈代谢功能也逐步地发挥出来，并达到稳定的程度，污水中的有机污染物为生物膜所吸附降解。转盘转动

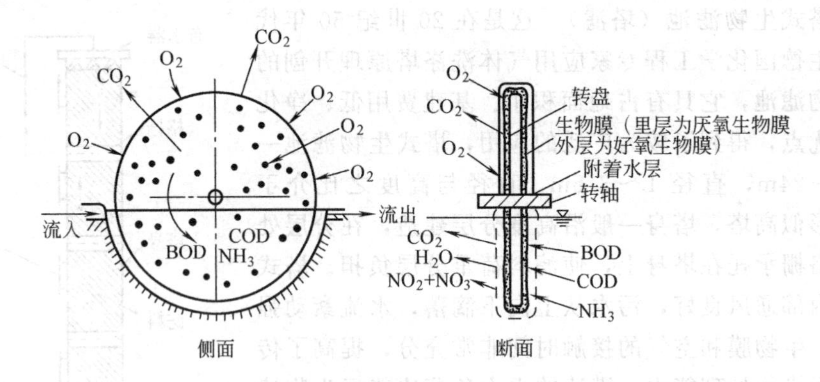

图 11-21　生物转盘净化反应过程与物质传递过程

离开污水与空气接触，生物膜上的固着水层从空气中吸收氧，固着水层中的氧是过饱和的，并将其传递到生物膜和污水中，使槽内污水的溶解氧含量达到一定的浓度，甚至可能达到饱和。在转盘上附着的生物膜与污水以及空气之间，除有机物（BOD、COD）与 O_2 外，还进行着其他物质，如 CO_2、NH_3 等的传递。

生物膜逐渐增厚，在其内部形成厌氧层，并开始老化。老化的生物膜在污水水流与盘面之间产生的剪切力的作用下而剥落，剥落的破碎生物膜在二沉池内被截留，生物膜脱落形成的污泥，密度较高、易于沉淀。

生物转盘在实际应用中有多种构造类型，最常见的是多级转盘串联，以增加生物与污水污染物的接触概率，提高处理效果。但级数一般不超过四级，级数过多，处理效率提高不大。根据圆盘数量及平面位置，可以采用单轴多级或多轴多级形式。

（2）生物转盘的优点　生物转盘法是一种较新型的生物膜法污水处理工艺，国外使用较普遍，在中国主要用于工业废水处理。与活性污泥法相比，生物转盘在使用上具有以下优点。

① 微生物浓度高，特别是最初几级的生物转盘，这是生物转盘效率高的主要原因之一。

② 生物相分级，在每级转盘生长着适应于流入该级污水性质的生物相，这种现象对微生物的生长繁殖、有机物降解非常有利。

③ 污泥龄长，在转盘上能够增殖时代时间长的微生物，如硝化菌等，因此，生物转盘具有硝化、反硝化的功能。

④ 采取适当措施，生物转盘还可用于除磷，由于无需污泥回流，可向最后几级氧化槽或直接向二沉池投加无机混凝剂去除水中的磷。

⑤ 耐冲击负荷。对 BOD 值达 1000mg/L 以上的超高浓度有机污水到 10mg/L 以下的超低浓度污水都可以采用生物转盘进行处理，并能够得到较好的处理效果。

⑥ 生物膜上的微生物的食物链较长，因此，产生的污泥量较少，约为活性污泥处理系统的$\frac{1}{2}$左右。

⑦ 氧化槽不需要曝气，污泥也无需回流，因此，动力消耗低，这是本法最突出的特征之一。

⑧ 不需要经常调节生物污泥量，不存在产生污泥膨胀的麻烦，复杂的机械设备也比较少，因此，便于维护管理。

⑨ 设计合理、运行正常的生物转盘，不产生滤池蝇、不出现泡沫也不产生噪声，不存在产生二次污染的现象。

⑩ 生物转盘的流态，从一个生物转盘单元来看是完全混合型的，在转盘不断转动的

条件下，氧化槽内的污水能够得到良好的混合，但多级生物转盘又应作为推流式，因此，生物转盘的流态，应按完全混合-推流来考虑。

(3) 生物转盘的不足

① 价格高，投资大。

② 因为无通风设备，转盘的供氧依靠盘面的生物膜接触大气，废水中挥发性物质将会产生污染。因此，生物转盘最好作为第二级生物处理装置使用。

③ 生物转盘的性能受环境气温及其他因素影响较大。在北方设置生物转盘时，一般置于室内，并采取一定的保温措施。建于室外的生物转盘都应加设雨棚，防止雨水淋洗使生物膜脱落。

3. 生物接触氧化

生物接触氧化是一种介于活性污泥法与生物滤池两者之间的生物处理技术，亦称淹没式生物滤池。滤池内充满水，滤料淹没在水中，并采用与曝气池相同的曝气方法，向微生物供氧，兼具二者的优点。近年来，该技术在国内外都得到了广泛的研究与应用。特别是在日本、美国得到了迅速的发展和应用，广泛地应用于处理生活污水，城市污水和食品加工等工业废水，而且还应用于处理地表水源水的微污染。中国从20世纪70年代开始引进生物接触氧化工艺，除生活污水和城市污水外，还在石油化工、农药、印染、纺织、造纸等工业废水处理方面取得了良好的处理效果。

(1) 生物接触氧化池的形式　生物接触氧化池的形式很多，根据水流形态可分为分流式和直流式。见图11-22。

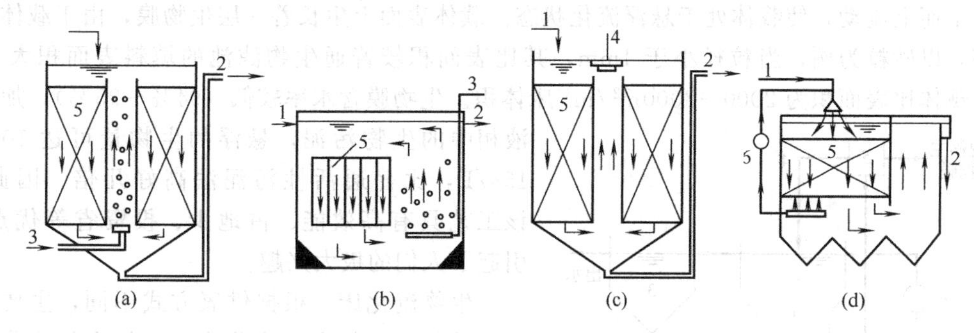

图 11-22　几种形式的接触氧化池

1—进水管；2—出水管；3—进气管；4—叶轮；5—填料；6—泵

① 分流式　废水充氧和同生物膜的接触是在不同的间格内进行的，废水充氧后在池内进行单向或双向循环。这种结构形式能使废水在池内反复充氧，废水同生物膜接触时间长，但耗气量较大，水穿过填料层的速度较小，冲刷力弱，易于造成填料层堵塞，尤其在处理高浓度有机废水时。

② 直流式　国内一般多采用直流式。直流式接触氧化池是直接从填料底部充氧的，填料内的水力冲刷依靠水流速度和气泡在池内碰撞、破碎形成的冲击力，只要水流及空气分布均匀，填料不易堵塞。此外，生物膜受到气流的冲击、搅动，加速脱落、更新，使生物膜经常保持较高的活性。

(2) 生物接触氧化法的特征　生物接触氧化在工艺、功能以及运行等方面具有下列主要特征。

① 本工艺使用多种形式的填料，有利于溶解氧的转移，适于微生物存活增殖。除细菌和多种种属的原生动物和后生动物外，还能够生长氧化能力强的球衣菌属的丝状菌，而

无污泥膨胀之虑。

② 填料表面全为生物膜所布满，形成了生物膜的主体结构，由于丝状菌的大量滋生，有可能形成一个呈立体结构的密集的生物网，污水在其中通过时起到类似“过滤”的作用，能够有效提高净化效果。

③ 生物膜表面不断地接受曝气吹脱，有利于保持生物膜的活性，抑制厌氧膜的增殖，也宜于提高氧的利用率，能保持较高浓度的活性生物量。因此，生物接触氧化处理技术能接受较高的有机负荷率，处理效果较高，有利于缩小池容，减少占地面积。

④ 对冲击负荷有较强的适应能力，在间歇运行的条件下，仍能够保持良好的处理效果，对排水不均的企业，更具有实际意义。

⑤ 操作简单、运行方便、易于维护管理，无需污泥回流，不产生污泥膨胀现象，也不产生滤池蝇。污泥生成量少，污泥颗粒较大，易于沉淀。

接触氧化池填料的选择要求比表面积大、孔隙率大、水力阻力小、性能稳定。垂直放置的塑料蜂窝管填料层被广泛采用。这种填料比表面积较大，单位填料上生长的生物膜数量较大。据实测，微生物浓度高达 13g/L，比一般活性污泥法的生物量大得多。但是这种填料各蜂窝管间互不相通，当负荷增大或布水均匀性较差时，则易出现堵塞，此时若加大曝气量，又会导致生物膜稳定性变差，周期性地大量剥离，净化功能不稳定。近年来国内外对填料做了许多研究工作，并开发出了塑料网状填料等多种新型填料。

4. 生物流化床

好氧生物流化床是在反应器内装以砂、无烟煤或活性炭等作为载体，水流以一定的速度自下而上流动，使载体处于悬浮流化状态。载体表面上生长着一层生物膜，由于载体粒径小，以砂粒为例，当粒径小于 1mm，其比表面积较普通生物滤池的填料表面积大 50 倍，载体比表面积为 2000～3000m^2/m^3 床体积。生物膜含水率较低（94%～95%），加上液相中的生物污泥，悬浮的生物量可达 10～15g/L，比普通活性污泥法高好几倍。因此，该工艺具有高效能、占地少、投资省等优点，引起了人们的极大兴趣。

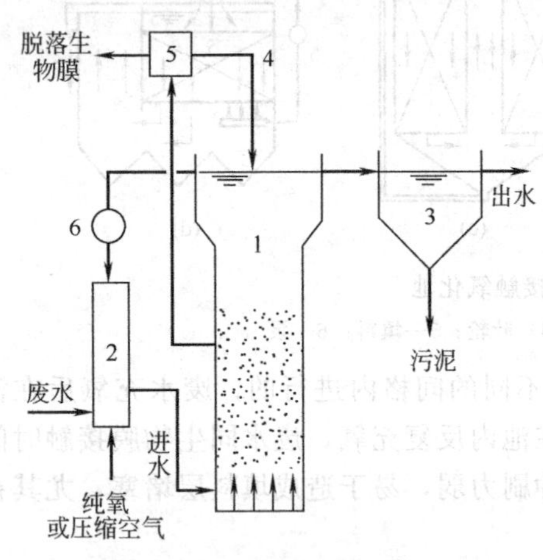

图 11-23　纯氧（空气）生物流化床工艺流程

1—流化床；2—充氧设备；3—二次沉淀池；4—脱膜后载体；5—脱膜机；6—回流泵

生物流化床，根据供氧方式不同，主要可分为纯氧或空气生物流化床、三相生物流化床和机械搅拌流化床等。

① 纯氧或空气生物流化床　图 11-23 为纯氧或空气生物流化床。该工艺以纯氧或空气为氧源，如以纯氧为氧源，而且配以压力充氧设备时，水中溶解氧含量可高达 30mg/L 以上。如采用一般的曝气方式充氧，水中溶解氧含量一般 8～10mg/L 左右。

经过充氧后的污水与回流水的混合液，从底部通过布水装置进入生物流化床，缓慢而又均匀的沿床体横断面上升，一方面推动载体使其处于流化状态，另一方面又广泛、连续地与载体上的生物膜相接触。处理后的污水从上部流出床外，进入二沉池，分离脱落的生物膜，处理水得到澄清。

当进水浓度较高时，一次充氧不能满足生化反应的需要，同时考虑要使载体悬浮流化，所以，一般要采用处理水的回流循环。

为了及时清除载体上的老化生物膜，在流程中另设脱膜装置，脱膜装置间歇工作，脱除老化生物膜的载体再次返回流化床，脱除下来的生物膜作为剩余污泥排出系统外。

② 三相生物流化床　图 11-24 为三相生物流化床。空气由输送混合管的底部进入，在管内形成气、液、固混合体，空气起到空气扬水器的作用，混合液上升，气、液、固三相间产生强烈的混合与搅拌作用，载体之间也产生强烈的摩擦作用，外层生物膜脱落，输送混合管起到了脱膜作用。

该工艺一般不采用处理水回流措施，但当原污水浓度较高时，可考虑处理水回流，稀释污水。工艺存在的问题是，脱落在处理水中的生物膜，颗粒细小，用单纯沉淀法难于全部去除，如在其后用混凝沉淀法或气浮法进行固液分离，则能够取得优质的处理水。

③ 机械搅拌流化床　图 11-25 为机械搅拌流化床。池内分为反应室与固液分离室两部分，池中央接近于底部安装有叶片搅动器，由安装于池面上的电动机驱动转动以带动载体，使其呈流化悬浮状态。充填的载体为粒径为 0.1～0.4mm 之间的砂、焦炭或活性炭，粒径小于一般的载体。采用一般的空气扩散装置充氧。

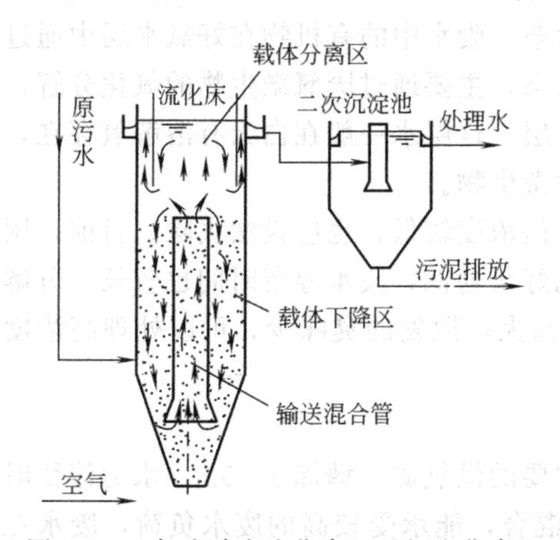

图 11-24　气流动力液化床（三相流化床）

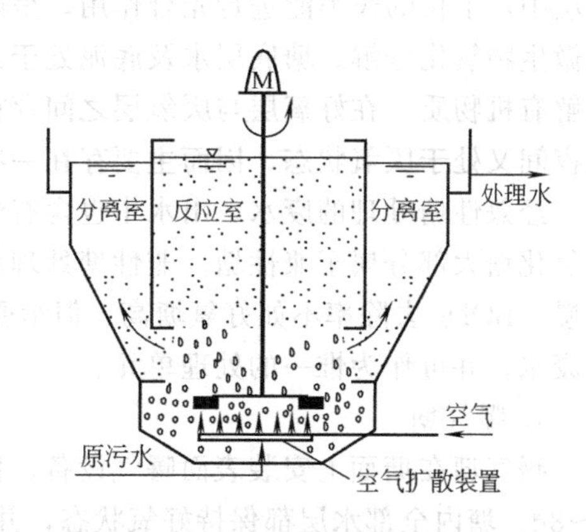

图 11-25　机械搅拌流化床处理工艺

机械搅拌流化床的降解速率高，反应室单位容积载体的比表面积较大，可达 8000～9000m^2/m^3；并用机械搅拌的方式使载体流化、悬浮，反应可保持均一性，生物膜与污水接触的效率高；同时 MLVSS 值比较固定，无需通过运行加以调整。

三、稳定塘

稳定塘又称氧化塘，它是土地经过人工适当修正，设围堤和防渗层的池塘，主要依靠自然生物净化功能净化污水，除其中个别类型的如曝气塘外，不采取实质性的人工强化措施提高其净化功能。污水在塘内的净化过程与自然水体的自净过程极其相似。有机污染物在塘中被微生物所降解，塘内的氧由塘内生长的藻类的光合作用及塘面的复氧作用提供。

（一）稳定塘的分类

根据稳定塘内溶解氧和在净化中起作用的微生物种类，可把稳定塘主要分为好氧塘、厌氧塘、兼性塘和曝气塘四种，此外还有水生植物塘、养鱼塘等生态塘。

1. 好氧塘

塘深一般在 0.5m 左右，阳光可穿过水层到达塘底。藻类活动旺盛，靠藻类光合作用供氧，塘内完全呈好氧状态。塘表面也可由于风力的搅动进行自然复氧。好氧微生物在净化废水中起主要作用。

好氧塘承受的有机负荷低，废水停留时间比厌氧塘和兼性塘短，一般在0.5～3d。BOD_5 去除率可达85%～90%，出水水质好，但占地面积大。处理后的水中含有大量的藻细胞，排放前应该去除，通常采用化学凝聚、砂滤、上浮等方法去除。

2. 厌氧塘

塘深在2m以上，最深可达6m。进水 BOD_5 负荷高，塘中仅有很薄的一层表面水呈好氧状态，好氧菌可在这层内活动，分解有机物，并消耗掉水中溶解的氧。塘的其余部分均呈厌氧状态，塘内几乎无藻类生长，主要靠厌氧微生物对有机物进行的厌氧呼吸和发酵作用去除污染物。

厌氧塘可承受较高的有机负荷，常用于高浓度有机废水的处理。但由于处理后水不能达到排放要求，因而，厌氧塘常作为废水的预处理，处理后水再由好氧塘处理方能排放。

3. 兼性塘

兼性塘兼具好氧塘和厌氧塘二者的特点。塘深一般在1～2.5m。在光线能通过的上部水层中，生长的藻类能进行光合作用，呈好氧状态。废水中的有机物在好氧水层中通过好氧微生物氧化分解。塘底层水及底泥处于无氧状态，主要通过厌氧微生物的氧化分解作用降解有机物质。在好氧层与厌氧层之间存在兼氧层，这层水一般在白天有溶解氧存在，而在夜间又处于厌氧状态，因而主要存在一些兼性微生物。

经兼性塘处理的废水，出水中也含有藻类，但浓度较低，也应设法去除。目前，国内外氧化塘大部分属于兼性塘。兼性塘处理效率比好氧塘低，废水停留时间也较长，分解速度慢，BOD_5 去除率不如好氧塘高，但承受的负荷大，散发的臭味少，可以处理高浓度工业废水，并可作为惟一的处理单元。

4. 曝气塘

曝气塘在塘面上安装表面曝气设备，作为主要的供氧源。塘深3～5m，水力停留时间3～8d。塘内全部水层都保持好氧状态，并充分混合，能承受较高的废水负荷，废水在塘内停留时间短，占地面积少，但机械费用高。由于塘内废水的混合和机械扰动，阻止了藻类的生长，故塘内藻类极少，光合作用不强。由于供氧充足，微生物大量生长繁殖，可形成活性污泥絮体。曝气塘 BOD_5 去除率为70%左右，出水 BOD_5 较高，主要是活性污泥絮体所致，提高出水水质的关键在于去除这些物质。

总之，稳定塘处理水的效率较低，占地面积较大，但具有运转费用少、操作简单、投资省的优点，因而，在城市偏远地区，可作为优先选择的废水处理工艺。在氧化塘实际设计中，可根据进水水质及出水水质要求，将各种塘进行不同的串、并联组合。各塘之间串联的先后次序一般为厌-兼-好（或曝气）。表11-2为各类氧化塘的主要设计参数。

表11-2　各类氧化塘的主要设计参数

指　　标	好氧塘	兼性塘	厌氧塘	曝气塘
水深/m	0.5	1～2.5	2.5～6	3～5
HRT/d	2～6	7～180	5～50	2～10
BOD_5 负荷/(kg/10^{4}m^3·d)	10～40	10～100	100～1000	20～200①
BOD_5 去除率/%	60～95	70～90	50～70	80～95
BOD_5 降解形式	好氧	好氧、厌氧	厌氧	好氧
光合反应	有(强烈)	有(弱)	无	无
藻类浓度/(mg·K^{-1})	200～400	10～50	0	0

① 负荷采用kg/10^{3}m^3·d。

(二) 稳定塘中的生物

在稳定塘水中存活并对其起净化作用的生物，主要有细菌、藻类、原生动物和后生动物、水生植物以及其他水生动物。

1. 细菌

在稳定塘内对有机污染物降解起主要作用的是细菌。在好氧塘和兼性塘好氧区以及兼性区内活动的细菌中，绝大部分属兼性异养菌。这类细菌以有机化合物如碳水化合物、有机酸等作为碳源，并以这些物质分解过程中产生的能量作为维持其生理活动的能源，至于营养中的氮源，既可以是有机物的氮化合物，也可以是无机的氮化合物。除兼性异养菌外，在相应的稳定塘水中还存活着好氧菌、厌氧菌以及自养菌。

2. 藻类

稳定塘是藻菌共生体系，藻类在稳定塘中起着十分重要的作用。藻类具有叶绿体，含有叶绿素或其他色素，能够借这些色素进行光合作用，是塘水中溶解氧的主要提供者。在稳定塘中，在光照充足的白天，藻类吸收二氧化碳放出氧气，在黑暗的夜晚，藻类营内源呼吸，消耗氧并放出二氧化碳。这种藻菌共生体系，构成了稳定塘的重要生态特征。

稳定塘内存活的藻类种属很多，但主要有绿藻、蓝细菌、褐藻等。

3. 原生动物和后生动物

在稳定塘内，有时也会出现原生动物和后生动物等微型动物，但不像在活性污泥系统中那样有规律，数量也不等。因此，对稳定塘，原生动物和后生动物不宜作为指示性生物考虑。

在稳定塘内可能出现大量的水蚤，此时稳定塘的处理水将是非常清澈透明，其原因之一是水蚤类动物能够吞食藻类、细菌及呈悬浮状态的有机物；其二则是水蚤类动物能分泌黏性物质，促进细小悬浮物产生凝聚作用，使水澄清。

4. 水生植物

在稳定塘内种植水生植物，能够提高稳定塘对有机污染物和氮、磷等无机营养物的去除效果，水生植物收获后能取得一定的经济效益。

在稳定塘内种植的一般有 3 种水生植物：①浮水植物　浮水植物自由漂浮在水面，直接从大气中吸取氧和二氧化碳，从塘水中吸取营养盐类。常见的浮水植物有凤眼莲、水浮莲、水花生等，能够起到改善水质的作用。②沉水植物　沉水植物只能在塘水深度较小的及有机负荷较低的塘中种植，而不能在光照透射不到的区域生长。常见的沉水植物有马来眼子菜、叶状眼子菜等。③挺水植物　挺水植物根生长于底泥中，茎、叶则挺出水面。最常见的挺水植物是水葱和芦苇。

5. 其他水生生物

为了使稳定塘具有一定的经济效益，可以考虑利用稳定塘放养杂食性鱼类（如鲤鱼、鲫鱼），它们捕食水中的食物残屑和浮游动物，能够控制藻类的过度增殖。还可放养鸭、鹅等水禽，有利于建立良好的生态系统，获取一定的经济效益。

(三) 稳定塘生态系统

稳定塘内存活着不同类型的生物，由它们构成了稳定塘的生态系统。不同类型的稳定塘所处的环境条件不同，其中形成的生态系统又各有特点。稳定塘是以净化污水为目的的工程设备，因此，分解有机污染物的细菌在生态系统中具有关键的作用。

藻类在光合作用中放出氧，向细菌提供足够的氧，使细菌能够进行正常的生命活动。菌藻共生体是稳定塘内最基本的生态系统。其他水生植物和水生动物的作用则是辅助性的，它们的活动从不同的途径强化了污水的净化过程。图 11-26 所示为典型的兼性稳定塘的生态系统，其中包括好氧区、厌氧区（污泥层）及两者之间的兼性区。

在稳定塘内存在着多条食物链，这些食物链纵横交错结成食物链网（见图 11-27）。

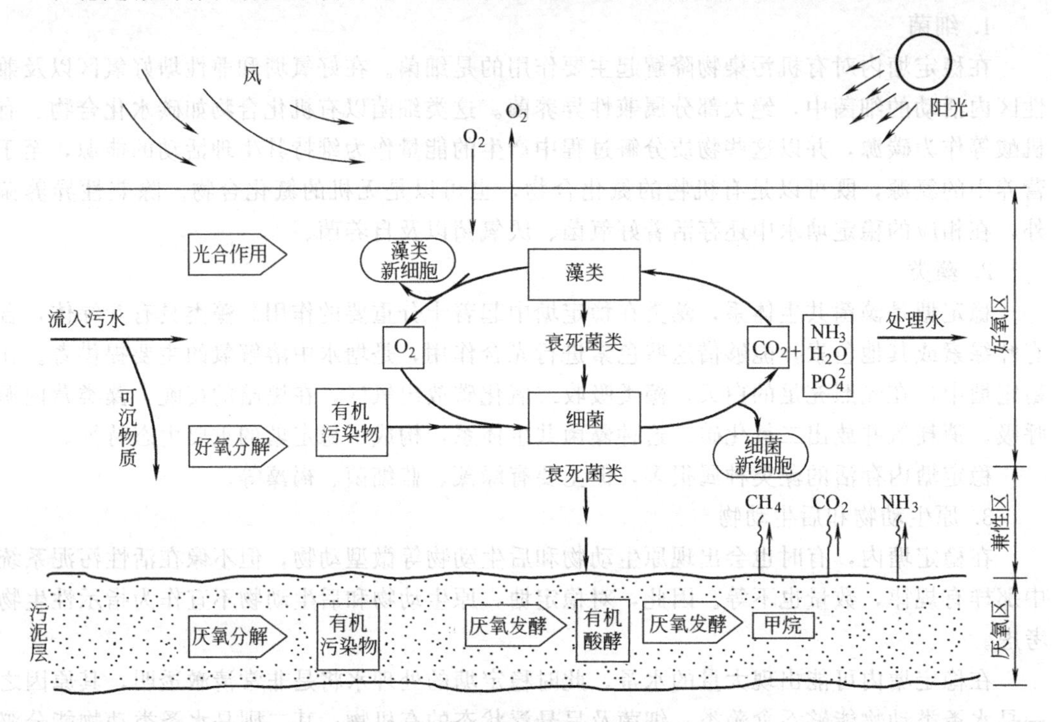

图 11-26　稳定塘内典型的生态系统

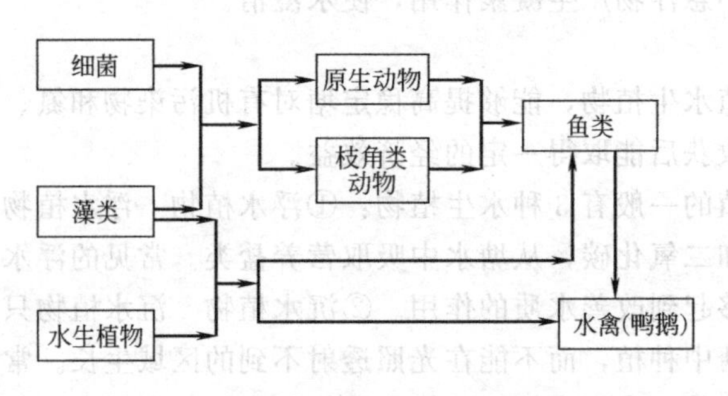

图 11-27　稳定塘内主要的食物链网

在稳定塘内，从食物链来考虑，细菌、藻类以及适当的水生植物是生产者，细菌与藻类为原生动物及枝角类动物所食用，并不断繁殖，它们又为鱼类所吞食，藻类，主要是大型藻类和水生植物既是鱼类的饵料，又可能成为鸭鹅等水禽类的饲料。在稳定塘内，鱼、水禽处在最高营养级。如果各营养级之间保持适量的数量关系，能够建立良好的生态平衡，使污水中的有机污染物得到降解，污水得到净化，其产物得到充分利用，最后得到鱼、鸭和鹅等水禽产物。

四、原生动物在废水生物处理中的作用

在活性污泥和生物膜中存在大量的原生动物和少数多细胞后生动物，它们是活性污泥和生物膜的重要组成部分。这些原生动物虽然不是废水生物净化的主要力量，但也不可缺少。据报道，活性污泥和生物膜中大约有 228 种原生动物，以纤毛纲占绝对优势。由于原

生动物的形态和生理上的特点，因此在废水生物处理中起着非常重要的作用。

（一）促进菌胶团絮凝作用

菌胶团絮凝作用是废水生物处理中的重要过程，它决定了废水生物处理工艺过程的连续性，并直接影响废水处理效果和出水水质。

实验证明，纤毛虫有助于活性污泥絮体的形成，可使废水中 COD、BOD_5 值降低，减少出水的浑浊度。纤毛虫能分泌黏性物质，促使菌胶团黏结起来，形成较大的絮凝体。

（二）吞噬游离细菌和微小颗粒

在废水生物处理中，原生动物能大量吞噬游离细菌或微小的有机颗粒和碎片。纤毛虫对游离细菌的吞噬能力是十分惊人的，一个奇观独缩虫（*Carchesium spectabile*）在 1h 内能吞噬 3 万个游离细菌。一个草履虫每天可以吞噬 4300 个细菌，轮虫吞噬细菌的能力更强。1968 年 Curds 等人采用活性污泥法试验，在没有纤毛虫的条件下运转 70d，出水十分浑浊，出水中 COD、BOD_5 值很高，游离细菌数量平均为 100～160 万个；70d 后接种了纤毛虫，出水中 COD、BOD_5 值马上降低，游离细菌减少到 1～8 万个，出水也清澈透明。纤毛虫很明显地起到了澄清水质的作用，接种纤毛虫后，出水水质有明显改善（见表 11-3）。原生动物对处理生活废水去除病原菌的作用也很大，当曝气池中缺乏原生动物时，大肠杆菌去除率只有 55%，有原生动物时，去除率高达 85%。

表 11-3　纤毛虫在废水净化中的作用

项　目	未加纤毛虫	加入纤毛虫
出水平均 BOD_5 值/(mg/L)	54～70	7～24
平均有机氮/(mg/L)	31～50	14～25
SS/(mg/L)	50～70	17～58
100nm 处光密度值	0.340～0.517	0.051～0.219

（三）作为指示生物

国内外都把原生动物当作废水处理的指示性生物，并利用原生动物的变化情况来了解废水处理效果及废水处理中运转是否正常。这是因为原生动物的个体比细菌大，生态特点也容易在显微镜下观察，而且不同种类的原生动物都有各自所需的生境条件，所以哪一类原生动物占优势，也就反映出相应的水质情况。另外，原生动物对环境要求比细菌的苛刻，当水质或工艺参数发生变化时，原生动物的种类和数量也要发生变化，因此，可借助原生动物变化情况来衡量废水处理的情况。一般规律是：在废水生物处理中，当固着型的纤毛虫、钟虫、盖纤虫、等枝虫等出现时，而且数量较多而又活跃时，说明废水处理效果良好，出水 COD、BOD_5 值较低（一般 COD$<$80mg/L，$BOD_5<$30mg/L），水质清澈，可达到国家排放标准。但当轮虫恶性繁殖，大量出现时，表明活性污泥老化，结构松散，吸附氧化有机物能力很差，废水处理效果不好，出水 COD、BOD_5 较高，水质浑浊。当曝气池中溶解氧降低到 1mg/L 以下时，钟虫生活不正常，体内伸缩泡会胀得很大，顶端突进一个气泡，虫体会很快死亡。当 pH 突然发生变化超过正常范围，钟虫表现为不活跃，纤毛环停止摆动，虫体收缩成团，轮虫虫体也缩入被甲内，此时活性污泥结构松散，出水水质差。

任何一种废水处理装置都有相应的运行参数，当运行参数发生变化，如前处理构筑物、机械装置等发生故障，运行管理失误以及气候的骤变等都可以引起某些参数发生变化。原生动物由于对环境条件改变较敏感，也会很快在种群、个体形态、代谢活力上发生相应的变化。通过生物相观察，可尽快找出参数改变原因，制定适宜的对策，以保护细菌的正常生长繁殖，保持废水的正常净化水平。为了正确判断水质及运行参数改变的原因，生物相观察中必须根据原生动物的种群变化、数量多少及生长活性三方面状况综合考察，否则，将产生片面的结论。

原生动物在废水处理中的作用已引起国内外废水处理厂的重视，在废水处理厂几乎每天都要观察原生动物的活动状态和变化情况，从而监测废水处理运转是否正常，出水水质是否良好。

第二节　废水厌氧生物处理

世界各国尤其是第三世界国家，已日益感到为了解决环境问题所需付出大量能耗的沉重负担。厌氧生物法是一种既节能又产能的废水处理工艺，近几十年来有了迅速的发展，新开发的现代废水厌氧生物处理反应器不仅是高效能的，并可在常温下进行，不仅可以处理高浓度有机废水，而且可以处理中低浓度的有机废水，在世界范围内得到了广泛的应用。

一、非产甲烷细菌和产甲烷细菌

厌氧生物处理过程是一个连续的微生物过程，参与厌氧消化的微生物类群总体上可分为两大类，既包括发酵细菌群、产氢产乙酸菌群以及同型产乙酸菌群在内的非产甲烷细菌和产甲烷细菌。

（一）非产甲烷细菌

非产甲烷细菌（non-methanogens）常称为产酸菌（acidogens），它们能将有机底物通过发酵作用产生挥发性有机酸（VFA）和醇类，常使处理构筑物中混合液的 pH 处于较低的水平。表 11-4 列举了厌氧生物处理系统中常见的一些典型非产甲烷菌。

表 11-4　典型非产甲烷细菌

类　型	细　菌　种　属	类　型	细　菌　种　属
发酵细菌	梭杆菌属（*Fusobacterium*）	产氢产乙酸菌	沃林互营杆菌（*Syntrophomonas wolinii*）
	拟杆菌属（*Bacteroides*）		产生消化链球菌（*Peptostreptococcus productus*）
	丙酸杆菌属（*Propionibacterium*）	同型产乙酸菌	伍迪乙酸杆菌（*Acetobacterium mwoodii*）
	气杆菌属（*Aerobacter*）		威林格乙酸杆菌（*A. wieringae*）
	消化球菌属（*Peptococcus*）		乙酸梭菌（*C. aceticum*）
	脱硫弧菌（*Desulfovibio desulfuricans*）		甲酸乙酸化梭菌（*C. aceticum*）
	普通脱硫弧菌（*D. vulgaris*）		乌氏梭菌（*C. magnum*）
产氢产乙酸菌	沃尔夫互营单胞菌（*Syntrophomonas wolfei*）		
	梭菌属（*Clostridium sp.*）		

1. 发酵细菌群

发酵细菌（fermentative bacteria，FB）种类很多，主要参与复杂有机物的水解，并通过丁酸发酵、丙酸发酵、混合酸发酵、乳酸发酵和乙醇发酵等将水解产物转化为乙酸、丙酸、丁酸、戊酸、乳酸等挥发性有机酸及乙醇、CO_2、H_2 等。以葡萄糖为底物的反应分别如下。

$$C_6H_{12}O_6+2H_2O+2NAD^+ \longrightarrow 2CH_3COO^-+2H_2+2CO_2(aq)+2NADH+4H^+$$

$$\Delta G_0' = -232.2\text{kJ/mol 葡萄糖}$$

$$C_6H_{12}O_6+2NADH+2H^+ \longrightarrow 2CH_3CH_2COO^-+2H_2O+2NAD^++2H^+$$

$$\Delta G_0'=-278.7kJ/mol \text{ 葡萄糖}$$

$$C_6H_{12}O_6 \longrightarrow CH_3CH_2CH_2COO^-+2H_2+2CO_2(aq)+H^+$$

$$\Delta G_0'=-249.8kJ/mol \text{ 葡萄糖}$$

$$C_6H_{12}O_6+2NADH+2H^+ \longrightarrow 2CH_3CH_2OH+2H_2+2CO_2(aq)+2NAD^+$$

$$\Delta G_0'=-175.4kJ/mol \text{ 葡萄糖}$$

从以上反应可以看出，除丙酸发酵不受氢分压影响外，其他反应均受影响。

2. 产氢产乙酸菌群

产氢产乙酸细菌（H_2-producing acetogens，HPA）可将发酵细菌产生的挥发性有机酸和醇转化为乙酸、H_2/CO_2，这类细菌大多为发酵型细菌，亦有专性产氢产乙酸菌（obligate H_2-producing acetogens，OHPA），其反应如下。

$$CH_3CH_2COO^-+2H_2O \longrightarrow CH_3COO^-+3H_2+CO_2(aq)$$

$$\Delta G_0'=81.8kJ/mol \text{ 丙酸}$$

$$CH_3CH_2CH_2COO^-+2H_2O \longrightarrow 2CH_3COO^-+2H_2+H^+$$

$$\Delta G_0'=41.7kJ/mol \text{ 丁酸}$$

$$CH_3CH_2OH+H_2O \longrightarrow CH_3COO^-+2H_2+H^+$$

$$\Delta G_0'=5.8kJ/mol \text{ 乙醇}$$

以上过程均受氢分压控制，分别在氢分压为0.01kPa、0.5kPa和30kPa以下时产氢产乙酸过程才能自发进行，否则为耗能过程，代谢过程受阻，导致发酵代谢产物（如丙酸）的积累。

3. 同型产乙酸菌群

同型产乙酸菌（home-acetogens，简记HOMA）可将CO_2或CO_3^{2-}通过还原过程转化为乙酸。同型产乙酸菌可利用H_2/CO_2，因而可保持系统中较低的氢分压，有利于厌氧发酵过程的正常进行。

$$CO_2(aq)+4H_2 \longrightarrow CH_3COO^-+H_2O+H^+$$

$$\Delta G_0'=-15.9kJ/mol\ CO_2$$

（二）产甲烷细菌

产甲烷细菌具有特殊的产能代谢功能，可利用H_2还原CO_2合成CH_4，亦可利用碳有机化合物和乙酸为底物。产甲烷细菌与甲烷氧化细菌（Aerobic methano-oxidizing bacteria）的区别在于：产甲烷细菌利用有机或无机物作为底物，在厌氧条件下转化形成甲烷；而甲烷氧化细菌则以甲烷为碳源和能源，将甲烷氧化分解成CO_2和H_2O。在沼气发酵中，产甲烷细菌是沼气发酵微生物的核心，其他发酵细菌为产甲烷细菌提供底物。产甲烷细菌也是自然界碳素物质循环中，厌氧生物链的最后一组成员，在自然界碳素循环的动态平衡中具有重要作用。

1. 产甲烷细菌的生理特征

① 产甲烷细菌是严格专性厌氧菌　产甲烷细菌都是生活在没有氧气的厌氧环境中，对氧非常敏感，遇氧后会立即受到抑制，不能生长繁殖，最终导致死亡。

② 产甲烷细菌生长特别缓慢　产甲烷细菌在自然界中生长特别缓慢，即使在人工培养条件下，也要经过18d乃至几十天才能长出菌落。据McCarty介绍，有的产甲烷细菌需要培养70～80d才能长出菌落，自然条件下甚至需要更长的时间。产甲烷细菌一般都很小，形成的菌落也相当小，有的还不到1mm。

产甲烷细菌生长缓慢的主要原因是：能够利用的底物很少，仅有CO_2、H_2、乙酸、甲酸、甲醇和甲胺这些简单的物质。这些物质转化为CH_4所释放的能量很少。因而为生物合成提供的能量亦少，使微生物的生长繁殖速率很低，世代时间很长，有的种群十几天才能繁殖一代。

③ 产甲烷细菌对环境影响非常敏感　产甲烷细菌对生态因子的要求非常苛刻，各种生态因子的生态副均较窄。例如，对温度、pH、氧化还原电位及有毒物质等均很敏感，适应范围十分有限。

④ 产甲烷细菌属古细菌　能产生甲烷的微生物为一类群古细菌，细胞壁不含肽聚糖。产甲烷细菌个体有球形、杆形和螺旋形，由遗传因素决定，产甲烷细菌在正常生活中可呈现八叠球形，有的能联成长链。

⑤ 产甲烷细菌分离培养比较困难　由于产甲烷细菌是严格的厌氧菌，受技术手段限制，培养分离产甲烷细菌很困难。所以，在20世纪70年代中期以前，产甲烷细菌新种发现的不多，据《伯杰氏细菌鉴定手册》记载，产甲烷细菌只有一个科，即甲烷细菌科，有9个种。随着人们对厌氧生物处理法认识的不断深入，最近十几年世界上研究产甲烷细菌的人越来越多，培养分离产甲烷细菌的方法也有新的突破，陆续又发现了一些产甲烷细菌的新种。目前，全世界报道的产甲烷细菌约有40多种。

2. 产甲烷细菌的营养特征

不同的产甲烷细菌生长过程中所需要碳源是不一样的。Smith指出，在纯培养条件下，几乎所有的产甲烷细菌都能利用H_2和CO_2生成甲烷。在厌氧生物处理中，绝大多数产甲烷细菌都能利用甲醇、甲胺、乙酸，所以，在厌氧生物处理反应设备中最为常见。产甲烷细菌不能直接利用除乙酸外的二碳以上的有机物质。

一般常将产甲烷细菌分为三个种群：氧化氢产甲烷菌（HOM），氧化氢利用乙酸产甲烷菌（HOAM）和非氧化氢利用乙酸产甲烷菌（NHOAM）。尽管这一分类并不严格，但在厌氧反应器中，以上种群分别能出现在不同的生活环境中，构成优势种，对实际工程的运行具有重要意义。

所有的产甲烷细菌都能利用NH_4^+，有的产甲烷细菌需酪蛋白的胰消化物（trypticdigests），它可刺激产甲烷细菌生长，所以，分离产甲烷细菌时，培养基中要加入胰酶解酪蛋白（tryptilase）。

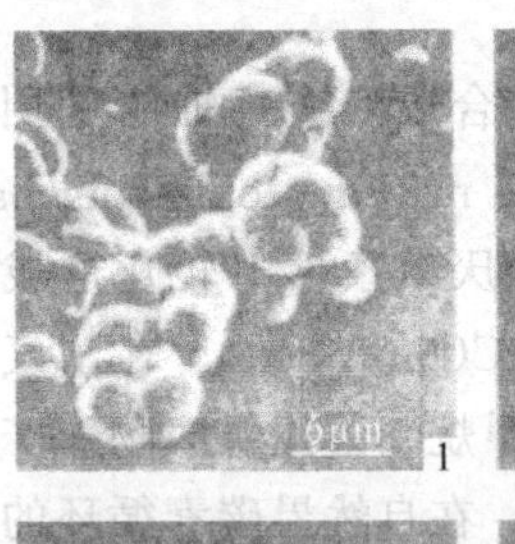

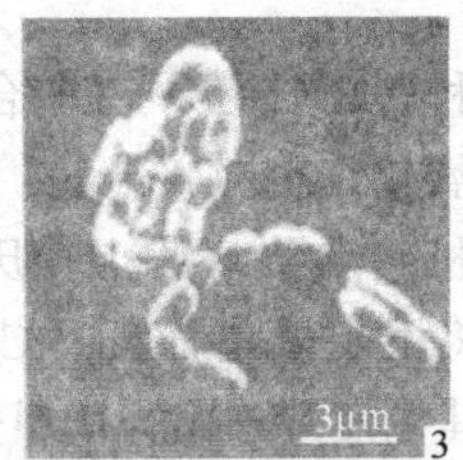

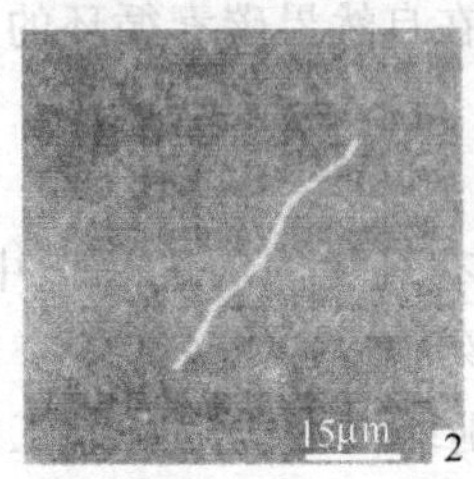

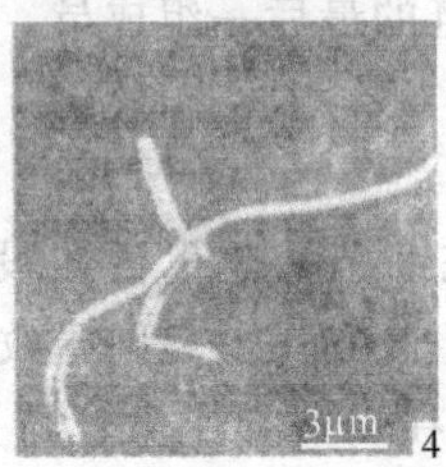

图11-28　产甲烷细菌的形态

1—巴氏产甲烷八叠球菌；2—反刍产甲烷短杆菌；3—亨氏产甲烷螺菌；4—嗜树木产甲烷短杆菌A_2菌株

产甲烷细菌在生活中需要某些维生素，尤其是B族维生素。酵母汁B族维生素，也能刺激产甲烷细菌生长。另外，瘤胃液也能刺激产甲烷细菌的生长，它可提供辅酶M（SH-CoM）等多种生长因子。

产甲烷细菌在生活中还需要某些微量元素，如镍、钴、钼等，所需量一般为Ni<0.1μmol/L，Co<0.01μmol/L，Mo<0.01μmol/L。

3. 产甲烷细菌的种类及形态特征

产甲烷细菌是一个很特殊的微生物类群，属古细菌，与其他细菌相比，种类较少，但它们在形态上仍有明显的差异，常见的有杆状、丝状、球状、螺旋状和八叠球状等(图 11-28)。

产甲烷细菌均不形成芽孢，革兰染色不定，有的具有鞭毛。球形菌呈圆形或椭圆形，直径一般为 0.3～5μm，有的成对或成链状排列。杆菌有的为短杆状，两端钝圆。八叠球菌革兰染色呈阳性，这种细菌在沼气池中大量存在。

常见的产甲烷细菌主要有：①甲烷杆菌属（*Methanobacterium*），如反刍甲烷杆菌（*Mruminantium*）、甲酸甲烷杆菌（*M. formicicum*）、索氏甲烷杆菌（*M. sochngenii*）、运动甲烷杆菌（*M. mobilie*）、热自养甲烷杆菌（*M. thermoautrophicum*）等；②甲烷八叠球菌属（*Methanosarcina*），如巴氏甲烷八叠球菌（*M. barkeri*）等；③甲烷球菌属（*Methanococcus*），如万尼甲烷球菌属（*M. vannielii*）等；④甲烷螺菌属（*Methanospirillum*），如洪氏甲烷螺菌（*M. hungatii*）等。

（三）非产甲烷细菌与产甲烷细菌之间的关系

在厌氧消化中，存在着种类繁多、关系非常复杂的微生物区系。甲烷的产生是这个微生物区系中各种微生物相互平衡、协同作用的结果。厌氧消化过程实际上是由这些微生物所进行的一系列生物化学的耦联反应，而产甲烷细菌则是厌氧生物链上的最后一个成员。厌氧微生物的相互关系包括：非产甲烷细菌与产甲烷细菌之间的相互关系；非产甲烷细菌之间的相互关系；产甲烷细菌之间的相互关系。以上第一种关系最为重要，在厌氧消化系统中，非产甲烷细菌和产甲烷细菌相互依赖，互为对方创造良好的环境和条件，构成互生关系。同时，双方又互为制约，在厌氧生物处理系统中处于平衡状态。

1. 非产甲烷细菌为产甲烷细菌提供生长繁殖的底物

非产甲烷细菌中的发酵细菌科把各种复杂的有机物，如高分子的碳水化合物、脂肪、蛋白质等进行发酵，生成 H_2、CO_2、NH_3、挥发性脂肪酸（VFA）和醇类，丙酸、丁酸、乙酸等又可被产氢产乙酸细菌转化生成 H_2、CO_2 和乙酸。这样，非产甲烷细菌通过生命活动，为产甲烷细菌提供了生长和代谢所需要的碳源和氮源。

2. 非产甲烷细菌为产甲烷细菌创造了适宜的氧化还原电位

在厌氧消化反应器运转过程中，由于加料过程难免挟带空气进入，有时液体原料里也含有微量溶解氧，这显然对产甲烷细菌是有害的。非产甲烷细菌类群中那些兼性微生物的活动，可以将氧消耗掉，使厌氧反应系统的氧化还原电位逐渐下降，最终为产甲烷细菌的生长创造适宜的氧化还原电位条件。

3. 非产甲烷细菌为产甲烷细菌消除了有毒物质

工业废水或废物中可能含有酚、氰、苯甲酸、长链脂肪酸和重金属离子等，这些物质对产甲烷细菌有毒害作用。而非产甲烷细菌中有许多种类能裂解苯环，有些菌还能以氰化物作为碳源和能源，这些作用不仅解除了它们对产甲烷细菌的毒害，而且同时给产甲烷细菌提供了底物。此外，非产甲烷细菌的代谢产物硫化氢，可以和一些重金属离子作用，生成不溶性的金属硫化物沉淀，从而解除了一些重金属的毒害作用。但反应系统内的硫化氢浓度不能过高，否则亦会毒害产甲烷细菌。

4. 产甲烷细菌为非产甲烷细菌的生化反应解除了反馈抑制

非产甲烷细菌的发酵产物，可以抑制本身的生命活动。在正常消化反应器中，产甲烷细菌能连续利用由非产甲烷细菌产生的氢气、乙酸、二氧化碳等生成甲烷，不会由于氢和酸的积累而产生反馈抑制作用，使非产甲烷细菌的代谢能够正常进行。

5. 非产甲烷细菌和产甲烷细菌共同维持适宜的酸碱环境

在沼气发酵的第一阶段，非产甲烷细菌首先降解废水中的有机物质，产生大量的有机酸和碳酸盐，使发酵液中 pH 明显下降。同时非产甲烷细菌类群中还有一类氨化细菌，能迅速分解蛋白质产生氨。氨可中和部分酸，起到一定的缓冲作用。另一方面，产甲烷细菌可利用乙酸、氢气和 CO_2 形成甲烷，从而避免了酸的积累，使 pH 稳定在一个适宜的范围，不会使发酵液中 pH 达到对产甲烷过程不利的程度。但如果发酵条件控制不当，如进水负荷过高、C∶N 失调，则可造成 pH 过低或过高，前者较为多见，称为酸化。这将严重影响产甲烷细菌的代谢活动，甚至使产甲烷作用中断。

二、废水厌氧生物处理工艺

因能源短缺和生产发展的要求，促使废水厌氧生物处理技术在近几十年来有了迅速发展，新开发的现代废水厌氧生物处理反应器不仅是高效能的，并可在常温下进行，不仅可以处理高浓度有机废水，而且可以处理中低浓度有机废水，在世界范围内得到了广泛的应用。

(一) 废水厌氧生物处理的微生物学原理

对于有机物厌氧消化生物学过程的解释，最早出现的是两阶段学说。该学说把有机物厌氧消化过程分为酸性发酵和碱性发酵两个阶段。在第一阶段，复杂的有机物，如糖类、脂类和蛋白质等，在产酸菌（厌氧和兼性厌氧菌）的作用下被分解为低分子的中间产物，主要是一些低分子有机酸和醇类，如乙酸、丙酸、丁酸、乙醇等，并有 H_2、CO_2、NH_4^+ 和 H_2S 等产生。因为该阶段中有大量的脂肪酸产生，使发酵液的 pH 降低，所以，该阶段被称为酸性发酵阶段或产酸阶段。在第二阶段，专性厌氧菌产甲烷菌将第一阶段产生的中间产物继续分解为 CH_4、CO_2 和 H_2O 等。在这一阶段，第一阶段产生的有机酸不断地被转化分解，生成最终产物 CH_4 和 CO_2 等，同时反应系统中有 NH_4^+ 的存在，使发酵液的 pH 不断升高。所以，此阶段被称为碱性发酵阶段或产甲烷阶段。

几十年来，厌氧消化过程的两阶段理论一直占统治地位，在国内外有关厌氧消化的专著和教科书中一直被广泛引用。随着厌氧微生物学研究的不断进展，人们对厌氧消化的生物学过程和生化过程认识不断深化，厌氧消化理论得到不断进展。1979 年。M. P. Bryant 根据对产甲烷菌和产氢产乙酸菌的研究结果认识到，产甲烷菌不能利用除乙酸、H_2/CO_2 和甲醇等以外的有机酸和醇类，长链脂肪酸和醇类必须经过产氢产乙酸菌转化为乙酸、H_2、CO_2 等后才能被产甲烷菌利用，并由此提出三阶段理论。三阶段理论如图 11-29 所示。第一阶段为水解发酵阶段。在该阶段，复杂的有机物在厌氧菌胞外酶的作用下，首先分解为简单的有机物，如纤维素经水解转化为较简单的糖类、蛋白质转化为较简单的氨基酸、脂类转化为脂肪酸和甘油等。继而这些简单的有机物在产酸菌的作用下经过厌氧发酵和氧化转化为乙酸、

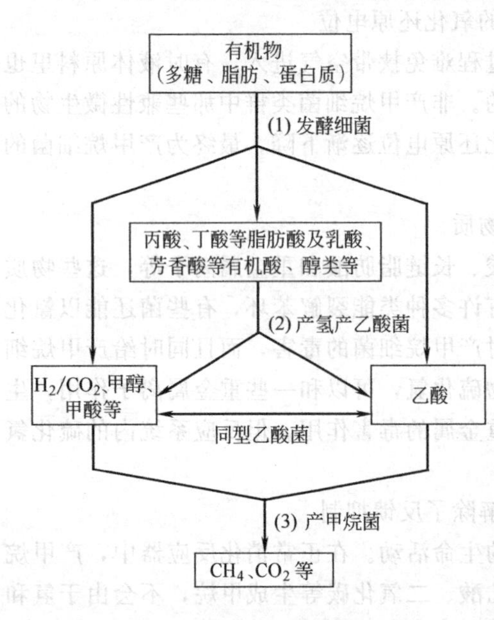

图 11-29　厌氧消化三阶段学说示意

丙酸、丁酸等脂肪酸和醇类等。参与这个阶段的水解发酵菌主要是厌氧菌和兼性厌氧菌。第二阶段为产氢产乙酸阶段。在该阶段，产氢产乙酸菌把除乙酸、甲酸、甲醇以外的第一阶段产生的中间产物，如丙酸、丁酸等脂肪酸和醇类等转化为乙酸和氢气，并有 CO_2 产生。第三阶段为产甲烷阶段。在该阶段，产甲烷菌把第一阶段和第二阶段产生的乙酸、H_2 和 CO_2 等转化为甲烷。

(二) 废水厌氧生物处理的工艺条件及其控制

参加厌氧消化作用的混合菌种主要分为发酵（产酸）性菌和产甲烷细菌，由于它们各自要求的生活条件不同，因此在发酵条件控制上常有顾此失彼的情况。实践证明，往往因某一工艺条件失控，就有可能造成整个厌氧生物处理系统运行的失败。如温度波动范围太大，就会影响产气；发酵原料浓度过高。将会产生大量的挥发酸，使反应系统的 pH 下降，就会抑制产甲烷菌生长而影响产气。因此，控制好沼气发酵的工艺条件，是维持正常发酵产气的关键。

1. 严格厌氧条件

严格厌氧是最关键的条件，所以必须建严格密闭的构筑物，才能保证沼气发酵正常进行。农村沼气池进出料或厌氧消化池进水中都会带进空气，此时，兼性微生物大量活动，消耗了带入沼气池中的氧，使发酵池中的氧化还原电位降低，为专性厌氧菌和产甲烷细菌创造了厌氧条件，从而使沼气发酵得以正常进行。

2. 发酵原料条件

发酵原料是产沼气的物质基础。在自然界有机物质中，除矿物油和木质素外，一般均可作为沼气发酵的原料。但不同的有机物产量是不同的（参见表 11-5），有的物质比较容易发酵产气，有的物质比较难发酵产气，所产发酵气中的甲烷含量也有较大差别。

表 11-5 一些发酵原料的产气量

原料种类	产沼气量/(m^3/t 干物质)	甲烷含量/%	原料种类	产沼气量/(m^3/t 干物质)	甲烷含量/%
牲畜厩肥	260～280	50～60	树叶	210～294	58
猪粪	561		废物污泥	640	50
青草	630	70	酒厂废水	300～600	58
亚麻梗	359		粪脂化合物	1440	72
麦秸	432	59	蛋白质	980	50

高浓度有机工业废水也可用于沼气发酵，如酒精蒸馏废液、豆腐黄浆水、纸浆废水、中药制药厂废水等，都是制取沼气比较好的原料。

农村沼气发酵用的秸秆、稻草等需要粉碎，一般粉碎成 20～30mm 的碎料，这样可增加与微生物的接触面积，使有机物消化彻底。为使发酵原料更好地发酵产气，还要注意下列问题。

(1) 原料的 C∶N　原料的 C∶N 对产气量有明显的影响，经研究证明 C∶N 为 (20～30)∶1 较为适宜，最好是 C∶N 为 25∶1。C∶N 大于 35∶1 或 C∶N 小于 16∶1，产气量明显下降。表 11-6 是农村常用沼气发酵原料的碳氮含量。

各种有机物所含的碳氮比差异很大，有的原料含 C 多，含 N 少，称为贫氮有机物，如农作物的秸秆等；有的原料含 N 多含 C 少，称富氮有机物，如动物粪尿等。因此，贫氮有机物和富氮有机物要合理搭配，保证 C∶N 为 25∶1，这样才能得到较高的产气量。

表 11-6 常用沼气发酵原料的碳氮含量

原料	碳素占原料质量/%	氮素占原料质量/%	C∶N	原料	碳素占原料质量/%	氮素占原料质量/%	C∶N
干麦草	46	0.53	87∶1	野草	14	0.54	27∶1
干稻草	42	0.63	67∶1	鲜牛粪	7.3	0.29	25∶1
玉米秆	40	0.75	53∶1	鲜猪粪	7.8	0.60	13∶1
树叶	41	1.00	41∶1	鲜人粪	2.5	0.85	2.9∶1
大豆茎	41	1.30	32∶1				

(2) 原料预先堆沤　把原料先堆沤后再加入沼气池，引入活性微生物，能提前产气或提高产气量（参见表 11-7）。原料经预先沤制后，可富集厌氧消化微生物菌种；原料的大分子可被分解成小分子，便于产甲烷细菌利用；纤维素松散，可加快分解速度；秸秆上的蜡质层被破坏，放出纤维便于细菌降解；含水量增加，密度增大，不易漂浮结壳；体积缩小，便于装池。但预先堆沤可损失热量，总甲烷产量减少，特别是在好气堆沤的情况下，旺盛的好氧氧化会消耗较多的热量和有机物。所以在以产甲烷为主要目的时，堆沤时间应适当。

表 11-7　原料沤制与不沤制、加活性污泥与不加活性污泥的产甲烷含量

发酵时间/d	沤制猪粪+沤制青草+活性污泥/%	沤制猪粪+沤制青草+灭菌活性污泥/%	新鲜猪粪+新鲜青草+活性污泥/%	新鲜猪粪+新鲜青草+灭菌活性污泥/%
3	36.9	5.8	0	0
6	50.5	20.5	0	0
9	47.2	25.11	0	0
12	51.9	28.2	0	0
18	66.4	35.2	0	0
21	69.15	37.78	0.84	0
24	71.42	48.98	1.26	0
27	66.28	48.13	2.76	0

(3) 原料的干物浓度　沼气发酵原料的干物质浓度以 7%～10%为宜，一般夏季为 7%，冬季为 10%。干物质浓度提高可增加发酵温度；如果干物质过多，由于发酵前期产酸量大，将导致消化系统的 pH 下降，可抑制产甲烷细菌生长，同时不利于搅拌，发酵不均匀，也不利于进料或出料。干物质过少时，由于产酸量不足，沼气池将呈碱性，pH 的上升，也会影响产甲烷细菌的生长，影响产气量，持续产气时间也短。

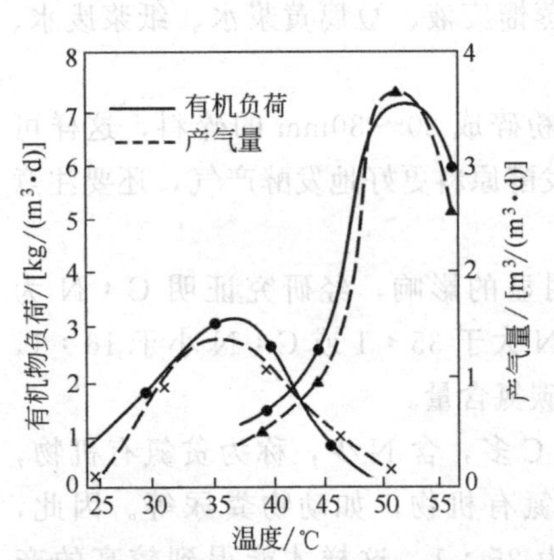

图 11-30　温度与有机负荷产气量的关系

3. 发酵温度

沼气发酵产气量的高低与温度有密切关系。根据产甲烷细菌的特性，沼气发酵温度可分为高温、中温和常温三种。高温发酵 50～60℃，中温发酵 30～40℃，常温发酵往往采取自然温度。我国农村沼气池的发酵温度随气温和季节的变化而变化，称为自然发酵。污水或污泥厌氧消化工艺常用人工控制的中温发酵或高温发酵。

在一定的温度范围内，温度越高，消化速度越快，产气量也越大。但由于产甲烷细菌对温度有一定

的最适范围，如适中温产甲烷细菌适宜生长温度为30～40℃，高于40℃甲烷产量相对降低。当温度高于50℃，促使高温产甲烷菌群大量繁殖，甲烷产量才能迅速增加（如图11-30）。

沼气发酵一定要保持恒定的温度，温度突然上升或下降对产气量都有明显的影响，因此厌氧消化构筑物必须采取适当的保温措施。

4. pH

产甲烷作用最适pH是6.5～7.5，pH大于8.2或小于6都影响产气能力。在沼气池发酵过程中，pH的变化是有规律的。在厌氧发酵前期由于大量有机物的发酸的产生，导致系统pH下降；之后，由于产甲烷细菌消耗了有机酸，再加上氨化作用生成氨的中和作用，又使系统pH上升。厌氧消化池内的pH是自然平衡的，无需调节。但当进水速率增大或管理不当时，将出现挥发酸积累，pH下降。这时，可加草木灰或适量的氨水来调节，也可适量投加石灰来调节。

5. 搅拌

搅拌对沼气发酵也是很重要的。如果不搅拌，池内会明显地呈现三层，即浮渣层、液体层、污泥层。这种分层现象将导致原料发酵不均匀，出现死角，产生的甲烷气难以释放。搅拌可增加微生物与原料的接触机会，加快发酵速度，可提高沼气产量，同时也可防止大量原料漂浮结壳。中国科学院广州能源研究所，在消化池中采用连续搅拌方法，发酵温度为25～30℃，产气率为0.55m^3/(m^3 容积·d)。搅拌比不搅拌产气率提高45%以上。

搅拌主要有三种方式。

① 机械搅拌　在发酵池里安装搅拌器，用电机带动搅拌。

② 沼气搅拌　将收集后的沼气通过沼气风机压入池底部，靠强大气流达到搅拌的目的。

③ 水射器搅拌　通过泥浆泵或污水泵将池内发酵液抽出，并回流至池内，产生较强的液流，达到搅拌的目的。

6. 接种污泥

厌氧发酵微生物都是从自然界带进消化池的，虽然发酵原料或进水中含有大量的微生物，但产生甲烷细菌并不多。因此，在厌氧消化池启动后，需要有一段时间来富集产甲烷细菌。只有当产甲烷细菌达到一定的数量后，消化过程才能正常进行，最终产生甲烷。由于产甲烷细菌繁殖速度很慢，靠自然条件下产生足够量的产甲烷细菌需时较长。为了缩短启动时间，可以人为地接种微生物，主要是接种产甲烷细菌。一般可直接取城市污水处理厂污泥消化池中的污泥，亦可取池塘淤泥接种到消化池中。

(三) 废水厌氧生物处理的优点

废水厌氧生物处理是在严格厌氧条件下进行的，与好氧生物处理法相比有如下几方面优点。

① 厌氧法处理污水可直接处理高浓度有机废水，耗能少，运行费低。

② 污泥产率低。采用好氧法处理污水，因为微生物繁殖速度快，剩余污泥生成效率很高。而厌氧法处理废水，厌氧菌世代时间很长，剩余污泥产率很低。因此，厌氧法处理污水可减轻后续污泥处理的负担并降低运行费用。

③ 需要附加营养物少。厌氧法处理污水一般不需要投加营养，废水中有机物就可满足厌氧微生物的营养需求。而好氧法处理单一有机物的废水，往往还需投加其他营养物，如氮、磷等，这就增加了运行费用。

④ 厌氧法处理污水可回收沼气。沼气的回收可用于加热处理设备，当处理水 COD 在 4000～5000mg/L 之间，回收沼气经济效益较好。

(四) 废水厌氧生物处理工艺

有机废水厌氧微生物处理工艺，可以分为厌氧活性污泥法和厌氧生物膜两大类。长期以来，厌氧生物处理工艺一直以厌氧活性污泥法为主，特别是在处理污泥和含有大量悬浮物的污水时。这种方法经历了较长时间的发展历程，从普通消化池处理污泥，发展到用多种工艺处理有机废水。

厌氧活性污泥法包括普通消化池、厌氧接触消化池、升流式厌氧污泥床（upflow anaerobic sludge blanket，简称 UASB）反应器。厌氧生物膜法包括厌氧生物滤池、厌氧流化床、厌氧生物转盘。

1. 厌氧活性污泥法的类型

（1）普通消化池　普通消化池常用于处理污水处理厂的初沉污泥和剩余活性污泥，目前也常用于处理高浓度有机废水。迄今为止，普通消化池仍作为处理污泥的常规方法（图 11-31）。

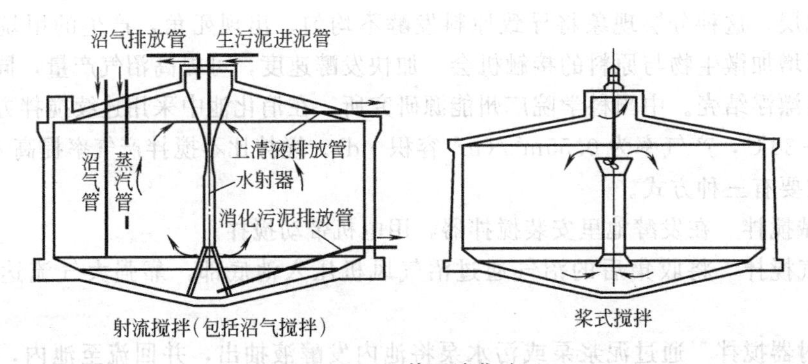

图 11-31　普通消化池

在污泥厌氧消化处理中，常将消化处理后的污泥称熟污泥，而新投加的污泥称生污泥。生污泥定期或连续加入消化池，经厌氧微生物的厌氧消化作用，将污泥中的有机物消化分解。经消化的污泥和消化液分别由消化池底部和上部排出，产生的沼气从顶部排出。为了使熟污泥和生污泥接触均匀，并使产生的气泡及时从水中逸出，必须定期（一般间隔 2～4h）搅拌。此外，进行中温和高温发酵时，需对生污泥进行预加热，一般采用池外设置热交换器的办法实行间断加热和连续加热。

普通消化池的特点是在消化池内实现厌氧发酵反应及固、液、气的三相分离。在排放消化液前，停止搅拌。消化池搅拌常采用水泵循环，水射器搅拌，也可采用机械搅拌或沼气搅拌。大型消化池往往混合不均，池内常有死角，有的死角严重时可占有效容积的 60%～70%。为了消除死角，各国对消化池型及搅拌方法都进行了大量研究工作，从而不同程度地控制了死角的发生，提高了处理能力。

普通消化池的主要缺点：允许的负荷较低，中温消化废水处理能力为 0.5～2kgCOD/(m^3·d)，污泥处理的投配率（即每日新鲜污泥投加容积与消化池有效容积之比）为 5%～8%；高温消化负荷率为 3～5kgCOD/(m^3·d)，污泥投配率为 8%～12%；废料在消化池内停留时间较长，污泥一般为 10～30d，若中温消化处理 COD 浓度为 15000mg/L 的有机废水，滞留时间需 10d 以上。

我国南阳酒精厂采用普通消化池处理酒精糟液，砖砌结构消化池两座，每座容积

$2000m^3$，消化温度为50～55℃，每天投配酒精糟液500～$600m^3$，每天产沼气9000～$11000m^3$，产气率为2.25～$2.75m^3/(m^3$ 容积·d)，滞留期7～8d，pH 7.2左右，SS去除率88.8%，COD去除率84.6%，BOD_5 去除率91.8%，产生的沼气经过水洗塔降温并脱去硫化氢后，进入储气罐储存，然后用于发电和供锅炉燃烧用。

(2) 厌氧接触消化池　Schropter于1955年开创了厌氧接触消化工艺。当时他认识到消化池内保持大量厌氧活性污泥的重要性，于是仿照好氧活性污泥法，在厌氧消化池基础上加一个沉淀池来收集污泥，并将污泥回流到消化池里。结果减少了污水在消化池内的停留时间，提高了消化效率。

污水进入消化池后，能迅速地与池内混合液混合，泥水接触十分充分。由消化池排出的混合液首先在沉淀池内进行固、液分离，污水由沉淀池上部排出（图11-32）。下沉的厌氧污泥回流至消化池，这样污泥不至于流失，也稳定了工艺状态，保持了消化池内的厌氧微生物的数量，因此可提高消化池的有机负荷，处理效率也有所提高。

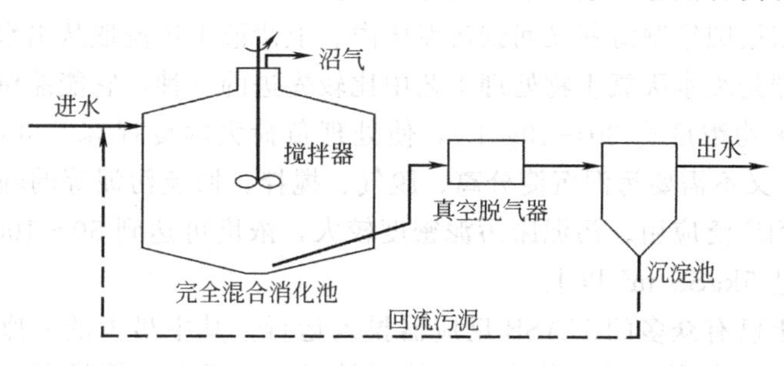

图11-32　厌氧接触消化工艺

由于厌氧接触消化工艺具有这些优点，故在生产上被普遍采用。瑞典糖业公司为瑞典和其他国家设计和建造了20多座大型污水处理厂，均采用这种工艺。美国明尼苏达州有一座污水处理厂，消化池容积为$3000m^3$，每天能产生的沼气相当于13t原油。

厌氧接触消化工艺允许污水中含有较多的悬浮固体，属于低负荷或中负荷工艺，中温消化的有机负荷达2～$6kgCOD/(m^3 \cdot d)$，运行过程比较稳定，耐冲击负荷。该工艺的缺点在于气泡黏附在污泥上，影响污泥在沉淀池沉降。但如果在消化池与沉淀池之间加设除气泡减压装置，可以改善污泥在沉淀池中的沉降性能。

(3) 升流式厌氧污泥床（UASB）反应器　20世纪70年代荷兰Wageningen农业大学Lettinga等人发明了升流式厌氧污泥床反应器处理有机污水的方法，取得了显著的效果，引起人们的高度重视，相继有很多国家对UASB进行了广泛深入的研究。目前UASB反应器较为广泛地应用于工业有机废水的处理，成为高效厌氧处理废水设备之一。UASB反应器不配备回流污泥装置，特点是本身结构配有气-液-固三相分离装置，从而有效地滞留污泥，特别是在运行过程中能形成具有良好沉降性能的颗粒状污泥（granular sluge）。尽管UASB已得到较为广泛的应用，但对反应器中颗粒污泥形成机理，颗粒污泥结构、化学组分及其微生物组成等研究尚少，有待进一步探讨。

UASB反应器主要可分为三个区域：①底部布水系统；②反应区，其中含有大量生物活性高、沉淀性能好的颗粒污泥，又可分为污泥床和污泥悬浮层两部分；③顶部的气-液-固三相分离区。

在UASB反应器的下部是浓度很高的、具有良好沉淀和絮凝性的颗粒污泥层，形成污泥床（图11-33）。要处理的污水从反应器下部经布水系统进入污泥床，并与污泥床内

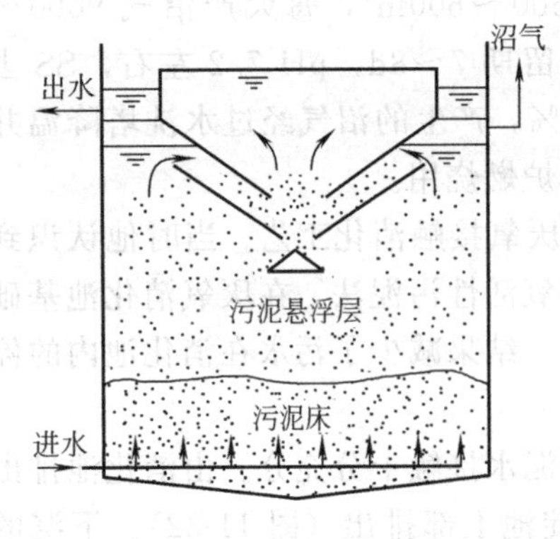

图 11-33 UASB 反应器

的污泥混合。污泥中的微生物分解废水中的有机物，把有机物转化为沼气。沼气以微小气泡形式不断放出，并在上升过程中不断的合并，逐渐形成较大的气泡。在反应器本身所产生沼气搅动下，污泥床上部的污泥处于浮动状态，因而不需外加搅拌系统，就能达到污泥与污泥良好地混合。一般浮动高度可达 2m 左右，该层污泥浓度较低，称为污泥悬浮层。

升流式厌氧污泥床反应器的反应区高度一般为 3～6.5m，在反应器上部设有固、液、气混合液流上升时，首先受到分离器底部的反射锥阻挡，向四周散开。此时，气体被分离出来进入气室，由导气管排出。消化液和污泥混合液经双层圆锥夹缝进入沉淀区，颗粒污泥在沉淀区沉降下来。沉降的颗粒污泥沿着双层圆锥壁滑落又回到污泥床内。上清液由溢流堰从出水管排出。

UASB 反应器是废水厌氧生物处理工艺中比较先进的一种，它能滞留高浓度活性很强的颗粒状污泥（平均浓度达 30～40g/L），使处理负荷大幅度提高，可达 7～15kgCOD/(m^3・d)。同时，又不需要污泥沉淀分离、脱气、搅拌、回流污泥等的辅助装置，能耗也较低，因而已得到广泛应用。污泥床污泥密度较大，浓度可达到 50～100kgSS/m^3，悬浮层污泥浓度亦可达 5kgSS/m^3 以上。

目前，世界上已有众多的 UASB 反应器投入运行。其中最大的一座容积达 5000m^3。由于 UASB 具有结构简单、处理能力大、处理效果好、投资省等优点，因此受到人们的重视。

UASB 反应器的运行效果主要取决于反应器内形成的颗粒污泥，这种污泥应具有沉降性能好、活性高、吸附能力强等特点。UASB 反应器在运行前首先要培养大量的颗粒化污泥，颗粒污泥形成需要较长时间，难度较大，污泥颗粒化的机理目前尚不十分清楚。

2. 影响培养颗粒污泥的因素

① 营养条件　配制营养液 BOD_5 : N : P 为 110 : 5 : 1，添加适量的 Ca、Co、Mo、Zn、Ni 离子。把 pH 调到 7～7.2。可接种厌氧颗粒污泥或其他活性污泥，亦可取河塘底部淤泥，接种量 10%。废水中含有碳水化合物易形成颗粒污泥，含脂类较多的废水不易形成颗粒污泥。

② 控制运行条件　进水 COD 浓度最好在 1500～4000mg/L，启动时表面水力负荷宜低，控制在 0.25～0.3m^3/(m^2・h)，COD 负荷在 0.6kgCOD/(kgVSS・d)。启动过程中既不能突然提高负荷以免造成负荷冲击，也不能长期稳定在低负荷运行。当出水较好，COD 去除率较高时，逐渐提高负荷，否则污泥层易板结，对污泥颗粒化不利。当污泥颗粒出现时，需在较适宜的负荷下稳定运行一段时间，以便培养出沉降性能良好和产甲烷细菌活性很高的颗粒污泥。在培养期间需严防有毒物质进入反应器。

③ 环境条件　要严格厌氧，温度控制在 35～40℃或 50～55℃之间，pH 应保持在 7～7.2 之间，碱度一般不低于 750mg/L。

④ 某些元素和金属离子对污泥颗粒化的影响　Ca^{2+} 是影响污泥颗粒化的重要因素，当加入 80mg/L Ca^{2+} 时，可促进颗粒污泥的形成。当加入 Ca^{2+} 0.05mg/L，Zn^{2+} 0.5mg/L，$FeSO_4$ 1.0mg/L，对培养颗粒污泥也有好处。磷酸盐也是影响污泥颗粒化的因子，有磷酸盐存在也可促进颗粒化污泥的形成。

在控制上述条件的情况下，高温55℃运行约100d，中温30℃运行160d，低温20℃运行200d，颗粒化污泥才能培养完成。

颗粒化污泥培养成熟的标志：颗粒污泥大量形成，反应器内呈现两个污泥浓度分布均匀的反应区，即污泥床和污泥悬浮层，其间有比较明显的界限；颗粒污泥沉降性良好，颗粒呈球状、杆状或不十分规则的黑色颗粒体；球状颗粒污泥直径多为0.1～3mm，个别大的有5mm，颗粒污泥容量1～1.05g/L；颗粒污泥在光学显微镜下观察，呈多孔结构，内部有相当大比例的自由空间，为气体的底物的传质提供通道；颗粒污泥表面有一层透明胶状物，其上附有甲烷八叠球菌，而且占优势，中间层有甲烷丝状菌，另外还有球菌和杆菌。成熟的颗粒污泥，产甲烷细菌应占40%～50%。反应器在颗粒污泥培养成熟就可连续运行。

3. 厌氧生物膜的类型

(1) 厌氧生物滤池　厌氧生物滤池是世界上最早使用的污水生物处理构筑物之一。1891年在英格兰建成了世界上第一座厌氧生物滤池。经过半个多世纪的研究，目前厌氧生物滤池已逐步得以改进，效率有所提高，在世界范围内已广泛使用。

微生物附着在载体上，形成生物膜。当污水自下而上（升流式）或自上而下（降流式）通过载体所构成的生物膜时（图11-34），微生物将污水中的有机物被吸附、分解，并产生沼气。载体应具备的性能与好氧滤池相同，可用砂粒、碎石、焦炭等充填，粒径一般为25～50mm。载体间要有一定的空隙度，防止堵塞。也可用各种形状的塑料制品作填料，如粒状，波纹板状和蜂窝状等塑料填料，还可用软性材料作滤料。水力停留时间（HRT）一般为3～5d。厌氧滤池内的污泥分布很不均匀，大部分污泥集中的污水入口处。为了克服污水分布不均和防止进水端发生堵塞，可采用孔隙率较大的填料。厌氧率持续要放置填料，因此设备的单位体积造价高于普通消化池。

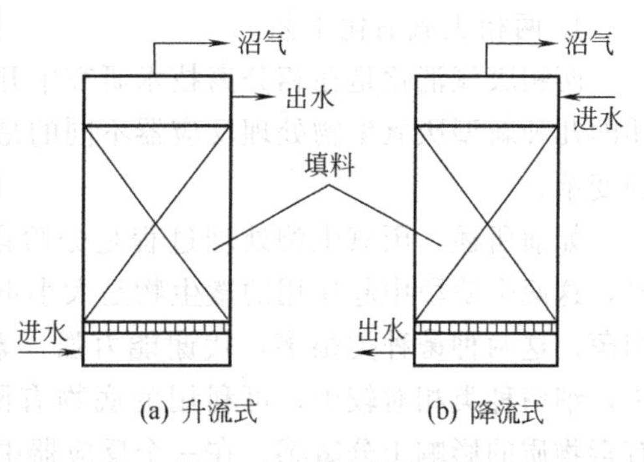

图11-34　厌氧生物滤池

(2) 厌氧流化床　厌氧流化床与好氧流化床工艺相同，只是在厌氧条件下运行。这种工艺是借鉴流化态技术的一种生物反应装置。它以小粒径载体充满床体内作为流化粒子，污水作为流化介质。当污水从床体底部以升流式通过床体时，由于水流压力很大，使粒子呈流化状态，在床体内不断上下滚动。粒子上长满厌氧生物膜，可吸附污水中的有机物，并把有机物分解成CH_4。

由于是用比较小的砂粒作载体，为生物附着提供了巨大的表面积。如载体的粒径为1.5mm，可提供1000m^2/m^3的表面积。由于生物附着的有效面积大，生物量一般可达30～40gVSS/L，因此，微生物浓度高是该工艺的最主要特点，可以达到高效处理污水的目的。

厌氧流化床具有很高的有机负荷率，可达10～40kg/COD/(m^3·d)，COD去除率达到95%以上。但由于这种设备操作管理较复杂，技术要求较高，因而尚未普遍推广。

(3) 厌氧生物转盘　厌氧生物转盘和好氧生物转盘类似，只是在厌氧条件下运行，并把圆盘完全浸没在污水中。圆盘用一根水平轴串联起来，若干圆盘为一组，称为一级，一般分为4～5级，有转轴带动圆盘连续旋转。为了创造厌氧条件，整个生物转盘应安装在一个封闭的容器内。厌氧微生物附着在转盘表面，不断生长繁殖，形成生物膜。转盘不停地旋转，生物膜不断和污水中的有机物接触，在产酸菌、伴生菌和产甲烷菌共同作用下，把有机物分解成沼气。

(4) 挡板式厌氧反应器　挡板式厌氧反应器 (anaerobic baffled reactor，简写 ABR) 是 Macarty 在 1982 年研制的，他认为厌氧生物转盘处理效果与转盘是否转动无关，提出了挡板式厌氧反应器并进行了实验研究，其反应器原理如图 11-35 所示。

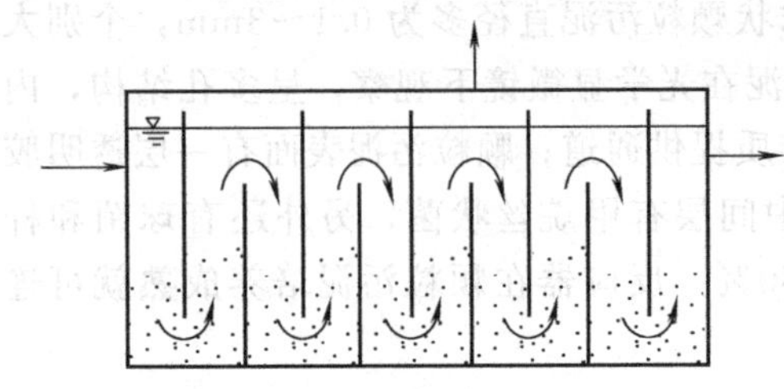

图 11-35　挡板式厌氧反应器

中国科学院成都生物研究所 1983 年采用 ABR，对以红苕、苕干和木薯干为原料发酵生产食用酒精的酿酒厂酒精废液的处理进行了研究，反应器容积为 150L。当进水 COD 浓度为 37000～42000mg/L，高温发酵的容积负荷率为 6.5 kg/COD/(m^3 · d) 时，反应器对 COD 的去除率为 90%，沼气产率为 3.1～3.9m^3/m^3 · d。

4. 两相厌氧消化工艺

两相厌氧消化是在相分离技术研究中开发成功的一种新型的厌氧生物处理工艺。与前述的几种新型厌氧生物处理反应器不同的是，它并不是反应器设备构造的改进，而是工艺的变革。

如前所述，厌氧生物处理过程是分阶段进行的，总体上可分为产酸阶段和产甲烷阶段，这两个阶段中起作用的微生物是大小不相同的。产酸相主要包括发酵细菌和产氢乙酸细菌。这两种菌种类很多，代谢能力强，繁殖速度快。产甲烷相主要由产甲烷细菌起作用，细菌种类相对较少，可利用的底物有限，繁殖速度很慢，对环境因素如温度、pH、有毒物质的影响十分敏感。在一个反应器中维持这两大类群微生物的协调与平衡是十分不容易的，当平衡失调时，反应器的处理能力会大大下降，甚至还会完全失效。

基于这个问题，Chosh 和 Pohland 于 1971 年首次提出了两相厌氧消化的概念，即采用两个串联的反应器，分别培养两类不同的细菌，通过对运行参数的控制，使两个反应器分别保持最合适这两类群细菌生长的条件。两个串联的厌氧反应器前者被称作产酸相（反应器），后者叫产甲烷相（反应器），二者串联即形成了两相厌氧消化工艺。

两相厌氧消化工艺最本质的特征是实现相的分离。最常用的相分离技术是动力学控制法，即利用发酵细菌和产甲烷细菌生长速率的差异，控制进水质量、调节水力停留时间。产酸相的水力停留时间远小于产甲烷相，通常是产甲烷相的 1/3。

两相厌氧消化工艺与单相厌氧消化工艺相比，具有更高的处理能力，表现在有机负荷的显著提高，产气量的增加上，运行的稳定性也得到改善。对含很高浓度有机物和悬浮物或是含有硫酸盐等抑制性物质的废水的处理，采用两相厌氧消化更具有优越性。当然，这需要增加反应器的台数，在一定程度上增加了系统的复杂性，这是两相厌氧工艺的缺点。

两相厌氧消化工艺可采用各种类型的厌氧反应器。我国常采用两个 UASB 反应器串联，欧洲国家常采用接触消化池作为产酸相，UASB 反应器作为产甲烷相。目前，我国两相厌氧消化处理工艺已从实验室研究进入实际工程应用阶段。任南琪 1990 年在研究两相厌氧消化工艺中，研制出一种高效产酸发酵反应器的专利产品，（见图 11-36）。该反应器采用完全混合式，利用厌氧活性污泥，内设气-液-固三相分离装置。特点为处理负荷高，最适负荷为 60～80kg/COD/(m^3 · d)，最高可达 110kg/COD/(m^3 · d)。

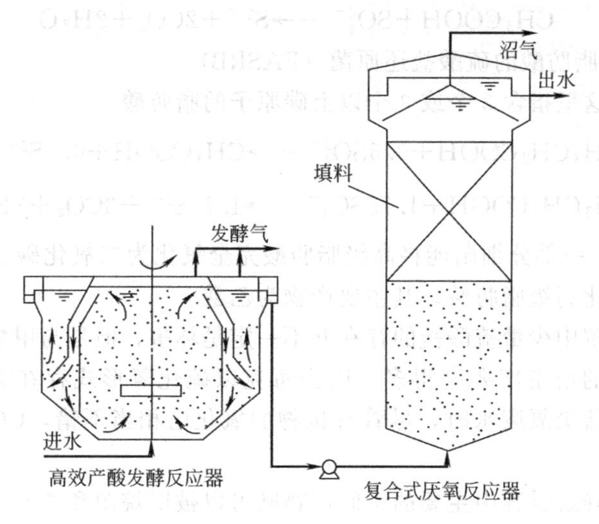

图 11-36　两相厌氧生物处理工艺

该设备不但发酵速率高，发酵产物更有利于产甲烷相微生物的转化，并且可作为生物制氢设备，具有显著的经济效益。

三、硫酸盐废水的厌氧生物处理

（一）硫酸盐还原的微生物原理

废水中含有硫酸盐时厌氧处理的基本过程，如图 11-37 所示。

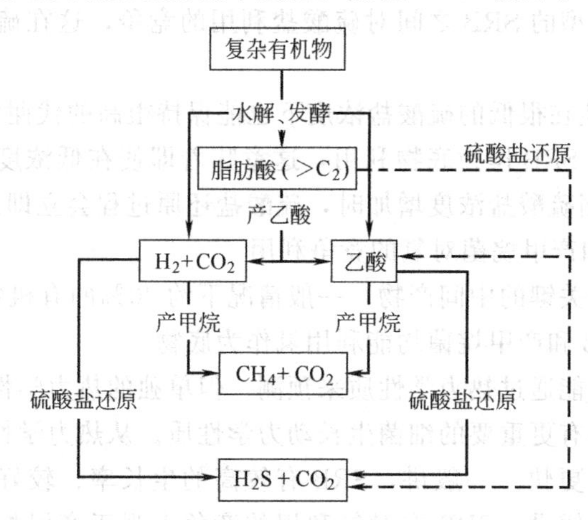

图 11-37　含硫酸盐废水厌氧降解过程示意图

在处理含硫酸盐或亚硫酸盐废水的厌氧反应器中，这些含硫化合物会被细菌还原。硫酸盐和亚硫酸盐会被硫酸盐还原菌（SRB）在其氧化有机污染物的过程中作为电子受体而加以利用。SRB 将硫酸盐和亚硫酸盐还原为硫化氢，这一过程会使甲烷产量减少，因为 SRB 的生长需要与产乙酸和产甲烷同样的底物。

根据所利用底物的不同，SRB 可被分为 3 类。

① 氧化氢的硫酸盐还原菌（HSRB）

$$4H_2+SO_4^{2-} \longrightarrow S^{2-}+4H_2O$$

② 氧化乙酸的硫酸盐还原菌（ASRB）

$$CH_3COOH + SO_4^{2-} \longrightarrow S^{2-} + 2CO_2 + 2H_2O$$

③ 氧化较高级脂肪酸的硫酸盐还原菌（FASRB）

较高级脂肪酸这里指含 3 个或 3 个以上碳原子的脂肪酸。

$$CH_3CH_2COOH + 0.5SO_4^{2-} \longrightarrow CH_3COOH + 0.5S^{2-} + CO_2$$

$$CH_3CH_2COOH + 1.75SO_4^{2-} \longrightarrow 1.75S^{2-} + 3CO_2 + 3H_2O$$

在 FASRB 中，一部分细菌能将高级脂肪酸完全氧化为二氧化碳、水和硫化氢，另外的细菌则不完全氧化高级脂肪酸，其主要产物为乙酸。

在有机物的降解中少量硫酸盐的存在并不一定是坏事，但是与甲烷相比，硫化氢的不利之处是它在水里的溶解度要高得多。因为每克以硫化氢形式存在的硫相当于 2gCOD，因此在处理含硫酸盐厌氧废水时，尽管有机物的氧化已相当不错，COD 的去除率却不一定令人满意。

既然这些厌氧降解过程中主要的中间产物既可以被甲烷菌和产乙酸菌降解，又可以被 SRB 溶解，而且它们生长的 pH 和温度条件类似，它们对底物的利用将是竞争性的；竞争的结果将由这些细菌的动力学性质决定。硫酸盐完全被还原需要有足够的 COD 含量，即 COD 与 SO_4^{2-} 的质量比应当超过 0.67（1molSO_4^{2-} 相当于 2molO_2）。

（二）硫酸盐废水厌氧处理的微生物生态学

在硫酸盐存在时，硫酸盐还原菌（SRB）将与产酸菌（AB）和产甲烷菌（MB）相互影响、相互竞争，这表现在以下几点：①SRB 和产甲烷菌之间对底物丙酸和丁酸的竞争的结果将决定厌氧过程的终产物是甲烷或是硫化物；②SRB 和产酸菌之间对底物丙酸和丁酸的竞争；③不同类型的 SRB 之间对硫酸盐利用的竞争，这在硫酸盐浓度较低时尤为重要。

研究证实 SRB 即使在很低的硫酸盐浓度下也能保持很高的代谢活性。像乳糖、乙酸、丙酸、丁酸都很容易为 SRB 作为底物利用，这意味着即使在低浓度下厌氧污泥中也会有大量 SRB 存在。因此当硫酸盐浓度增加时，硫酸盐还原过程会立即加快。

1. 硫酸盐还原菌和产甲烷菌对氢的竞争利用

氢是厌氧消化过程关键的中间产物，一般情况下约 30％的有机物 COD 经由氢这一中间产物而降解，而 SRB 和产甲烷菌均能利用氢作为底物。

细菌对底物的竞争能通过热力学性质来预测，但单独的热力学性质不足以预测两者之间的竞争优劣，这里还有更重要的细菌生长动力学性质。从热力学性质看，硫酸盐还原菌比利用氢的甲烷菌生长更快。一般讲，SRB 有较高的生长率、较好的底物亲和力和较高的细胞产率。由此得出假设，SRB 在对氢利用的竞争上强于产甲烷菌，假如有足够的硫酸盐，所有的氢都可以被 SRB 所利用。在厌氧反应器中的研究与此一致。研究发现在硫酸盐废水中，几乎没有从氢的利用中产生甲烷菌，因为大约废水中 COD 的 30％经由氢这一中间产物而降解，这意味着假如硫酸盐足够多，至少 30％的 COD 最终由硫酸盐还原途径降解而不是由产甲烷途径降解。

另一种关于 SRB 在利用氢时优势生长的解释是：由于 SRB 更能有效地利用氢，使废水中氢的浓度非常低，以至于比产甲烷菌所能利用的最低浓度还要低。

2. SRB 和产甲烷菌对乙酸的竞争利用

乙酸是厌氧消化中最主要的中间产物，通常降解 COD 的 70％要经由乙酸这一中间产物降解。由 SRB 和产甲烷菌降解乙酸的热力学和细菌生长动力学性质知，SRB 在与产甲烷菌竞争乙酸中处于优势，特别是在低的乙酸浓度下。但是，由厌氧反应器中得出的结果与以上推断往往矛盾，在反应器中 SRB 与产甲烷菌的竞争受到很多因素的影响。影响 SRB 和产甲烷菌竞争的环境因素与工艺条件因素简述如下。

① 温度　在中温范围，温度对两者的竞争不会有明显影响，但 Visser 发现在 55～65℃范围内，每当温度变化，都有利于 SRB 对底物利用的竞争，产甲烷菌似乎对范围变化更为敏感。另一方面，许多研究者已肯定在高温范围内，SRB 无论在氢气还是乙酸的利用上都比产甲烷菌占有优势。

② 细胞的固定化　以细胞固定化和高的污泥保留时间为特征的现代高速反应器中，那些不能附着于颗粒污泥或生物膜上的细胞将被冲出反应器，只有具有良好固定性质的细胞能保留在反应器内。Alphenaar 等人和 Visser 等人研究在 UASB 反应器中处理含硫酸盐废水时的颗粒化过程，发现 SRB 与产甲烷菌同样有很好的形成颗粒的附着能力，在这一方面 SRB 与产甲烷菌似乎也没有特殊的不同。

③ 硫酸盐浓度　SRB 的生长受到电子供体（乙酸）和电子受体（硫酸盐）两方面的制约。在较低的硫酸盐浓度下产甲烷菌的生长将优于 SRB。此外除了与产甲烷菌竞争乙酸外，利用乙酸的 SRB 还必须和其他类型的 SRB 竞争硫酸盐。利用乙酸的富集培养物和 *Desulfobacter posttagei* 对硫酸盐的亲和力远小于利用氢的 *Desulfobactert*，它们都是硫酸盐还原菌，但它们分别利用氢、丙酸和乙酸作为电子供体来还原硫酸盐。已发现它们对硫酸盐的亲和力按以下顺序下降：*Desulfovibrio*、*Desulfobulbus*、*Desulfobacter*。因此，在硫酸盐浓度有限时，利用乙酸的 SRB 竞争不过其他 SRB，因此使产甲烷菌有足够的乙酸作为底物而生长；在硫酸盐浓度较高时，SRB 对硫酸盐的竞争已不重要。但由于硫酸盐在向颗粒污泥内或生物内扩散时的限制，在颗粒污泥和生物膜内硫酸盐浓度也会很低。Nielsen 和 Lens 发现对生物膜而言，50mg/L 的硫酸盐浓度能引起利用乙酸的 SRB 产生硫酸盐的缺乏，而对于颗粒污泥讲，这一浓度可高达 300mg/L。

3. SRB 和产乙酸菌对 VFA 的竞争利用

当硫酸盐存在时，VFA 能以不同途径降解。

① VFA 被产乙酸菌降解。这些产乙酸菌与利用氢的 SRB 和产甲烷菌是互生的关系。

② VFA 直接被 SRB 所降解。降解的结果能将 VFA 完全氧化为 CO_2 和 H_2O，也可以不完全地氧化为乙酸。由于不完全氧化的 SRB 有更高的生长速率，不完全氧化发生的可能性更大。

至今人们对于 SRB 与产乙酸菌之间对底物的竞争所知甚少。一般认为在较高硫酸盐浓度下，SRB 的生长会占优势，因为它比产乙酸菌更易于生长在海洋沉积物中的脂肪酸（如丙酸和丁酸）直接由 SRB 降解。Visser 等人发现在 COD/SO_4^{2-} 比值为 10 时，VFA 主要由产乙酸菌降解，而在降低 COD/SO_4^{2-} 比值时，SRB 直接对丙酸的氧化成为主要途径。这是因为在低的 SO_4^{2-} 浓度下，利用丙酸的 SRB 对 SO_4^{2-} 的竞争不如利用氢的 SRB，故在低的 SO_4^{2-} 浓度下，产乙酸菌则可能在与 SRB 竞争中占优势。

（三）硫酸盐废水处理新工艺

高浓度硫酸盐废水处理新工艺主要有以下几种。

1. 单向吹脱工艺

单向吹脱工艺是在单相厌氧处理系统中安装惰性气体吹脱装置，将硫化氢不断地从反应器中吹脱掉，以减轻其对产甲烷菌的和其他厌氧菌的抑制作用，从而改善反应器的运行性能。吹脱工艺如图 11-38 所示。

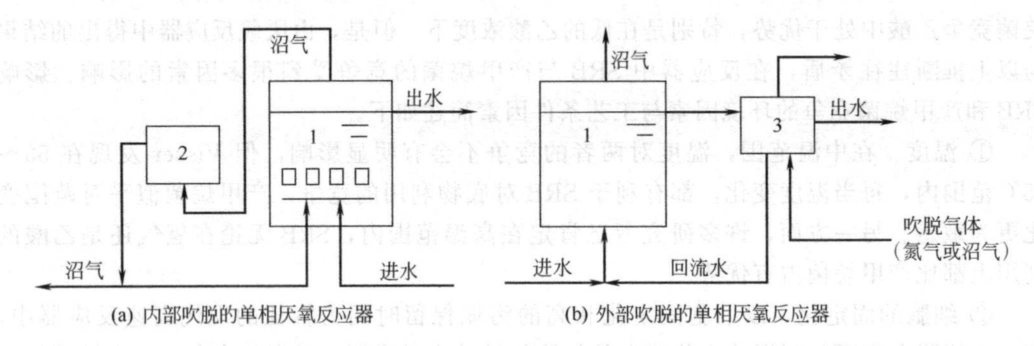

图 11-38　单相吹脱工艺流程

1—厌氧反应器；2—气体净化装置；3—吹脱装置

Olesakjewicz 采用 UASB 反应器设内部吹脱装置［如图（a）］处理乳清废水，发现系统的 COD 去除率和产甲烷率均提高 30％以上。Sarner 在处理纸浆废水时，采用装有气体循环净化装置的厌氧反应器，进水 COD、BOD、SO_4^{2-} 分别为 12000mg/L、4000～6000mg/L 和 3000mg/L，将所产生的沼气经净化（用加有一种螯合剂的高价铁盐溶液洗涤）后回流入反应器来吹脱 H_2S，反应器的 COD 和 BOD 去除率分别可达 54％和 88％。吹脱气体一般采用较稳定的氮气或沼气。内部吹脱的单项厌氧工艺的最大缺点是吹脱气量不易控制，维持吹脱装置正常工作有一定困难。Anderson 开发的外部吹脱装置［如图（b）］操作较简单，只对出水进行吹脱，去除 H_2S 后将部分处理水回流，对进水进行稀释。

事实上，单相吹脱厌氧工艺并没有彻底克服硫酸盐还原作用对产甲烷菌的抑制作用，因为反应器中仍然有相当量的 H_2S 存在，会对产甲烷菌产生抑制作用，在一定程度上降低甲烷产量，而且增加沼气回收利用的困难。

2. 硫酸盐还原与硫化物光合氧化联用工艺

Buisman 等人提出一种厌氧工艺，利用 SRB 将硫酸盐还原为硫化物，再利用光合细菌将硫化物氧化为单质硫。Maree 通过在厌氧反应器培养光合菌来处理高浓度硫酸盐废水，在厌氧滤池中成功地实现了硫酸盐→硫化物→硫的转化。当废水的 COD 为 3000mg/L、SO_4^{2-} 浓度为 2500mg/L，反应器的 HRT 为 12h 时，硫酸盐还原率达 90％左右，COD 去除率达 70％。

硫酸盐还原与硫化物光合氧化联用工艺在处理硫酸盐废水方面虽有一定的效果，但需要在反应器内部提供光照，要消耗辐射能，这在经济上有严重的缺点。另外，有关光合细菌法处理硫酸盐废水的研究大都处于小试阶段，在工程实践中应用的可能性不大。

3. 硫酸盐还原与硫化物化学氧化联用工艺

由于硫化物与某些金属离子易生成沉淀，在反应器中投加 Fe^{2+}、Zn^{2+} 等，可以降低溶解性硫化物浓度，减少硫化物对产甲烷菌的毒害作用。刘燕等人提出，采用厌氧工艺处理高浓度硫酸盐废水时，可以投加铁盐或锌盐来改善厌氧反应器的性能，显然铁盐较锌盐理想。另一种方法是直接处理重金属含量高的废水，目前国内外也常有采用。但此工艺的弊端是投加金属盐后形成的不溶性硫化物在反应器内会累积，从而降低厌氧污泥的相对活性。而且，当硫酸盐浓度很高时，所需化学药品的费用会相对增高。另外，污泥产量也会增加，给污泥后处理带来困难。这种方法虽然控制了硫化物的抑制作用，但 SRB 与产甲烷菌的机制竞争作用依然存在，产甲烷率仍偏低。

4. 生物膜法工艺

Renze 指出，由于 SRB 的世代时间通常大于 HRT，故采用生物膜工艺处理硫酸盐废水较有优势。填充有载体介质（如白云石）的生物膜反应器比完全混合生物反应器更适用于工业。但是，固定载体、固定生物膜反应器的主要缺点是在反应器内容易形成孔隙通道，载体易被硫化物沉淀所阻滞。Maree 等人认为，这一问题可通过采用周期性地急剧提高回流速度来解决。另一方法是采用流动载体。Vladislav 和 Sava 以铁屑作为生物膜的载体，对填充床和流动床生物反应器进行了小试研究，结果表明，流动床生物反应器中 SO_4^{2-} 的最大还原能力比填充床高 2 倍。大多数研究者认为采用具有出水回流的上向流填充反应器为宜，它可以实现进水和反应器内液体的完全混合。

5. 两项厌氧生物处理工艺

实验证明，两项厌氧工艺的酸化单元微生物的产酸作用和硫酸盐还原作用可以同时进行，并指出在酸性发酵阶段利用 SRB 去除硫酸盐具有以下优点：①硫酸盐还原菌可以代谢酸性发酵阶段的中间产物如乳酸、丙酮酸、丙酸等，故在一定程度上可以促进有机物的产酸分解过程；②发酵性细菌比产甲烷菌所能承受的硫化物浓度高，所以硫化物对发酵性细菌的毒性小，不致影响产酸过程；③由于硫酸盐还原作用主要是在产酸相反应器中进行，避免了 SRB 和产甲烷菌之间的基质竞争问题，可以保证产甲烷相有较高的甲烷产率，而且在形成的沼气中 H_2S 的含量较小，便于利用；④由于产酸相反应器处于弱酸状态，硫酸盐的还原产物硫化物大部分以 H_2S 的形式存在，便于吹脱去除。

四、垃圾渗滤液的厌氧生物处理

随着城市垃圾卫生填埋技术的不断应用，对其二次环境污染问题的研究越来越广泛。作为防止该技术应用过程中二次污染问题内容之一的渗滤液处理方法和技术的研究也日益得到重视。渗滤液是液体在填埋场重力流动的产物，主要来源于降水和垃圾本身的内含水。垃圾渗滤液是一种高浓度有机废水，其水质和水量随垃圾成分、当地气候、大气降水、水文、填埋时间及填埋工艺等因素的影响而显著变化。由于垃圾的来源不同，渗滤液中还可能含有 Cr、Cd、Pb、Hg、Cu 等重金属离子。因此，垃圾渗滤液必须严格管理，经处理达到要求后才能排放。

在小于 5 年的新填埋场里，由于挥发性酸的存在，渗滤液的 pH 低，BOD_5 和 COD 浓度高。BOD_5/COD 值一般为 0.5～0.7，可生化性良好。5 年以上的老填埋场，其渗滤液 pH 一般为中性，而 NH_3-N 浓度较高，BOD_5、COD 浓度较低，BOD_5/COD 值也较低。10 年以后 BOD_5/COD 值将降至 0.1。

根据垃圾渗滤液的特性，通常选用以下几种处理方法。

1. 利用城市污水处理厂进行合并处理

垃圾渗滤液与适当规模的城市污水处理厂的污水合并处理是最简单的一种处理方法。渗滤液中所含成分与城市污水相近，主要不同点是渗滤液中含有较高浓度的 BOD_5、COD、NH_3-N 以及较低浓度的含磷物质。当城市污水管道或污水处理厂靠近垃圾填埋场时，可将渗滤液送入污水处理厂，与城市污水一起合并，利用污水处理厂对渗滤液的缓冲、稀释作用和城市污水中的磷等营养物质，实现渗滤液与城市污水的合并处理。但是，如果渗滤液的量太大，需要加以控制，否则，易造成对污水处理厂的冲击负荷，出现污泥膨胀及重金属毒性等系列问题，影响污水处理厂的正常运行。

2. 渗滤液单独处理

目前，很多垃圾填埋场都远离城市，没有完备的排水管网将渗滤液送至城市污水处理厂，因此，需要建立现场污水处理设施，进行单独处理。单独处理的工艺包括常规的生物处理法，如活性污泥法、氧化沟、氧化塘和生物膜法等。其中活性污泥法对垃圾渗滤液有良好的处理效果。由于废水中有机磷含量过低，需要添加含磷化合物，如 KH_2PO_4 或 Na_2HPO_4 等。

由于渗滤液中难降解有机物所占比例高，存在的重金属抑制污泥活性，因此可在生化处理单元前设置澄清池，进行澄清处理，工艺流程如图 11-39 所示。澄清池 HRT 为 1.7h，吹脱池 HRT 为 1.7h，曝气池为 6.6h。对于 BOD_5 为 1500mg/L、SS300mg/L、有机氮 100mg/L、Cl^- 800mg/L、硬度 800mg/L、总铁 600mg/L、SO_4^{2-} 300mg/L 的渗滤液，经处理后 BOD_5、NH_3、Fe 的去除率分别达到 99%、90%和 9.2%。

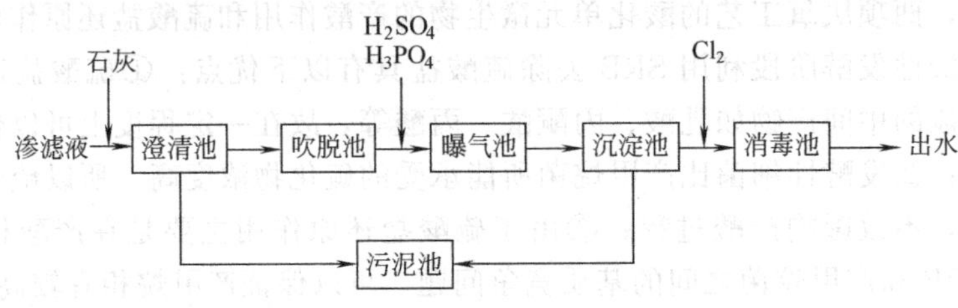

图 11-39 物化-生化复合处理工艺流程

3. 填埋场内循环喷洒处理

循环喷洒是将渗滤液收集并通过回灌配水系统使其回到填埋场，通过垃圾层循环的一种处理方法。

渗滤液的循环喷洒处理法的研究已有很多年，但其实际应用则是近十几年的事。目前，美国已有 200 多座垃圾填埋场采用了此技术。该方法除具有加速垃圾的稳定化、减少渗滤液的场外处理量、降低渗滤液污染物浓度的优点外，还比其他处理方法更为节省资金。渗滤液回灌喷洒处理不但可以缩短填埋场的稳定化进程和沼气的产生时间，而且也能增添填埋场的有效库容量，促进垃圾中有机化合物的降解。

通过循环喷洒可提高垃圾层的含水率，增加垃圾的湿度，增强垃圾中微生物的活性，加速产甲烷速率、垃圾中污染物溶出和有机物的分解。其次，通过回喷，不但可以降低渗滤液中的污染物浓度，而且还会因为喷洒过程中的挥发等作用而减少渗滤液的产生量，对水量和水质起稳定化作用，有利于废水处理系统的运行，节省运行费用。通过回喷循环，渗滤液的 BOD_5 和 COD 可分别降到 30～350mg/L 和 70～500mg/L，金属离子浓度也会大幅度下降。

虽然，渗滤液的场内循环喷洒处理法有上述诸多优点，但也存在如下问题。

①不能完全消除渗滤液，由于喷洒或回灌的渗滤液量受填埋场特性的限制，因而仍有大部分渗滤液需外排处理；②通过喷洒循环后的渗滤液仍需进行处理后方可排放，尤其是由于渗滤液在垃圾层中的循环，会导致 NH_3-N 不断积累，甚至最终浓度远高于其在非循环渗滤液中的浓度。

渗滤液场内循环喷洒处理方法在中国的应用并不多见，除了上述两个原因和中国还处于垃圾填埋技术应用的初级阶段外，尚有在回喷过程中所带来的环境卫生问题、安全和设计技术问题，回喷后所排出的中低浓度的渗滤液仍需进一步处理才能排放。

第三节 水体中氮磷的去除

污水一级处理只是除去废水中的砂砾及大的悬浮固体，二级生物处理则是去除废水中的可溶性有机物。在好氧生物处理中，生活污水经过生物降解，大部分的可溶性含碳有机物被去除，但同时产生 NH_3-N、NO_3^--N 和 PO_4^{3-}、SO_4^{2-}。其中有25%的氮和19%左右的磷被微生物吸收合成细胞，通过排泥得到去除。但出水中的氮和磷含量仍未达到排放标准。有的工业废水如味精废水含氨氮非常高，味精浓废水含氨氮6000mg/L左右。

氮和磷是生物重要的营养源。但水体中氮、磷含量过多，危害极大。最大的危害是引起水体富营养化，使水源水质恶化，不但影响人类生活，还严重影响工、农业生产。鉴于以上原因，脱氮除磷非常重要。

一、水体富营养化

水体富营养化（entrophication）是指大量溶解性盐类（主要是 NH_3-N、NO_3^--N、NO_2^--N、PO_4^{3-}-P）进入水体，使水中藻类等浮游生物大量生长繁殖，而后引起异养微生物旺盛代谢活动，耗尽了水体中的溶解氧（dissolved xoygen），水质变差，导致其他水生生物死亡，破坏水体生态平衡的现象。

水体的富营养化，实质上是生态系统受到了污染造成的，主要受排放的生活污水和含氮、磷较高的工业废水和农田冲刷水的污染。一般认为，水体形成富营养化的指标是：水体中含氮量大于0.2～0.3mg/L，含磷量大于0.01mg/L，生化需氧量（BOD_5）大于10mg/L，在淡水中细菌总数达到10^4cfu/mL，标志藻类生长的叶绿素a浓度大于10μg/L。

当水体形成富营养化时，水体中藻类的种类减少，而个别种类的个体数量猛增。如，淡水水域富营养化时，测得水华铜锈微囊藻（*Microeystis aeruginosa*）及水华束丝藻（*Aphanizonmenon flosaquae*）的数量可达到1.36×10^6个/L。由于占优势的浮游藻类所含色素不同，使水体呈现蓝、红、绿、棕、乳白等不同的颜色。富营养化发生在湖泊中将引起水华（water bloom），发生在海洋中将引起赤潮（red tide）。

（一）富营养化产生的原因

任何天然水体都不是与周围环境隔绝的封闭系统。降雨对大气的淋洗，径流对土壤的冲刷，总是挟带着各种各样的有机物质，特别是有机的和无机的氮、磷物质，经常不断地流入水体，给水体中带来了藻类生长需要的营养物质。此外，水体内部的有机体，如水生动植物的遗体及它们的代谢产物，经水中好氧性微生物分解亦可作为藻类的营养。因此，富营养化是湖泊的一种自然老化现象，在天然水体中普遍存在。但是在没有人为因素影响的水体中，富营养化的进程是非常缓慢的，即使生态系统不够完善，仍需至少几百年才能出现。而且一旦水体出现富营养化现象，要恢复往往是极其困难的。这一结果往往导致湖泊→沼泽→草原→森林的变迁过程。

人类在生活和生产中排出的生活污水和食品加工、化肥、屠宰、制糖、造纸、纺织等工业废水，以及大量使用化肥的农田排水，都含大量有机的和无机的氮、磷。这两种物质进入水体后，在微生物作用下形成硝酸盐和磷酸盐，为藻类的生长繁殖提供了充足的营养，从而加速了水体的富营养化。

水体在气温较高的夏季较易发生富营养化，因为藻类属于中温性微小浮游生物，阳光照射是藻类旺盛繁殖的必要条件，夏季风和日丽，光照充足，很适合它们生长。在富营养化水体中，藻类的光合作用极为强烈，大量的藻类迅速生长繁殖，可使水面完全被藻类覆盖。通常认为，富营养化易发生在水流缓慢的水体，如湖泊、池塘、河口、海湾和内海等非海湾地区的急流海域。

(二) 富营养化的危害

富营养化的危害很大，可破坏水体自然生态平衡，会导致一系列的恶果。它不仅给渔业等生产造成重大经济损失，而且还会危害人类健康。

藻类过度繁殖，死亡后的藻类有机体被异养微生物分解，消耗了水中的大量溶解氧，使水中溶解氧的含量急剧下降，同时，由于水面被藻类覆盖，影响大气的复氧作用，使水中缺氧，甚至造成厌氧状态。此外，水体中藻类大量繁殖，也会阻塞鱼鳃和贝类的进出水孔，使之不能进行呼吸而死亡。这些因素将导致鱼类等水生生物因缺氧而窒息死亡，引起水面鱼尸漂浮；死亡的藻类被微生物分解放出胺类物质，产生严重的尸腐味；使水体处于厌氧状态而产生 H_2S 臭气。

许多产生水华和赤潮的藻类能产生毒素，不仅危害水生动物，而且对人类及牲畜、禽类等也会产生严重的毒害作用。如，蓝细菌中的丝状藻类微囊藻属（*Microcystis*）、鱼腥藻属（*Anabaena*）和束丝藻属（*Aphanizomenon*）等过度繁殖后，产生的内毒素经饮用进入人体，可使人体出现胃肠炎和严重的变态反应；褐沟藻（*Gonyaulax*）产生的毒素对多种动物的神经和肌肉都有毒害作用，尤其是能引起鱼类的呼吸中枢系统障碍，在几分钟内就能将实验鱼体窒息死亡；有一种裸甲藻产生的石房蛤毒素，对心肌、呼吸中枢和神经中枢产生有害的影响。还有一些藻类产生的毒素并不排出体外，当这些藻类被鱼、贝类所食后，毒素可积蓄在鱼、贝类的卵中，这类毒素对鱼、贝类等虽不呈现出明显的中毒现象，但人吃了这类鱼贝之后，却有中毒的危险。

富营养化的水体外观呈现颜色，水质浑浊，水体中悬浮有大量的藻类和藻类尸体，并散发异味，严重时还将存在毒素。如果用这种水体作为自来水厂的水源水，不但可引起滤池堵塞，影响水厂正常运行，而且水中的异味和毒素难以去除，将严重影响水厂出水质量，危害人体健康。

(三) 控制水体富营养化的措施与方法

控制水体富营养化的最根本措施是加强对环境生态的管理，制定法规，对污水排放一定要严格控制，一般应达到二级处理排放标准，并应逐渐达到深度（三级或接近三级）处理标准，以去除氮和磷。如果水体一旦发生了富营养化，应采用以下方面加以治理。

1. 化学药剂控制

采用化学药剂来控制藻类的生长，对于水体面积小的水域、蓄水池、池塘等是很适用的。

在化学除藻方面，应用较为广泛的是用硫酸铜来防止藻类的过度生长。硫酸铜对蓝藻尤为有效。使用硫酸铜必须在春天藻类生长繁殖之前及早加入，抑制藻类的生长，否则水体中的鱼类会大量死亡。这是因为，大量的藻类死亡细胞悬浮在水体中，被异养性微生物分解而造成水体缺氧状态，同时藻类释放出毒素也会毒死鱼类。杀死藻类所需要的硫酸铜浓度应对人体和鱼类都是无毒的。喷洒硫酸铜后，水体中的硫酸铜浓度通常为0.1～0.5mg/L，可根据总水体体积计算出硫酸铜的用量。

2. 生物学控制

可利用藻类病原菌抑制藻类生长。有人设想在湖、河中接种寄生于藻类的细菌，以抑制藻类生长。现已发现藻类的病原菌主要属于黏细菌，它专一性小，寄生范围较广，能使藻类的营养细胞裂解，但对异形胞无效。也有人考虑利用蓝细菌的天然病原真菌，主要是壶菌（*Chyevidius*）来控制蓝细菌，但该菌寄主范围很窄，有时甚至只局限于寄生在寄主的某一特定结构。

也可利用病毒来控制藻类的生长。据报道，侵噬蓝细菌的病毒已分离出来，从形态上看，这种病毒类似于细菌的噬菌体，称为蓝细菌噬菌体（*Cyanophages*）。实验表明，蓝细菌接种病毒后能明显降低藻类个体的数量，但此法目前尚未在天然水体范围内试验。

3. 搅动水层

在天然湖泊中，水体有分层现象。夏季由于阳光照射，表层水为暖水区，水温可达25℃以上。底层水为冷水区，水温一般不超过9℃。表层水为藻类生长区，可以通过人工搅动破坏水体的分层现象，来控制藻类生长。一般可通过强烈通气达到搅动的目的。

在破坏水体分层过程中，表层水温度降低，同时使水体变浑浊，影响了表层水的透光度，藻类的生长也受到了影响。经过人工搅动，也可以改变藻类在湖泊中的优势种群，如经搅动后，使蓝细菌群体减少，而绿藻数目相对增加。

4. 对二级生化处理的排出水进行脱氮和除磷

经二级生化处理后的排放水中，所存在的氮与磷是藻类生长的重要因素，其中氮素更是藻类生长的关键。因此，对排放水应做进一步的深度处理，去除氮与磷，可限制藻类生长。

目前所用的除磷方法，主要是用化学混凝沉淀除磷，即用钙盐、铁盐和铝盐等对磷化物进行凝聚沉淀。用量分别为：生石灰（CaO）300mg/L以上，硫酸铝［$Al(SO_4)_3 \cdot 12H_2O$］100mg/L以上，三氯化铁（$FeCl_3 \cdot 6H_2O$）100mg/L以上。通过化学凝聚沉淀之后，水体中的含磷量大大降低，可使藻类数量明显下降（表11-8）。除上述的化学凝聚除磷外，国内外在深入研究利用生物除磷，基本原理是利用细菌的合成代谢作用把水中的磷去除。

表11-8　未加凝聚剂与加凝聚剂总磷含量和藻类生长量比较

凝聚剂名称	加药量/(mg/L)	总磷量/(mg/L)	藻类增殖量/(单位/L)
CaO	0	1.29	324
	300	0.12	13
$Al_2(SO_4)_3 \cdot 12H_2O$	0	1.35	344
	100	0.11	12
$FeCl_3 \cdot 6H_2O$	0	1.4	248
	100	0.07	5

5. 采收藻类，综合利用

有人设想利用富营养化的水体来养殖藻类，并加以采收利用，同时达到了控制富营养化的目的。但在实际上工作中会遇到一定的困难。首先碰到的问题是如何大规模地采收这些藻类，如果用微孔滤器过滤，则滤膜易堵；其次，如何才能克服藻类存在毒性代谢物的毒害影响，这些问题尚待深入探讨和加以解决。

6. 生态防治法

生态防治法是指运用生态学原理，利用水生生物吸收利用氮、磷元素进行代谢活动的过程，以达到去除营养元素的目的。其优点是投资少，有利于建立合理的水生生态循环。如，在浅水性富营养湖泊，种植高等植物（莲藕、蒲草等）；根据鱼类不同的食性，放养以浮游藻类为食的鱼种，有效地去除氮、磷。

（四）评价水体富营养化的方法与AGP

评价水体富营养化的方法是：①观察蓝藻等指标生物；②测定生物的现存量；③测定原初生产力；④测定透明度；⑤测定氮和磷等导致富营养化的物质。将五方面综合起来对水体的富营养化做出全面、充分地评价。为了控制排入水体的废水量和水质，以便采取防止废水对水体产生负面影响的措施，必须测定该废水中藻类的潜在生产力（AGP)。

AGP即藻类生产的潜在能力。把特定的藻类接种在天然水体或废水中，在一定光照和温度条件下培养，使藻类增长到稳定期为止，通过测干质量或细胞数来测其增长量。此即藻类生产的潜在能力（AGP)。欧、美已制定藻类培养试验标准法，日本也在使用。具体藻类培养试验的培养方法如下。

藻种：羊角月牙藻、小毛枝藻、小球藻属、衣藻属、谷皮菱形藻、裸藻属、栅列藻属、纤维藻属、实球藻属、微囊藻属及鱼腥藻属等。

方法：将培养液用滤膜（1.2μm）或高压蒸汽灭菌器（121℃，15min）除去SS和杂菌。取500mL置于L形培养管（1000mL)，接入羊价月牙藻，将培养管放在往复振荡器上（30～40r/min)，在20℃，光照度为4000～6000 lx条件下振荡培养7～20d（每天明培养14h，暗培养10h）后，取适量培养液用滤膜过滤，置105℃烘至恒重，称干质量，计算1L藻类中的干质量即为该水样的AGP。

日本天然水体贫营养湖的AGP在1mg/L，中营养湖AGP为1～10mg/L，富营养湖AGP为5～50mg/L。若加入生活污水处理水，AGP明显增加。

二、微生物脱氮工艺

氮在污水中主要存在形式有分子态氮、有机态氮、氨态氮、亚硝态氮和硝态氮以及硫氢化物和氰化物，而在未处理的原废水中，有机态氮和氨氮是氮的主要存在形式；经二级生化处理后出水中氨氮和硝态氮是氮的主要存在形式。在一定条件下各种形式的氮可以相互转化。

氮化合物是营养物质，因而会引起藻类的过度繁殖。造成水体的富营养化现象；大量藻类死亡时会耗去水中的氧，而一些藻类的蛋白类毒素可富集在水产生物体内，并通过食物链使人中毒。NH_3 对鱼类和其他水生物有较大的毒性；排放废水中的氨氮和有机氮会消耗受纳水体中的溶解氧。NH_3 对某些金属有腐蚀作用，对给水投氯消毒会有不利的影响，会使加氯量成倍增加，从而增加给水处理的成本。使水质下降，为了脱色、除臭、除味而使化学药剂投加量增加，滤池的反冲洗次数亦增加。NO_2^- 和 NO_3^- 对人体健康有害，水中 NO_2^- 超过1mg/L时，即会使水生生物的血液结合氧的能力降低；超过3mg/L时，可在24～96h内使金鱼、鳊鱼死亡。NO_2^- 与胺作用生成的亚硝胺有致癌、致畸作用。饮水中 NO_2^--N含量超过10mg/L时可引起婴儿铁血红蛋白症，亚硝酸可使血红素中的 Fe^{2+} 成为 Fe^{3+} 而失去结合氧能力。

常规的活性污泥法以去除废水中的含碳化合物为主，对于氮的去处效率很低，难以达到严格的排放标准。在此背景下，废水的脱氮技术得到了迅速发展。微生物脱氮技术由于具有处理效果好、处理过程稳定可靠、费用低、系统操作管理方便等优点而得到了广泛应用，成为废水脱氮的有效手段。

（一）生物脱氮的基本原理

污水中的氮主要以氨氮和有机氮两种形式存在，有时也含有少量亚硝酸盐和硝酸盐形态的氮，在未经处理的污水中，氮有可溶性的，也有非溶性的。可溶性有机氮主要以尿素和氨基酸的形式存在。一部分非溶性有机氮在初沉池中可以去除。在生物处理过程中，大部分的非溶性有机氮转化成氨氮和其他无机氮，却不能有效地将氮从污水中分离而去除。废水生物脱氮的基本原理就在于，在有机氮转化为氨氮的基础上，通过硝化反应将氨氮转化为亚硝酸态氮和硝态氮，再通过反硝化反应将硝态氮转化为氮气从水中逸出，从而达到脱氮的目的。

1. 硝化作用

硝化作用是将氨氮转化为硝酸盐氮的过程。硝化反应是由一群自养型好氧微生物完成的，它包括两个基本反应步骤。

第一步是由亚硝酸菌将氨氮转化为亚硝酸盐（NO_2^-），称为亚硝化反应，其反应式为

$$NH_4^+ + \frac{3}{2}O_2 \longrightarrow NO_2^- + 2H^+ + H_2O + 240 \sim 350kJ$$

亚硝酸菌中有亚硝酸化单胞菌属（*Nitrosomonas*）、亚硝酸螺旋杆菌属（*Nitrosospira*）和亚硝化球菌属（*Nitrosococcus*）等。

第二步则由硝酸菌将亚硝酸盐进一步氧化为硝酸盐，称为硝化反应，其反应式为

$$NO_2^- + \frac{1}{2}O_2 \longrightarrow NO_3^- + 65 \sim 90kJ$$

硝酸菌有硝化杆菌属（*Nitrobacter*）、硝酸螺菌属（*Nitrospira*）和硝酸球菌属（*Nitrococcus*）等。

亚硝酸菌和硝酸菌统称硝化菌，均是化能自养型微生物，它们利用无机碳化合物，如CO_2、CO_3^{2-}、HCO_3^-等作为能源，通过与NH_3、NH_4^+、NO_2^-的氧化反应来获得能量。

2. 反硝化作用

反硝化作用是由一群异养型微生物完成的生物化学过程。它的主要作用是在缺氧（无分子态氧）的条件下，将硝化过程中产生的亚硝酸盐和硝酸盐还原成气态氮N_2或N_2O、NO。

在污水处理系统中，有很多细菌都能进行反硝化反应，常见的反硝化细菌包括假单胞菌属（*Pseudomonas*）、无色杆菌属（*Achromobacter*）、产碱杆菌属（*Alcaligenes*）、黄杆菌属（*Flavbacterium*）、变形杆菌属（*Proteus*）和气杆菌属（*Aerobacter*）等。它们多数是兼性细菌，有分子态氧存在时，反硝化菌氧化分解有机物，利用分子氧作为最终电子受体。在无分子态氧条件下，反硝化菌利用硝酸盐和亚硝酸盐中的N^{5+}和N^{3+}作为电子受体，O^{2-}作为受氢体生成H_2O和OH^-碱度，有机物则作为碳源及电子供体提供能量并得到氧化稳定。

反硝化过程中亚硝酸盐和硝酸盐的转化是通过反硝化细菌的同化作用和异化作用来完成的。异化作用就是将NO_2^-和NO_3^-还原为NO、N_2O、N_2等气体物质，主要是N_2；而同化作用是反硝化菌将NO_2^-和NO_3^-还原成NH_3-N供新细胞合成之用，氮成为细胞质的成分，此过程可称为同化反硝化。

在反硝化过程中，去除NO_3^--N的同时需要消化能源，当废水中碳源有机物不足时，应补充投加易于生物降解的碳源有机物，如甲醇等。

（二）生物脱氮工艺

生物脱氮工艺同废水生化处理工艺一样，可根据细菌在处理装置中存在的状态，分为悬浮状态的活性污泥处理系统和固着状态的生物处理系统两大类。

1. 活性污泥脱氮系统

利用活性污泥降解废水中的有机碳和转化氨态氮为硝酸盐氮，再将硝酸盐氮还原为分子态氮。根据去碳、硝化和脱氮的组合方式不同，可以把活性污泥系统分为单级活性污泥系统和多级活性污泥系统。根据反硝化过程中利用的有机碳源来源不同，还可以把活性污

泥法系统分为内碳源（污水或活性污泥自溶提供的碳源）系统和外加碳源系统。

① 单级活性污泥内碳源系统　在单级系统中给予细菌交替的好氧和厌氧条件，以进行硝化和反硝化作用，其工艺流程如图 11-40（a）所示。

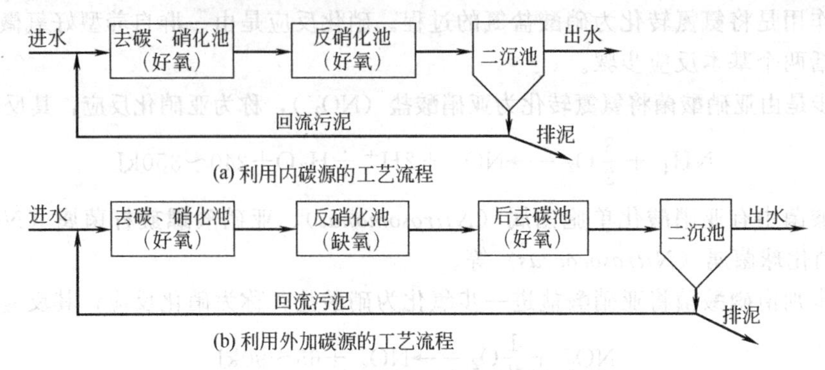

(a) 利用内碳源的工艺流程

(b) 利用外加碳源的工艺流程

图 11-40　单级活性污泥生物脱氮系统

BOD_5 氧化（去碳）和硝化在一个曝气池中进行，先去碳（包括脱氨基）后硝化，要求曝气时间长；再将含有硝酸盐的处理水引入缺氧的反硝化池中，在缺氧条件下，硝酸盐还原细菌利用硝酸盐为电子受体，利用原水中或活性污泥内源呼吸释放的有机碳化合物作为电子受体，进行无氧呼吸。

好氧池中达到硝化阶段时，水中有机碳化合物含量很低，难以作为内碳源；活性污泥中的微生物达到内源呼吸，其自溶后释放出有机碳所需时间较长，且碳源不足，致使反硝化速率低，所以利用内碳源提供有机碳化合物的方法不宜采用。

② 单级活性污泥外加碳源系统　该系统与单级活性污泥内碳源系统不同之处是在反硝化池内通入外加碳源，一般常以甲醇作为外加碳源。该系统是最典型的生物脱氮工艺，其流程如图 11-40（b）所示。由于反硝化池外加碳源后出水的有机物浓度较高，所以常需设后曝气池。

③ 多级活性污泥内碳源系统　多级活性污泥内碳源系统主要分成两大部分：第一部分是活性污泥在好氧条件下去除有机物质，污泥经沉淀池分离后，又回流到曝气池，与后半部分并不混合；第二部分是通过硝化和反硝化达到脱氮的目的。该系统的工艺流程如图 11-41 所示。

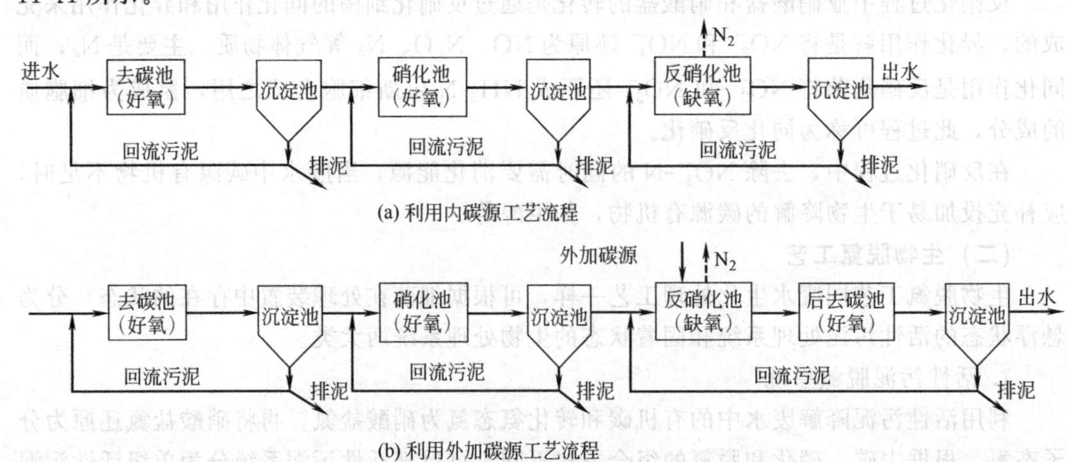

(a) 利用内碳源工艺流程

(b) 利用外加碳源工艺流程

图 11-41　多级活性污泥生物脱氮系统

该系统由于将污泥分成数级分隔开来，各级构筑物中生物相较单一，去碳、硝化和反硝化作用都比较稳定，处理效果较好，但是构筑物较多，基建费用高。

④ 多级活性污泥外加碳源系统　该系统是在多级活性污泥内碳源系统的基础上，在反硝化池中加入外来碳源，并设后曝气池去除剩余的有机物，其工艺流程如图 11-41（b）所示。

以上是对活性污泥法废水生物脱氮工艺的总体介绍，下面介绍几种实际应用中常见的工艺技术。

① A/O 工艺　即缺氧/好氧（anoxic/oxic）工艺。在这种系统中，反硝化段位于去碳与硝化阶段的前面，硝化段中的混合液以一定比例回流到反硝化段，反硝化段中的反硝化脱氮菌在无氧或低氧条件下，利用进水中的有机物作为碳源，以来自硝化池的回流液中的 NO_3^- 作为电子受体，将 NO_3^- 还原为 N_2。这样，反硝化过程中所需的有机碳源可直接来源于污水，不必外加，从而可以减轻硝化时的有机物负荷，减少停留时间，并节省曝气量。而且，反硝化过程中产生的碱度可补偿硝化段消耗的碱度的一半左右，因此运行中可以减少碱的投放量，降低运行费用。可见，该种微生物脱氮法是一种较为完善的工艺技术，这也是目前在生物脱氮中最广泛采用的工艺。

② 氧化沟工艺　氧化沟的工作原理已在本章第一节中阐明。利用该工艺进行脱氮，关键是在氧化沟中创造好氧和厌氧交替的环境，为微生物进行硝化反应和反硝化反应提供必要的条件。一般作法是，在环状氧化沟中的某一点或多点设置曝气机，泥水混合液沿氧化沟循环流动。在曝气机的下游区段形成好氧段，进行去碳和硝化反应，远离曝气机的区段为缺氧段，完成反硝化反应。废水进入氧化沟后，先后流经或交替流过好氧区段和厌氧区段，反硝化细菌可利用废水中的碳源和好氧段来的硝酸盐进行反硝化脱氮。处理后出水在好氧段末端由导管引入二沉池。其工艺流程如图 11-42 所示。目前，西欧不少国家广泛采用此工艺来处理城市或工艺废水，在中国的应用实例也越来越多。

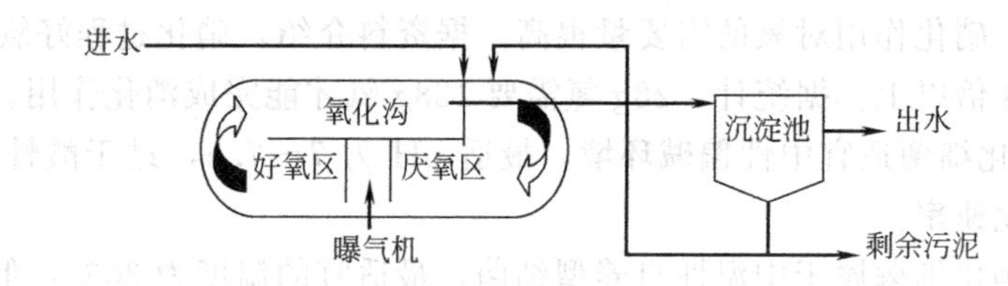

图 11-42　氧化沟生物脱氮工艺流程示意

③ 桥本工艺　如图 11-43 所示，在桥本工艺中，反硝化的缺氧反应池位于好氧反应池之后，废水进入前面的好氧池进行去碳和硝化，后面的缺氧池利用旁路流入的一部分废水中的碳源以及各自前面的好氧池的硝酸盐进行反硝化脱氮。由旁路引入缺氧池的废水流量很难控制，若流量不足会因碳源不足而影响反硝化，流量过大则会因碳源过剩而影响出水水质。为此，需在缺氧池后设一水力停留时间为 34～45min 的后曝气池，以去除残留的有机物并吹脱污泥上的氮气泡。

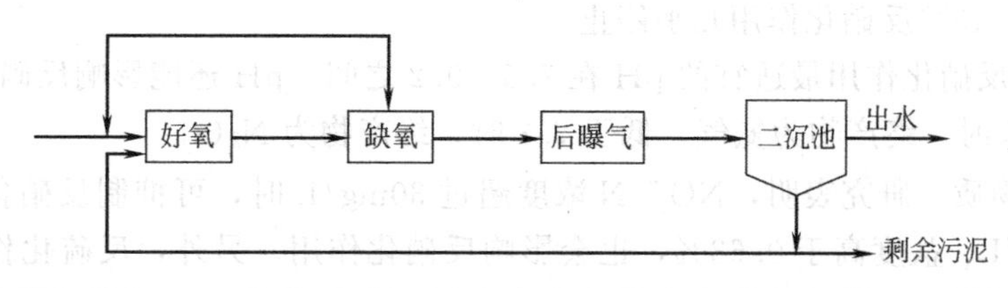

图 11-43　桥本脱氮工艺

④ 四段Bardenpho工艺　四段Bardenpho工艺流程如图11-41（b）所示类似，前面两段类似于A/O工艺。为了进一步提高去氮率，可将第一个好氧池（硝化池）流出的硝酸盐导入第二个缺氧池（反硝化池），反硝化细菌可利用细菌衰亡后释放的二次性基质作为碳源进行反硝化，以彻底去除系统中的硝酸盐。污水最后进入第二个好氧池（后去碳池），以吹脱氮气泡并去除残留的有机物，提高污泥的沉降性能。

2. 生物膜脱氮系统

生物膜法脱氮工艺是利用介质上生长的生物膜完成对污水去碳、硝化和反硝化作用的。生物膜法脱氮系统通常使反硝化过程和硝化过程分别在两个处理构筑物内进行，并使反硝化设备内的微生物处于厌氧状态。可采用的生物膜法主要有生物滤池、生物转盘和生物流化床等。

同活性污泥系统一样，生物膜脱氮系统也可以分为内碳源系统和外碳源系统。还可以根据淹没式生物滤池废水的流向分为上向流和下向流两类。

目前研究认为，在生物转盘中，氧气很难渗透到生物膜最深处。因此，生物膜的深层厌氧层部分常存在反硝化细菌。所以，即使单级的生物转盘，即可完成BOD氧化、硝化和反硝化的脱氮工艺。

(三) 影响脱氮作用的环境因素

由于生物脱氮系统对氮的去除是通过微生物的硝化作用和反硝化作用实现的，因而，凡能影响这两个过程的环境因素都会对整个系统的除氮效果产生影响。

1. 影响硝化作用的因素

(1) 有机碳浓度　亚硝化细菌和硝化细菌大多为专性无机营养型，而在废水的处理中常存在大量兼性有机营养型细菌，当水中存在有机碳化合物时，主要进行有机物的氧化分解过程，以获得更多的能量来源，而硝化作用缓慢。仅当有机碳化合物浓度很低时，才完全进行硝化作用。

(2) 溶解氧　硝化作用对氧的需要量很高，据资料介绍，硝化过程好氧量超过有机部分氧化所耗氧的3倍以上。据统计，28g氮需要128g氧才能完成消化作用。

(3) pH　硝化细菌适宜中性偏碱环境，最适pH为7～7.5，过于酸性或过于碱性的环境均会影响消化速率。

(4) 温度　硝化细菌属于中温性自养型细菌，最适宜的温度为30℃，低于5℃或高于40℃时活性很低。

2. 影响反硝化作用的因素

(1) 溶解氧　氧可抑制硝酸盐还原作用，能阻碍硝酸盐还原酶的形成，或者充当电子受体，从而竞争性地阻抑了硝酸盐的还原。在用活性污泥法进行的反硝化系统中，反硝化池的溶解氧应控制在0.5mg/L以上，否则会影响反硝化的进行。现在也有人在研究好氧条件下的反硝化作用。

(2) 温度　温度对反硝化速率的影响很大，反硝化细菌的最适宜温度也在30℃左右，低于5℃或高于40℃反硝化作用几乎停止。

(3) pH　反硝化作用最适宜的pH在7.5～9.2之间。pH还能影响反硝化最终产物，当pH超过7.3时，终产物为氮气，低于7.3时，终产物为N_2O。

(4) 有毒物质　研究表明，NO_2^--N浓度超过30mg/L时，可抑制反硝化作用，镍浓度大于0.5mg/L、盐度高于0.63%，也会影响反硝化作用。另外，反硫化作用进行的条件与反硝化作用相仿，当反硝化处理系统中存在过高的硫酸盐时，可影响反硝化作用的进行，两者相互争夺氢。

(5) 碳源 反硝化细菌所能利用的碳源很多，在废水生物处理过程中，能利用的碳源主要有3类。①外加碳源。当废水中碳氮比过低，BOD_5：TN（总氮）小于（3～5）：1时，需要投加碳源。外加碳源一般以甲醇为多，因为甲醇氧化后可分解为CO_2和H_2O，不会残留任何难以分解的中间产物，而且反硝化细菌利用甲醇的速率较快，有利于反硝化作用的进行。此外，还可利用含碳丰富的工业废水作碳源，如淀粉、制糖及酿造厂的含碳有机废水等。②废水本身的含碳有机物。废水中的各种有机基质，如有机酸类、醇类、碳水化合物、烷烃类、苯酸盐类、酚类等都可以作为反硝化反应的电子受体。一般认为，当废水中BOD_5：TN（总氮）大于（3～5）：1时，可以不投加外碳源就能达到脱氮目的。③内碳源。活性污泥中的微生物死亡自溶后释放出来的有机碳，也可以作为反硝化作用的碳源。由于内碳源主要是在微生物生长的稳定期后期的衰亡期产生的，所以这一碳源的获得需提供较长的水力停留时间，反应器容积较大，导致基建投资费较高。它的优点是在废水碳氮比较低时不必外加碳源也可达到脱氮的目的，而且因污泥产率低也减少了污泥处理的费用。

(四) 同步硝化反硝化

从传统的生物脱氮原理可以看到，传统生物脱氮存在不少问题。①大量有机物存在的条件下，自养硝化菌不如异养菌占优势；反硝化菌以有机物作为电子受体，而有机物质的存在影响硝化反应的速率；硝化反应与反硝化反应对溶解氧浓度需求差别很大，这些原因都使得硝化和反硝化两个过程在时间和空间上难以统一。②硝化菌自身产能较少，且大部分能量用于合成还原力，造成其生长缓慢、世代时间长。特别在冬季很难维持较高的生物浓度，消化效果差。③维持较高的生物浓度就需要增加停留时间，设污泥和硝化液回流，这又增加了投资和运行费用。④硝化过程中产生的酸度需要投加碱中和，不仅增加了处理费用，而且还可能造成二次污染。⑤系统抗冲击能力差，高浓度NH_4^+、NO_2^-都会抑制硝化菌生长。近些年来新发展的同时硝化反硝化技术就可能克服上述缺点，具有很大的发展潜力。

1. 好氧反硝化现象的发现

过去，反硝化一直被认为是一个严格的厌氧过程。因为硝化菌作为兼性菌优先使用溶解氧进行呼吸（甚至在溶解氧浓度低达0.1mg/L时也是如此），这一特点阻止了硝酸盐和亚硝酸盐作为最终电子受体。然而，近几年人们不断地在实际工程中发现好氧条件下总氮的损失，多次观察到在没有明显缺氧段活性污泥法中存在脱氮现象。20世纪80年代好氧反硝化菌的氮发现，使得解释好氧反硝化有了生物学的依据。好氧反硝化菌同时也是异养硝化菌，并因此能直接把NH_4^+转化为最终的气态产物而逸出。好氧反硝化的发现使硝化和反硝化可以在同一反应器内同时实现，即实现同步硝化和反硝化（SND）。

2. 同步硝化和反硝化的机理

目前，对SND生物脱氮的机理尚不十分清楚，还有待进一步的认识与研究。现已初步形成的解释有三种：宏观环境解释、微生物理论和生物学解释。

宏观环境解释认为：实际生产中生物反应器混合不均，在反应器内形成缺氧区和好氧区，此为系统的大环境，即宏观环境。例如，在生物膜反应器中，生物膜外部为好氧区，其内部存在缺氧区，硝化在氧丰富的外层膜发生，反硝化同时在缺氧的内层膜发生。类似的反应器还有RBC、SBR及氧化沟等。事实上，在生产规模的生物反应器中，整个反应均处于完全均匀混合状态的情况并不存在。故SND也就有可能发生。

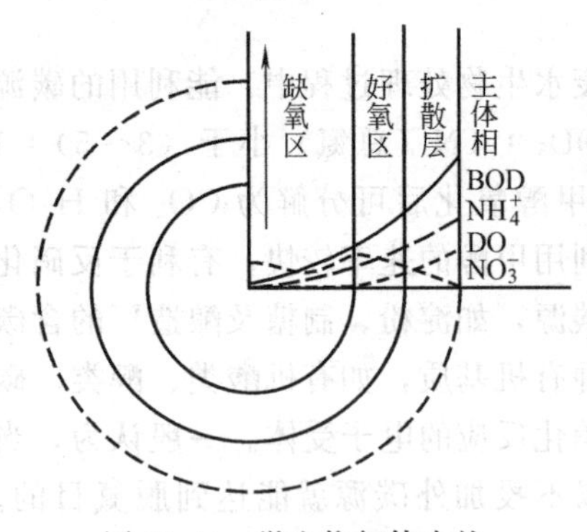

图 11-44　微生物絮体内的溶解氧梯度示意

微环境理论侧重于从物理角度加以解释，目前已被普遍接受。微环境理论认为：由于氧扩散作用的限制，在生物体内产生溶解氧梯度（如图 11-44），从而导致微环境的同步硝化反硝化。

微生物絮体外表溶解氧浓度较高，以好氧异养菌、好氧硝化菌为主，深入絮体内部，氧传递受阻，且有机物氧化、硝化作用消耗大量氧，絮体内部产生缺氧区，使反硝化菌等厌氧菌占优势。正是由于微生物絮体内缺氧微环境存在，导致同步硝化反硝化的发生。由于微生物种群结构、基质分布代谢活动和生物化学反应的不均匀性，以及物质传递的变化等因素的相互作用，在微生物絮体和生物膜内部会存在多种多样的微环境。

但该理论也存在一个重大缺陷，即有机碳源问题。有机碳源既是异养反硝化的电子供体，又是硝化过程的抑制物质。而在双氧区模型中，污水中有机碳源在穿过好氧层时，首先被好氧氧化，处于厌氧区的反硝化菌由于得不到电子供体，反硝化速率就会降低，SND 脱氮效率也就不会提高。该理论缺陷仍需要新的理论和概念进一步完善。

由于好氧反硝化菌的发现，同步硝化反硝化在生物学角度已经给出了人们比较满意的解释。已知的好氧反硝化菌有 *Thiosphaera Pantotropha*、*Pseudmonas SPP.*、*Alcaligenes faecalis* 等，好氧反硝化菌同时也是异氧硝化菌，并因此能直接把 NH_4^+ 转化为最终的气态产物而逸出。另外，目前还发现一些其他细菌也有好氧反硝化作用，如生丝微菌属（*Hyphomicrobium sp.*）。

目前，中国学者对生物脱氮研究的重点主要放在两个阶段硝化-反硝化工艺上，尚未对硝化-反硝化一体化工艺进行足够的研究。而中国对硝化-反硝化一体化工艺的研究也只是出于实验室研究阶段，尚未达到实际水平。实现 SND 的控制因素多且复杂，各种因素之间又相互关联，从目前的研究结构来说，主要是溶解氧、C/N 和 ORP。

3. SND 发展前景

SND 不仅可以在同一反应器内同时实现硝化-反硝化和除碳，还具有完全脱氮、强化磷的去除、降低曝气需求、节省能耗并增加设备的处理负荷、减少碱度的消耗及简化系统的设计和操作等优点。因此，SND 具有很大的发展潜力。

利用固定化技术强化生物脱氮过程是近十多年来生物脱氮领域研究的热点之一。利用分层包埋或混合包埋技术将硝化菌等好氧微生物包埋在外层，将反硝化菌等厌氧菌包埋菌包埋在内层，为硝化和反硝化都提供了适宜的条件。一方面，避免了好氧条件下反硝化菌与硝化菌争夺溶解氧，另一方面，也避免了反硝化菌在大量有机碳存在情况下过度繁殖。

在生物脱氮过程中，可能会同时存在全程（NO_3^- 途径）和短程（NO_2^- 途径）硝化反硝化两条生物脱氮途径。显然，控制生物硝化反硝化经历“NO_2^- 途径”对实现SND 具有明显的优越性：可减少供气量、有机碳源与投碱量、NO_2^- 具有较高的反硝化速率等。这项技术的优势对废水的生物脱氮处理具有极大的吸引力。另外，碳源循环单级生物脱氮反应器、新型生物纤维膜反应器也已显示了巨大的潜在应用价值，具有很好的发展前景。

三、微生物除磷工艺

磷是生物圈中重要的元素之一。它不仅是生物细胞中的重要组成成分，而且有遗传物质的组成和能量的储存中都需要磷，生物的核酸、卵磷脂、ATP和植酸中都含有磷。这些有机磷在微生物的作用下，不溶性磷酸盐在某些产酸微生物的作用下转化成可溶性磷酸盐，后者同某些盐基化合物的结合，转化成不溶性的钙盐、镁盐、铁盐等。上述种种途径就构成了磷在自然界中的循环。但是，随着工、农业生产的增长，人口的增加，含磷洗涤剂和农药、化肥的大量使用，近年来水体磷污染日益加剧。磷是造成水体富营养化的重要因子，受磷污染的水体，藻类大量繁殖，藻体死亡后分解会使水体产生霉味和臭味；许多种类还会产生毒素，并通过食物链影响人类的健康。磷主要通过人体排泄物、食物残屑、洗涤剂中的增强剂-缩合物及磷酸盐化合物、农药和化肥等途径进入废水中。

污水中磷的存在形态取决于污水的类型，最常见的有磷酸盐（$H_2PO_4^-$、HPO_4^{2-}、PO_4^{3-}），聚磷酸盐（$Na_5P_3O_{10}$等）和有机磷。聚磷酸盐或有机磷在水溶液中经过水解或生物降解最后都会转化为正磷酸盐。正磷酸盐在污水中呈溶解状态，在接近中性的 pH 条件下，主要以 HPO_4^{2-} 的形式存在。生活污水中含总磷 0～20mg/L 左右，其中约 70%是可溶性的；传统的二级处理出水中，有 90%左右的磷以磷酸盐的形式存在。

（一）生物除磷的基本原理

自然界中有很多细菌，能从外界环境中吸收可溶性的磷酸盐，并在体内转化合成多聚磷酸盐积累起来，作为储存物质。

实验表明，活性污泥在厌氧、好氧交替条件下运行时，在活性污泥中可产生所谓“聚磷菌”。聚磷菌在好氧条件下可超出生理需求过量摄取磷，形成多聚磷酸盐作为储存物质，同时在细胞分裂繁殖过程中利用大量磷合成核酸，即

$$ADP + H_3PO_4 + 能量 \longrightarrow ATP + H_2O$$

使生成的活性污泥在好氧条件下利用磷的量比普通活性污泥（含磷量 1%～2%P/MLSS）高 2～3 倍。

在厌氧条件下，活性污泥中聚磷菌为获得较多的能量，将积累于体内的多聚磷酸盐水解，产生大量能量。

$$ATP + H_2O \longrightarrow ADP + H_3PO_4 + 能量$$

同时将磷酸盐释放于环境中。

生物除磷原理就是利用所谓聚磷菌在好氧条件下可过量吸磷，即水中磷富集于活性污泥中；而在厌氧条件下活性污泥中磷可释放，即磷主要存在于上清液中，从而分别通过聚磷剩余活性污泥排放和含磷上清液排降使磷脱离处理系统，达到生物除磷的目的。此外，在生物除磷过程中 BOD 亦得到分解。

（二）生物除磷的基本工艺

根据生物除磷的原理，废水生物处理包括厌氧释磷和好氧摄磷两个过程，所以废水生物除磷的工艺流程一般有厌氧工艺段和好氧工艺段组成。现有的除磷工艺流程可分为主流除磷工艺和侧流除磷两类。侧流除磷以 Phostrip 工艺为代表，结合生物除磷和化学除磷，将部分回流污泥分流到厌氧池脱磷并用石灰沉淀，厌氧池不在污水处理的主流工艺线上，而是在回流污泥的侧流中。主流除磷有多个系列，包括 A/O（anaerbic/oxic）、A^2/O（anaerobic/anoxic/oxic）、Bardenpho、SBR 等，厌氧池作为主体工艺的主要部分布置在主流工艺线上，磷的最终去除通过剩余污泥排放实现。在此仅就具有代表性的 A/O 工艺和 Phostrip 工艺介绍如下。

1. A/O工艺

A/O 法是厌氧/好氧（anaerobic/oxic）工艺的简称，它与前面讲到的用于废水脱氮

的A/O工艺是有区别的，在脱磷系统中，A段为厌氧（anaerobic）段，而脱氮系统中的A段则是缺氧（anoxic）段。用于废水脱磷的A/O系统，由活性污泥反应池和二沉池构成，污水和污泥顺次经厌氧段和好氧段交替循环流动，其工艺流程如图11-45所示。反应池分为厌氧区和好氧区，两个反应区进一步划分为体积相同的格产生推流式流态。回流污泥进入厌氧池可吸收去除一部分有机物，并释放出大量磷，接着进入好氧池并对废水中有机物进行好氧降解，同时污泥将大量摄取废水中的磷，部分富磷污泥以剩余污泥的形式排出，实现磷的去除。

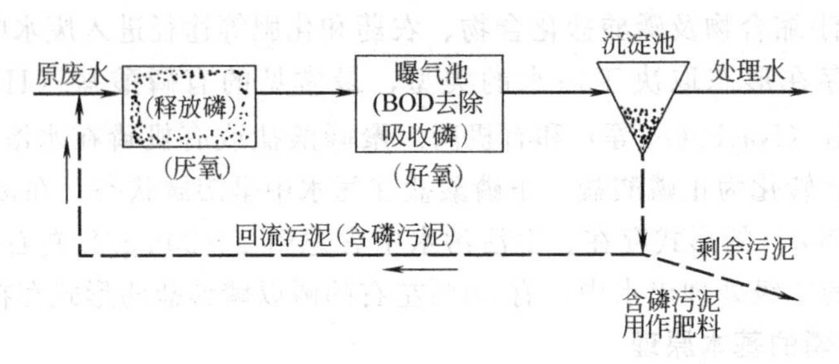

图11-45　A/O工艺流程

A/O工艺流程简单，不需另加化学药剂，基建和运行费用低。将厌氧池布置在好氧池之前，不仅利于抑制丝状菌的生长，防止污泥膨胀，而且厌氧状态有利于聚磷菌的选择性增殖，污泥的含磷量可达到干质量的6%。厌氧区分格有利于改善污泥的沉淀性能，而好氧区分格所形成的推流又有利于介质均化和磷的吸收。A/O工艺的有机负荷较高，泥龄和停留时间短，典型A/O工艺的水力停留时间设计值为厌氧区0.5～1.0h，好氧区1.5～2.5h。由于泥龄短，系统中的氨态氮往往得不到硝化，回流污泥也就不会携带硝酸盐回到厌氧区。

A/O废水除磷工艺存在的问题是除磷效率低，如用于处理城市污水使其除磷率在75%左右，出水含磷约1mg/L或略低，很难进一步提高。原因是A/O系统磷的去除主要依靠剩余污泥的排除来实现，受运行条件和环境条件的影响大，且在二沉池中还难免有磷的释放。再者，如果进水中易降解的有机物含量较低，聚磷菌较难以直接利用这类基质，也会导致聚磷菌在好氧段对磷的摄取能力下降，同时水质波动较大时也会对除磷产生一定的影响。

2. Phostrip工艺

Phostrip工艺是在常规活性污泥法的回流污泥分流管线上增设一个脱磷池和化学沉淀池而构成的，其工艺流程如图11-46。废水经曝气池去除大部分的BOD_5和COD，同时由聚磷菌在好氧状态下过量地摄取磷。在二沉池中，含磷污泥与水分离，上清液从系统中排出，污泥一部分回流至曝气池，而另一部分分流至厌氧除磷池。在厌氧除磷池中，回流污泥在好氧状态是过量摄取的磷得到充分释放，之后，释磷后的污泥重新回流到曝气池与原生污水相混合，开始新的循环。由除磷池流出的富磷上清液进入化学沉淀池，投加石灰形成不溶物沉淀，通过排放含磷污泥去除磷。

Phostrip工艺把生物除磷和化学除磷结合在一起，与A/O工艺系统相比具有以下优点：①出水总磷浓度低，小于1mg/L；②回流污泥中磷含量较低，对进水水质波动的适应性较强；③大部分磷以石灰污泥的形式沉淀去除，因而污泥的处置不像高磷剩余污泥那样复杂；④比较适宜于对现有工艺的改造，只需在污泥回流管线上增设小规模的处理单元即可，且在改造过程中不必有中断处理系统的正常运行。

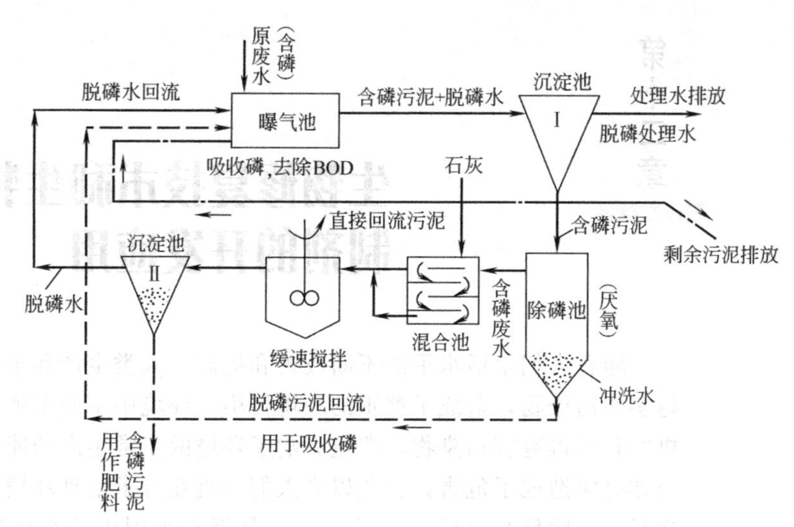

图 11-46　Phostrip 除磷工艺流程

(三) 影响生物除磷的主要因素

1. 溶解氧

在生物除磷工程系统中，聚磷菌的摄磷、释磷主要由水中溶解氧浓度决定。溶解氧是影响除磷效果的最重要因子，好氧摄磷池溶解氧最好控制在 3～4mg/L，厌氧释磷池溶解氧应小于 0.2mg/L。

2. NO_3^--N 浓度

生物除磷系统中 NO_3^--N 的存在，会抑制聚磷微生物的放磷作用。处理水中 NO_3^--N 浓度高，除磷效果差，除磷效果一般与 NO_3^--N 浓度呈负相关。为此，常采用同步脱氮除磷工艺，该工艺的主导思想是先除磷，如采用厌-好-厌-好-沉淀工艺。

3. BOD_5/TP 值

废水中的 BOD_5/TP 值是影响生物除磷系统去磷效果的重要因素之一。每去除 1mg/L 的 BOD_5 约可去除磷 0.04～0.08mg。为使出水总磷＜1mg/L，应满足废水中的 BOD_5/TP 值＞20，或溶解性 BOD_5/溶解性 P 不小于 12～15，这样可取得较好的除磷效果。

思考题

1. 说明活性污泥系统处理污水的基本原理。

2. 生物膜法的微生物学原理是什么？与活性污泥法相比较各有何优缺点？

3. 根据稳定塘的生态结构说明其净化污水的机理。

4. 污水生物处理根据微生物对氧气的需求情况，分为好氧生物处理和厌氧生物处理两大类型，从生物代谢机理角度说明它们的主要区别。

5. 非产甲烷菌和产甲烷菌在生态学上有什么关系？

6. 常见的废水厌氧生物处理工艺有哪些？其原理是什么？

7. 硫酸盐废水厌氧生物处理的原理是什么？

8. 常用的处理垃圾深滤液的方法有哪些？

9. 生物脱氮、除磷的基本原理和主要工艺有哪些？

第十二章 生物修复技术和生物制剂的开发应用

随着人们生活水平的不断改善和提高，人类生产和生活产生越来越多的污染物，造成了严重的环境污染。环境中不断增加的难降解有机物和有毒有害污染物，严重影响了环境的正常生态功能，给人类的身体健康造成了危害，长久以来人们一直在寻求治理环境污染的有效途径。生物修复（bioremediation）是近年来国内外在土壤污染治理的研究和实践过程中诞生的一新名词，并逐步发展为一种治理环境污染的有效技术。

生物修复包括利用环境中的各种生物——植物、动物与微生物吸收、降解和转化环境中的污染物，使污染物的浓度降低到可接受的水平，或将有毒有害的污染物转化为无害的物质。在这一概念下又可将生物修复分为植物修复、动物修复和微生物修复三种类型。

第一节　生物修复技术原理

一、生物修复技术的概念

由于工业废水的排放，有毒有害的有机污染物不仅存在于地表水中，而且更广泛的存在于土壤、地下水和海洋中。利用生物特别是微生物催化降解有机污染物，从而去除或消除环境污染的一个受控或自动进行的过程，称为生物修复（bioremediation）。

大多数环境中都存在着天然微生物降解净化有毒有害有机污染物的过程。研究表明，大多数土壤内部含有能降解低浓度芳香化合物（如苯、乙苯和二甲苯）的微生物，只要地下水中含足够的溶解氧，污染物的生物降解就可以进行。但是在自然的条件下，由于溶解氧不足、营养盐缺乏和高效降解微生物生长缓慢等限制性因素，微生物自然净化速度很慢，需要采用各种方法来强化这一过程。例如，提供氧气或其他电子受体，添加氮、磷营养盐，接种经驯化培养的高效微生物等，以便能够迅速去除污染物，这就是生物修复的基本思想。就原理来讲，生物修复与生物处理是一致的，两个名词的区别在于生物修复几乎专指已被污染的土壤、地下水和海洋中有毒有害有机污染物的原位生物处理，旨在这些地方恢复“清洁”；而生物处理则有较广泛的含义。微生物降解技术在废水处理中的应用已有几十年的历史，而用于土壤和地下水的有机污染物质里却是崭新的，有待大力发展的。

生物修复技术的出现和发展反映了污染防治工作已从耗氧有机污染物深入到影响更为深远的有毒有害有机污染物的治理，而且从地表水扩展到土壤、地下水和海洋。近年来，这种新型的环境微生物技术，已受到环境科学界的广泛关注。

二、用于生物修复的微生物

可以用来作为生物修复菌种的微生物分为三大类型：土著微生物、外来微生物和基因工程菌（CBM）。

（一）土著微生物

微生物降解有机化合物的巨大潜力是生物修复的基础。自然界中经常存在着各种各样的微生物，在遭受有毒有害的有机物污染后，实际上就自然地存在着一个筛选、驯化过程，一些特异的微生物在污染物的诱导下产生分解污染物的酶系，或通过协同氧化作用将污染物降解转化。

目前，大多数生物修复工程中实际应用的都是土著微生物，其原因是由于土著微生物降解污染物的潜力巨大，另一方面也是因为接种的微生物在环境中难以保持较高的活性，以及工程菌的应用受到较严格的限制。引进外来微生物时必须注意这些微生物对该地土著微生物的影响。

当处理包括多种有机污染物（如直链烃、环烃和芳香烃）的污染时，单一微生物能力通常很有限。土壤微生态实验表明，很少有单一微生物具有降解所有这些污染物的能力。另外，化学品的生物降解通常是分步进行的，在这个过程中包括了多种酶和多种生物的作用，一种酶或微生物的产物可能成为微生物或者激发当地多样的土著微生物。土壤微生物具有多样性的特点，任何一种群只占整个微生物区系的一部分，群落中的优势中会随土壤温度、湿度以及污染物特性等条件发生变化。

（二）外来微生物

土著微生物生长速率太慢，代谢活性不高，或者由于污染物的存在而造成土著微生物的数量下降，因此，需要接种一些降解污染物的高效菌。例如，处理 2-氯苯酚污染的土壤时，只添加营养物，7 周内 2-氯苯酚浓度从 245mg/L 降为 105mg/L，而同时添加营养物和接种恶臭假单胞菌（*p. putida*）纯培养物后，4 周内 2-氯苯酚的浓度即有明显降低，7 周后仅为 2mg/L。

采用外来微生物接种时，会受到土著微生物的竞争，需要用大量的接种微生物形成优势菌群，以便迅速开始生物降解过程。研究表明，在实验条件下，30℃时每克土壤接种 10^6 个五氯酚（PCP）降解菌，可以使 PCP 的半衰期从 2d 降低到小于 1d。这些接种在土壤中用来启动生物修复最初步骤的微生物，被称为“先锋生物”，它们能催化限制降解的土壤。

有一些重大的研究项目正在扩展用于生物修复的微生物的范围，科学家们一方面在寻找天然存在的、较好的污染物降解动力学特性、并能攻击光谱化合物的微生物；另一方面，也在积极地研究将在极端环境下生长的微生物，包括可耐受有机溶剂，可在极端碱性条件下或高温下生存的微生物应用于生物修复工程中。极端环境微生物的重要性在于它们存在于对大多数微生物生长不利的环境中。至 1993 年美国共有 159 个污染点已经或正准备使用生物修复技术进行修复治理，对其中的 124 个地点使用的生物修复技术作了分类，其中 96 处（77%）使用的是土著微生物，17 处（14%）是采用添加微生物的方式，另外 11 处（9%）是两种方式同时使用。

目前用于生物修复的高效降解菌大多是多种微生物混合而成的复合菌群，其中不少已被制成商业化产品。如光合细菌的复合细菌（photo synthetic bacteria），这是一大类在厌氧光照下进行不产氧光合作用的原核微生物的总称。目前广泛使用的PSB菌剂多为红螺菌科（Rhodospirillaceae）光合细菌的复合菌群，它们在厌氧光照及好氧黑暗条件下都能以小分子有机物为基质，进行代谢和生长，因此对有机物具有很强的降解转化能力，同时对硫、氮素也起了很大的作用。目前国内许多高校科研院所和微生物技术公司都有PSB菌液、浓缩液、粉剂及复合菌剂出售，在水产养殖水体及天然有机物污染河道的应用中取得了一定的效果。美国CBS公司开发的复合菌剂，内含光合细菌、酵母菌、乳酸菌、放线菌、硝化菌等多种生物，经对成都府南河、重庆桃花溪等严重有机物污染河道的试验，对水体的COD、BOD、NH_3-N、TP及底泥的有机质菌有一定的降解效果。美国的Poly-bac公司推出的20多种复合微生物制剂。可分别用于不同种类有机物的降解、氨氮转化等。日本Anew公司研制的EM生物制剂，由光合细菌、乳酸菌、酵母菌、放线菌等共约10个属30多种微生物组成，已被用于污染河道的生物修复。其他用于生物修复的微生物制剂尚有DBC（dried bacterialculture）及美国的LLMO（liquid live microorganisms）生物制液，后者含芽孢杆菌、假单胞菌、气杆菌、红色假单胞菌等7种细菌。

（三）基因工程菌

现代生物技术为基因工程菌的构建打下了坚实的基础。通过采用遗传工程的手段将降解多种污染物的降解基因转入到一种微生物细胞中，使其具有广谱降解能力；或者增加细胞内降解基因拷贝数来增加降解酶的数量，以提高其降解污染物的能力。Chapracarty等人为消除海上石油污染，将假单胞菌中不同菌株CAM、OCT、Sal、NAH等4种降解性质粒结合转移至一个菌之中，构建出一株能同时降解芳香烃、多环芳烃、萜烃和脂肪烃的“超级细菌”。该细菌能将浮油在数小时内消除，而使用天然菌要花费一年以上的时间。该菌已取得美国专利，在污染降解工程菌的构建历史是第一块里程碑。

R. J. Klenc等人从自然环境中分离到一株能在5～10℃水温中生长的嗜冷菌——恶臭假单胞菌（*Pseudomonas putida*）Q5，将嗜温菌（*Pseudomonas putidapawl*）所含的降解质粒TOL转入该菌株中，形成新的工程菌株Q5T，该菌在温度低至10℃时仍可利用浓度为1000mg/L的甲苯为异养碳源正常生长，在实际的应用中价值很高。瑞士的Kulla分离到两株分别含有两种可降解偶氮燃料的假单胞菌，应用质粒转移技术获得了含有两种质粒、可同时降解两种燃料的脱色工程菌。尽管在利用遗传工程提高微生物降解能力方面有了很大的提高，但是在欧美和日本等国家对工程菌的利用，正面临着严格的立法控制，而在亚洲其他许多国家也对此表示了极大的兴趣。

三、生物修复的影响因素

生物修复过程中主要涉及到微生物、有机有害污染物和土壤，因此，可将影响生物修复的因素分为三个方面，即微生物活性、污染物特性和土壤性质，在研究和选择生物修复技术时均应加以考虑。

（一）微生物营养盐

在土壤和地下水中，尤其是地下水中，氮、磷都是限制微生物活性的重要因素，为了使污染物达到完全降解，适当添加营养物，比接种特殊的微生物更为重要。例如，添加酵母膏或酵母废液，可以明显地促进石油烃类化合物的降解。国外研究者对于一些微量营养元素（如微量元素和维生素）在生物修复中的作用开展了相关的研究，但尚未取得较大的进展。

与其他化合物相比，石油中的烃类是微生物可以利用大量碳源，但它只能够提供有机碳而不能提供氧和其他无机养料。有些研究者对此进行了试验，发现加入氮和磷酸盐能直接而明显地促进受污染物土壤中石油中的生物降解作用。据报道，调节被石油污染的土壤的C∶N∶P，对石油的生物降解很有好处，但只有在把本来很低的土壤 pH 调高之后才行。向受汽油污染的地下水通入空气，并加入氮和磷的水溶性化合物，能提高微生物的活性，加速汽油的清除。

为达到良好的效果，必须在添加营养盐之前确定营养盐的形式、合适的浓度，以及适当的比例。目前，已经使用的营养盐类型很多，如铵盐、正磷酸盐、聚磷酸盐、酿造废液和尿素等，尽管很少有人比较过各种类型盐的具体使用效果，但已有的研究表明，其效果因地而异。施肥是否能够促进有机物的生物降解作用，既取决于施肥的速度和程度，也取决于土壤原有的肥力。

石油在海水中的降解情况基本上与土壤中一致。在海水中，只有 3%的原油被生物降解，1%被矿化。分别加入硝酸盐或磷酸盐时，随生物降解效率的提高很小，但当同时加入硝酸盐和磷酸盐时，70%的原油被降解，42%被矿化，在海洋中，氮和磷能得到不断的补充，对于石油的生物降解有积极的影响。根据氧消耗速率计算，每氧化 1g 石油大约需要 4μmol 的氮。

虽然可以在理论上估算氮、磷的需要量，但一些污染物降解速度太慢（无法预料的因素太多），且不同现场的氮、磷的可处理性变动很大，计算值只能是一种估算，与实际值会有较大的偏差。例如，同样是石油类污染物的生物修复，不同的研究者得到的 C∶N∶P 的比值分别是 800∶60∶1 和 70∶50∶1，相差一个数量级。鉴于上述原因，在选择营养盐浓度的比例时，通常经过小试确定。

(二) 电子受体

微生物的活性除了受到营养盐的限制外，土壤中污染物氧化分解的最终电子受体的种类和浓度也极大地影响着污染物生物降解的速度和程度。微生物氧化还原反应的电子受体主要分为三类，包括氧、有机物分解的中间产物和无机物（如硝酸根和硫酸根）。

土壤中氧的浓度有明显的层次分布，存在着好氧带、缺氧带和厌氧带。研究表明好氧有利于大多数污染物的生物降解，氧是现场处理中的关键因素。然而由于微生物、植物和土壤微型动物的呼吸作用，与空气相比，土壤中的氧浓度低，二氧化碳含量高。微生物代谢所需的氧要依赖于来自大气中的氧的传递，当空隙充满水时，氧传递会受到阻碍，呼吸消耗的氧量超过传递来的氧量，微环境就会变成厌氧。黏性土会保留较多水分，因而不利于氧传递。有机物质会增加微生物的活性，也会通过消耗氧造成缺氧。缺氧或厌氧时，兼性和厌氧微生物就成为土壤中的优势菌。

为了增加土壤中的溶解氧，可以采用一些工程化的方法。例如，①鼓气。即在被处理土的地下布设通气管道，将压缩空气从中送入土壤，一般可以使溶解氧浓度达到 8～12mg/L，如果用纯氧，可达 50mg/L。②向土壤中添加产氧剂。通常是双氧水，其浓度在 100～200mg/L 时对微生物没有毒性效应，如果经过驯化，微生物可以耐受浓度高达 1000mg/L 的双氧水，因此可以通过逐渐增加双氧水浓度的方法来避免其对微生物的毒性作用。除了过氧化氢外，一些固体过氧化物，如过氧化钙也可用作原位生物修复时的产氧剂，将这些产氧剂包裹在聚氯乙烯的胶囊中就能够降低、避免土壤板结和限制土壤中的耗氧有机物含量等。

苯及一些低碳烷基苯在水中有较大的溶解度，汽油或有机溶剂泄漏等会造成这类污染物在水中有10～100mg/L的溶解量，这样大量的化合物若在好氧条件下分解，大约需要20～200mg/L的氧才能将碳氢化合物氧化成二氧化碳和水。然而，一般土壤和地下水中通常只有5mg/L的溶解氧，因而一旦土壤和地下水被污染，要除去上述污染物，需要4～40倍于被污染水的体积才能提供这些污染物好氧生物降解所需的氧。事实上，土壤地下水的氧量是很微量的，这些污染物的生物降解过程势必处于厌氧状态下。

在厌氧环境中，硝酸根、硫酸根和铁离子等都可以作为有机物降解的电子受体。厌氧过程进行的速率太慢，除甲苯以外，其他一些芳香族污染物（包括苯、乙苯、二甲苯）的生物降解需要很长的启动时间，而且厌氧工艺难以控制，所以一般不采用。但也有一些研究表明，许多在好氧条件下难于生物降解的重要污染物，包括苯、甲苯、二甲苯以及多氯取代芳香烃等，都可以在还原条件下被降解成二氧化碳和水。另外，一些多氯化合物，厌氧处理比好氧处理更有效，如，多氯联苯的厌氧降解在受污染的底泥中已被证实。目前在一些实际工程中已有采用厌氧方法对土壤和地下水进行生物修复的实例，并取得良好的效果。应用硝酸盐作为厌氧生物修复的电子受体时，应特别注意对地下水中硝酸盐浓度的限制。

（三）有毒有害有机污染物的物理化学性质

影响土壤和地下水修复过程的有毒有害有机污染物的物理化学性质，主要是指淋失于吸附、挥发、生物降解和化学反应这四个方面的性质。需要了解有关污染物的内容如下。

① 化学品的类型　即属于酸性极性还是碱性极性还是中性或非极性中性的有机物、无机物。

② 化学品的性质　如相对分子质量、熔点、结构和水溶性等。

③ 化学反应性　如氧化、还原、水解、沉淀和聚合等。

④ 土壤吸附参数　如弗兰德里齐（Freudlich）吸附参数、辛酸-水分配系数（Kow）、有机碳吸附系数等。

⑤ 降解性　包括半衰期、一级速度常数和相对可生物降解性等。

⑥ 土壤挥发参数　如蒸气压、亨利（Henry）定律常数和水溶性等。

⑦ 土壤污染数据　包括土壤中污染物的浓度、污染的深度和污染的日期，以及污染物的分布等。

了解污染物的上述情况是为了判断能否采用生物修复技术，以及采取怎样的对策强化和加速生物修复过程。例如，对于因水溶性低而导致对土壤中生物有效性较差的化合物(石蜡等)，可以使用表面活性剂增加其有效性。研究表明，添加表面活性剂可以显著提高一些污染物的生物降解速率。这是因为微生物对污染物的生物降解主要是通过微生物酶的作用来进行的，许多酶并不是胞外酶，污染物只有同微生物细胞相接触，才能被微生物利用并降解，表面活性剂正是增加了污染物与微生物细胞接触的概率。表面活性剂已用于煤焦油、油烃和石蜡等污染物的生物修复中小试和现场规模处理。

（四）污染现场和土壤的特性

土壤可分为四个部分：气体、水分、无机固体和有机固体，有机固体和水分存在于土壤空隙中，两者一般占50%的体积。土壤空隙的大小、空隙的连续度及气水比例都影响污染物的迁移（如向上溢出土壤或向下进入水饱和地层），土壤特性和污染物的理化性质影响着污染物在气水两相间的相对活性，这些最终又对污染物的生物修复速率和程度发生一定作用。

土壤的无机和有机固体对生物修复的进行有着相当重要的影响。在大多数土壤中，无机固体主要是砂、无机盐和黏土颗粒，这些固体具有较大的比表面积，可以将污染物和微生物细胞吸附在高反应容量的表面，能够固定有机污染物，并形成具有相对高浓度的污染物和微生物细胞的反应中心，提高污染物降解速率。有些黏土带有很高的负电荷，阳离子交换能力很高，另一些黏土带有正电荷，可以作为负电荷污染物的阴离子交换介质。有机固体也具有高反应容量的表面，并且能够吸附阻留土壤中的有机污染物。例如，腐殖质是一种相对稳定的有机成分，可以使疏水性的污染物从水相进入有机相，从而降低其在土壤中的运动性，这种固定化会延长污染物生物降解的时间，同样也降低污染物的生物有效性。

土壤固体对有机污染物的吸附作用比较复杂，有机物的结构对该过程有着重要的影响，其一般规律如下。

① 有机物相对分子质量越大，吸附越显著，这是因为范德华力的作用。

② 污染物的疏水性越大，越容易吸附在有机固体表面。含碳、氢、溴、氯、碘的基团多是疏水的化合物，含氮、硫、氧和磷基团多位亲水性的化合物，化合物的亲水性与疏水性决定于两种基团的净和。

③ 土壤中常是负电荷多于正电荷，因此，带负电的污染物不易吸附在土壤固体表面。污染物的带电状态受pH的影响，可以根据污染物的pK_a估计pH下污染物的带电情况及吸附程度，带两种电荷的污染物可用等电点pI（即污染物分子中各功能团的pK_a总效应）估计pH对吸附的影响。

影响生物修复效果的现场及土壤因素有如下内容。

① 坡度和地形；

② 土壤类型和场地面积；

③ 土壤表面特点，如边界特征、深度、结构、大碎块的类型和数量、颜色、亮度、总密度、黏土含量、黏土类型、离子交换容量、有机物含量、pH、电位和通气状态等；

④ 水力学性质和状态，如土壤水特征曲线、持水能力、渗透性、渗透速率、不渗水层的深度、地下水的深度（要考虑季节性变化）、洪水频度和径流潜力等；

⑤ 地理和水力学因素，包括地下地理特征与水流类型及特点等；

⑥ 地形和气象数据，包括风速、温度、降水和水量预算等。

上述数据将为生物修复技术的决策和具体操作技术提供基本资料。例如，土壤的水基质势能（为克服毛细作用和吸附力所需的能量）控制着水的生物有效性，进而影响微生物的活性。另外，土壤水也影响污染物、氧和代谢产物的传质速率，还影响土壤的曝气状态以及营养物质的量和性质。在干旱地区，土壤中的氧比较充分，但微生物的活性较低，污染物的生物有效性差，代谢产物也不易从土壤去除，因此，在采用生物修复技术时，要考虑增加土壤湿度。中国南方土壤含水量大，氧传递速率低，对于好氧生物修复技术的采用是不利的。

土壤的pH对大多数微生物都是适合的，只有在特定地区才需要对土壤的pH进行调节。

通常随着温度的下降，微生物的活性比较低，在0℃时，微生物活动基本停止。温度决定生物修复进程的快慢，在实际处理中是不可控制的因素，在设计处理方案时充分考虑温度对生物修复过程的影响以及影响土壤温度的因素。表土温度日变化和季节变化都较剧烈，土温日变化强度随土壤温度的增加而减小。含水多的土壤温度变化小，因为它的比热容大。另外，一些影响土壤温度的因素包括坡向、坡度、土色和表面覆盖等。

第二节 生物修复工程技术

一、土壤生物修复技术

污染土壤生物修复工程技术主要可分为三大类型，即原位处理（in situ）、非原位处理（ex situ）和生物反应器（Bioreactor）工艺。

（一）原位处理法

原位处理法不需对污染土壤进行搅动、挖出和搬运，直接向污染部位提供氧气、营养物或接种微生物，以达到降解污染物目的的生物修复工艺。一般采用土著微生物处理，有时也加入经驯化和培养的微生物以加速处理。在这种工艺中经常用各种工程化措施来强化处理效果，这些措施包括泵处理，也称P/T（Pump/Treatment）技术、生物通气（Bioventing）、渗滤（Percolation）、空气扩散等形式。以P/T工艺为例，它主要应用于修复受污染的地下水和由此引起的土壤污染。该工艺需在受污染区域钻井，井分为两组，一组是注入井，用来将接种的微生物、水、营养物和电子受体（如 H_2O_2 等）等物质注入土壤中；另一组是抽水井，通过向地面上抽取地下水造成地下水在层中流动，促进微生物的分布和营养等物质的运输，保持氧气供应，其工艺如图12-1所示。通常需要的设备是水泵和空压机。有的系统还在地面上建有采用活性污泥法等手段的生物处理装置，将抽取的地下水处理后再注入地下。

由于原位处理工艺采用的工程强化措施较少，处理时间会有所增加，而且在长期的生物修复过程中，污染物可能会进一步扩散到深层土壤和地下水中，因而比较适用于处理污染时间较长、状况已基本稳定的地区或者受污染面积较大的地区。

生物通风（Bioventing）是一种强化污染生物降解过程的原位生物修复工艺。在某些受污染地区，土壤中的有机污染物会降低土壤中 O_2 的浓度，同时增加 CO_2 的浓度，成为抑制污染物进一步生物降解的不利条件。为了提高土壤中污染物的降解效果，需要排除土壤中的 CO_2 和补充 O_2，生物通风系统就是为了改变土壤中气体成分而设计的。土壤修复生物通气工艺示意图如图12-2所示，该工艺一般是在受污染土壤的区域中打井至少两口以上，并安装鼓风机和真空泵，将新鲜空气从一端强行灌入土壤，然后再从另一端抽出。如果需要，可在通入空气时加入一定量的 NH_3 以满足土壤微生物对氮素营养的需求。在气体被抽出的同时，土壤中的挥发性物质也会随之去除。生物通风方法现已成为成功地应用于各种土壤的生物修复治理，这些被称为“生物通风堆”生物处理工艺通常用于由地下储油罐泄漏造成的轻度污染土壤的生物修复。由于生物通风方法列为处理受喷气机燃料污染土壤的一种基本方法。

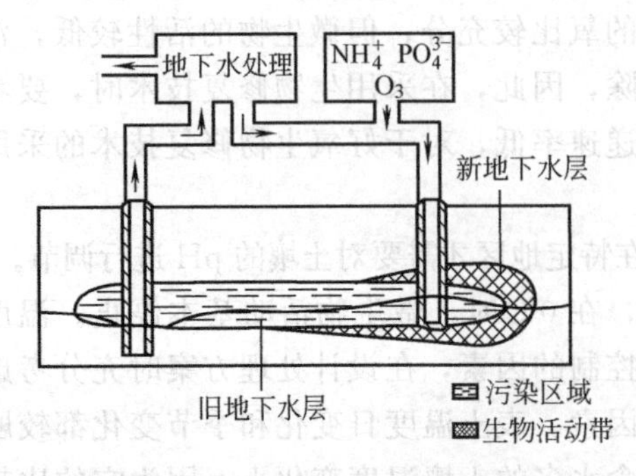

图12-1 污染土壤与地下水生物修复P/T工艺示意图

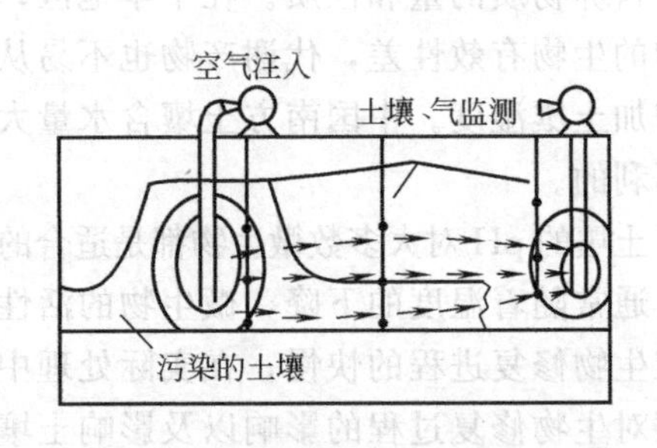

图12-2 土壤修复生物通气工艺示意图

原位生物修复工艺的特点是：①工艺路线和处理过程相对简单，不需要复杂的设备；②处理费用较低；③由于被处理土壤不需搬运，对周围环境影响小，生态风险小。

（二）非原位处理法

该工艺是将受污染的土壤移离原地，在异地用生物的、工程的手段进行处理，使污染物降解，使受污染的土壤恢复到原有的功能，主要的工艺类型包括土地耕作、堆肥化和挖掘堆置处理。

① 土地耕作工艺　就是对污染土壤进行耕耙，在处理过程中施加肥料，进行灌溉，施加石灰，从而可能为微生物代谢污染物提供一个良好环境，使其有充足的营养、水分和适宜的pH，保证生物降解在土壤的各个方面上都能较好地发生。这种方法的优点是简易、经济，但污染物有可能从处理地转移。一般在污染土壤的渗滤性较差、土层较浅、污染物易降解时，采用这种方法。该工艺的操作首先是将污染土壤以一定厚度（一般为10～30cm）平铺在非透性垫层和砂层上，并淋洒营养物和水及降解菌株接种物，定期发动充氧，以满足微生物生长的需要；处理过程产生的渗液，用于回淋土壤，以彻底清除污染物。该工艺已用于处理受五氯酚、杂酚油、石油加工废水污泥、焦油或农药等污染的土壤。图 12-3 是土壤耕作生物修复工艺示意图。

② 堆肥处理工艺　堆肥处理工艺的原理如同有机固体废物的堆肥化过程，将污染土壤与有机污染物（木屑、秸秆、树叶等）、粪便等混合起来，依靠堆肥过程中微生物的作用来降解土壤中难降解的有机污染物，如石油、洗涤剂、多氯烃、农药等。操作方法是将污染土壤与水（至少有 35%的含水量）、营养物、泥炭、稻草和动物肥料混合后，使用机械或压气系统充气，同时加石灰以调节 pH。经过一段时间的发酵处理，大部分污染物被降解，标志着堆肥处理的完成。污染土壤经处理后，可返回原地或用于农业生产。

堆肥处理系统可以根据反应设备类型、固体流向和空气供给方式等分为风道式堆肥处理、好氧静态堆肥处理和机械堆肥处理等。

③ 挖掘堆肥处理　挖掘堆置处理工艺是为了防止污染物继续扩散和避免地下水污染，将受污染的土壤从污染地挖掘起来，运输到一个经过各种工程准备（包括布置衬里，设置通气管道等）的地点堆放，形成上升的斜坡，进行生物恢复的处理，处理后的土壤再运回原地，其工艺如图 12-4 所示。

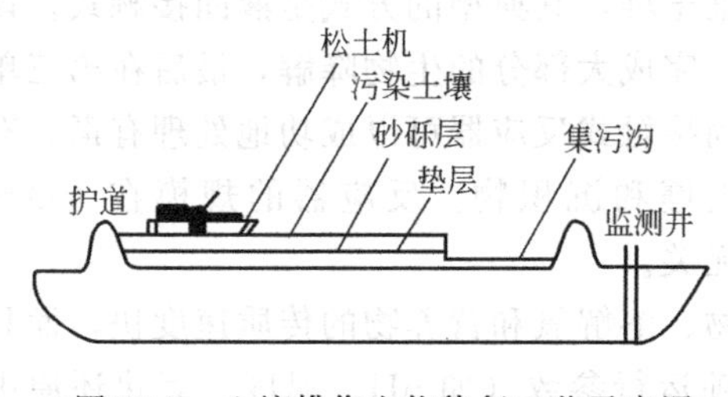

图 12-3　土壤耕作生物修复工艺示意图

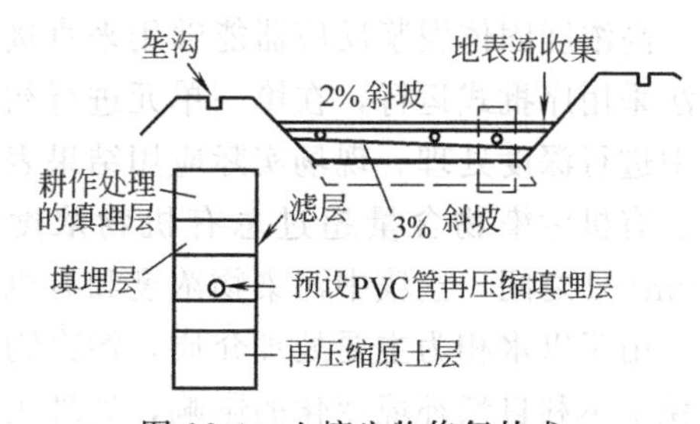

图 12-4　土壤生物修复技术挖掘堆置处理示意图

复杂的系统可以布置管道，并用温室封闭，简单的系统就只是露天堆放。有时先将受污染土壤挖掘起来运输到一个地点暂时堆置，然后在受污染的原地进行一些工程准备，再把受污染土壤运回原地处理。从系统中渗流出来的水要收集起来，重新喷洒或另外处理。其他一些工程措施包括用有机块状材料（如树皮或木片）补充土壤，例如在一受氯酚污染的土壤中，用 35m^3 的软木树皮和 70m^3 的污染土壤构成处理床，然后加入营养物，经过三个月的处理，氯酚浓度从 212mg/L 降到 30mg/L。添加这些材料，一方面可以改善土壤结构，保持湿度，缓冲温度变化，另一方面也能够为一些高效降解菌提供适宜的生长基质。将五氯酚钠降解菌接种在树皮或包裹在多聚物材料中，能够强化微生物对五氯酚钠的降解能力，同时还可以增加微生物对污染物毒性的耐受能力。

非原位治理技术工艺的优点是可以在土壤受污染之初及时阻止污染物的扩散和迁移，减少污染范围。但用在挖土方和运输方面的费用显著高于原位处理方法，另外在运输过程中可能会造成进一步的污染物暴露，还会由于挖掘而破坏原地点的土壤生态结构。

（三）生物反应器处理工艺

反应器处理修复工艺是将受污染的土壤挖掘起来，和水混合后，在接种了微生物的生物反应装置内进行处理，其工艺类似污水的生物处理方法，处理后的土壤与水分离后，脱水处理再运回原地。处理系统排出的废水，一般需送如污水处理厂进行处理后才能最终排放。土壤处理生物反应器工艺示意图见图 12-5。反应装置不仅包括各种可以拖动的小型反应器，也有类似稳定塘和污水处理厂的大型设施。在有些情况下，只需要在已有的稳定塘中装配曝气机械和混合设备就可以进行生物修复处理。

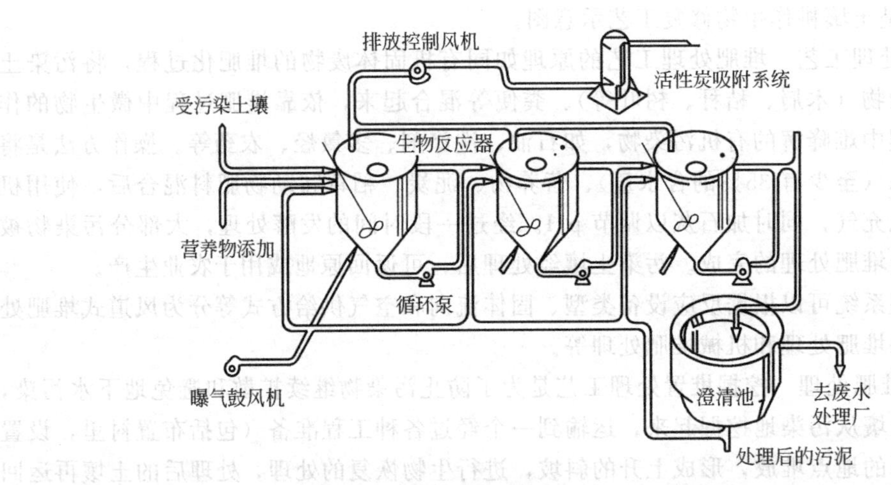

图 12-5　土壤修复生物反应器工艺示意图

高浓度固体泥浆反应器能够用来直接处理污染土壤，其典型的方式是液固接触式。该方法采用序批式运行，在第一单元进行初步处理，完成大部分的生物降解，最后在第三单元中进行深度处理。现场实际应用结果表明，液固接触式反应器可以成功地处理有毒、有害、有机污染物含量超过总有机物浓度 1%的土壤和沉积物。反应器的规模在 100～250m^3/d之间，土壤中污染物浓度和有机物含量无关。

由于以水相为主要处理介质，污染物、微生物、溶解氧和营养物的传质速度快，而且避免了不利自然环境变化的影响，处理工艺的各项运行参数（如 pH、温度、氧化还原电位、氧气量、营养物浓度、盐度等）便于控制在最佳状态，因此反应器处理污染物的速度明显加快，但其工程复杂，处理费用较高。另外，在用于难生物降解物质的处理时必须慎重，以防止污染物从土壤转移到水中。

（四）不同土壤生物修复工艺处理效果的比较

研究证明，在以上介绍的三种土壤修复技术工艺中，生物反应器的处理效果最好，而且降解速度率也提高。对于同种土壤的处理，生物反应器的处理周期比原位处理减少一半，而其去除率比原位处理提高 25%以上。所以，生物反应器技术是污染土壤生物修复的最有效的处理技术，其次是非原位处理，而原位处理的效果较差。

由于污染土壤的情况千差万别，这三种工艺又各有特点，因此在实际应用中应根据具体情况，有针对性地选择适宜的处理方法和工艺。在生物修复实践中，可根据不同情况将几种处理方法加以优化组合，从而形成更为完善的处理系统，达到提高处理效果、扩大适用范围的目的。

二、湖泊的生态修复

近年来，人口的增长和经济的高速发展使水资源系统受到很大冲击，使得水质变劣，湖体富营养过程加剧，生态环境恶化，严重制约了社会经济的可持续发展。要实现水资源的可持续利用，必须加快水污染的综合治理。除陆域实施严格的达标治理、河网水质调控、农业面源及生活污水治理外，湖泊生态修复和富营养化治理已为当务之急。

湖泊生态修复的措施主要有以下几种。

(一) 湖泊底泥生态疏浚

湖泊底泥是湖泊水生态系统的重要组成部分，是湖泊营养物质循环的中心环节，也是水土界面物质（物理的、化学、生物的）的交换带。底泥中富含的营养物是湖体的内污染源，是造成水体富营养化和藻类爆发的营养来源之一。据资料显示，底泥释放 TN（总氮）占总污染量的18.5%，TP（总磷）占 29.4%，即使将外部入湖污染全部控制，仅湖内底泥释放和动力作用下的再悬浮、溶出也将引起藻类的发生。

(1) 湖泊底泥的生态疏浚　生态疏浚的目的在于清除含高营养盐的表层沉积物质，包括沉积在淤泥表层的悬浮、半悬浮状（由营养物形成）的絮状胶体，或休眠状活体藻类及动植物残骸体等，区别于以取走泥沙为目的的一般工程疏浚，属生态环境工程范畴。

(2) 湖体底泥疏浚是治标之计　底泥疏浚适宜进入湖体污染物的初步得到有效控制，或为缓解重要城市取水口水质问题的应急方案，是重要的治理措施之一。主要是对大中型城市供水水源地、重要旅游区和特殊水域保护区的水质保障有重要意义。

(3) 生态疏浚技术和方法　依据湖底泥营养盐分布特征确定，疏浚深度以 50cm 为宜。疏浚时务必采用特殊技术和装置，密闭和抽取是关键，即疏浚器械头部采用类似吸尘器原理结构，以免扰动底泥。疏浚作业的最佳施工期宜选在湖泊处于低水位期，湖面风浪较小，湖泊水体交换缓慢，沉积物基本处理相对静态，有利于提高施工效率。

(二) 利用浮床陆生植物治理典型富营养化水域，对藻类进行收集和资源化再利用

浮床陆生植物采用生物调控法，利用水上种植技术，在以富营养化为主体的污染水域、水面种植粮食、蔬菜、花卉或绿色植物等各种适宜的陆生植物。在收获农产品、美化绿化水域的同时，通过根系的吸收和吸附作用，富集氮、磷等元素，降解、富集其他有害有毒物质，并以收获植物体的形式将其搬离水体，从而达到变废为宝、净化水质、保护水域的目的，它类似于陆域植物的种收办法，而不同于直接水面放养水葫芦等技术，开拓了水面经济作物种植的前景。

在浮床陆生植物治理工程中，植物体直接吸收水中营养物质，不需施肥。治理工程有良好的美化绿化水面效果，已被环保、园林和旅游部门认可、采纳，并予以推广。

藻类收集是治标措施，在藻类爆发期，湖湾迎风面，利用专用藻类收集设备，收获藻类，一方面减轻取水口藻类富集的危害，另一方面将藻类移出湖体，减轻湖体营养盐负荷。据研究，新鲜蓝藻约含氮 2.8%，含磷 0.075%，收获 1t 新鲜蓝藻，可从湖中取出 2.8kg 氮，0.76kg 磷。收集的藻体可制成藻粉作为农业肥料。

（三）建立渔业生态工程和环湖湿地保护带，控制过度养殖，恢复和重建滨岸渔带水生植被

利用湖泊水生植物丰富、水动力条件稳定、适宜于鱼类和水生动物繁衍和养殖等自然条件，网围养殖，不占陆域，经济效益高，对开发湖泊水面资源、促进渔业发展有积极作用。湖体养殖受制于湖体水生态系统的承载能力，应建立总量控制的渔业生态工程，在开发利用的同时，维护水资源的更殖再生。

近年来，多数湖泊围网养殖规格无序快速扩大，使湖泊生态系统的外源营养负荷过高。大量外源性饵料投入，水生植物过度繁殖和退化，鱼类等动物正常新陈代谢过程中的排泄物等远远超过水生态系统的承载能力和水体自净能力，草型富营养化程度加重。目前，应采取措施，做好生态保护规则，控制过度养殖，重建草型湖泊良性生态循环。在规划指导下，依法压缩和控制养殖面积，推广精养经济价值高的鱼种，控制水生植物无需繁衍，收割和更新高等水生植物种群，对养殖业和水生植物优化改造，控制环湖外源营养负荷的输入，疏浚湖体，调活水体，增加水体营养物输出，强化湖泊自身净化能力。

建立环湖湿地保护带工程包括两大部分：一是湖岸湿地保护带工程；二是滨带高等水生植物恢复和调控工程。湿地和水生高等植物能起物理阻滞作用，消浪，促使沉积，降低沉积物的再悬浮，大量吸收水体和沉积物中的营养盐，改变水生网络结构，同时又有资源利用价值。该工程旨在沿湖岸水陆界面侧分别建立生态保护带，改善湖泊滨岸特有的自然景观。

在湖岸陆域区种植芦苇等湿地高等植物，建立第一防线。湖滨水深小于1m的水域，种植挺水植物（如芦苇、茭草等）；大于1m深的水域，种植苦草、黑藻、马来眼子菜等；在城镇区沿湖或旅游区，种植观赏性的莲藕等水生植物。

三、海洋石油污染的生物修复

海上溢油事件发生以后，可以采取机械、化学和生物处理三类方法修复海洋污染，主要的机械和化学应急措施有：①建立油障（围油栏），将溢油海面封闭起来，使用撇油机、吸油带、拖油网将油膜清除；②投入吸附材料，使吸附材料漂浮在海面上，能引起大量吸附油污的作用。吸附材料可以是海绵状聚合物或天然材料（椰子壳、稻草等）；③使用化学分散剂；④燃烧。燃烧的效率可高达95%～98%，但燃烧产生的黑烟造成二次污染；⑤海岸带用高压水枪清洗。

当前加速海洋石油污染降解的生物修复有以下三种。

（1）接种石油降解菌　接种石油降解菌效果不明显，海洋中存在的土著微生物常常会影响接种微生物的活动。尽管在实验中的基因工程菌可以迅速降解石油，但是，在开放的环境中释放基因工程菌却一直是引起争论的问题。

（2）使用分散剂　分散剂即表面活性剂，可以增加细菌对石油的利用性。有许多商品制剂可供使用，在国外用得较多的是Sugee2（一种原油分散剂）可以促进原油中C_{17}～C_{28}正烷烃的降解。

并不是所有的表面活性剂均有促进作用，许多表面活性剂由于其毒性和持久性会造成环境污染，特别是沿岸地区的环境污染。因此，经常利用微生物产生的表面活性剂来加速石油降解。Harvery等在1990年利用铜绿假单细菌（*Pseudomonas aeruginosa*）和SB30产生的糖脂类表面活性剂，进行不同条件下（活性剂浓度、接触时间、冲洗浓度、有无黄胞胶）去除阿拉斯加砾石样品中的石油的试验，结果表明，温度在30℃及其以上时，这种微生物表面活性剂能使细菌的降解能力提高2～3倍。

(3) 使用氮磷营养盐　使用氮磷营养盐是最简单而有效的方法。在海洋出现溢油后，石油降解菌会大量繁殖，碳源充足，限制降解的因素是氧和营养盐。

使用的营养盐有三类：缓释肥料、亲油肥料和水溶性肥料。

① 缓释肥料　要求具有适合的释放速率，通过海潮可以将营养物质缓慢地释放出来。块状肥料放在网袋内，每个网袋14kg，在海滩上放两排，一排在低潮线上，一排在中潮线上。颗粒肥料则用播种机播撒在海滩表面（$90g/m^2$），由于它的相对密度大，有倾向于黏附在油中的趋势，故可以保持在海滩中。

② 亲油肥料　亲油肥料可使营养盐"溶解"到油中。在油相中螯合的营养盐可以促进细菌在表面生长。亲油肥料的配方有多种。

③ 水溶性肥料　水溶性肥料是可以直接增加海水微生物生长需要的营养因子的浓度，从而对石油烃的降解起到积极作用，使海洋石油污染修复最常用的肥料。例如，在阿拉斯加使用硝酸铵和三聚磷酸盐与海水混合，用泵通过草坪喷头在低潮时喷向海滩，使用量为氮$6.9g/m^2$、磷$1.59g/m^2$。6周以后，原油中的烷烃和相当多得多环芳烃得到有效去除。

在治理海洋石油污染的实践中，尽管人们已经开发出多种技术进行污染海洋的修复，但寻求经济、有效、快捷的生物修复技术的研究一直未曾停止过，更多的海洋生物修复技术不断问世。例如以色列的Rosenberg等人在1992年开发的一种新方法，是利用一种需要接种非土著菌的肥料，这种肥料是一种专利的聚合物，不被大多数细菌利用，因此这种肥料对土著微生物无用。同时，该技术已经分离到能够供给这种聚合物并利用其肥效的烃降解菌。在对石油污染进行治理时，将这种烃降解菌和专用的聚合物肥料同时加到被污染的海滩上。这种方法对接种的细菌是有利的，因为只有它们才可以直接利用专利聚合物作为营养物质。由于避免了肥料中的养分竞争，对接种细菌的烃降解活动很有利，可显著提高生物修复的功效。这一技术的有效性已在地中海沿岸石油污染的生物修复处理研究中得到证明。

第三节　环境生物制剂的开发与应用

在当今社会，生物制剂已为人们所熟悉，生物制剂的产品已经渗透到人类社会的每一个角落，从工业到农业，从医疗保健到环境保护，方方面面都有着生物制剂的身影。

环境生物制剂（environment biological preparation）是指以生物学、环境学、生态学、化学等多学科理论为基础，以监测、改善环境状况和强化处理系统稳定、高效为目标，通过菌群构建等科学方法得到的具有特殊功能的生物制品。所使用的菌种可以是从自然界或处理系统中筛选出的高效菌株，也可以是经过处理的变异菌种或经遗传工程构建的菌株。

目前，关于环境生物制剂尚无统一的概念，所涉及的研究内容因角度不同而有所差异，但从环境治理来看，一般包括环境为生物菌剂、生物吸附剂、微生物絮凝剂、生物催化剂、生物破乳剂、特种环境微生物菌种等用于废水生物强化处理的微生物菌剂及材料，或通过微生物转化制备用于环境改善的产品，这是目前污染环境生物处理技术最具发展潜力的方向之一。当然在饮用深度净化、管道防腐、污染环境的生物修复、水产养殖等方面，随着研究的不断深入，其应用领域将会越来越广泛。

一、环境生物制剂的开发

环境生物制剂的开发包括上游工程、下游工程和工程应用，其中的关键在于高效菌种的获得，主要手段有菌种的富集、筛选、纯化、诱变育种、基因重组、细胞融合等。在工程应用中，环境生物制剂能否发挥最大的功效是其检验标准、投加方式、投加次数、投加量、环境条件等均需要从微生物生理生态学角度深入研究。例如，在废水生化处理系统中投加降解工程菌，能否在活性污泥中实现自固化，以减少流失是十分重要的。

(一) 目的菌的富集培养

自然状态存在的各种微生物，都是按照各自的特性进行着不同的生命活动，并对外界环境的变化作出不同的反应。根据微生物的这一基本性质，如果提供一种只适于某一特定微生物生长的特定环境，那么相应的微生物将因此获得适宜的条件而大量繁殖，而其他种类的微生物则由于环境条件不适宜逐渐被淘汰。这样，就有可能较容易地分离出特定的微生物。这种培养方法称之为富集培养。这种方法适应于以直接分离法得不到目的微生物的情况。原因可能是培养方法不当，也可能是该微生物在样品中含量太少或对环境条件要求苛刻，在这种情况下可采用富集培养法。

1. 富集培养的一般操作方法

配置富集培养用培养基，分装 30～50mL 于 100mL 三角瓶中（或 200mL 三角瓶中装 50～100mL）灭菌。在第一个三角瓶中加入 1g 土壤或污泥样品，恒温培养，待培养液发生浑浊时，用无菌吸管吸取 1mL，移入另一个培养三角瓶中。如此连续转移 3～6 次，最后就得到富集培养目的菌占绝对优势的微生物混合培养物。

2. 厌氧微生物的富集培养

可按照好氧微生物的富集培养方法进行。但由于厌氧微生物对生长条件有特殊要求，因此要加以严格控制。为了提供缺氧条件，培养器具最好用试管代替三角瓶，培养基里加入一定量的还原剂；或在放有吸氧剂的干燥器内培养。在用最后得到的培养物作材料进行分离纯化时，可在 CO_2 控制下进行。

(二) 直接筛选高效菌群

应用环境生物制剂的前提是获得高效作用于目标污染物的菌种。对于那些自然界中固有的化合物，一般都能找到相应的降解菌种，如 *Rhodococcus erythropolis* 可降解苯酚。但对于人类工业生产中合成的一些外生化合物，它们的结构不易被自然界中固有微生物的降解酶系识别，需要用目标降解物来驯化、诱导产生相应降解酶系，筛选得到高效菌种，这种方法一般需要一个月甚至几个月的时间。

为了分离特定的微生物，有时需要对从分离源中采集的样品进行预处理。例如，分离芽孢杆菌时，将样品预先在 80℃时加热 5～15min 即可达到目的。再如，分离小双孢菌或链孢囊菌时，将土壤样品加热到 120℃ 干热处理 1h，则两种放线菌的出现频率可从 0.1%～18%提高到 47%～74%。对于产孢子酵母来说，由于其增殖细胞和孢子细胞之间的耐热差仅为 6～12℃，因此加热预处理时需要特别注意。或者也可以用加 $CaCO_3$ 的处理方法，即取风干了的土壤和等量的 $CaCO_3$ 充分混合后，在 28℃下处理 10d，然后再接入加有精氨酸、甘油、盐类的琼脂培养基中进行培养，放线菌的出现频率可由 33%上升到 81%。

1. 分离筛选的原则与方法

(1) 确定目标　根据实验目的确定分离筛选的目标，并制订方案，前提是要充分了解目标菌的分布、营养、生长等特征和功能。例如，除 NH_3-N 应选择硝化菌群。

(2) 选择分离源 分离源应具备的条件是：所处的环境应有利于目标微生物的生长；存在有较大的数量；有可能具备目标菌设定的功能特性。

(3) 筛选条件的设定 选择培养基的利用，如纤维素分解菌的培养基中应以纤维素为碳源；主要是根据目标菌对环境因子的要求设定培养条件，如 DO、pH、温度、压力、盐分等，用摇床可满足好氧微生物的需要；利用对毒物和抗生素的抗性，如筛选霉菌时加入链霉素。

2. 各类微生物的分离与计数

根据处理对象和已掌握的资料，对细菌、放线菌、霉菌、酵母菌等进行分离和计数。

3. 特定微生物的分离培养

根据要筛选的特定微生物的种类，如硝化菌、亚硝化菌、纤维素分解菌、脱酚菌、石油降解菌、光合细菌等，满足其生长所需要的特殊条件，达到分离、培养的目的。

(三) 纯化分离菌种

从自然界或其他不同途径分离筛选得到的微生物，首先要经过纯种分离。在分离过程中从平面上看到菌群之前，可能还存在上千的其他微生物细胞，只是尚未被显微镜观察到。因此，浓厚培养基中得到的菌种接入固体培养基后生长出来的一些首批菌落，即便是一个单菌落也不能认为是纯的菌种。所以，还要把已分离好的菌落制成悬浊液，取一部分在无菌稀释液中做一次培养，在培养皿上再次观察以检测其纯化程度。如有必要，还要做一系列的稀释培养，连续进行单孢子分离，以得到纯种的微生物。对于某些带有鞭毛能活动的杆菌，如变形杆菌属和假单孢菌属，在表面湿润的培养皿平面上可快速扩散，而在表面完全干燥的培养皿平面上则不易扩散。利用微生物的这种活动能力，能使带鞭毛的假单胞杆菌离开静止不动的其他微生物。通过控制培养基表面的干湿程度，使微生物出现移动，并反复地从移动菌群的前进边界上把它们分离出来，接入新的培养皿中，从而分离出纯种的微生物。

(四) 诱变育种

分离纯化的菌种，需要经过初筛，根据研究目的来确定其功能，这样可以大大减轻后续的工作量。在实际生产上所使用的优良菌种可以从自发突变产生的突变体中获得，但这种突变的概率很少，因此一般需要诱变才能获得。诱变育种是最常用的微生物驯化方法，就是利用物理、化学等基本因素诱变基因突变，并从中筛选出具有某一优良性状的突变体。其基本原则为：选择简便有效的诱变剂；挑选优良的出发菌株；处理单细胞悬液（均匀态）；选用最适量剂；充分利用协同效应（同一种诱变剂的重复使用，两种或多种诱变剂的先后使用，两种诱变剂的同时使用）；设计或采用高效筛选方案或方法。

诱变育种一般包括以下主要步骤。

① 出发菌株的选择 根据经验，选择已经经过多次诱变并且每次诱变都有较好效果的菌株作为出发菌株，可以获得较好的效果。

② 诱变剂的选择 目前在育种实践中应用得较多的诱变剂是紫外线、X 射线、亚硝酸盐、乙基磺酸乙酯、偶氮氨基氧化嘌呤或其他诱变剂经处理，使基因突变。

③ 诱变剂量的选择 一般说来，随着剂量的增加诱变率也增加，但超过一定限度，随着剂量的增加诱变率反而下降。过去常采用杀菌率为 99% 或 90% 的紫外线进行育种，而现在倾向于采用杀菌率为 70%～75%，甚至更低的紫外线进行育种。筛选是在单一碳源培养基上连续进行，诱变剂量递增以强化菌株特性。也可人为地提供特殊的强化环境来

加速筛选过程。

④ 突变体的筛选　因为存活下来的突变体的性状并不相同，基因的改变是随机的、非定向的，因而必须进行多次筛选，才能选出具有优良性状的突变体。一旦筛选出变异株，即可在实验室及污水处理厂进行试验。测试项目包括安全性、稳定性及菌株繁殖能力。

目前，国内外采用的“生物驯化”或“活性污泥驯化”方法是废水处理领域沿用的比较原始的诱变育种方法。这种方法不但应用于科学研究中，而且广泛应用于实际废水处理工程中。例如，用活性污泥法处理含酚废水，若直接将从生活废水曝气池中取出的污泥应用于含酚废水的处理，则这些污泥很快就会被杀死。为了避免这些菌种的死亡，首先以生活废水作为这些微生物的主要营养源，加入少量的含酚废水，以后逐渐增加含酚废水的比例，经过一个月左右、甚至更长时间的培养，最后使活性污泥微生物即使在含酚所占比例达 100%的条件下也能生存下来，并且酚类物质的去除率较高。

在微生物的驯化过程中，微生物所处的环境条件逐渐恶化，这就为微生物发生突变创造了良好的时机，而不至于因微生物突变大量死亡而使接种的菌种丧失。在上述的例子中，某些抗药性弱的野生微生物首先发生突变，由于突变是随机的，突变后能够在该环境中生存的突变体继续生存下来，而不能生存的突变体与不能生存的野生型微生物一同被杀死，此时，活性污泥中仍存在大量的抗药型较强的野生性微生物和突变菌株。随着诱变剂量的不断增加，发生突变的菌种不断增多，适者生存下来，不适者被淘汰。最终存活下来的突变体和少量野生型微生物不但对酚类物质具有较强的抗性，而且能够以酚类物质作为碳源和能源进行生长繁殖，并将优良性能传给子代。

(五) 构建基因工程菌

所谓基因工程（genetic engineering），是指用人为的方法将所需要的某一供体生物的遗传物质—DNA 大分子提取出来，在离体条件下用适当的工具酶进行切割后，把它与作为载体（vector）的 DNA 分子连接起来，然后与载体一起导入某一更易生长、繁殖的受体细胞中，以让外源物质在其中“安家落户”，进行正常的复制和表达，从而获得新物种的一种崭新技术。

基因工程的发展为人类快速获取一些高效菌种提供了新方法。微生物学家发现微生物对污染物的降解性与其所带的质粒有关。利用降解性质粒的相容性，把能够降解不同有害物的质粒组合到一个菌种中，组建一个多质粒的新菌种，这样能使一种微生物降解多种污染物或完成降解过程的多个环节，或使不带降解性的菌带上质粒从而获得降解性。另外，可采用质粒分子育种，即在选择压力的条件下，在恒化器内混合培养，使微生物发生质粒相互作用和传递，缩短了自然进化所需的时间，以达到加速培养新菌种的目的。降解性质粒 DNA 体外重组，是在体外对生物大分子 DNA 进行剪切加工，将不同亲本的 DNA 重新连接，转移到受体细胞中，通过复制表达使细胞获得新的遗传性状。原生质体融合技术，同样会使细胞获得多个不同亲本的性状。

基因工程的基本操作如下。

(1) 目的基因的获取　从复杂的生物有机体基因组中，经过酶切消化或 PCR 扩增等步骤分离出带目的基因的 DNA 片段。一般有三条途径：①从适当的供体细胞的 DNA 中分离；②通过反转录酶的作用由 mRNA 合成 cDNA（complenentary DNA）；③由化学方法合成特定结构的基因。

(2) 载体的选择　载体用于运送目的基因，以便将它运载到受体细胞中进行增殖和表达。载体一般要具备以下条件：①载体是一个有自我复制能力的复制子（replicon）；②载体能在受体细胞内大量增殖，即有较高的复制率；③载体上最好只有一个限制性内切酶的切口，使目的基因能固定地整合到载体DNA的一定位置上；④载体上必须有一种选择性遗传标志，以便及时把少量“工程菌”或“工程细胞”选择出来。目前常用的载体有：细菌质粒、λ噬菌体（原核细胞）、SV_{40}病毒（真核细胞）等。

（3）目的基因与载体DNA的体外重组　在体外，将带有目的基因的外源DNA片断连接到能够自我复制并且具有选择性记号的载体分子上，形成重组DNA分子。

首先在供体生物的DNA中加入专一性很强的限制性内切酶，从而获得带有所需的基因（或称目的基因）并露出“黏性末端”的单链DNA片段。限制性内切酶是一类识别DNA分子中的一定部位（即一定的碱基排列顺序）并能在特殊的作用点降解外源DNA分子的核酸酶。所谓黏性末端，就是内切酶切割后，位于DNA两端的单链部分，而这两端单链部分的碱基是互补的。作为载体的纯细菌质粒，也用同样的限制性内切酶处理，将质粒DNA环切断，同样也露出黏性末端。

（4）重组DNA分子进入受体细胞　将重组DNA分子转移到适当的受体细胞，并与之一起增殖。目前应用最多的受体细胞是大肠杆菌（*E. Coli*）。在理想情况下，上述重组载体进入受体细胞后，能通过自主复制提供的部分遗传性状，于是这一受体细胞就成了“工程菌”。

（5）筛选优良菌种　从大量细胞繁殖群体中，筛选获得重组DNA分子的受体细胞克隆，且从这些筛选出来的受体细胞克隆中，提取得到扩增的目的基因，供进一步分析研究使用。这一过程也被称作筛选。

（6）将目的基因克隆到表达载体上　导入寄主细胞，使之在新的遗传背景下实现功能表达，产生出人类需要的蛋白质。

应用基因工程技术进行工程菌的构建是除质粒育种外另一构建工程菌的主要方法，也是微生物与动、植物之间超远源杂交的新途径。

20世纪70年代，美国生物学家Chakrabarty等对假单胞杆菌属的不同菌种分解烃类化合物的遗传学进行了大量研究，发现假单胞杆菌属的许多菌种的细胞内含有某种降解质粒，它们控制着石油烃类降解菌酶的合成。在此研究基础上，Chakrabarty等应用接合手段，把标记有能降解芳烃、萜烃、多环芳烃的质粒转移到能降解脂烃的假单胞菌体内，可以获得同时降解四种烃类的功能菌，即超级细菌（图12-6），这些烃类包括了占石油的2/3的烃类成分，与自然菌体相比，能够快速将石油分解。Chakrabarty等同时将嗜油的假单胞菌体内降解辛烷、乙烷、癸烷功能的OCT质粒和抗汞质粒MER同时转移到对20mg/L汞敏感的恶臭假单胞菌体内，结果使对汞敏感的恶臭假单胞菌转变成了能抗50～70mg/L汞，且能同时分解烷烃的抗汞质粒菌。

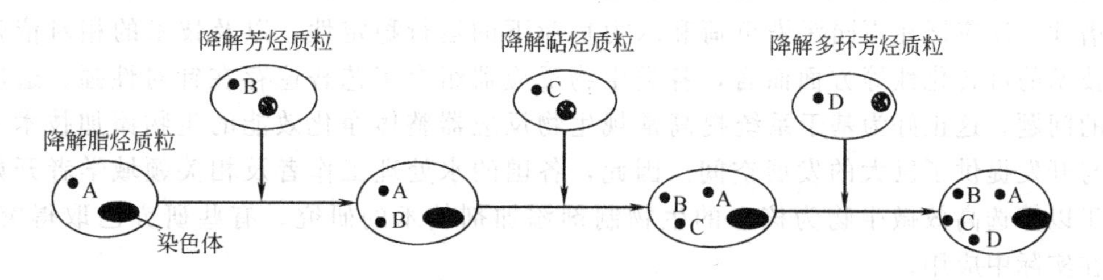

图12-6　用质粒育种构建石油降解功能菌示意

(六) 固定化微生物技术

前面所讲的几种方法都是微生物学研究中经常用到的基本方法，而固定化微生物技术则是近十几年出现的新方法，固定化微生物技术已在本书第十章中加以介绍，故而在此重点介绍其应用状况。Patureau 用埋植于褐藻酸盐球中的好氧菌进行生物强化磷化物污泥，实验在 SBR 反应器中进行。在曝气阶段的第一小时连续加入碳，同时连续加入 10%的好氧脱氮菌，氨和亚硝酸盐氧化菌及絮凝机构得到了明显改善。埋植于褐藻酸盐球中的好氧脱氮菌提高了好氧脱氮过程和菌种存活时间。Bouchez 为了提高加入的好氧脱氮菌和原有絮凝体的融合，进行了两种实验：一是在生物强化之后加入絮凝物；二是在接种之前，细菌包埋在褐藻酸盐球中。结果是后者的脱氮效果较好。在球碎之后，含有脱氮细菌的褐藻酸盐碎片融入到絮凝体中，褐藻酸盐球起到临时保护的作用，防止脱氮细菌被原生动物吃掉，同时帮助外来细菌黏附在絮凝体中，因此，这些褐藻酸盐球组成了比较合适的生物强化作用的带菌者，将脱氮菌结合到活性污泥的絮凝体中。Guiot 研究了 UASB 反应器中酚、邻甲酚、对甲酚的降解，反应器用浓缩的产甲烷菌进行生物强化，游离的细菌细胞和颗粒物自然接触，并包埋在褐藻酸盐球中。营养物质的含量由 2%增加到 5%，反应器的降解速率得到提高；继续由 5%增加到 10%，对含酚化合物的去除没有影响；接下来水力停留时间为 3d，生物强化反应器表现出对含酚化合物特殊的活性，至少是原来的 2 倍，其效率提高的原因归功于含酚化合物降解菌在颗粒物上的固定化。有研究者利用海藻酸钠为包埋材料，制备固定化光合细菌来处理豆制品废水，水体 COD 降低的同时，还产生了大量的氢气。当豆制品废水的 COD 浓度为 7560～12600mg/L 时，可以维持稳定产气 260h 以上，COD 去除率为 62.3%～78.2%。

二、环境生物制剂在水处理中的应用

环境生物制剂在废水处理中的应用最早始于 1951 年 Georg Jettries 发表的专利，其方法是将生产的干燥生物制剂添加于废水处理系统中。1958 年 Chemical Reserve 公司依据使用目的的不同而制造出不同的生物制剂。20 世纪 50 年代研制的生物制剂并不精纯，有关的应用技术也不明了，人们对于菌种配方、酶及菌体提取物等缺乏明确的了解。生物制剂添加技术的真正发展始于 20 世纪 70 年代中期，80 年代以来得到了广泛的研究和应用。这一技术产生的初期是由于某些污水处理厂的突发事故，如菌体大量死亡、有毒有害物质的流入等，使出水水质不能达标排放，于是以直接添加高效菌种的方法改善出水水质，恢复系统的正常运行。另外，随着现代生物技术的发展，在废水生物处理中，除使用从自然界中筛选菌株外，人们也运用诱变及基因工程技术获得菌株来制备环境生物制剂，其使用范围逐渐扩大。

近年来，基于生物降解原理，采用多种常规好氧和厌氧生物反应器组合工艺，处理各类废水的工艺及机理研究已较为普遍，并相继取得了较多的成果。但就处理废水的广谱性，反应器在不同污染负荷和水力负荷下的运行稳定性，以及技术的相对依赖性和技术的可转化性等方面而言，各类生物反应器组合工艺普遍存在针对性强、适应性差的问题，这正好为基于系统提高常规生物反应器整体净化效能的生物添加技术的研究与开发提供了巨大的发展空间。因此，各国的水处理工作者及相关领域学者开始致力于以筛选高效微生物为核心的生物制剂添加剂技术的研究，有些研究已取得突破，并在实际中应用。

另外，在水处理主体工艺的其他环节上，环境生物制剂也将发挥很大作用。例如，由于目前普遍使用的无机和有机絮凝剂存在成本高、絮凝效果有限以及产生的污泥难处理等问题，因此开发新型的絮凝剂迫在眉睫。微生物絮凝剂因其高效、无毒而成为国内外近年来的热点研究问题。

思考题

1. 生物修复的概念是什么？受哪些因素影响？
2. 怎样对污染的土壤进行生物修复？
3. 地下水的生物修复有哪些方法？
4. 环境生物制剂的开发过程是怎样的？
5. 环境生物制剂在水处理工程中有何应用？

第十三章

水处理微生物学实验

实验一　显微镜的使用及微生物形态观察

一、实验目的

(1) 掌握光学显微镜的结构、原理、学习显微镜的操作方法和保养。

(2) 观察细菌、放线菌、酵母菌、霉菌、藻类、原生动物及微型后生动物的生长形态，同时学会生物图的绘制。

二、实验内容

(一) 显微镜的结构（见图 13-1）和光学原理

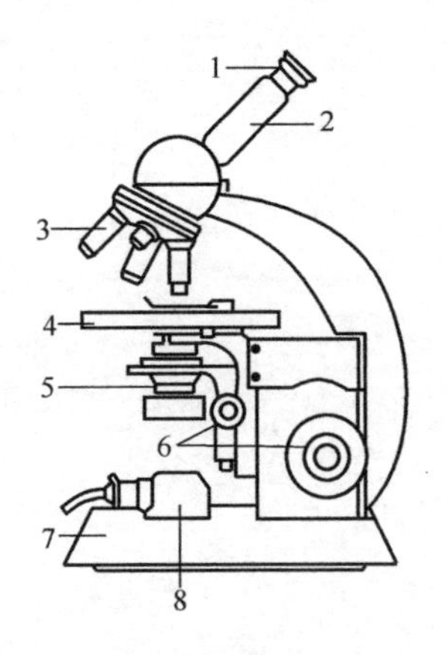

图 13-1　显微镜的结构

1—目镜；2—镜筒；3—物镜；4—载物台；5—聚光器；6—调焦轮；7—镜座；8—灯

显微镜分机械装置和光学系统两部分。

1. 机械装置

① 镜筒　镜筒上端装目镜，下端接转换器。镜筒有单筒和双筒两种。单筒有直立式（长度为 160mm）和后倾斜式（倾斜 45°）。双筒全是倾斜式的，其中一个筒有屈光度调节装置，以备两眼视力不同者调节使用。两筒之间可调距离，以适应两眼宽度不同者调节使用。

② 转换器　转换器装在镜筒的下方，其上有 3 个孔，有的有 4

个或5个孔。不同规格的物镜分别安装在各孔上。

③ 载物台　载物台为方形（多数）和圆形的平台，中央有一光孔，孔的两侧各装1个夹片，载物台上还有移动器（其上有刻度标尺），可纵向和横向移动，移动器的作用是夹住和移动标本。

④ 镜臂　镜臂支撑镜筒、载物台、聚光器和调节器。镜臂有固定式和活动式（可改变倾斜度）两种。

⑤ 镜座　镜座为马蹄形，支撑整台显微镜，其上有反光镜。

⑥ 调节器　调节器包括大、小螺旋调节器（调焦距）各1个。可调节物镜和所需观察的物体之间的距离。调节器有装在镜臂上方或下方的2种，装在镜臂上方的是通过升降镜臂来调焦距，装在镜臂下方的是通过升降载物台来调焦距，新式显微镜多半装在镜臂的下方。

2. 光学系统及其化学原理

① 目镜　每台显微镜备有3个不同规格的目镜，例如，5倍（5×）、10倍（10×）和15倍（15×），高级显微镜除了上述3种外，还有20倍（20×）的。

② 物镜　物镜装在转换器的孔上，物镜有低倍（8×、10×、20×3种）、高倍（40×或45×）及油镜（100×）。物镜的性能由数值孔径（numerical aperture，N. A.）决定，数值孔径$=n\sin(\alpha/2)$，其意为玻片和物镜之间的折射率乘上光线投射到物镜上的最大夹角α的一半的正弦。光线投射到物镜的角度越大，显微镜的效能越大，该角度的大小决定于物镜的直径和焦距。n是影响数值孔径的因素，空气的折射率$n=1$，水的折射率$n=1.33$，香柏油的$\alpha/2$为60°，$\sin60°=0.87$。从图13-2可知：以空气为介质时，数值孔径N. A.$=1\times0.87=0.87$；以水为介质时，N. A.$=1.33\times0.87=1.16$；以香柏油为介质时，N. A.$=1.52\times0.87=1.32$。用油镜时光学显微镜的性能还依赖于物镜的分辨率，分辨率即能分辨两点之间的最小距离的能力，用δ表示，$\delta=0.61\times\lambda/\text{N. A.}$，分辨率与数值孔径成正比，与波长$\lambda$成反比。增大数值孔径，缩短波长可提高显微镜的分辨率，使目的物的细微结构更清晰可见。事实上可见光的波长（0.38～0.7μm）是不可能缩短的，只有靠增大数值孔径来提高分辨率。

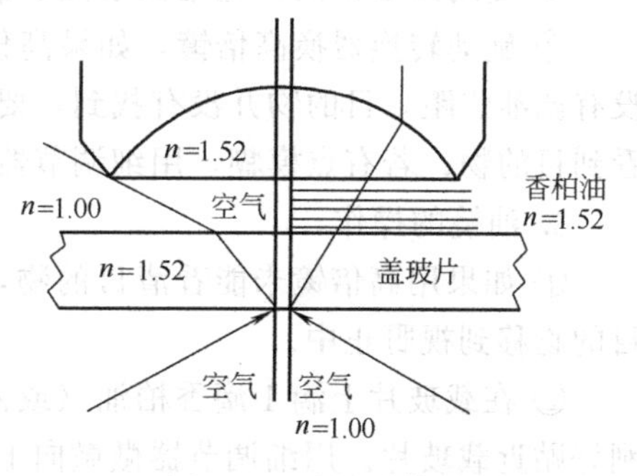

图13-2　油浸的作用

物镜上标有：N. A. 1.25、100×、OI、160/0.17、0.16等字样，其中N. A. 1.25为数值孔径；100×为放大倍数；160/0.17中160表示镜筒长，0.17表示要求盖玻片的厚度；OI（oil immersion）表示油镜；0.16为工作距离。显微镜的总放大倍数为物镜放大倍数和目镜放大倍数的乘积。

③ 聚光器　聚光器安装在载物台的下面，反光镜反射来的光线通过聚光器被聚集成光锥照射到标本上，可增强照明度，提高物镜的分辨率。聚光器可上、下调节，它中间装有光圈可调节光亮度，在看高倍镜和油镜时需调节聚光器，合理调节聚光器的高度和光圈的大小，可得到适当的光照和清晰的图像。

④ 反光镜　反光镜装在镜座上，有平、凹两面，光源为自然光时用平面镜，光源为灯光时用凹面镜。它可自由转动方向。反光镜可反射光线到聚光器上。

⑤ 滤光片　自然光有各种波长的光组成，如只需要某一波长的光线，可选用合适的滤光片，以提高分辨率，增加反差和清晰度。滤光片有紫、青、蓝、绿、黄、橙、红等颜

色。根据标本颜色，在聚光器下加相应的滤光片。

(二) 显微镜的操作方法

1. 低倍镜的操作

① 置显微镜于固定的桌上，窗外不宜有障碍视线之物。

② 旋动转换器，将低倍镜移到镜筒正下方，和镜筒对直。

③ 转动反光镜向着光源处，同时用眼对准目镜（选用适当放大倍数的目镜）仔细观察，使视野亮度均匀。

④ 将标本片放在载物台上，使观察的目的物置于圆孔的正中央。

⑤ 将粗调节器向下旋转（或载物台向上旋转），眼睛注视物镜，以防物镜和载玻片相碰。当物镜的尖端距载玻片约 0.5cm 处时停止旋转。

⑥ 左眼向目镜里观察，将粗调节器向上旋转，如果见到目的物，但不十分清楚，可用细调节器调节至目的物清晰为止。

⑦ 如果粗调节器旋得太快，使超过焦点，必须从第⑤步重调，不应在正视目镜情况下调粗调节器，以防没把握的旋转使物镜与载玻片相碰撞坏。

⑧ 观察时两眼同时睁开（两眼不感疲劳）。单筒显微镜应习惯用左眼观察，以便于绘图。

2. 高倍镜的操作

① 使用高倍镜前，先用低倍镜观察，发现目的物后将它移至视野正中处。

② 旋动转换器换高倍镜，如果高倍镜触及载玻片立即停止旋动，说明原来低倍镜就没有调准焦距，目的物并没有找到，要用低倍镜重调。如果调对了，换高倍镜时基本可以看到目的物；若有点模糊，用细调节器即可清晰可见。

3. 油镜的操作

① 如果用高倍镜未能看清目的物，可用油镜。先用低倍镜和高倍镜检查标本片，将目的物移到视野正中。

② 在载玻片上滴 1 滴香柏油（或液体石蜡），将油镜移至正中使油镜头浸没在油中，刚好贴近载玻片。用细调节器微微向上调（切记不可用粗调节器）即可。

③ 油镜观察完毕，用擦镜纸将镜头上的油揩净，另用擦镜纸醮少许二甲苯揩拭镜头，再用擦镜纸揩干。

(三) 目测微尺、物测微尺及其使用方法

1. 目测微尺

目测微尺是一圆形玻片，其中央刻有 5mm 长的、等分为 50 格（或 100 格）的标尺，每格的长度随使用目镜和物镜的放大倍数及镜筒长度而定。使用前用物测微尺标定，用时放在目镜内。

2. 物测微尺

物测微尺是一厚玻片，中央有一圆形盖玻片，中央刻有 1mm 长的标尺，等分为 100 格，每格为 10μm，用以标定目测微尺在不同放大倍数下每格的实际长度。

3. 目测微尺的标定

将目测微尺装入目镜的隔板上，使刻度朝下；把物测微尺放在载物台上使刻度朝上。用低倍镜找到物测微尺的刻度，移动物测微尺和目测微尺使两者的第 1 条线重合，顺着刻度找出另 1 条线重合线。例如图 13-3 中 A（目测微尺）上 5 格对准 B 物测微尺上的 2 格，B 的 1 格为 10μm，2 格的长度为 20μm，所以目测微尺上 1 小格的长度为 4μm，再分别求

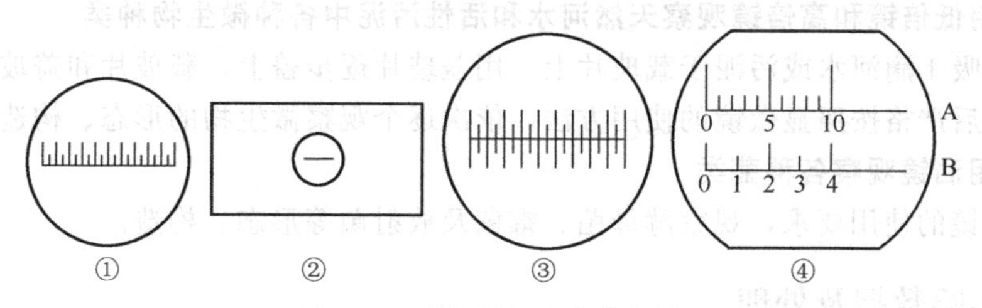

图 13-3 目测微尺和物测微尺

①—目测微尺；②—物测微尺；③—物测微尺的中心部放大

②～④—物测微尺标定目测微尺时两者重叠情景；A—目测微尺；B—物测微尺。

出高倍镜和油镜下目测微尺每格的长度。

4. 菌体大小的测量

将物测微尺取下，换上标本片，选择适当的物镜测量目的物的大小，分别找出菌体的长和宽占目测微尺的格数，再按目测微尺1格的长度算出菌体的长度和宽度。

(四) 细菌、放线菌等各种的基本形态的观察

了解水中的微生物种类和各自特征。

三、实验器材

(1) 生物显微镜、载玻片、盖玻片擦镜纸，香柏油或液体石蜡，二甲苯。

(2) 天然河水、活性污泥、细菌标本，如大肠杆菌（杆状）、小球菌（球形）、硫酸盐还原菌（弧形）、枯草芽孢杆菌、细菌鞭毛及细菌荚膜、放线菌、颤菌、鱼腥藻或念珠藻。

四、实验步骤

(一) 观察前的准备

(1) 了解显微镜的构造和使用方法。将显微镜置于平稳试验台上，坐的姿势要端正，两眼同时睁开，一般用左眼观察，右眼记录或绘图。

(2) 调解光源。在对光时，要使全视野内为均匀的明亮度，观看染色标本时，光线应强，观察未染色标本时，光线不宜太强。

(二) 低倍镜观察

观察标本时必须先用低倍镜观察，因为低倍镜视野较大，较容易发现目标，将观察标本处于接物镜正下方，使接物镜降至距标本约0.5cm处，然后用粗调节器慢慢升起镜筒，至物像出现后再用细调节器调节到物像清楚为止，然后移动标本，移到视野中心，用高倍镜继续观察。

(三) 高倍镜观察

用高倍镜观察时应先调节好光圈，使光线呈适宜的明亮度，用低倍镜的同样方法，调节出清楚物像，找到理想的倍位，移至视野中心观察。

(四) 油镜观察

对染色菌体进行观察时，要使用油镜。在观察前先用高倍镜检查将标本移到中央；然后换成油镜，在油镜下方标本玻镜片上滴1滴镜油，从侧方注视，使镜头尖端和油镜接触，注意不压在玻片上；然后从接目镜观察，用粗调节器将镜筒徐徐上升，视野出现物像时；再用细调节器，调至清晰。油镜用完后，必须用擦镜纸将油镜头的标本玻片所沾的油拭净，必要时要用二甲苯擦拭镜头。

(五) 用低倍镜和高倍镜观察天然河水和活性污泥中各种微生物种类

用吸管吸1滴河水或污泥于载玻片上，用盖玻片逐步盖上，载玻片和盖玻片之间不应有气泡，然后严格按照显微镜的使用方法，依次逐个观察微生物的形态、构造。

(六) 用油镜观察各种菌类

按照油镜的使用要求，观察酵母菌、霉菌及放射菌等形态、构造。

五、实验数据及处理

将观察到的各种原生动物、后生动物及各种菌类的形态、特点认真绘制下来。

六、问题

使用油镜为什么要先用低倍和高倍镜检查？

实验二 革 兰 染 色

一、实验目的

学习微生物的染色原、染色的基本技术，掌握微生物的革兰染色方法。

二、实验内容

(一) 染色的基本原理

微生物（尤其是细菌）的机体是无色透明的，在显微镜下，由于光源是自然光，使微生物体与其背景反差小，不易看清微生物的形态和结构，若增加其反差，微生物的形态就可看得清楚。通常用染料将菌体染上颜色以增加反差，便于观察。

微生物细胞是由蛋白质、核酸等两性电解质及其他化合物组成，所以，微生物细胞表现出两性电解质的性质。两性电解质兼有碱性基团和酸性基团，在酸性溶液中离解出碱性基呈碱性带正电；在碱性溶液中离解出酸性基呈酸性带负电。经测定，细菌等电点的pH在2～5之间，对于中性（pH=7）、碱性（pH>7）或偏酸性（pH为6～7）的溶液，细菌的等电点均低于上述溶液的pH，所以细菌带负电荷；容易与带正电荷的碱性染料结合，故用碱性染料染色的为多。碱性染料有美蓝、甲基紫、结晶紫、龙胆紫、碱性晶红、中型红、孔雀绿和蕃红等。

微生物体内各结构与染料结合力不同，故可用各种染料分别染微生物的各结构以便观察。

(二) 常用染色方法

染色方法有简单染色法和复染色法之分。

1. 简单染色法

简单染色法又叫普通染色法，只用一种染料使细菌染上颜色，如果仅为了在显微镜下看清细菌的形态，用简单染色即可。

2. 复染色法

用两种或多种染料染细菌，目的是为了鉴别不同性质的细菌，所以又叫鉴别染色法。

主要的复染色法有革兰染色法和抗酸性染色法。抗酸性染色法多在医学上采用。此处介绍革兰染色法。

革兰染色法是细菌学中很重要的一种鉴别染色法，它可将细菌区别为革兰阳性菌和革兰阴性菌两大类。它的染色步骤如下：先用草酸铵结晶紫染色，经碘-碘化钾（媒染剂）处理后用乙酸脱色，最后用蕃红液复染。如果细菌能保持草酸铵结晶紫与碘的复合物而不被乙醇脱色，用蕃红液复染后仍呈紫色者叫革兰阳性菌；被乙醇脱色用蕃红液复染后呈红色者为革兰阴性菌。

三、实验器材

显微镜、酒精灯、接种环、二甲苯、擦镜纸、吸水纸、接种环、载玻片、石炭酸复红（品红）染液、草酸铵结晶紫染液、革兰碘液、95%乙醇、蕃红染液。

四、实验步骤

（1）涂片　在干净的载玻片中央滴 1 滴生理盐水，用接种环取少量菌体接至玻片水滴中和匀后成薄片，所取菌体不宜过多。无菌操作及做涂片的过程如图 13-4 所示。

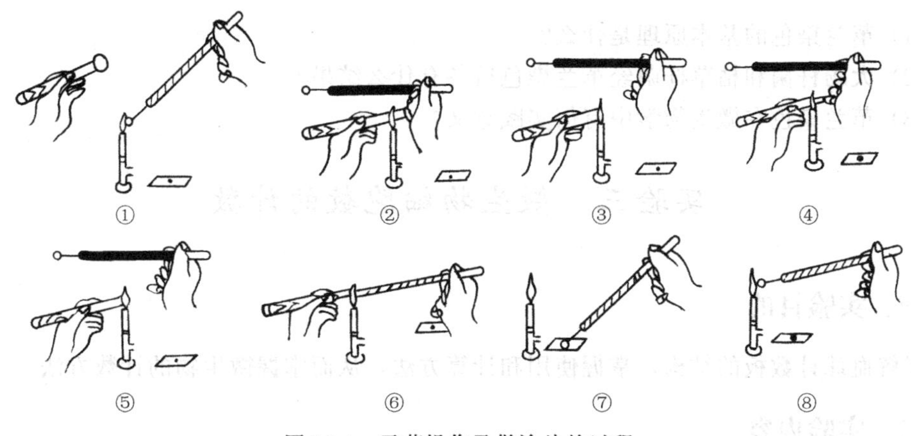

图 13-4　无菌操作及做涂片的过程

（2）干燥　可在空气中自然干燥，也可在酒精灯上方稍稍加热进行干燥，使菌体位置不再流动。

（3）固定　继续在酒精灯火焰上方移动 3 次，使菌体细胞质凝固以固定细胞形态，使其不易脱落、便于着色。

（4）染色

① 初染：加草酸铵结晶紫 1 滴，约 1min，水洗。

② 媒染：加碘液，1min 后水洗。

③ 脱色：将载片上的水甩净，将酒精滴至涂片上，轻微晃动，约 30～40s 后立即用水清洗，要严格掌握酒精脱色程度，如脱色不够时，阴性菌易被误染为阳性菌，而脱色过度则阳性菌可被误染为阴性菌。

④ 复染：滴加沙黄 1～2 滴，1min 后水洗。

⑤ 镜检：水洗干燥后，至油镜下观察，革兰阴性菌呈红色，革兰阳性菌呈紫色，观察时应选分散开的菌体，过于密集的菌体不易观察，同时，密集的菌体常呈假阳性。革兰染色结果如图 13-5。

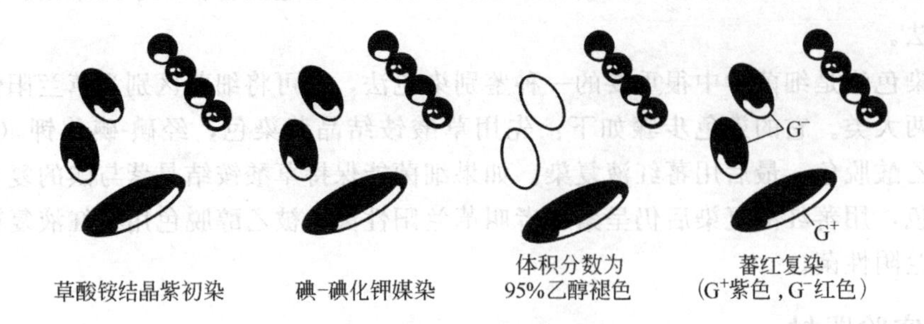

图 13-5　革兰染色结果

G^+ 紫色—革兰阳性菌；G^- 红色—革兰阴性菌

五、实验数据及处理

绘制观察到的细菌形态和染色反应。

六、问题

(1) 革兰染色的基本原理是什么？

(2) 大肠杆菌和枯草杆菌经革兰染色后各有什么结果？

(3) 革兰染色在微生物学中有何实践意义？

实验三　微生物细胞数的计数

一、实验目的

了解血球计数板的结构，掌握使用和计算方法，从而掌握微生物的计数方法。

二、实验内容

血球计数板（图 13-6）是一块比普通载玻片厚的特制玻片制成。玻片中央刻有四条槽，中央两条槽之间的平面比其他平面略低，中央有一小槽，槽的两边的平面上各刻有 9 个大方格。中间的一个大方格为计数室，它的长和宽各为 1mm，深度为 0.1mm，其体积为 $0.1mm^3$。

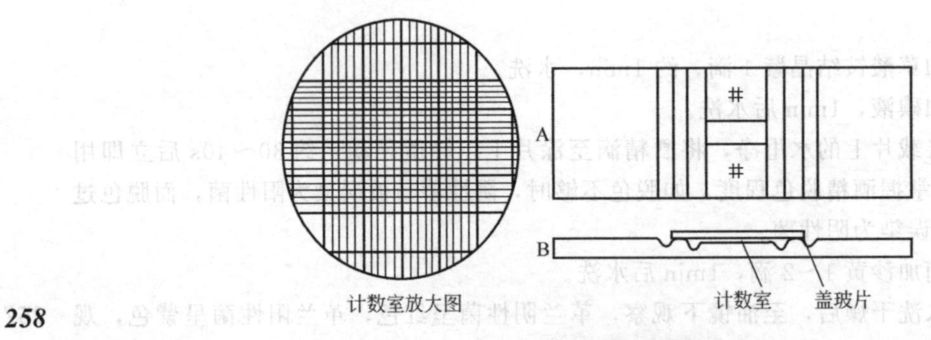

图 13-6　血球计数板的结构图

A—正面图；B—侧面图

计数室有两种规格：一种是把大方格分成16中格，每一中格分成25小格，共400小格；另一种规格是把一大方格分成25中格，每一中格分成16小格，总共也是400小格。计算方法如下。

1. 6×25的计数板计算公式

细胞数/mL=(100小格内的细胞数/100)×400×1000×稀释倍数

2. 5×16的计数板计算公式

细胞数/mL=(80小格内的细胞数/80)×400×1000×稀释倍数

三、实验器材

显微镜、血球计数板、移液管、酵母菌液（不用酵母菌，改用其他微生物作材料亦可）

四、实验步骤

(1) 稀释样品，为了便于计数，将样品适当稀释，使每格约含5个细胞。

(2) 取干净的血球计数板，用厚盖玻片盖住中央的计数室，用移液管吸取少许充分摇匀的待测菌液于盖玻片的边缘，菌液则自行渗入计数室，静置5～10min即可计数。

(3) 将血球计数板置于载物台上，用低倍镜找到小方格网后换高倍镜观察计数。需不断地上、下旋动细调节器，以便看到计数室内不同深度的菌体。现以16×25规格的计数板为例，数四个角（左上、右上、左下、右下）的四中格（即100小格）的酵母菌数。如果是25×16规格的计数板，除取四个角上四中格外，还取正中的一个中格（即80小格），对位于大格线上的酵母菌只计大格的上方及左方线上的酵母菌，或只计下方及右方线上的酵母菌。

五、实验数据及处理

每个样品重复计数3次，取平均值，再按公式计算每毫升菌液中所含的酵母菌数。

六、问题

为什么用两种不同规格的计数板测同一样品时，其结果一样？

实验四　培养基的制备和灭菌

一、实验目的

(1) 熟悉玻璃器皿的洗涤和灭菌前的准备工作。

(2) 掌握培养基和无菌水的制备方法及高压蒸汽灭菌技术。

(3) 为实验五微生物纯种分离培养作准备。

二、实验内容与步骤

(一) 玻璃器皿的洗涤和包装

1. 洗涤

玻璃器皿在使用前必须洗涤干净。培养皿、试管、锥形瓶等可用洗衣粉加去污粉洗刷并用自来水冲净。移液管先用洗液浸泡，再用水冲洗干净。洗刷干净的玻璃器皿自然晾干或放入烘箱中烘干、备用。

2. 包装

① 移液管的吸端用细铁丝将少许棉花塞入构成1～1.5cm长的棉塞（以防细菌吸入口中，并避免将口中细菌吹入管内）。棉塞要塞得松紧适宜，吸时既能通气，又不致使棉花滑入管内。将塞好棉花的移液管的尖端，放在4～5cm宽的长纸条的一端，移液管与纸条约成30°夹角，折叠包装纸包住移液管的尖端（图13-7），用左手将移液管压紧，在桌面上向前搓转，纸条螺旋式地包在移液管外面，余下纸头折叠打结。按实验需要，可单支包装或多支包装，待灭菌。

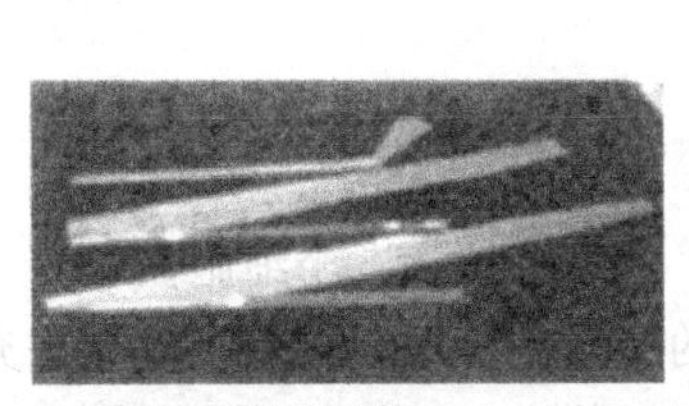
(a) 移液管

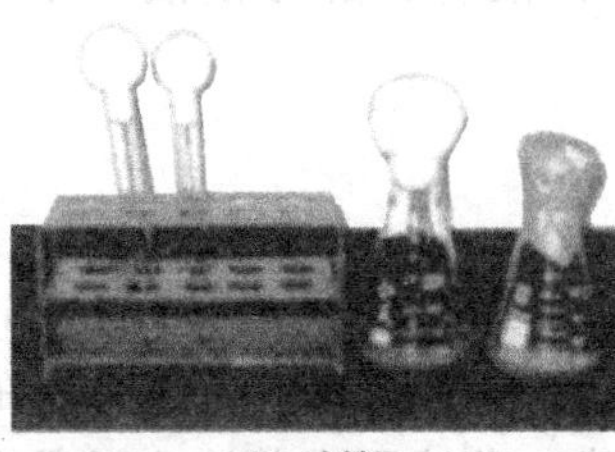
(b) 试管

(c) 培养皿

图 13-7 包装示意

② 用棉塞将试管管口的锥形瓶瓶口部塞住。

棉塞的制作：按试管口或锥形瓶口大小估计用棉量，将棉花铺成中心厚，周围逐渐变薄的圆形，对折后卷成卷，一手握粗段，将细段塞入试管或锥形瓶的口内，棉塞不宜过松或过紧，用手提棉塞，以管、瓶不掉下为准。棉塞四周应紧贴管壁和瓶壁，不能有皱折，以防空气微生物沿棉塞皱折侵入。棉塞插入2/3，其余留在管口（或瓶口）外，便于拔塞。试管、锥形瓶塞好棉塞后，用牛皮纸包并用细绳或橡皮筋扎好［图13-7（b）］放在铁丝或铜丝篓内待灭菌。

③ 培养皿由一底一盖组成一套，用牛皮纸或报纸将10套培养皿（皿底朝里，皿盖朝外，5套、5套相对）包好，见图13-7（c）。

（二）培养基的制备

培养基是微生物的繁殖基地。通常根据微生物生长繁殖所需要的各种营养物配制而成。其中含水分、碳化合物、氮化合物、无机盐等，这些营养物可提供微生物碳源、能源、氮源等，组成细胞及调节代谢活动。按培养目的不同，或培养不同种类微生物可配成各种培养基。通常培养细菌是用肉膏蛋白胨培养基，培养放线菌常用淀粉培养基，用豆芽汁培养霉菌，用麦芽汁培养酵母菌。

培养微生物除了满足它们各自营养物要求外，还要给予适宜的pH、渗透压和温度等。

根据研究目的的不同，可配制成固体、半固体和液体的培养基。固体培养基的成分与液体相同，仅在液体培养基中加入凝固剂使呈固态。通常加入15～30g/L的琼脂为固体培养基；加入3～5g/L的琼脂为半固体培养基。有的细菌还需用明胶或硅胶。本实验用固体培养基和液体培养基。培养基的制备过程如下。

1. 配置溶液

取一定容量的烧杯盛入定量无菌水，按培养基配方逐一称取各种成分，依次加入水中溶解。蛋白胨、肉膏等加热促进溶解，待全部溶解后，加水补足因加热蒸发的水量。注意：在制备固体培养基加热融化琼脂时要不断搅拌，避免琼脂煳底烧焦。

2. 调节 pH

用精密 pH 试纸测培养基的 pH，按 pH 的要求用质量浓度为 100g/L 的 NaOH 或体积分数为 10%的 HCl 调整至所需的 pH。

3. 过滤

用纱布或滤纸或棉花过滤即可。如果培养基杂质很少或实验要求不高，可不过滤。

4. 分装

按图 13-8 所示，将培养基分装于试管中或锥形瓶中（注意防止培养基粘污管口或瓶口，避免浸湿棉塞引起杂菌污染），装入试管的培养基量试管的大小及需要而定，一般制斜面培养基时，每支试管装的量为试管高度的 1/4～1/3。

5. 斜面培养基的制作

将已灭菌的装有琼脂培养基的试管取出，趁热斜置在木棒（或橡皮管）上，使试管内的培养基斜面长度为试管长度的 1/3～1/2 之间，待培养基凝固后即成斜面（如图 13-9）。

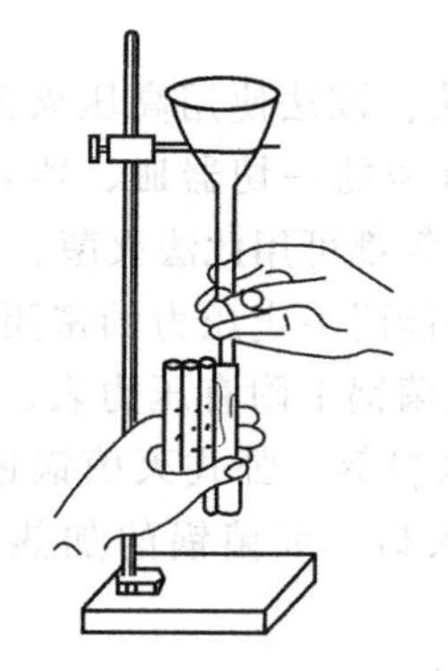

图 13-8 培养基的分装

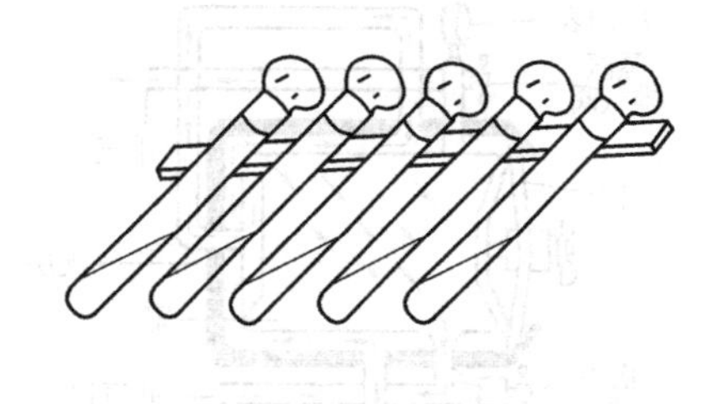

图 13-9 置放成斜面的试管

（三）本实验用培养基的制备

肉膏蛋白胨琼脂培养基（供测定细菌总数用及细菌纯种分离培养用）。

1. 培养基配方

牛肉膏 0.75g　蛋白胨 1.5g　氯化钠 0.75g　琼脂 3g　蒸馏水 150mL　pH 7.6 灭菌：$1.05kg/cm^2$，20min。

2. 操作

① 取一个 300mL 的烧杯，装 150mL 蒸馏水。

② 在药物天平上依次称取配方中各成分，放入水中溶解，待琼脂完全融化后停止加热，补足蒸发损失的水量。用 10%NaOH 调整 pH 至 7.6，本实验省略过滤。将培养基分装 5 支试管中，其余的全部倒入 250mL 的锥形瓶中，分别塞上棉塞，包扎好待灭菌。

（四）无菌稀释水的制备

（1）取一个 250mL 的锥形瓶装 90 或 99mL 蒸馏水，放 30 粒玻璃珠（用于打碎活性污泥、菌块或土壤颗粒）于锥形瓶内，塞棉塞、包扎，待灭菌。

（2）另取 5 支 18mm×180mm 的试管，分别装 9mL 蒸馏水，塞棉塞、包扎，待灭菌。

（五）灭菌

灭菌是用物理、化学因素杀死全部微生物的营养细胞和它们的芽孢（或孢子）。消毒和灭菌有些不同，它是用物理、化学因素杀死致病微生物或杀死全部微生物的营养细胞及一部分芽孢。

1. 灭菌方法

灭菌方法很多，有过滤除菌法；化学药品消毒和灭菌法，利用酚、含汞药物及甲醛等使细胞菌蛋白质凝固变性以达灭菌目的；还有利用物理因素，例如高温、紫外线和超声波等灭菌的。加热灭菌是最主要的，加热灭菌法有两种：干热灭菌和高压蒸汽灭菌。高压蒸汽灭菌比干热灭菌优越，因为湿热的穿透力和热传导都比干热的强，湿热时微生物吸收高温水分，菌体蛋白很易凝固变性，所以湿热灭菌效果好。湿热灭菌的温度一般是在121℃，灭菌15～30min；而干热灭菌的温度则是160℃，灭菌2h，才能达到湿热灭菌121℃的同样效果。

① 干热灭菌法：培养皿、移液管及其他玻璃器皿可用干热灭菌。先将已包装好的上述物品放入恒温箱中，将温度调至160℃后维持2h，把恒温箱的调节旋钮调回零处，待温度降到50℃左右，才可将物品取出。

请注意：灭菌时温度不得超过170℃，以免包装纸烧焦。灭菌好的器皿应保存好，切勿弄破包装纸，否则会染菌。

② 高压蒸汽灭菌法：该法使用高压灭菌锅（图13-10），微生物实验所需的一切器皿、器具、培养基（不耐高温者除外）等都可用此法灭菌。

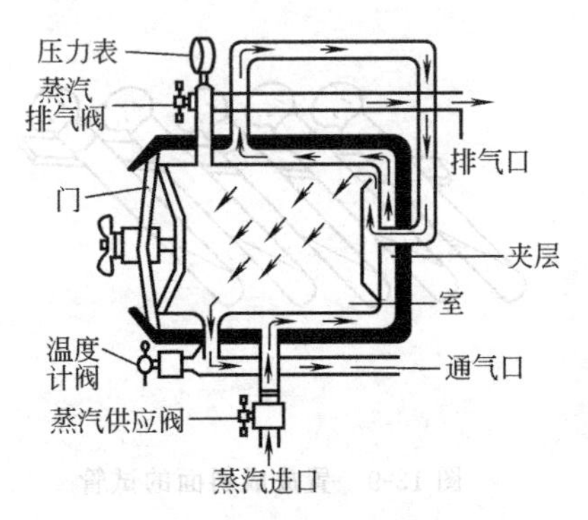

图 13-10　高压蒸汽灭菌锅示意图

高压蒸汽灭菌锅是能耐一定压力的密闭金属锅，有立式和卧式两种。灭菌锅上附有压力表、排气阀、安全阀、加水口、排水口等。卧式灭菌锅还附有温度计。有的还有蒸汽入口。灭菌锅的加热源有电、煤气和蒸汽三种。

2. 灭菌的操作过程

① 加水：立式锅是直接加水至锅内底部隔板以下1/3处。有加水口者由加水口加入至止水线处。

② 装锅：把需灭菌的器物放入锅内（请注意：器物不要装得太满，否则灭菌不彻底），关严锅底（对角式均匀拧紧螺旋），打开排气阀。

③ 点火：用电源的则启动开关。热源为蒸汽的则慢慢打开蒸汽进口，避免蒸汽过猛冲入锅内。

④ 关闭排气阀：待锅内水沸腾后，蒸汽将锅内冷空气驱净，当温度计指针指向100℃时，证明锅内已充满蒸汽，则关排气阀。如果没有温度计，则视排气阀排出蒸汽相当猛烈且微带蓝色时，可关闭排气阀。

⑤ 升压、升温：关闭排气阀以后，锅内成为密闭系统，蒸汽不断增多，压力计和温度计的指针上升，当压力达到1.05kg/cm^2[❶]（温度为121℃）即灭菌开始，这时调整火力大小使压力维持在1.05kg/cm^2 并保持15～30min。除含糖培养基用0.56kg/cm^2 压力外，一般都用1.05kg/cm^2 压力。

⑥ 中断热源：达到灭菌时间要求后停止加热，任其自然降压，当指针回到0时，打开排气阀（请注意：排气阀不能过早打开，否则培养基因压力突降，温度没下降而使培养

❶　1kg/cm^2＝98.0665kPa。

基翻腾冲到棉塞处，既损失培养基又沾污了棉塞）。

⑦ 揭开锅盖，取出器物，排掉锅内剩余水。

⑧ 待培养基冷却后置于37℃恒温箱内培养24h，若无菌生长则放入冰箱或阴凉处保存备用。

湿热灭菌除加压的以外，还有在常压下灭菌的，这叫间歇灭菌。此法用于一些受高温破坏的培养基的灭菌。它是在连续的3d内，每天蒸煮一次，100℃煮30～60min后冷却，置于37℃培养24h，次日又蒸煮一次，重复前一天的工作，第三天蒸煮后基本无菌了，为确保无菌仍要置于37℃培养24h，确无菌方可使用。

三、实验仪器

(1) 培养皿（直径90mm）10套，试管（15mm×150mm）5支，（18mm×180mm）5支，移液管（10mL）1支，(1mL) 2支，锥形瓶（250mL）2个，烧杯（300mL）1个，玻璃珠30粒。

(2) 纱布、棉花、牛皮纸（或报纸）。

(3) 精密pH试纸6.4～8.4、10%HCl、10%NaOH。

(4) 牛肉膏、蛋白胨、氯化钠、琼脂或市售营养琼脂培养基、蒸馏水。

(5) 高压蒸汽灭菌锅、烘箱、煤气灯或酒精灯。

四、问题

(1) 配置培养基的原理是什么？肉膏蛋白胨琼脂培养基中的不同成分各起什么作用？

(2) 为什么湿热灭菌比干热灭菌优越？

实验五　细菌纯种分离、培养和接种技术

一、实验目的

掌握从环境（土壤、水体、活性污泥、垃圾、堆肥等）中分离培养细菌的方法，从而获得若干种细菌纯培养技能，并掌握几种接种操作技术。

二、实验内容及步骤

(一) 细菌纯种分离的操作方法

细菌纯种分离的方法有两种：稀释平板法和平板画线法。

1. 稀释平板分离法

① 取样　用无菌锥形瓶到现场取一定量的活性污泥或土壤或湖水，迅速带回实验室。

② 稀释水样　将1瓶90mL和5管9mL的无菌水排列好，按10^{-1}、10^{-2}、10^{-3}、10^{-4}、10^{-5}及10^{-6}依次编号。在无菌操作条件下，用10mL的无菌移液管吸取10mL水样（或其他样品10g）置于第一瓶90mL无菌水（内含玻璃珠）中，将移液管吹洗三次，用手摇10min将颗粒状样品打散，即为10^{-1}浓度的菌液。用1mL无菌移液管吸取1mL10^{-1}浓度的菌液于一管9mL无菌水中，将移液管吹洗三次，摇匀即为10^{-2}浓度菌液。同样方法，依次稀释到10^{-6}。稀释过程如图13-11。

③ 平板的操作　取10套无菌培养皿编号，10^{-4}、10^{-5}、10^{-6}各3个，另1个为空气

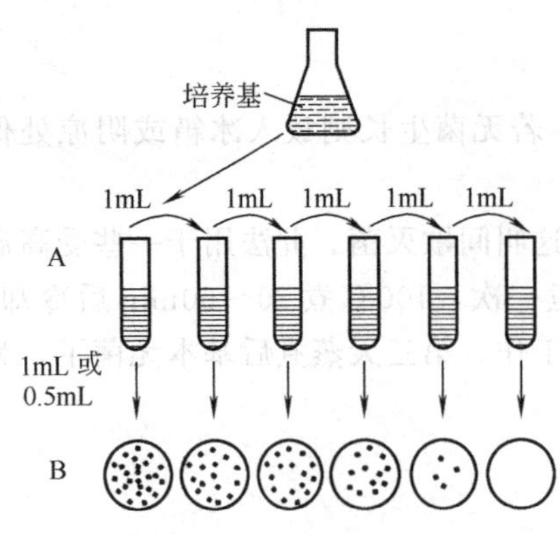

图 13-11　样品稀释过程

对照。取 1 支 1mL 无菌移液管从浓度小的 10^{-6} 菌液开始，以 10^{-6}、10^{-5}、10^{-4} 为序分别吸取 0.5mL 菌液于相应编号的培养皿内（注：每次吸取前，用移液管在菌液中吹泡使菌液充分混匀）加热融化培养基，当培养基冷至 45℃左右时，右手拿装有培养基的锥形瓶，左手拿培养皿，以中指、无名指和小指托住皿底，拇指和食指夹住皿盖，靠近火焰，将皿盖掀开，倒入培养基后将培养皿平放在桌上，顺时针和逆时针来回转动培养皿，使培养基和菌液充分混匀，冷凝后即成平板，倒置于 30℃培养 24～28h，然后观察结果（注：若在无菌室内操作，倒平板按图 13-12 操作）。

取"对照"的无菌培养皿，倒平板待凝固后，打开皿盖 10min 后盖上皿盖，倒置于 30℃培养 24～28h 后观察结果。

2. 平板画线分离法

① 平板的操作　将熔化并冷至约 50℃的肉膏蛋白胨琼脂培养基倒入无菌培养皿内，使凝固成平板。

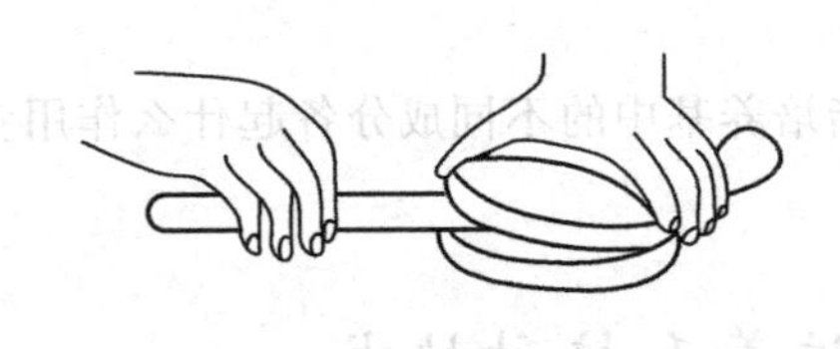
图 13-12　倒平板

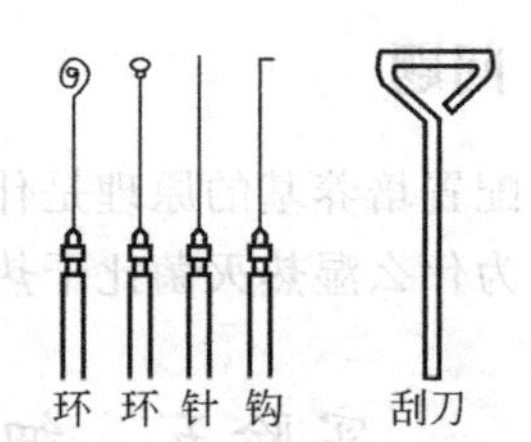

图 13-13　接种环及其他器具

② 操作　用接种环（图 13-13）挑取一环活性污泥（或土壤悬液等），左手拿培养皿，中指、无名指和小指托住皿底，拇指和食指夹住皿盖，将培养皿稍倾斜，左手拇指和食指将皿盖掀半开，右手将接种环伸入培养皿内，在平板上轻轻画线（切勿画破培养基），划线的方式可取图 13-14 中任何一种。画线完毕盖好皿盖，倒置，30℃培养 24～48h 后观察结果。

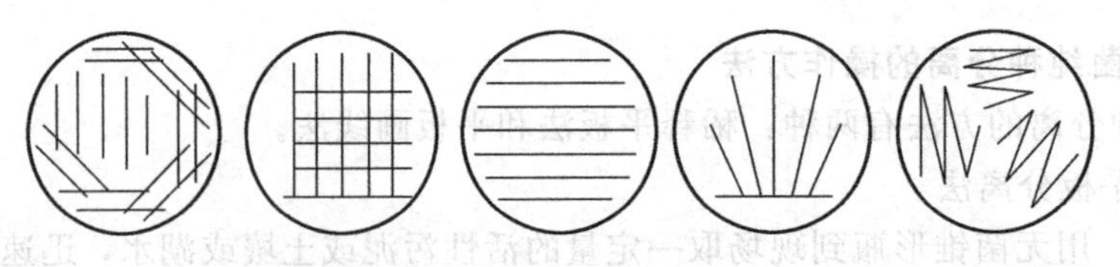
图 13-14　平板画线分离方法

(二) 几种接种技术操作

由于实验的目的、所研究的微生物种类、所用的培养基及容器的不同，因此，接种方法也有多种，现简介如下。

1. 接种用具

常用的接种用具有接种环、接种针、接种钩、玻璃刮刀、铲、移液管、滴管等。接种环和接种针等总长约 25cm，环、针、钩的长约 4.5cm，可用白金、电炉丝或镍丝制成。

上述材料以白金丝最为理想，其优点是：在火焰上灼烧红得快，离火焰后冷得快，不易氧化且无毒。但价格昂贵，一般用电炉丝和镍丝。接种环的柄为金属的，其后端套上绝热材料套。柄也可用玻璃棒制作。

2. 接种环境

微生物的分离培养、接种等操作需在经紫外线灯灭菌的无菌操作室、无菌操作箱或生物超净台等环境下进行。教学实验由于人多，无菌室小，无法一次容纳所有实验者。所以，在一般实验室内进行时要特别注意无菌操作。也可多组分批进行。

3. 几种接种技术

（1）斜面接种技术　这是将长在斜面培养基（或平板培养基）上的微生物接到另一支斜面培养基上的方法（图 13-15）。

① 接种前将桌面擦净，将所需的物品整齐有序地放在桌上。

② 将试管贴上标签，注明菌名、接种日期、接种人、组别、姓名等。

③ 点燃煤气灯（或酒精灯）。

④ 将一支斜面菌种和一支待接的斜面培养基放在左手上，拇指压住两支试管，中指位于两支试管之间，斜面向上，管口齐平。

⑤ 右手先将棉塞拧松动，以便接种时拔出。右手拿接种环，在火焰上将环烧红以达到灭菌（环以上凡是可能进入试管的部分都应灼烧）。

⑥ 在火焰旁，用右手小指、无名指和手掌夹住棉塞将它拔出。试管口在火焰上微烧一周，将管口上可能沾染的少量菌或带菌尘埃烧掉。将烧过的接种环伸入菌种管内，先触及没长菌的培养基使环冷却，然后轻轻挑取少许菌种，将接种环抽出管外迅速伸入另一试管底部，在斜面上由底部向上画曲线。抽出接种环，将试管塞上棉塞并插在试管架上，最后再次烧红接种环，则接种完毕。

（2）液体培养基中的菌种被接入液体培养基　接种用具是无菌移液管和无菌滴管。移液管和滴管是玻璃制的，不能在火焰上烧，以免碰到水时玻璃破裂，需预先灭菌。用无菌移液管自菌种管中吸取一定量的菌液接到另一管液体培养基中，将试管塞好棉塞即可。

（3）液体接种　这是由斜面培养基接种到液体培养基中的方法。用接种环挑取斜面培养基上的菌种一环送入液体培养基中，使环在液体表面与管壁接触轻轻研磨，将环上的菌种全部洗入液体培养基中，取出接种环塞上棉塞。将试管轻轻撞击手掌使菌体在液体培养基中均匀分布。最后将接种环烧红灭菌。

（4）穿刺接种　这是将斜面菌种接种到半固体深层培养基的方法。

① 如前斜面接种操作，用接种针（必须很挺直）挑取少量菌种。

② 将带菌种的接种针刺入固体或半固体深层培养基中直到接近管底，然后沿穿刺线缓慢地抽出（如图 13-16），塞上棉塞，烧红接种针，则接种完毕。

（5）稀释平板涂布法　稀释平板涂布法与稀释平板法、平板画线法的作用一样，都是

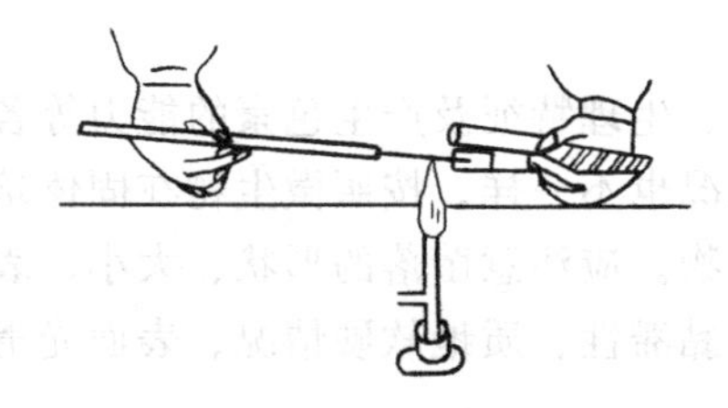

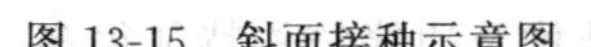

图 13-15　斜面接种示意图

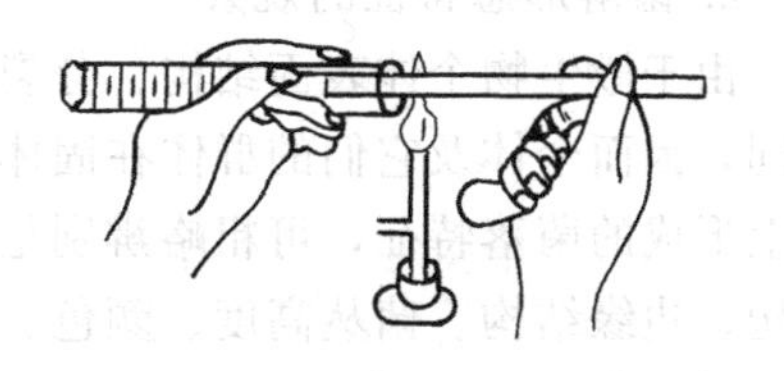

图 13-16　穿刺接种示意图

把聚集在一起的群体分散成能在培养基上长成单个菌落的分离方法。此法接种量不宜太多，只能在0.5mL以下，培养时起初不能倒置，先正摆一段时间等水分蒸发后倒置。此法步骤如下。

① 稀释样品　方法与稀释平板法中的稀释方法和步骤一样。

② 倒平板　将融化的并冷至50℃左右的培养基倒入无菌培养皿中，冷凝后即成平板。

③ 用无菌移液管吸取一定量的经适当稀释的样品液于平板上，换上无菌玻璃刮刀在平板上旋转涂布均匀。

④ 正摆在所需温度的恒温箱内培养，如果培养时间较长，次日把培养皿倒置继续培养。

⑤ 待长出菌落观察结果。

三、实验仪器

1. 无菌培养皿（直径90mm）10套、无菌移液管1mL的2支、10mL的1支。

2. 营养琼脂培养基1瓶、活性污泥或土壤或湖水1瓶、无菌稀释水90mL 1瓶、9mL的5管。

3. 接种环、酒精灯或煤气灯、恒温箱。

四、问题

1. 用一根无菌移液管接种几种浓度的水样时，应从哪个浓度开始？为什么？

2. 分离活性污泥为什么要稀释？

实验六　纯培养菌种的菌体、菌落形态的观察

一、实验目的

观察实验五分离出来的几种细菌的个体形态及与其相应的菌落形态特征。通过革兰染色进一步巩固染色技术。通过观察和比较细菌、放线菌、酵母菌及霉菌的菌落特征，达到初步鉴别上述微生物的能力。

二、实验内容与步骤

（一）细菌菌落形态和菌体染色及其形态观察

1. 接种斜面培养基

在无菌操作条件下，用接种环分别挑取平板上长出的各种细菌，并将它们分别接种于各管斜面培养基上，塞好棉塞，放在试管架上置于30℃恒温箱中培养36h后观察。

2. 菌落形态特征的观察

由于微生物个体表面结构、分裂方式、运动能力、生理特征及产生色素的能力等各不相同，因而个体及它们的群体在固体培养基上生长状况也不一样。按照微生物在固体培养基上形成的菌落特征，可粗略辨别是何种类型的微生物。应注意菌落的形状、大小、表面结构、边缘结构、菌丛高度、颜色、透明度、气味、黏滞性、质地软硬情况、表面光滑与粗糙情况等。

通常，细菌菌落多为光滑型、湿润、质地软、表面结构及边缘结构特征很多，具各种

颜色。但也有干燥、粗糙的，甚至呈霉状但不起绒毛。

酵母菌菌落呈圆形，大小接近细菌，表面光滑、质地软、颜色多为白色和红色。

放线菌的菌落硬度较大，干燥致密，且与基质结合紧密，不易被针挑取。菌落表面呈粉状或皱褶呈龟裂状，具有各种颜色，正面和背面颜色不同。

霉菌菌落长成绒状或棉絮状，能扩散生长，疏松，用接种环很易挑取。也具有各种颜色，正面和背面不尽相同。

微生物个体形态和菌落形态的观察是菌种鉴定的第一步工作，很重要。

3. 观察步骤

① 将自己培养的细菌菌落逐个辨认并编号，按号码顺序将各种细菌的菌落特征描述、记录，绘菌落形态图。

② 用接种环按号码顺序取各种细菌少许做涂片，进行革兰染色，确定其革兰染色反应，并绘其形态图。

(二) 细菌、放线菌、酵母菌及霉菌菌落特征的比较

对实验五培养出来的细菌和配给的放线菌、酵母菌、及霉菌的菌落特征仔细观察，并将上述四种微生物进行比较，做详细记录。

三、实验器材

(1) 显微镜、载玻片、接种环、酒精灯（或煤气灯）。

(2) 革兰染色液一套：草酸铵结晶紫、革兰碘液、95%乙醇、蕃红染液。

(3) 实验五培养出来的各种细菌，另外实验室配给放线菌、酵母菌及霉菌等的菌落。

四、问题

(1) 你分离培养出几种细菌？其菌落形态和个体形态是怎样的？革兰染色是什么反应？

(2) 通过本实验你能认识几种微生物？从辨认菌落形态你能说出是哪一类微生物吗？

实验七　水中细菌总数的测定

一、实验目的

(1) 学习水样的采集方法和水样中细菌总数的测定方法。

(2) 了解水源水的平板菌落计数原则。

二、实验内容

细菌总数是指1mL或1g检样中所含细菌菌落的总数，所用的方法是稀释平板计数法，由于计算的是平板上形成的菌落（colony-forming unit，CFU）数，其单位为CFU/mL或CFU/g。它反应的是检样中活菌的数量。

用肉眼观察，计平板上的细菌菌落数，必要时可用放大镜和菌落计数器计数，以防遗漏。若同一稀释中一个培养皿有较大片状菌落生长时，则不宜采用，而应以无片状菌落生长的培养皿作为该稀释度的菌落计数。若片状菌落数只是分布在培养皿的一侧区域，而另一半区域中的菌落分布均匀，则可计算半个培养皿的菌落数乘以2来代表全皿的数值。对于相互间距离很近，但又不相互接触的相似菌落只要彼此间的距离大于最小菌落的直径，应全部计数。对虽紧密接触但特征不同的菌落，也应全部计数。各种不同情况的计算方法如下。

(1) 首先选择平均菌落数在 30～300 之间者进行计算，当只有一个稀释度的平均菌落数符合此范围时，则以该平均菌落数乘以其稀释倍数报告之（表 13-1 例 1)。

(2) 若有两个稀释度，其平均菌落均在 30～300 之间，则按两者之菌落总数之比值来决定，若其比值小于 2 应报告两者之平均数，若大于 2 则报告其中较小的菌落总数（表 13-1 例 2 及例 3)。

(3) 若所有稀释度的平均菌落数均大于 300，则应按稀释度最高的平均菌落数乘以稀释倍数报告（表 13-1 例 4)。

(4) 若所有稀释度的平均菌落数均小于 30，则应按稀释度最低的平均菌落数乘以稀释倍数报告（表 13-1 例 5)。

(5) 若所有稀释度的平均菌落数均不在 30～300 之间，则以最接近 300 或 30 的平均菌落数乘以稀释倍数报告（表 13-1 例 6)。

(6) 菌落计数的报告。菌落数在 100 以内时按实有数报告，大于 100 时，采用二位有效数字，在二位有效数字后面的位数，以四舍五入方法计算。为了缩短数字后面的零数，可用 10 的指数来表示（表 13-1 报告方式栏）。在报告菌落数为“无法计数”时，应注明水样的稀释倍数。

表 13-1　稀释度的选择及菌落总数报告方式

例次	不同稀释度的平均菌落数			两个稀释度菌落数之比	菌落总数/(CFU/mL)	报告方式/(CFU/mL)
	10^{-1}	10^{-2}	10^{-3}			
1	1365	164	20	—	16400	1.6×10^{4}
2	2760	295	46	1.6	37750	3.8×10^{4}
3	2890	271	60	2.2	27100	2.7×10^{4}
4	无法计数	4650	513	—	513000	5.1×10^{5}
5	27	11	5	—	270	2.7×10^{2}
6	无法计数	305	12	—	30500	3.1×10^{4}

三、实验器材

① 锥形瓶 1 个、试管 6 或 7 支、大试管 2 支、移液管 1mL 2 支及 10mL 1 支、培养皿 10 套、接种环、试管架各 1 个。

② 革兰染色液一套：草酸铵结晶紫、卢戈碘液、95%乙醇、蕃红染液。

③ 显微镜。

④ 自来水（或受粪便污染的河、湖水）400mL。

⑤ 蛋白胨、牛肉膏、氯化钠、琼脂、10%NaOH 和 10%HCl 溶液、精密 pH（6.4～8.4）试纸、无菌水。

四、实验步骤

(一) 培养基的配制

按实验四中培养基的配制方法配置培养基。

(二) 水样的采集与保藏

1. 自来水水样的采集

先将自来水水龙头用酒精灯灼烧 3min，再放水 5～10min 后，在酒精灯旁打开已灭菌的水样瓶瓶盖（或棉花塞），接取水样，盖上瓶盖迅速送回实验室。

2. 池水、井水及河水、湖水的采集

用一种特制的采样器（采样器是一金属框，内装玻璃瓶，瓶盖上系有绳索，拉起绳索即可把瓶盖打开，松开绳索瓶盖自行塞好瓶口）取距水面 10～15cm 的深层水样。水样采集后，将水样瓶取出，迅速送回实验室（若是测定好氧微生物，应立即改换无菌棉花塞）。

3. 水样的保藏

水样采集后，应立即检验。若来不及检验时，应将水样放在 4℃冰箱内进行保存。如果缺乏低温保存条件，应在报告中注明水样采集与检验相隔的时间。较清洁的水可在 12h 以内检验，污水要在 6h 以内进行检验。

(三) 细菌总数的测定

1. 自来水

按照无菌操作规则，用无菌移液管吸取 1mL 充分混匀的水样注入无菌培养皿中，倾注约 10mL 已融化并冷却至 45℃左右的营养琼脂培养基，平放于桌上迅速旋摇培养皿，使水样与培养基充分混匀，冷凝后成平板。每个水样倒入 3 个平板。另取一个无菌培养皿倒入培养基冷凝成平板作空白对照。将以上所有平板倒置于 37℃恒温内培养 24h，记菌落数。3 个平板上长的菌落总数的平均值即为 1mL 水样中的细菌总数。

2. 池水、井水及河湖水

① 稀释水样　在无菌操作条件下，以 10 倍稀释法稀释水样，视水体污染程度确定稀释倍数，一般取在平板上能长出 30～300 个菌落的该种水样的稀释倍数。具体操作如下。取 3 个灭菌的空试管，分别加入 9mL 无菌水。取 1mL 水样注入第一管 9mL 无菌水内摇匀，再自第一管内取 1mL 至下一管无菌水内，如此稀释到第三管，稀释度分别为 10^{-1}、10^{-2} 及 10^{-3}。若 3 个稀释度的菌数均多到无法计数或少到无法计数，则需继续稀释或减小稀释倍数。一般中等污染的水样取 10^{-1}、10^{-2}、10^{-3} 3 个连续稀释度，污染严重的取 10^{-2}、10^{-3}、10^{-4} 3 个连续稀释度。

② 接种　用无菌移液管自最后 3 个稀释度的试管中各取 1mL 稀释水，分别加入无菌培养皿内，倒入培养基，待冷凝后倒置于 37℃恒温箱中培养 24h。

③ 菌落计数　将培养 24h 的平板取出计菌落数。

五、思考题

(1) 测定水中细菌菌落总数有什么实际意义?

(2) 根据我国饮用水水质标准，讨论你这次的检验结果。

实验八　水中大肠菌群数的测定

一、实验目的

(1) 学习利用多管发酵法和滤膜法测定水中的大肠菌群数量。

(2) 通过大肠菌群的测定，了解大肠菌群的生化特性。

(3) 了解大肠菌群的数量测定对饮用水卫生的重要意义。

二、实验内容与步骤

(一) 水样采集与保藏

方法同实验七。

(二) 培养基的配制

1. 乳糖蛋白胨培养基（供多管发酵法的复发酵用）

配方：蛋白胨 10g、牛肉膏 3g、乳糖 5g、1.6%溴甲酚紫乙醇溶液 1mL、蒸馏水 1000mL、pH 为 7.2～7.4。

制备：按配方分别称取蛋白胨、牛肉膏、乳糖及氯化钠，加热溶解于1000mL蒸馏水中，调整 pH 为 7.2～7.4。加入 1.6%溴甲酚紫乙醇溶液 1mL，充分混匀后分装于试管内，每管 10mL，另取一小试管装满培养基倒放入试管内，塞好棉塞并包扎。置于高压灭菌锅内以 68.7kPa（0.7kgf/cm^2，115℃）灭菌 20min，取出置于阴冷处备用。

2. 三倍浓缩乳糖蛋白胨培养液（供多管法初发酵用）

按上述配方将乳糖蛋白胨培养液浓缩三倍配制，分装于试管中，每管中 5mL，再分装大试管，每管装 50mL，然后在每管内倒放装满培养基的小导管。塞好棉塞、包扎，置高压灭菌锅内以 68.7kPa（0.7kgf/cm^2）灭菌 20min，取出置于阴冷处备用。

3. 品红亚硫酸钠溶液培养基（即远藤培养基，供多管发酵法的平板划线用）

配方：蛋白胨 10g、乳糖 10g、磷酸氢二钾 3.5g、琼脂 20～30g、蒸馏水 1000mL、无水硫酸钠 5g 左右、5%碱性品红乙醇溶液。

制备：先将琼脂加入 900mL 蒸馏水加热溶解，然后加入磷酸氢二钾及蛋白胨，混匀使之溶解，加蒸馏水补足至 1000mL，调整 pH 为 7.2～7.4，趁热用脱脂棉或绒布过滤，再加入乳糖，混匀后定量分装于锥形瓶内，置高压灭菌内以 0.069MPa（115℃）灭菌 20min，取出置于阴冷处备用。

4. 伊红美蓝培养基

配方：蛋白胨 10g、乳糖 10g、磷酸氢二钾 2g、琼脂 20～30g、蒸馏水 1000mL、2%伊红水溶液 20mL、0.5%美蓝水溶液 13mL。

制备：按品红亚硫酸钠的制备过程制备。

(三) 水中大肠菌群的测定

1. 多管发酵法

多管发酵法是以最大可能数（most probable number，MPN）来表示检测结果的。大量实验证明，该方法的检测结果有可能大于实际的数量，但只要适当增加每个试管的重复数目，就能减少这种误差。因此，在实际检测过程中，应根据要求数据的准确性来确定发酵试管的重复数目。

(1) 生活饮用水的检验

① 初步发酵试验　在 2 支各装有 50mL 三倍浓缩乳糖蛋白胨培养液的大发酵管（内有反应管）中，以无菌操作各加入 100mL 水样。在 10 支各装有 5mL 三倍浓缩乳糖蛋白胨培养液的发酵管（内有反应管）中，以无菌操作各加入 10mL 水样，混匀后置于 37℃恒温箱中培养 24h，观察其产酸产气的情况。

若培养基颜色不变为黄色，其中的反应管内没有气体产生，既不产酸又不产气，为阴性反应，表明无大肠菌群存在；若培养基由红色变为黄色，其中的反应管内有气体产生，既产酸又产气，为阳性反应，说明有大肠菌群存在；培养基由红色变为黄色说明产酸，但不产气，仍为阳性反应，表明有大肠菌群存在。结果为阳性者，说明水可能被粪便污染，需进一步检验；若有气体产生，而培养基红色不变，也不浑浊，说明操作技术上有问题，需重新检验。

② 平板划线分离　取经培养 24h 后产酸（培养基呈黄色）、产气或只产酸不产气的发酵管，以无菌操作，用接种环挑取一环发酵液在品红亚硫酸钠培养基（或伊红美蓝培养基）平板上划线分离，平行接种 3 个平板。置于 37℃恒温培养箱内培养 18～24h，观察菌落特征。选择平板上长有如下特征的菌落，进行涂片、革兰染色及镜检，如果为革兰阴性的无芽孢杆菌，则表明相应水样中有大肠杆菌群存在。

品红亚硫酸钠培养基平板上的特征菌落：紫红色，具有金属光泽的菌落；紫黑色，不带略带金属光泽的菌落；淡红色，中心色较深的菌落。

伊红美蓝培养基平板上的特征菌落：深紫黑色，具有金属光泽的菌落；紫黑色，不带或略带金属光泽的菌落；淡紫红色，中心色较深的菌落。

③ 复发酵试验　以无菌操作，用接种环在具有上述菌落特征、革兰染色阴性的无芽孢杆菌的菌落上挑取一环接种于装有 10mL 普通浓度乳糖蛋白胨培养基的发酵管内，每管可接种同一平板上（即来源于同一初发酵管）的典型菌落 1～3 个。盖上棉塞置于 37℃恒温培养箱内培养 24h，有产酸、产气者，即证实有大肠杆菌群存在。

④ 计算　根据证实有大肠菌群存在的阳性发酵管数，查表 13-2，报告每升水样中大肠菌群数（MPN）。

（2）水源水的检验

① 方法一

稀释水样：根据水源水的清洁程度确定水样的稀释倍数，除严重污染外，一般稀释倍数为 10^{-1} 及 10^{-2}，稀释方法采用 10 倍稀释法，无菌操作。

初步发酵试验：以无菌操作，用无菌移液管吸取 1mL 10^{-2}、10^{-1} 的稀释水样及 1mL 原水样，分别注入装有 10mL 普通浓度乳糖蛋白胨培养基的发酵管内，另取 10mL 原水注入装有 5mL 三倍浓缩乳糖蛋白胨培养基的发酵管中，置于 37℃恒温培养箱中培养 24h 后观察结果。

表 13-2　饮用水大肠菌群检验表/(个/L)

10mL 水量的阳性管数	100mL 水量的阳性管数			10mL 水量的阳性管数	100mL 水量的阳性管数		
	0	1	2		0	1	2
0	<3	4	11	6	22	36	92
1	3	8	18	7	27	43	120
2	7	13	27	8	31	51	161
3	11	18	38	9	36	60	230
4	14	24	52	10	40	69	>230
5	18	30	70				

注：水样总量 300mL，其中 100mL 的 2 份，10mL 的 10 份；此表用于生活饮用水的检测。

以下的检验步骤与“生活饮用水的检验步骤”相同。

根据证实有大肠菌群存在的阳性管数或瓶数查表 13-3，报告每升水样中的大肠菌群数（MPN）。

如果水样较清洁，可再取 100mL 水样注入装有 50mL 三倍浓缩的乳糖蛋白胨培养基的发酵瓶中，与其他发酵管（或瓶）同时培养。根据证实有大肠菌群存在的阳性管数或瓶数查表 13-4，报告每升水样中的大肠菌群数。

表 13-3　中度污染水大肠菌群数检验表/(个/L)

接种水样量/mL				水中大肠菌群数	接种水样量/mL				水中大肠菌群数
10	1	0.1	0.01		10	1	0.1	0.01	
−	−	−	−	<90	−	+	+	+	280
−	−	−	+	90	+	−	−	+	920
−	−	+	−	90	+	−	+	−	940
−	+	−	−	95	+	−	+	+	1800
−	−	+	+	180	+	+	−	−	2300
−	+	−	+	190	+	+	−	+	9600
−	+	+	−	220	+	+	+	−	23800
+	−	−	−	230	+	+	+	+	>23800

注：1. 水样总量 11.11mL，其中 10mL、1.00mL、1mL、0.01mL 各一份。

2. “+”表示有大肠菌群，“−”表示无大肠菌群。

表 13-4　轻度污染水大肠菌群数检验表/(个/L)

接种水样量/mL				水中大肠菌群数	接种水样量/mL				水中大肠菌群数
100	10	1.0	0.1		100	10	1.0	0.1	
−	−	−	−	<9	−	+	+	+	28
−	−	−	+	9	+	−	−	+	92
−	−	+	−	9	+	−	+	−	94
−	+	−	−	9.5	+	−	+	+	180
−	−	+	+	18	+	+	−	−	230
−	+	−	+	19	+	+	−	+	960
−	+	+	−	22	+	+	+	−	2380
+	−	−	−	23	+	+	+	+	>2380

注：1. 水样总量 11.11mL，其中 10mL、1.00mL、1mL、0.01mL 各一份。

2. “+”表示有大肠菌群，“−”表示无大肠菌群。

② 方法二

稀释水样：将水样稀释 10 倍。

在装有 50mL 三倍浓缩乳糖蛋白胨培养液的 5 个试管中，各加 10mL 水样。于装有 10mL 乳糖蛋白胨培养液的 5 个试管中，各加 1mL 水样。于装有 10mL 乳糖蛋白胨培养液的 5 个试管中，各加 1mL 的稀释水样。共计 15 管，3 个稀释度。将各管充分混匀，置于 37℃恒温中培养 24h。

以下的检验步骤与“生活饮用水的检验步骤”相同。

根据证实有大肠菌群存在的阳性管数查表 13-5，即可求得每 100mL 水样中存在的大肠菌数。乘以 10 即为 1L 水中的大肠菌群数。

(3) 地表水和废水的检验　对于较清洁的地表水，其初发酵实验步骤与“水源水的检验”方法相同。但若是污染严重的地表水和废水，其初发酵实验的接种水样应用 10^{-1}、10^{-2}、10^{-3}或更高的稀释倍数，检验步骤同“水源水的检验”方法。如果接种的水样量不是 10mL、1mL 和 0.1mL，而是较低或较高的 3 个浓度的水样量，也可查表求得 MPN 指数，再经下面的公式换算成每 100mL 水样的 MPN 值，即

$$\text{MPN 值}=\text{MPN 指数}\times\{10(\text{mL})/\text{接种量最大的一管}(\text{mL})\}$$

表 13-5 大肠菌群的最大可能数(MPN)/(个/100mL)

出现阳性份数			每 100mL 水样中细菌数的最可能数	95%可信限		出现阳性份数			每 100mL 水样中细菌数的最可能数	95%可信限	
10mL 管	1mL 管	0.1mL 管		上限	下限	10mL 管	1mL 管	0.1mL 管		上限	下限
0	0	0	<2			4	2	1	26	9	78
0	0	1	2	<0.5	7	4	3	0	27	9	80
0	1	0	2	<0.5	7	4	3	1	33	11	93
0	2	0	4	<0.5	11	4	4	0	34	12	93
1	0	0	2	<0.5	7	5	0	0	23	7	70
1	0	1	4	<0.5	11	5	0	1	34	11	89
1	1	0	4	<0.5	11	5	0	2	43	15	110
1	1	1	6	<0.5	15	5	1	0	33	11	93
1	2	0	6	<0.5	15	5	1	1	46	16	120
2	0	0	5	<0.5	13	5	1	2	63	21	150
2	0	1	7	1	17	5	2	0	49	17	130
2	1	0	7	1	17	5	2	1	70	23	170
2	1	1	9	2	21	5	2	2	94	28	220
2	2	0	9	2	21	5	3	0	79	25	190
2	3	0	12	3	28	5	3	1	110	31	250
3	0	0	8	1	19	5	3	2	140	37	310
3	0	1	11	2	25	5	3	3	180	44	500
3	1	0	11	2	25	5	4	0	130	35	300
3	1	1	14	4	34	5	4	1	170	43	190
3	2	0	14	4	34	5	4	2	220	57	700
3	2	1	17	5	46	5	4	3	280	90	850
3	3	0	17	5	46	5	4	4	350	120	1000
4	0	0	13	3	31	5	5	0	240	68	750
4	0	1	17	5	46	5	5	1	350	120	1000
4	1	0	17	5	46	5	5	2	540	180	1400
4	1	1	21	7	63	5	5	3	920	300	3200
4	1	2	26	9	78	5	5	4	1600	640	5800
4	2	0	22	7	67	5	5	5	≥2400		

注：水样总量为 55.5mL，其中 5 管 10mL 水样，5 管 1mL 水样，5 管 0.1mL 水样。

2. 滤膜法

（1）基本原理　滤膜法是采用过滤器过滤水样，将水中含有的细菌截留在滤膜上，然后将滤膜放在适当的培养基上进行培养，直接计数滤膜上生长的典型大肠菌群菌落，算出每升水样中含有的大肠菌群数。所用滤膜是一种多孔硝化纤维膜或乙酸纤维膜，其孔径约为 0.45～0.65μm。

（2）仪器与材料

① 培养基　品红亚硫酸钠培养基（乙）：蛋白胨 10g、酵母浸膏 5g、牛肉膏 5g、乳糖 10g、磷酸氢二钾 3.5g、琼脂 15～20g、无水亚硫酸钠 5g 左右、5%碱性品红乙醇溶液 20mL、蒸馏水 1000mL、pH 为 7.2～7.4。

乳糖蛋白胨培养液：与多管发酵法相同。

乳糖蛋白胨半固体培养基：蛋白胨 10g、酵母浸膏 5g、牛肉膏 5g、乳糖 10g、琼脂

5g、蒸馏水 1000mL、pH 为 7.2～7.4。

② 除需要与多管发酵法相同的仪器和用品外，另外还需灭菌过滤器（漏斗、基座、带有乳胶皮塞的抽滤瓶分别灭菌，可用高压蒸汽灭菌）、镊子、夹钳、真空泵、滤膜、烧杯等。

(3) 操作步骤　滤膜灭菌：将滤膜放入烧杯中，加入蒸馏水，置于沸水浴中煮沸灭菌 3 次，每次 15min，前两次煮沸后需要再更换蒸馏水洗涤 2～3 次，以除去残留溶剂。

滤器灭菌使用高压灭菌锅在 121℃，灭菌 20min。

过滤水样时，用无菌镊子夹住滤膜边缘部分，将粗糙面向上，贴在滤器上，稳妥地固定好滤器，将 333mL 水样（如果水样中含菌最多，可减少过滤水样）注入滤器中，夹盖，打开滤器阀门，在－50kPa 下抽滤。水样滤毕，再抽气 5s，关上滤器阀门，取下滤器，用镊子夹住滤膜边缘将其移放在品红亚硫酸钠培养基平板上，滤膜应与培养基完全贴紧，两者间不得留有气泡，然后将瓶皿倒置，放入 37℃恒温箱内培养 22～24h 后观察结果。挑选具有大肠菌群菌落特征的菌落进行涂片、革兰染色、镜检（参阅“多管发酵法”实验）。

将具有大肠菌群菌落特征、革兰染色阴性的无芽孢杆菌接种到乳糖蛋白胨培养液或乳糖蛋白胨半固体培养基中。经 37℃培养，前者于 24h 产酸产气者，或后者经 6～8h 培养后产气者，则判定为大肠菌群阳性。

三、实验器材

① 锥形瓶 1 个、试管 6 支或 7 支、大试管 2 支、1mL 移液管 2 支及 10mL 1 支、培养皿 10 套、接种环、试管架各 1 个。

② 革兰染色液一套：草酸铵结晶紫、卢戈碘液、95%乙醇、蕃红染液。

③ 显微镜。

④ 自来水（或受粪便污染的河、湖水）400mL。

⑤ 蛋白胨、乳糖、磷酸氢二钾、牛肉膏、氯化钠、1.6%溴甲酚紫乙醇溶液、5%碱性品红乙醇溶液、2%伊红水溶液、0.5%美蓝水溶液。

⑥ 10%NaOH、10%HCl、精密 pH（6.4～8.4）试纸、无菌水。

四、问题

1. 多管发酵法与滤膜法检查大肠菌群各有什么优缺点？

2. 测定水中的大肠菌群数有什么实际意义？为什么选用大肠菌群作为水的卫生指标？

主要参考文献

1 李建政主编．环境工程微生物学．北京：化学工业出版社，2004
2 周德庆主编．微生物学教程．北京：高等教育出版社，2002
3 周群英主编．环境工程微生物学．北京：高等教育出版社，2000
4 顾夏生等编．水处理微生物学．北京：中国建筑工业出版社，1998
5 任南琪，马放等编著．污染控制微生物学．哈尔滨：哈尔滨工业大学出版社，2002
6 马放，任南琪，杨基先等编著．污染控制微生物学实验．哈尔滨：哈尔滨工业大学出版社，2002
7 武汉大学、复旦大学生物系微生物学教研室编．微生物学．北京：高等教育出版社，1987
8 李军，杨秀山，彭永臻编著．微生物与水处理工程．北京：化学工业出版社，2002
9 任南琪，马放等编著．污染控制微生物学原理与应用．北京：化学工业出版社，2003
10 任南琪，王爱杰等编著．厌氧生物处理技术．北京：化学工业出版社，2004
11 马放，杨基先，金文标等编著．环境生物制剂的开发与应用．北京：化学工业出版社，2004
12 顾夏声，李献文，竺建文编．水处理微生物学．第2版．北京：中国建筑工业出版社，1988
13 张自杰主编．排水工程（下册）．第4版．北京：中国建筑工业出版社，2000
14 池振明编著．微生物生态学．山东：山东大学出版社，1999
15 金兰主编．环境生态学．北京：高等教育出版社，1992
16 沈德中编著．污染环境的生物修复．北京：化学工业出版社，2002
17 孔繁翔主编．环境生物学．北京：高等教育出版社，2000
18 符九龙主编．水处理工程．北京：中国建筑工业出版社，1999
19 王宝贞主编．水污染控制工程．北京：高等教育出版社，1990
20 须藤隆一编．环境微生物实验法．东京：讲谈社，1992
21 贺延龄编著．废水的厌氧生物处理．北京：中国轻工业出版社，1998
22 刘雨，赵庆良，郑兴灿编著．生物膜法污水处理技术．北京：中国建筑工业出版社，2000
23 郑兴灿，李亚新编著．污水除磷脱氮技术．北京：中国建筑工业出版社，1998
24 赵斌，何绍江主编．微生物学实验．北京：高等教育出版社，2000
25 任南琪，周大石，马放编著．水污染控制微生物学．黑龙江：黑龙江科学技术出版社，1993
26 沈萍主编．微生物学．北京：高等教育出版社，2000
27 黄秀梨主编．微生物学．北京：高等教育出版社，1998
28 马放．固定化生物活性炭除微量有机物的微生物学机理及其净化效能研究：[博士学位论文]．哈尔滨：哈尔滨建筑大学，1998
29 张胜华．优质饮用水净化设备运行效果研究：[硕士学位论文]．哈尔滨：哈尔滨工业大学，2005
30 沈耀良，王宝贞编著．废水生物处理新技术理论与应用．北京：中国环境科学出版社，2000

内 容 提 要

本书内容包括病毒、原核微生物、真核微生物、微生物的营养和代谢、微生物的生长繁殖及遗传变异、微生物的生态等微生物学基础知识；饮用水、废水生物处理的微生物学原理；本书介绍了用微生物进行水处理的新工艺，并对生物制剂及生物修复技术进行了系统而详细的阐述，本书内容丰富、图文并茂，具有较强的知识性和实用性。

本书为高等院校给水排水工程、环境科学、环境工程、环境监测等专业专科生、本科生的教材，也可供有关的科研、设计和工程技术人员参考。